机器学习

(美) Tom M. Mitchell 著 曾华军 张银奎 等译
卡内基梅隆大学

Machine Learning

机械工业出版社
China Machine Press

本书展示了机器学习中核心的算法和理论，并阐明了算法的运行过程。本书综合了许多的研究成果，例如统计学、人工智能、哲学、信息论、生物学、认知科学、计算复杂性和控制论等，并以此来理解问题的背景、算法和其中的隐含假定。本书可作为计算机专业本科生、研究生教材，也可作为相关领域研究人员、教师的参考书。

本书版权登记号：图字：01-2002-0357

图书在版编目（CIP）数据

机器学习/（美）米歇尔（Mitchell, T. M.）著；曾华军等译. —北京：机械工业出版社，2003.1（2021.6重印）

（计算机科学丛书）

书名原文：Machine Learning

ISBN 978-7-111-10993-8

Ⅰ. 机…　Ⅱ. ①米… ②曾…　Ⅲ. 机器学习　Ⅳ. TP181

中国版本图书馆 CIP 数据核字（2002）第 077094 号

机械工业出版社（北京市西城区百万庄大街 22 号　邮政编码　100037）

责任编辑：姚　蕾

三河市宏图印务有限公司

2021年6月第1版第26次印刷

184mm×260mm·18.5印张

标准书号：ISBN　978-7-111-10993-8

定价：69.00元

出版者的话

文艺复兴以降，源远流长的科学精神和逐步形成的学术规范，使西方国家在自然科学的各个领域取得了垄断性的优势；也正是这样的传统，使美国在信息技术发展的六十多年间名家辈出、独领风骚。在商业化的进程中，美国的产业界与教育界越来越紧密地结合，计算机学科中的许多泰山北斗同时身处科研和教学的最前线，由此而产生的经典科学著作，不仅擘划了研究的范畴，还揭示了学术的源变，既遵循学术规范，又自有学者个性，其价值并不会因年月的流逝而减退。

近年，在全球信息化大潮的推动下，我国的计算机产业发展迅猛，对专业人才的需求日益迫切。这对计算机教育界和出版界都既是机遇，也是挑战；而专业教材的建设在教育战略上显得举足轻重。在我国信息技术发展时间较短的现状下，美国等发达国家在其计算机科学发展的几十年间积淀和发展的经典教材仍有许多值得借鉴之处。因此，引进一批国外优秀计算机教材将对我国计算机教育事业的发展起到积极的推动作用，也是与世界接轨、建设真正的世界一流大学的必由之路。

机械工业出版社华章分社较早意识到“出版要为教育服务”。自1998年开始，华章分社就将工作重点放在了遴选、移译国外优秀教材上。经过多年的不懈努力，我们与Pearson，McGraw-Hill，Elsevier，MIT，John Wiley & Sons，Cengage等世界著名出版公司建立了良好的合作关系，从他们现有的数百种教材中甄选出Andrew S. Tanenbaum，Bjarne Stroustrup，Brain W. Kernighan，Dennis Ritchie，Jim Gray，Afred V. Aho，John E. Hopcroft，Jeffrey D. Ullman，Abraham Silberschatz，William Stallings，Donald E. Knuth，John L. Hennessy，Larry L. Peterson等大师名家的一批经典作品，以“计算机科学丛书”为总称出版，供读者学习、研究及珍藏。大理石纹理的封面，也正体现了这套丛书的品位和格调。

“计算机科学丛书”的出版工作得到了国内外学者的鼎力襄助，国内的专家不仅提供了中肯的选题指导，还不辞劳苦地担任了翻译和审校的工作；而原书的作者也相当关注其作品在中国的传播，有的还专程为其书的中译本作序。迄今，“计算机科学丛书”已经出版了近两百个品种，这些书籍在读者中树立了良好的口碑，并被许多高校采用为正式教材和参考书籍。其影印版“经典原版书库”作为姊妹篇也被越来越多实施双语教学的学校所采用。

权威的作者、经典的教材、一流的译者、严格的审校、精细的编辑，这些因素使我们的图书有了质量的保证。随着计算机科学与技术专业学科建设的不断完善和教材改革的逐渐深化，教育界对国外计算机教材的需求和应用都将步入一个新的阶段，我们的目标是尽善尽美，而反馈的意见正是我们达到这一终极目标的重要帮助。华章分社欢迎老师和读者对我们的工作提出建议或给予指正，我们的联系方法如下：

华章网站：www.hzbook.com
电子邮件：hzjsj@hzbook.com
联系电话：(010) 88379604
联系地址：北京市西城区百万庄南街1号
邮政编码：100037

译 者 序

“机器学习”一般被定义为一个系统自我改进的过程，但仅仅从这个定义来理解和实现机器学习是困难的。从最初的基于神经元模型以及函数逼近论的方法研究，到以符号演算为基础的规则学习和决策树学习的产生，和之后的认知心理学中归纳、解释、类比等概念的引入，至最新的计算学习理论和统计学习的兴起（当然还包括基于马尔可夫过程的增强学习），机器学习一直都在相关学科的实践应用中起着主导作用。研究人员们借鉴了各个学科的思想来发展机器学习，但关于机器学习问题的实质究竟是什么尚无定论。不同的机器学习方法也各有优缺点，只在其适用的领域内才有良好的效果。因此，以枚举的方法描述机器学习中的各个理论和算法可能是最合适的途径。

《机器学习》一书正是以这种途径来介绍机器学习的。其主要涵盖了目前机器学习中各种最实用的理论和算法，包括概念学习、决策树、神经网络、贝叶斯学习、基于实例的学习、遗传算法、规则学习、基于解释的学习和增强学习等。对每一个主题，作者不仅进行了十分详尽和直观的解释，还给出了实用的算法流程。此外，书中还包括一章对学习算法的精度进行实验评估的内容。书后的习题和参考文献提供了进一步思考相关问题的线索，在网址 http：//www-2. cs. cmu. edu/~tom/mlbook. html 上也可以找到关于该书的讲演幻灯片、例子程序和数据等信息。在卡内基梅隆等许多大学，本书都被作为机器学习课程的教材。

本书的作者 Tom M. Mitchell 在机器学习领域享有盛名。他是卡内基梅隆大学的教授，目前在 WhizBang！实验室担任副主席和首席科学家。他还是美国人工智能协会（AAAI）的主席，并且是《机器学习》杂志和国际机器学习年度会议（ICML）的创始人。

笔者在翻译过程中力求忠于原著。由于本书涉及了多个学科的内容，因此其中许多的专业术语尽量遵循其所在学科的标准译法，并在有可能引起歧义和冲突之处做了适当调整。同时，我们在专业术语第一次出现的地方注上了英文原文，以方便读者的对照理解。

全书的翻译由曾华军和张银奎合作完成，并得到了周志华、苏中、景风、钱芳、孙晓明、余世鹏、秦文、姚良基和张西烨等同志的许多帮助。由于水平有限，书中错误和不妥之处在所难免，恳请读者批评指正。

前　　言

机器学习这门学科所关注的问题是：计算机程序如何随着经验积累自动提高性能。近年来，机器学习被成功地应用于很多领域，从检测信用卡交易欺诈的数据挖掘程序，到获取用户阅读兴趣的信息过滤系统，再到能在高速公路上自动行驶的汽车。同时，这个学科的基础理论和算法也有了重大进展。

这本教材的目标是展现机器学习中核心的算法和理论。机器学习从很多学科吸收了成果和概念，包括统计学、人工智能、哲学、信息论、生物学、认知科学、计算复杂性和控制论等。笔者相信，研究机器学习的最佳途径是从这些学科的观点看待机器学习，并且以此来理解问题的背景、算法以及其中隐含的假定。这些在以往很难做到，因为在这一领域缺少包容广泛的原始资料，本书的主要目的就是提供这样的一份资料。

由于素材的多学科性，本书不要求读者具有相应的知识背景，而是在必要时介绍其他一些学科的基本概念，如统计学、人工智能、信息论等。介绍的重点是与机器学习关系最密切的那些概念。本书可以作为计算机科学与工程、统计学和社会科学等专业的大学生或研究生的教材，也可作为软件研究人员或从业人员的参考资料。指导本书写作的两条原则为：第一，它是在校大学生可以理解的；第二，它应该包含我希望我自己的博士生在开始他们的机器学习研究前要掌握的内容。

指导本书写作的第三条原则是：它应该体现理论和实践间的均衡。机器学习理论致力于回答这样的问题“学习性能是怎样随着给定的训练样例的数量而变化的？”和“对于各种不同类型的学习任务，哪个学习算法最适合？”利用来自统计学、计算复杂性和贝叶斯分析的理论成果，这本书讨论了这一类理论问题。同时本书也涵盖很多实践方面的内容：介绍了这一领域的主要算法，阐明了算法的运行过程。其中一些算法的实现和数据可以在因特网上通过网址 http: //www.cs.cmu.edu/~tom/mlbook.html 得到，包括用于人脸识别的神经网络的源代码和数据、用于信贷分析的决策树学习的源代码和数据及分析文本文档的贝叶斯分类器的源代码和数据。我很感谢那些帮助我创建这些在线资源的同事，他们是：Jason Rennie、Paul Hsiung、Jeff Shufelt、Matt Glickman、Scott Davies、Joseph O'Sullivan、Ken Lang、Andrew McCallum 和 Thorsten Joachims。

致谢

在写作本书的过程中，我幸运地得到了机器学习领域很多学科分支的技术专家们的帮助。没有他们的帮助这本书是不可能完成的。我深深地感激这些科学家们，他们审阅了本书的草稿并以他们在各自领域的专长给予我很多指导：

Avrim Blum, Jaime Carbonell, William Cohen, Greg Cooper, Mark Craven, Ken DeJong, Jerry DeJong, Tom Dietterich, Susan Epstein, Oren Etzioni, Scott Fahlman, Stephanie Forrest, David Haussler, Haym Hirsh, Rob Holte,

Leslie Pack Kaelbling, Dennis Kibler, Moshe Koppel, John Koza, Miroslav Kubat, John Lafferty, Ramon Lopez de Mantaras, Sridhar Mahadevan, Stan Matwin, Andrew McCallum, Raymond Mooney, Andrew Moore, Katharina Morik, Steve Muggleton, Michael Pazzani, David Poole, Armand Prieditis, Jim Reggia, Stuart Russell, Lorenza Saitta, Claude Sammut, Jeff Schneider, Jude Shavlik, Devika Subramanian, Michael Swain, Gheorgh Tecuci, Sebastian Thrun, Peter Turney, Paul Utgoff, Manuela Veloso, Alex Waibel, Stefan Wrobel, and Yiming Yang.

我也很感谢各大学的教师和学生们，他们实际测试了本书的很多内容并提出了建议。由于篇幅有限，无法列出这上百名的学生、教师和其他参与测试的人员，但要特别感谢其中一些人，他们的建议和讨论给了我很大帮助：

Shumeet Baluja, Andrew Banas, Andy Barto, Jim Blackson, Justin Boyan, Rich Caruana, Philip Chan, Jonathan Cheyer, Lonnie Chrisman, Dayne Freitag, Geoff Gordon, Warren Greiff, Alexander Harm, Tom Ioerger, Thorsten Joachim, Atsushi Kawamura, Martina Klose, Sven Koenig, Jay Modi, Andrew Ng, Joseph O'Sullivan, Patrawadee Prasangsit, Doina Precup, Bob Price, Choon Quek, Sean Slattery, Belinda Thom, Astro Teller, Will Tracz

感谢 JoanMitchell 为本书建了索引；感谢 JeanHarpley 编辑了很多插图；也感谢来自 ETPHarrison 的 JaneLoftus 整理了本书的手稿，并使本书的表达方式有了很大提高；更感谢我的编辑——McGraw – Hill 出版社的 EricMunson，他在本书出版的整个过程中提供了鼓励和意见。

通常，一个人最该感谢的是他的同事、朋友和家庭。对于我，这种感激之情尤为深切。很难想像有人像我这样在 CarnegieMellon 拥有如此智者云集的环境和如此鼎力相助的朋友。在这些帮助过我的人当中，我特别感谢 SebastianThrun，他在这个项目中自始至终给予我精神鼓励、技术指导等各种支持。感谢我父母一如既往地给我以鼓励，并在恰当时候给我恰当的督促。最后，我要感谢我的家人：Meghan、Shannon 和 Joan，他们在不知不觉中以各种方式对此书作出了贡献。谨以此书献给他们。

Tom M. Mitchell

目 录

第1章 引 言

自从计算机问世以来，人们就想知道它们能不能自我学习。如果我们理解了计算机学习的内在机制，即怎样使它们根据经验来自动提高，那么影响将是空前的。想像一下，在未来，计算机能从医疗记录中学习，获取治疗新疾病最有效的方法；住宅管理系统分析住户的用电模式，以降低能源消耗；个人软件助理跟踪用户的兴趣，并为其选择最感兴趣的在线早间新闻。对计算机学习的成功理解将开辟出许多全新的应用领域，并使其计算能力和可定制性上升到新的层次。同时，透彻理解机器学习的信息处理算法，也会有助于更好地理解人类的学习能力（及缺陷）。

目前，我们还不知道怎样使计算机具备和人类一样强大的学习能力。然而，一些针对特定学习任务的算法已经产生。关于学习的理论认识已开始逐步形成。人们开发出很多实践性的计算机程序来实现不同类型的学习，一些商业化的应用也已经出现。例如，对于语音识别这样的课题，迄今为止，基于机器学习的算法明显胜过其他的方法。在数据挖掘领域，机器学习算法理所当然地得到应用，从包含设备维护记录、借贷申请、金融交易、医疗记录等信息的大型数据库中发现有价值的信息。随着对计算机认识的日益成熟，机器学习必将在计算机科学和技术中扮演越来越重要的角色！

我们可以通过一些专项成果看到机器学习这门技术的现状：计算机已经能够成功地识别人类的讲话（Waibel 1989，Lee 1989）；预测肺炎患者的康复率（Cooper et al. 1997）；检测信用卡的欺诈；在高速公路上自动驾驶汽车（Pomerleau 1989）；以接近人类世界冠军的水平对弈西洋双陆棋[⊖]（Tesauro 1992, 1995）。已有很多理论成果能够对训练样例数量、假设空间大小和已知假设中的预期错误这三者间的基本关系进行刻画。我们正开始获取人类和动物学习的原始模型，用以理解它们和计算机的学习算法间的关系（例如，Laird et al. 1986，Anderson 1991，Qin et al. 1992，Chi & Bassock 1989，Ahn & Brewer 1993）。在过去的十年中，无论是应用、算法、理论，还是生物系统的研究，都取得了令人瞩目的进步。机器学习最新的几种应用被归纳在表1-1中。Langley & Simon（1995）以及 Rumelhart et al.（1994）调查了机器学习的一些其他应用。

表1-1 机器学习的一些成功应用

• 学习识别人类的讲话

所有最成功的语音识别系统都使用了某种形式的机器学习技术。例如，SPHINX系统（参见 Lee 1989）可针对特定讲话者学习语音识别策略，从检测到的语音信号中识别出基本的音素（phoneme）和单词。神经网络学习方法（例如 Waibel et al. 1989）和隐马尔可夫模型（hidden Markov model）学习方法（参见 Lee 1989）在语音识别系统中也非常有效。它们可以让系统自动适应不同的讲话者、词汇、麦克风特性和背景噪音等等。类似的技术在很多信号解释课题中也有应用潜力。

⊖ 一种类似飞行棋的游戏，双方各持十五子，通过掷骰子来决定棋子移动的步数。——译者注

（续）

• 学习驾驶车辆

机器学习方法已被用于训练计算机控制的车辆，使其在各种类型的道路上正确行驶。例如，ALVINN 系统（Pomerleau 1989）已经能利用它学会的策略独自在高速公路的其他车辆之间奔驰，以 70 英里的时速共行驶了 90 英里。类似的技术可能在很多基于传感器的控制问题中得到应用。

• 学习分类新的天文结构

机器学习方法已经被用于从各种大规模的数据库中发现隐藏的一般规律。例如，决策树学习算法已经被美国国家航空和航天局（NASA）用来分类天体，这些天体来自第二帕洛马天文台的太空观察结果（Fayyad et al. 1995）。这一系统现在被用于自动分类太空观察中的所有天体，其中包含了 3T 字节的图像数据。

• 学习以世界级的水平对弈西洋双陆棋

最成功的博弈类（如西洋双陆棋）计算机程序是基于机器学习算法的。例如，世界最好的西洋双陆棋程序 TD-GAMMON（Tesauro 1992, 1995）是通过一百万次以上与自己对弈来学习其策略的，现在它的水平能与人类的世界冠军相比。类似的技术已被应用于许多实际问题，在这些问题中，都需要高效地搜索庞大的搜索空间。

本书针对机器学习这个领域，描述了多种学习范型、算法、理论以及应用。机器学习从本质上讲是一个多学科的领域。它吸取了人工智能、概率统计、计算复杂性理论、控制论、信息论、哲学、生理学、神经生物学等学科的成果。表 1-2 归纳了这些学科中影响机器学习的关键思想。本书的素材基于不同学科的成果，然而，读者不必精通每一个学科。来自这些学科的关键理论将使用非专业的词汇讲解，其中不熟悉的术语和概念会在必要时加以介绍。

表 1-2　一些学科和它们对机器学习的影响

• 人工智能

学习概念的符号表示。作为搜索问题的机器学习。作为提高问题求解能力的学习。利用先验的知识和训练数据一起引导学习

• 贝叶斯方法

作为计算假设概率基础的贝叶斯法则。朴素贝叶斯分类器。估计未观测到变量值的算法

• 计算复杂性理论

不同学习任务中固有的复杂性的理论边界，以计算量、训练样例数量、出错数量等衡量

• 控制论

为了优化预定目标，学习对各种处理过程进行控制，学习预测被控制的过程的下一个状态

• 信息论

熵和信息内容的度量。学习最小描述长度方法。编码假设时，对最佳训练序列的最佳编码及其关系

• 哲学

"奥坎姆的剃刀"（Occam's razor）[①]：最简单的假设是最好的。从观察到的数据泛化的理由分析

• 心理学和神经生物学

实践的幂定律（power law of practice），该定律指出对于很大范围内的学习问题，人们的反应速度随着实践次数的幂级提高。激发人工神经网络学习模式的神经生物学研究

• 统计学

根据有限数据样本，对估计假设精度时出现的误差（例如，偏差和方差）的刻画。置信区间，统计检验

① 也称"吝啬律"（Law of Parsimony）或"节约律"（Law of Economy），主要思想为简单的理论（或假设）优于复杂的，因英国哲学家奥坎姆（1285～1349）频繁使用这一原则，故称为"奥坎姆剃刀"。——译者注

1.1 学习问题的标准描述

让我们从几个实际的学习任务开始研究机器学习。根据本书的目的，我们给学习下一个

宽广的定义,以使其包括任何计算机程序通过经验来提高某任务处理性能的行为。更准确的定义如下。

定义:对于某类任务 T 和性能度量 P,如果一个计算机程序在 T 上以 P 衡量的性能随着经验 E 而自我完善,那么我们称这个计算机程序在从经验 E 中**学习**。

例如,对于学习下西洋跳棋[㊀]的计算机程序,它可以通过和自己下棋获取经验;它的任务是参与西洋跳棋对弈;它的性能用它赢棋的能力来衡量。通常,为了很好地定义一个学习问题,我们必须明确这样三个特征:任务的种类,衡量任务提高的标准,经验的来源。

西洋跳棋学习问题:

- 任务 T:下西洋跳棋
- 性能标准 P:比赛中击败对手的百分比
- 训练经验 E:和自己进行对弈

我们可以用以上方法定义很多学习问题,例如,学习手写识别、学习自动驾驶汽车。

手写识别学习问题:

- 任务 T:识别和分类图像中的手写文字
- 性能标准 P:分类的正确率
- 训练经验 E:已知分类的手写文字数据库

机器人驾驶学习问题:

- 任务 T:通过视觉传感器在四车道高速公路上驾驶
- 性能标准 P:平均无差错行驶里程(差错由人监督裁定)
- 训练经验 E:注视人类驾驶时录制的一系列图像和驾驶指令

这里对学习的定义很宽广,足以包括大多数惯于被称为"学习"的任务,就像我们日常使用这个词一样。同时,它甚至包括了以非常直接的方式通过经验自我提高的计算机程序。例如,一个允许用户更新数据条目的数据库系统,也符合我们对学习系统的定义:它根据从数据库更新得到的经验提高它响应数据查询的能力。与其担心这种行为与日常谈论的"学习"这个词非正式含义相混淆,我们索性简单地采用我们的科技型定义——通过经验提高性能的某类程序。在这个范畴内,我们会发现很多问题或多或少需要较复杂的解决办法。这里我们并非要分析"学习"这个单词的日常含义,而是要精确地定义一类问题,其中囊括了有趣的学习形式,探索解决这类问题的方法,并理解学习问题的基本结构和过程。

1.2 设计一个学习系统

为了说明机器学习的基本设计方法和学习途径,让我们考虑设计一个学习下西洋跳棋的程序。我们的目标是让它进入西洋跳棋世界锦标赛。我们采用最显而易见的标准衡量它的性能:在世界锦标赛中的获胜百分比。

㊀ 为了更好理解本例,下面简要介绍一下这种跳棋。棋盘为 8×8 方格,深色棋格不可着子。可单步行走,亦可每步跨对方一子单跳或连跳,被跨越的子被杀出局。到达对方底线的子成为王,可回向行走(成为王前只可前行),又可隔空格飞行。右图为西洋跳棋棋盘示例(起始状态)。——译者注

1.2.1 选择训练经验

我们面临的第一个设计问题是选择训练经验的类型,使系统从中进行学习。给学习器提供的训练经验对它的成败有重大的影响。一个关键属性是训练经验能否为系统的决策提供直接或间接的反馈。例如,对于学习下西洋跳棋,系统可以从*直接*(direct)的训练样例,即各种棋盘状态和相应的正确走子中学习。另一种情况,它可能仅有*间接*(indirect)的信息,即很多过去对弈序列和最终结局。对于后一种情况,对弈中较早走子的正确性必须从对弈最终的输赢来推断。这时学习器又面临一个*信用分配*(credit assignment)问题,也就是考虑每一次走子对最终结果的贡献程度。信用分配可能是一个非常难以解决的问题,因为如果后面下得很差,那么即使起初的走子是最佳的,这盘棋也会输掉。所以,从直接的训练反馈学习要比从间接反馈学习容易。

训练经验的第二个重要属性是学习器可以在多大程度上控制训练样例序列。例如,学习器可能依赖施教者选取棋盘状态和提供每一次正确移动;或者,学习器可能自己提出它认为特别困惑的棋局并向施教者询问正确的走子;或者,学习器可以完全控制棋局和(间接的)训练分类,就像没有施教者时它和自己对弈进行学习一样。注意,对于最后一种情况,学习器可能选择以下两种情况中的一种:第一,试验它还未考虑过的全新棋局;第二,在它目前发现的最有效的路线的微小变化上对弈,以磨砺它的技能。后续的章节考虑一些学习框架,包括了以下几种情况:训练经验是以超乎学习器控制的随机过程提供的;学习器可向施教者提出不同类型的查询;以及学习器通过自动探索环境来搜集训练样例。

训练经验的第三个重要属性是,训练样例的分布能多好地表示实例分布,而最终系统的性能 P 是通过后者来衡量。一般而言,当训练样例的分布和将来的测试样例的分布相似时,学习具有最大的可信度。对于我们的西洋跳棋学习,性能指标 P 是该系统在世界锦标赛上获胜的百分比。如果它的训练经验 E 仅由和它自己对弈的训练组成,便存在一个明显的危险:这个训练可能不能充分地代表该系统以后被测试时的情形。例如,学习器可能在训练中从未遇到过某些致命的棋局,而它们又非常可能被人类世界冠军采用。实际上,学习的样例通常与最终系统被评估时的样例有一定差异,学习器必须能从中进行学习(举例来说,世界级的西洋跳棋冠军可能不会有兴趣教一个程序下棋)。这的确是一个问题,因为掌握了样例的一种分布,不一定会使它对其他的分布也有好的性能。可以看到,目前多数机器学习理论都依赖于训练样例与测试样例分布一致这一假设。尽管我们需要这样的假设以便得到理论结果,但同样必须记住在实践中这个假设经常是不成立的。

下面继续进行算法设计,我们决定系统将通过和自己对弈来训练。这样的好处是不需要外界的训练者,只要时间允许,可以让系统产生无限多的训练数据。现在有了一个完整的学习任务。

西洋跳棋学习问题:

- 任务 T:下西洋跳棋
- 性能标准 P:世界锦标赛上击败对手的百分比
- 训练经验 E:和自己进行对弈

为了完成这个学习系统的设计,现在需要选择:

1）要学习的知识的确切类型
2）对于这个目标知识的表示
3）一种学习机制

1.2.2 选择目标函数

下一个设计选择是决定要学习的知识的确切类型以及执行程序怎样使用这些知识。我们从一个对于任何棋局都能产生合法(legal)走子的西洋跳棋博弈程序开始。那么，最终的程序仅须学会从这些合法的走子中选择最佳走子。这个学习任务代表了一类任务：合法走子定义了某个已知的巨大搜索空间，但最佳的搜索策略未知。很多最优化问题都可归于此，例如，对于生产过程的调度和控制问题。生产中的每一步都很清楚，但调度这些步骤的最佳策略未知。

为了学习从合法走子中做出选择，很明显，要学习的信息类型就是一个程序或函数，它对任何给定的棋局能选出最好的走法。可称此函数为 *ChooseMove*，并用记法 $ChooseMove: B \rightarrow M$ 来表示这个函数以合法棋局集合中的棋盘状态作为输入，并从合法走子集合中产生某个走子作为输出。在关于机器学习的所有讨论中，我们发现可以把提高任务 T 的性能 P 的问题简化为学习像 *ChooseMove* 这样某个特定的目标函数(target function)的问题。所以目标函数的选择是一个关键的设计问题。

尽管在例子中很明显应把 *ChooseMove* 作为目标函数，但我们会发现学习这个目标函数是非常困难的，原因是提供给系统的是间接的训练经验。另外一个可供选择的目标函数是一个评估函数，它为任何给定棋局赋予一个数字评分。可以发现，对于本例，学习这个目标函数更简单。令这个目标函数为 V，并用 $V: B \rightarrow \mathscr{R}$ 来表示 V 把任何合法的棋局映射到某一个实数值(用$\mathscr{R}$来表示实数集合)。我们让这个目标函数 V 给好的棋局赋予较高的评分。如果系统能够成功地学会这个目标函数 V，那么它便能使用此函数轻松地找到当前棋局的最佳走法。实现的方法是，先产生每一个合法走子对应的所有后续棋局，然后使用 V 来选取其中最佳的后继棋局，从而选择最佳走子。

对于任意棋局，目标函数 V 的准确值应该是多少呢？当然任何对较好的棋局赋予较高分数的评估函数都适用。然而，最好在那些产生最佳对弈的众多方法中定义一个特定的目标函数 V。可以看到，这将使得设计一个训练算法变得简单。因此，对于集合 B 中的任意的棋局状态 b，我们如下定义目标函数 $V(b)$：

1）如果 b 是一最终的胜局，那么 $V(b) = 100$
2）如果 b 是一最终的负局，那么 $V(b) = -100$
3）如果 b 是一最终的和局，那么 $V(b) = 0$
4）如果 b 不是最终棋局，那么 $V(b) = V(b')$，其中 b' 是从 b 开始双方都采取最优对弈后可达到的终局。

然而，由于这个定义的递归性，它的运算效率不高，所以这个定义对于西洋跳棋比赛者不可用。除了无关紧要的前三种终局的情况，对于某一个棋盘状态(情况 4)，b 要决定它的值 $V(b)$需要向前搜索到达终局的所有路线！由于这个定义不能由西洋跳棋程序高效地运算，这个定义被称为不可操作的定义。当前的学习目标是发现一个可操作的定义 V，它能够被西洋跳棋程序用来在合理的时间内评估棋局并选取走法。

所以这种情况下，学习任务被简化成发现一个理想目标函数 V 的可操作描述。通常要完美地学习这样一个 V 的可操作的形式是非常困难的。事实上，通常我们仅希望学习算法得到近似的目标函数，由于这个原因学习目标函数的过程常被称为函数逼近（function approximation）。在当前的讨论中，用 $\hat{V}$ 来表示程序中实际学习到的函数，以区别理想目标函数 V。

1.2.3 选择目标函数的表示

至此，我们已经确定了理想的目标函数 V，接下来必须选择一个表示，它被学习程序用来描述要学习的函数 $\hat{V}$。对此也有很多设计选择。例如，可以将 $\hat{V}$ 表示为一张大表，对于每个惟一的棋盘状态，表中有惟一的表项来确定它的状态值。或者，可以让程序用一个规则集合来匹配棋局的特征以表示 $\hat{V}$，或采用一个与预定义棋盘特征有关的二次多项式函数，或者用人工神经元网络。通常，选择这个描述包含一个重要的权衡过程。一方面，我们总希望选取一个非常有表征能力的描述，以最大可能地逼近理想的目标函数 V。另一方面，越有表征能力的描述需要越多的训练数据，使程序能从它表示的多种假设中选择。为了简化讨论，现在选择一个简单的表示法：对于任何给定的棋盘状态，函数 $\hat{V}$ 可以通过以下棋盘参数的线性组合来计算：

- x_1：棋盘上黑子的数量
- x_2：棋盘上红子的数量
- x_3：棋盘上黑王的数量
- x_4：棋盘上红王的数量
- x_5：被红子威胁的黑子数量（即会在下一次被红子吃掉的黑子数量）
- x_6：被黑子威胁的红子数量

于是，学习程序把 $\hat{V}(b)$ 表示为一个线性函数

$$\hat{V}(b) = w_0 + w_1x_1 + w_2x_2 + w_3x_3 + w_4x_4 + w_5x_5 + w_6x_6$$

其中，w_0 到 w_6 为数字系数，或叫权，由学习算法来选择。在决定某一个棋盘状态值时，权 w_1 到 w_6 决定了不同的棋盘特征的相对重要性，而权 w_0 为一个附加的棋盘状态值常量。

概括一下目前为止的设计选择。我们已经详细阐述了这个学习问题的原型，即为它选择一种类型的训练经验、一个要学习的目标函数以及这个目标函数的一种表示。现在的学习任务是：

西洋跳棋程序的部分设计：

- 任务 T：下西洋跳棋
- 性能标准 P：世界锦标赛上击败对手的百分比
- 训练经验 E：和自己进行对弈
- 目标函数：$V: Board \to \mathcal{R}$
- 目标函数的表示：$\hat{V}(b) = w_0 + w_1x_1 + w_2x_2 + w_3x_3 + w_4x_4 + w_5x_5 + w_6x_6$

前三条是对学习任务的说明，后两条制定了为实现这个学习程序的设计方案。注意这个设计的关键作用是把学习西洋跳棋战略的问题简化为学习目标函数表示中系数 w_0 到 w_6 值的问题。

1.2.4 选择函数逼近算法

为了学习目标函数 $\hat{V}$,需要一系列训练样例,每一个样例描述了特定的棋盘状态 b 和它的训练值 $V_{train}(b)$。换言之,每一个训练样例是形式为$\langle b, V_{train}(b)\rangle$的序偶。举例来说,下面的训练实例描述了一个黑棋取胜(注意 $x_2=0$,表示红棋已经没有子了)的棋盘状态 b,它的目标函数值 $V_{train}(b)$为$+100$。

$$\langle\langle x_1=3, x_2=0, x_3=1, x_4=0, x_5=0, x_6=0\rangle, +100\rangle$$

下文描述了一个过程,它先从学习器可得的间接训练经验中导出上面的训练样例,然后调整权 w_i 以最佳拟合这些训练样例。

1.估计训练值

根据以上的学习模型,学习器可以得到的训练信息仅是对弈最后的胜负。另一方面,我们需要训练样例为每个棋盘状态赋予一个分值。给对弈结束时的棋盘状态评分很容易,而要给对弈结束前的大量中间棋盘状态评分就不那么容易了。因为,一盘棋的最终输赢未必能说明这盘棋当中的每一个棋盘状态的好坏。例如,即使某个程序输了一盘棋,仍会有这样的情况,这盘棋前面的棋局应被给予很高的评价,失败的原因在于后来糟糕的走法。

尽管估计中间棋局训练值具有内在的模糊性,但令人惊讶的是有一个简单的方法却取得了良好效果。这种方法是把任何中间棋局 b 的训练值 $V_{train}(b)$赋以 $\hat{V}(Successor(b))$,其中 $\hat{V}$ 是学习器目前采用的 V 的近似函数,$Successor(b)$ 表示 b 之后再轮到程序走棋时的棋盘状态(也就是程序走了一步和对手回应一步后的棋局)。估计训练值的方法可被归纳为:

训练值估计法则

$$V_{train}(b) \leftarrow \hat{V}(Successor(b)) \tag{1.1}$$

或许这看起来有点离奇,只使用当前的 $\hat{V}$ 来估计训练值,这一训练值又被用来更新 $\hat{V}$。但请注意,我们是在用后续棋局 $Successor(b)$的估计值来估计棋局 b 的值。凭直觉我们可以看到,越接近游戏结束的棋局的 $\hat{V}$ 越趋向精确。事实上,在特定条件下(将在第13章讨论),这种基于对后继棋局进行估计的迭代估计训练值的方法,已被证明可以近乎完美地收敛到 V_{train}估计值。

2.调整权值

剩下的事情就是为这个学习算法选择最适合训练样例$\{\langle b, V_{train}(b)\rangle\}$的权 w_i。第一步必须定义最佳拟合(best fit)训练数据的含义。一种常用的方法是把最佳的假设(或权向量集合)定义为使训练值和假设 $\hat{V}$ 预测出的值间的误差平方和 E 最小。

$$E \equiv \sum_{\langle b, V_{train}(b)\rangle \in \, training\ examples} (V_{train}(b) - \hat{V}(b))^2$$

至此,我们的目标就是寻找权值或 $\hat{V}$,使对于观测到的训练数据 E 值最小。第6章将讨论在什么条件下,最小化误差平方和等价于寻找给定训练数据下的最可能假设。

已经知道一些算法可以得到线性函数的权使此定义的 E 最小化。在这里需要一个算法,它可以在有了新的训练样例时进一步改进权值,并且它对估计的训练数据中的差错有好的健壮性。一个这样的算法被称作最小均方法(least mean squares),或叫 LMS 训练法则。对于每一训练样例,它把权值向减小这个训练数据误差的方向略为调整。如第4章讨论的那样,这个算法可被看作对可能的假设(权值)空间进行随机的梯度下降搜索,以使误差平方和 E 最小化。LMS 算法是这样定义的:

LMS 权值更新法则

对于每一个训练样例$\langle b, V_{train}(b)\rangle$

- 使用当前的权计算 $\hat{V}(b)$
- 对每一个权值 w_i 进行如下更新

$$w_i \leftarrow w_i + \eta(V_{train}(b) - \hat{V}(b))\ x_i$$

这里 η 是一个小的常数(比如 0.1),用来调整权值更新的幅度。为了直观地理解这个权值更新法则的工作原理,请注意,当误差($V_{train}(b) - \hat{V}(b)$)为 0 时,权不会被改变。当($V_{train}(b) - \hat{V}(b)$)为正时(例如,当 $\hat{V}(b)$太低时),每一个权值会根据其对应的特征值增加一定的比例。这会提升 $\hat{V}(b)$的值而减小误差。注意,如果某个参数 x_i 为 0,那么它的值不会因这个误差而改变,这样就使只有那些在训练样例的棋局中确实出现的特征的权值才被更新。令人吃惊的是,在一定的条件下,这种简单的权值调整方法被证明可以收敛到 V_{train}值的最小误差平方逼近(参见第 4 章的相关讨论)。

1.2.5　最终设计

西洋跳棋学习系统的最终设计可以用四个不同的程序模块来描述,这些模块在很多学习系统中是核心组件。这四个模块被归纳在图 1-1 中,下面分别介绍。

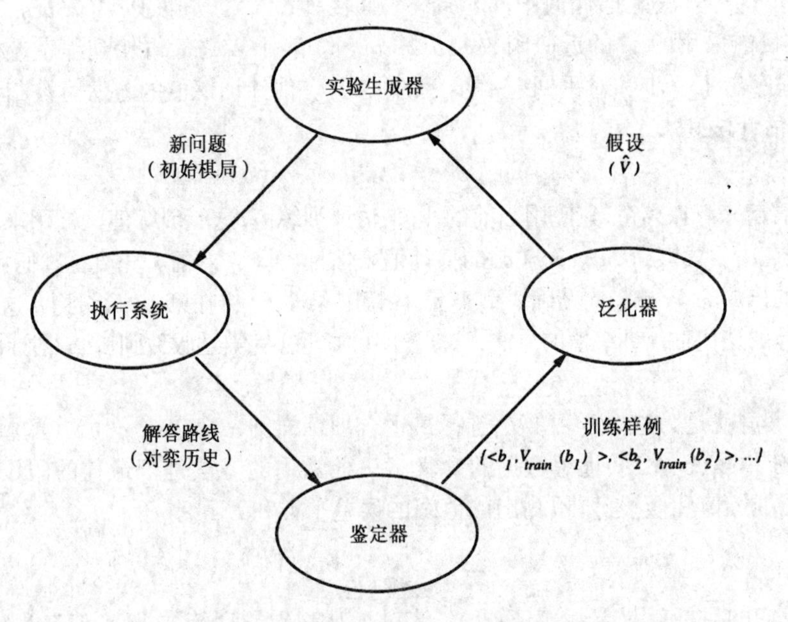

图 1-1　西洋跳棋学习程序的最终设计

执行系统(Performance System)　这个模块是用学会的目标函数来解决给定的任务,在此就是对弈西洋跳棋。它把新问题(新一盘棋)的实例作为输入,产生一组解答路线(对弈历史记录)作为输出。在这里,执行系统采用的选择下一步走法的策略是由学到的评估函数 $\hat{V}$ 来决定的。所以我们期待它的性能会随着评估函数的日益准确而提高。

鉴定器(Critic) 它以对弈的路线或历史记录作为输入,输出目标函数的一系列训练样例。如图所示,每一个训练样例对应路线中的某个棋盘状态和目标函数给这个样例的评估值 V_{train}。在我们的例子中,鉴定器对应公式(1.1)给出的训练法则。

泛化器(Generalizer) 它以训练样例作为输入,产生一个输出假设,作为它对目标函数的估计。它从特定的训练样例中泛化,猜测一个一般函数,使其能够覆盖这些样例以及样例之外的情形。在我们的例子中,泛化器对应 LMS 算法,输出假设是用学习到的权值 $w_0, \ldots, w_6$ 描述的函数 $\hat{V}$。

实验生成器(Experiment Generator) 它以当前的假设(当前学到的函数)作为输入,输出一个新的问题(例如,最初的棋局)供执行系统去探索。它的作用是挑选新的实践问题,以使整个系统的学习速率最大化。在我们的例子中,实验生成器采用了非常简单的策略:它总是给出一个同样的初始棋局来开始新的一盘棋。更完善的策略可能致力于精心设计棋子位置,以探索棋盘空间的特定区域。

总体来看,我们为西洋跳棋程序作的设计就是产生执行系统、鉴定器、泛化器和实验生成器的特定实例。很多机器学习系统通常可以用这四个通用模块来刻画。

设计西洋跳棋程序的流程被归纳在图 1-2 中。这个设计已经在几方面把学习任务限制在较小的范围内。要学习的知识类型被限制为一个单一的线性评估函数,而且这个评估函数被限制为仅依赖于六个棋盘特征。如果目标函数真的可表示为这些特定参数的线性组合,那么程序学到这个目标函数的可能性很大。反之,最多只能希望它学到一个合理的近似,因为一个程序当然不能学会它根本不能表示的东西。

我们假定真实函数 V 的一个合理的近似确实可被表示为这种形式。那么问题变成这种学习技术是否确保能发现一个合理的近似。第 13 章提供了一种理论分析,表明对于某些类型的搜索问题,在相当严格的前提下,这种方法确实收敛到期望的评估函数。很幸运,实践经验表明这种学习评估函数的途径经常是成功的,甚至在能被证明的情形之外也是如此。

如此设计的程序能击败人类的西洋跳棋冠军吗?或许不能。部分原因是因为 $\hat{V}$ 的线性函数表示太简单,以致于不能很好捕捉这种棋的微妙之处。然而,如果给出一个更完善的目标函数表示法,这种通用的途径事实上可以非常成功。例如,Tesauro (1992, 1995)发表了学习下西洋双陆棋的程序的类似设计,方法是学习一个非常类似的棋局评估函数。他的程序使用人工神经元网络表示学到的评估函数,考虑对棋局的完整描述而不是棋盘的几个参数。经历了一百万次以上的自我生成的训练比赛后,他的程序能够和一流的人类西洋双陆棋选手一争高下。

当然还可能为西洋跳棋学习任务设计很多其他的算法。例如,可以只简单地存储训练样例,然后去寻找保存的"最接近的"情形来匹配新的情况(最近邻算法,第 8 章),或者可以产生大量候选的西洋跳棋程序,并让它们相互比赛,保留最成功的程序并进一步用模拟进化的方式来培育或变异它们(遗传算法,见第 9 章)。人类似乎遵循另一种途径来寻找学习策略,他们分析或向自己解释比赛中碰到的成败的原因(基于解释的学习,见第 11 章)。上面的设计是这些种类中的一个简单的算法,它是为了给我们今后针对特定类别的任务的学习方法设计奠定基础。

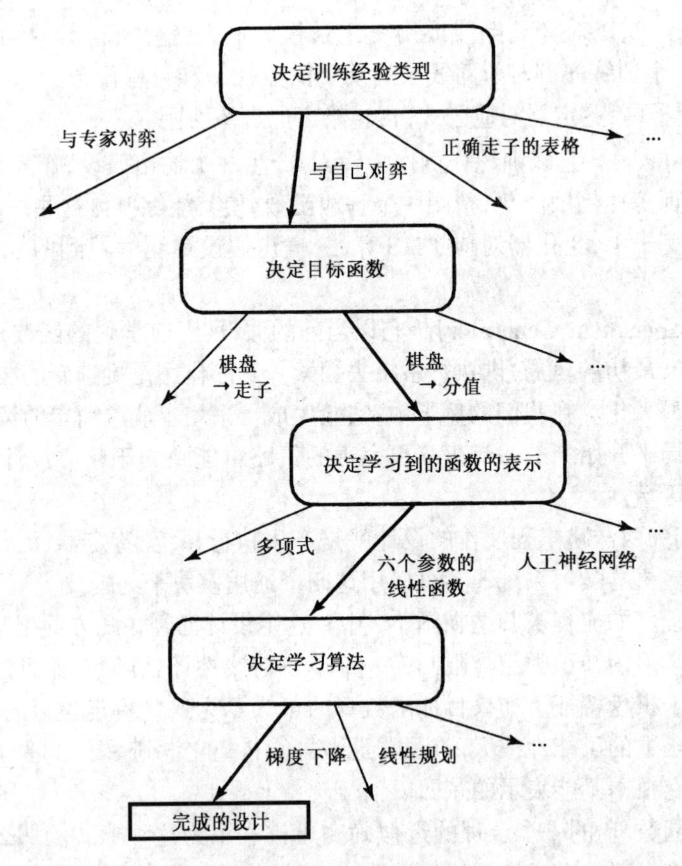

图 1-2　西洋跳棋学习程序的设计过程概述

1.3　机器学习的一些观点和问题

在机器学习方面,一个有效的观点是机器学习问题经常归结于搜索问题,即对非常大的假设空间进行搜索,以确定最佳拟合观察到的数据和学习器已有知识的假设。例如,考虑一下上面的西洋跳棋学习程序输出的假设空间。这个假设空间包含所有可由权 w_0 到 w_6 的不同值表示的评估函数。于是学习器的任务就是搜索这个空间,寻找与训练数据最佳拟合的假设。针对拟合权值的 LMS 算法通过迭代调整权值实现了这个目的。每当假设的评估函数预测出一个与训练数据有偏差的值时,就对每个权值进行校正。当学习器考虑的假设表示定义了一个连续的参数化的潜在假设空间时,这个算法很有效。

本书的很多章节给出了对一些基本表示(例如,线性函数、逻辑描述、决策树、人工神经元网络)定义的假设空间的搜索算法。这些不同的假设表示法适合于学习不同的目标函数。对于其中的每一种假设表示法,对应的学习算法发挥不同内在结构的优势来组织对假设空间的搜索。

自始至终,本书都贯穿着这种把学习问题视为搜索问题的看法,从而通过搜索策略和学习器探索的搜索空间的内在结构来刻画学习方法。我们也会发现,这种观点对于形式化地分析要搜索的假设空间的大小、可利用的训练样例的数量以及一个与训练数据一致的假设能泛化到未见实例的置信度这三者之间的关系很有效。

机器学习的问题

西洋跳棋例子提出了机器学习方面很多普遍问题。机器学习这门学科和本书的绝大部分都致力于回答类似下面的问题：

- 存在什么样的算法能从特定的训练数据学习一般的目标函数呢？如果提供了充足的训练数据，什么样的条件下会使特定的算法收敛到期望的函数？哪个算法对哪些问题和表示的性能最好。
- 多少训练数据是充足的？怎样找到学习到的假设的置信度与训练数据的数量及提供给学习器的假设空间特性之间的一般关系？
- 学习器拥有的先验知识是怎样引导从样例进行泛化的过程的？当先验知识仅仅是近似正确时，它们会有帮助吗？
- 关于选择有效的后续训练经验，什么样的策略最好？这个策略的选择会如何影响学习问题的复杂性？
- 怎样把学习任务简化为一个或多个函数逼近问题？换一种方式，系统该试图学习哪些函数？这个过程本身能自动化吗？
- 学习器怎样自动地改变表示法来提高表示和学习目标函数的能力？

1.4 如何阅读本书

这本书介绍了机器学习的主要算法和途径、不同学习任务可行性和特定算法能力的理论结果以及机器学习应用于解决现实问题的例子。我们尽力做到各章的写作都与阅读顺序无关，然而各章的相互依赖性是不可避免的。如果本书用作教科书，我建议首先阅读第 1 章和第 2 章，余下各章基本可以以任意顺序阅读。一个学期的机器学习课程可以包括前 7 章以及额外的几个最感兴趣的章节。下面简要介绍一下各章内容。

- 第 2 章包括基于符号和逻辑表示的概念学习。也讨论了假设的一般到特殊偏序结构和学习中引入归纳偏置的必要性。
- 第 3 章包括决策树学习和过度拟合训练数据的问题。这一章也剖析了奥坎姆剃刀——该原则建议在与数据一致的假设中选择最短假设。
- 第 4 章包括人工神经网络的知识，特别是已研究得很好的反向传播算法以及梯度下降的一般方法。这一章包含一个详细的基于神经网络的人脸识别实例，该例需要的数据和算法可以在万维网上得到。
- 第 5 章给出了来自统计和估计理论的基础概念，着重于使用有限的样本数据评估假设的精度。这一章包含了用于估计假设精度的置信空间和对不同学习算法的精度进行比较的方法。
- 第 6 章介绍机器学习的贝叶斯观点。既包括了使用贝叶斯分析刻画非贝叶斯学习算法，又包括了直接处理概率的贝叶斯算法。这一章包括一个应用贝叶斯分类器来分类文本文档的详细例子，所需的数据和软件可以在万维网上得到。
- 第 7 章涵盖了计算学习理论，包括可能近似正确(Probably Approximately Correct，PAC)学习模型和出错界限(Mistake-Bound)学习模型。本章讨论了联合多个学习方法的加权多数(WEIGHTED MAJORITY)算法。

- 第 8 章描述了基于实例的学习方法,包括最近邻学习法、局部加权回归法和基于案例的推理法。
- 第 9 章讨论了根据生物进化建模的学习算法,包括遗传算法和遗传编程。
- 第 10 章涵盖了一组学习规则集合的算法,包括学习一阶 Horn 子句的归纳逻辑编程方法。
- 第 11 章包含了基于解释的学习,即一种使用以前的知识解释观察到的实例,然后根据这些解释来泛化的学习方法。
- 第 12 章讨论了把以前的近似知识结合到现有的训练数据中来,以提高学习精度的方法。其中,符号算法和神经网络算法都有讨论。
- 第 13 章讨论了增强学习。这种方法是为了处理来自训练信息中的间接或延迟的反馈信息。本章前面提及的下棋学习程序是增强学习的一个简单的例子。

每章的结尾包含了所涵盖的主要概念的小结、进一步阅读的参考和习题。对章节的更新,包括数据集和算法的实现,都可从网址 http://www.cs.cmu.edu/tom/mlbook.html 得到。

1.5 小结和补充读物

机器学习致力于研究建立能够根据经验自我提高处理性能的计算机程序。该部分的要点包括:

- 机器学习算法在很多应用领域被证明很有实用价值。它们在以下方面特别有用:(a)数据挖掘问题,即从大量数据中发现可能包含的有价值的规律(例如,从患者数据库中分析治疗的结果,或者从财务数据中得到信用贷款的普遍规则);(b)在某些困难的领域中,人们可能还不具有开发出高效的算法所需的知识(比如,从图像库中识别出人脸);(c)计算机程序必须动态地适应变化的领域(例如,在原料供给变化的环境下进行生产过程控制,或适应个人阅读兴趣的变化)。
- 机器学习从不同的学科吸收概念,包括人工智能、概率和统计、计算复杂性、信息论、心理学和神经生物学、控制论以及哲学。
- 一个完整定义的学习问题需要一个明确界定的任务、性能度量标准以及训练经验的来源。
- 机器学习算法的设计过程中包含许多选择,包括选择训练经验的类型、要学习的目标函数、该目标函数的表示形式以及从训练样例中学习目标函数的算法。
- 学习的过程即搜索的过程,搜索包含可能假设的空间,使得到的假设最符合已有的训练样例和其他先验的约束或知识。本书的大部分内容围绕着搜索各种假设空间(例如,包含数值函数、神经网络、决策树、符号规则的空间)的不同学习方法以及理论上这些搜索方法在什么条件下会收敛到最佳假设。

有很多关于机器学习最新研究成果的优秀资源可供阅读。相关的杂志包括《机器学习》(*Machine Learning*),《神经计算》(*Neural Computation*),《神经网络》(*Neural Networks*),《美国统计协会期刊》(*Journal of the American Statistical Association*)和《IEEE 模式分析和机器智能学报》(IEEE *Transactions on Pattern Analysis and Machine Intelligence*)。也有大量的年会覆盖了机器学习的各个方面,包括国际机器学习会议(ICML),神经信息处理系统会议(NIPS),计算学习理论会议(CCLT),国际遗传算法会议(ICGA),国际知识发现和数据挖掘会议(KDD),欧洲机器学习会议(ECML)等。

习题

1.1 给出三种机器学习方法适合的计算机应用,三种不适合的计算机应用。挑选本书未提及的应用并对每个应用以一句话来评价。

1.2 挑选一些本书未提到的学习任务。写一段话非正式地加以描述。再尽可能精确地描述出它的任务、性能衡量标准和训练经验。最后,给出要学习的目标函数和它的表示。讨论这个任务设计中考虑的主要折中。

1.3 证明本章描述的 LMS 权更新法则采用了梯度下降方法使误差平方最小化。确切地讲,像文中那样定义误差平方 E。然后计算 E 对权 w_i 的导数,其中假定 $\hat{V}(b)$与文中定义的一样,是一个线性函数。梯度下降是通过与 $-\frac{\partial E}{\partial w_i}$成比例地更新每个权值实现的。所以,必须证明对于所遇到的每一个训练样例,LMS 训练法则都是按这个比例来改变权值。

1.4 图 1-1 中实验生成器模块可采用其他一些策略。确切地讲,考虑实验生成器用下面的策略提出新的棋局:

- 产生随机的合法的棋局
- 从前面的对弈中挑选一个棋局,然后走一步上次没有走的棋而产生新的棋局
- 一种你自己设计的策略

讨论这些策略的优劣。如果训练样例的数量是固定的,哪一个效果最好?假定性能衡量标准是在世界锦标赛上赢棋最多。

1.5 使用类似于西洋跳棋问题的算法,实现一个更简单的 tic-tac-toe 游戏[⊖]。把学习到的函数 $\hat{V}$ 表示为自选的棋局参数的线性组合。在训练这个程序时,让它和它的另一个拷贝反复比赛,后者使用一个手工建立的固定评估函数。绘制出你的程序的获胜率随训练次数的变化情况。

参考文献

Ahn, W., & Brewer, W. F. (1993). Psychological studies of explanation-based learning. In G. DeJong (Ed.), *Investigating explanation-based learning*. Boston: Kluwer Academic Publishers.

Anderson, J. R. (1991). The place of cognitive architecture in rational analysis. In K. VanLehn (Ed.), *Architectures for intelligence* (pp. 1–24). Hillsdale, NJ: Erlbaum.

Chi, M. T. H., & Bassock, M. (1989). Learning from examples via self-explanations. In L. Resnick (Ed.), *Knowing, learning, and instruction: Essays in honor of Robert Glaser*. Hillsdale, NJ: L. Erlbaum Associates.

Cooper, G., et al. (1997). An evaluation of machine-learning methods for predicting pneumonia mortality. *Artificial Intelligence in Medicine*, (to appear).

Fayyad, U. M., Uthurusamy, R. (Eds.) (1995). *Proceedings of the First International Conference on Knowledge Discovery and Data Mining*. Menlo Park, CA: AAAI Press.

Fayyad, U. M., Smyth, P., Weir, N., Djorgovski, S. (1995). Automated analysis and exploration of image databases: Results, progress, and challenges. *Journal of Intelligent Information Systems*,

⊖ 该游戏棋盘为 3×3 方格,双方交互落子,首先实现自方三子连一线者胜。

4, 1–19.

Laird, J., Rosenbloom, P., & Newell, A. (1986). SOAR: The anatomy of a general learning mechanism. *Machine Learning*, 1(1), 11–46.

Langley, P., & Simon, H. (1995). Applications of machine learning and rule induction. *Communications of the ACM*, 38(11), 55–64.

Lee, K. (1989). *Automatic speech recognition: The development of the Sphinx system*. Boston: Kluwer Academic Publishers.

Pomerleau, D. A. (1989). *ALVINN: An autonomous land vehicle in a neural network*. (Technical Report CMU-CS-89-107). Pittsburgh, PA: Carnegie Mellon University.

Qin, Y., Mitchell, T., & Simon, H. (1992). Using EBG to simulate human learning from examples and learning by doing. *Proceedings of the Florida AI Research Symposium* (pp. 235–239).

Rudnicky, A. I., Hauptmann, A. G., & Lee, K. -F. (1994). Survey of current speech technology in artificial intelligence. *Communications of the ACM*, 37(3), 52–57.

Rumelhart, D., Widrow, B., & Lehr, M. (1994). The basic ideas in neural networks. *Communications of the ACM*, 37(3), 87–92.

Tesauro, G. (1992). Practical issues in temporal difference learning. *Machine Learning*, 8, 257.

Tesauro, G. (1995). Temporal difference learning and TD-gammon. *Communications of the ACM*, 38(3), 58–68.

Waibel, A., Hanazawa, T., Hinton, G., Shikano, K., & Lang, K. (1989). Phoneme recognition using time-delay neural networks. *IEEE Transactions on Acoustics, Speech and Signal Processing*, 37(3), 328–339.

第2章 概念学习和一般到特殊序

从特殊的训练样例中归纳出一般函数是机器学习的中心问题。本章介绍概念学习:给定某一类别的若干正例和反例,从中获得该类别的一般定义。概念学习也可以看作是一个搜索问题的过程,它在预定义的假设空间中搜索假设,使其与训练样例有最佳的拟合度。多数情形下,为了高效的搜索,可以利用假设空间中一种自然形成的结构——即一般到特殊偏序结构。本章展示了几种概念学习算法,并讨论了这些算法能收敛到正确假设的条件。这里还分析了归纳学习的本质以及任意程序能从训练数据中泛化的理由。

2.1 简介

许多机器学习问题涉及到从特殊训练样例中得到一般概念。比如人们不断学习的一些一般概念和类别包括:鸟类、汽车、勤奋的学习等。每个概念可被看作一个对象或事件集合,它是从更大的集合中选取的子集(如从动物的集合中选取鸟类),或者是在这个较大集合中定义的布尔函数(如在动物集合中定义的函数,它对鸟类产生 true 并对其他动物产生 false)。

本章考虑的问题是,给定一样例集合以及每个样例是否属于某一概念的标注,怎样自动推断出该概念的一般定义。这一问题被称为概念学习(concept learning),或称从样例中逼近布尔值函数。

定义:概念学习是指从有关某个布尔函数的输入输出训练样例中推断出该布尔函数。

2.2 概念学习任务

为了更好地理解概念学习,考虑一个概念学习的例子,本例的目标概念是:"Aldo 进行水上运动的日子"。表 2-1 描述了一系列日子的样例,每个样例表示为属性的集合。属性 *EnjoySport* 表示这一天 Aldo 是否乐于进行水上运动。这个任务的目的是基于某天的各属性,以预测出该天 *EnjoySport* 的值。

表 2-1 目标概念 *EnjoySport* 的正例和反例

Example	*Sky*	*AirTemp*	*Humidity*	*Wind*	*Water*	*Forecast*	*EnjoySport*
1	Sunny	Warm	Normal	Strong	Warm	Same	Yes
2	Sunny	Warm	High	Strong	Warm	Same	Yes
3	Rainy	Cold	High	Strong	Warm	Change	No
4	Sunny	Warm	High	Strong	Cool	Change	Yes

在这种情况下,采取什么样的形式来表示假设呢?可以先考虑一个较为简单的形式,即实例的各属性约束的合取式。在这里,可令每个假设为 6 个约束的向量,这些约束指定了属性 *Sky*、*AirTemp*、*Humidity*、*Wind*、*Water* 和 *Forecast* 的值。每个属性可取值为:

- 由“?”表示任意本属性可接受的值。
- 明确指定的属性值(如 *Warm*)。
- 由“Ø”表示不接受任何值。

如果某些实例 x 满足假设 h 的所有约束,那么 h 将 x 分类为正例($h(x)=1$)。比如,为判定 Aldo 只在寒冷和潮湿的日子里进行水上运动(并与其他属性无关),这样的假设可表示为下面的表达式:

$$\langle ?, Cold, High, ?, ?, ? \rangle$$

最一般的假设是每一天都是正例,可表示为:

$$\langle ?, ?, ?, ?, ?, ? \rangle$$

而最特殊的假设即每一天都是反例,表示为:

$$\langle \emptyset, \emptyset, \emptyset, \emptyset, \emptyset, \emptyset \rangle$$

综上所述,*EnjoySport* 这个概念学习任务需要学习的是使 *EnjoySport* = *yes* 的日子,并将其表示为属性约束的合取式。一般说来,任何概念学习任务能被描述为:实例的集合、实例集合上的目标函数、候选假设的集合以及训练样例的集合。以这种一般形式定义的 *EnjoySport* 概念学习任务见表 2-2。

表 2-2 *EnjoySport* 概念学习任务

- 已知:
  - 实例集 X:可能的日子,每个日子由下面的属性描述:
    - *Sky*(可取值为 *Sunny*, *Cloudy* 和 *Rainy*)
    - *AirTemp*(可取值为 *Warm* 和 *Cold*)
    - *Humidity*(可取值为 *Normal* 和 *High*)
    - *Wind*(可取值为 *Strong* 和 *Weak*)
    - *Water*(可取值为 *Warm* 和 *Cool*)
    - *Forecast*(可取值为 *Same* 和 *Change*)
  - 假设集 H:每个假设描述为 6 个属性 *Sky*, *AirTemp*, *Humidity*, *Wind*, *Water* 和 *Forecast* 的值约束的合取。约束可以为“?”(表示接受任意值),“Ø”(表示拒绝所有值),或一特定值
  - 目标概念 c: *EnjoySport*: $X \rightarrow \{0, 1\}$
  - 训练样例集 D:目标函数的正例和反例(见表 2-1)
- 求解:
  - H 中的一假设 h,使对于 X 中任意 x, $h(x)=c(x)$

2.2.1 术语定义

在本书中,我们使用以下的术语来讨论概念学习问题。概念定义在一个实例(instance)集合之上,这个集合表示为 X。在本例中,X 是所有可能的日子,每个日子由 *Sky*、*AirTemp*、*Humidity*、*Wind*、*Water* 和 *Forecast* 六个属性表示。待学习的概念或函数称为目标概念(target concept),记作 c。一般来说,c 可以是定义在实例集 X 上的任意布尔函数,即 $c: X \rightarrow \{0, 1\}$。在这个例子里,目标概念对应于属性 *EnjoySport* 的值(当 *EnjoySport* = *Yes* 时 $c(x)=1$,当 *EnjoySport* = *No* 时,$c(x)=0$)。

在学习目标概念时,必须提供一套训练样例(training examples),每个样例为 X 中的一个实例 x 以及它的目标概念值 $c(x)$(如表 2-1 中的训练样例)。对于 $c(x)=1$ 的实例被称为正

例(positive example),或称为目标概念的成员。对于 $c(x)=0$ 的实例为反例(negative example),或称为非目标概念成员。经常可以用序偶 $\langle x, c(x)\rangle$ 来描述训练样例,表示其包含了实例 x 和目标概念值 $c(x)$。符号 D 用来表示训练样例的集合。

一旦给定目标概念 c 的训练样例集,学习器面临的问题就是假设或估计 c。使用符号 H 来表示所有可能假设(all possible hypotheses)的集合,这个集合才是为确定目标概念所考虑的范围。通常 H 依设计者所选择的假设表示而定。H 中每个的假设 h 表示 X 上定义的布尔函数,即 $h: X \rightarrow \{0,1\}$。机器学习的目标就是寻找一个假设 h,使对于 X 中的所有 x,$h(x)=c(x)$。

2.2.2　归纳学习假设

机器学习的任务是在整个实例集合 X 上确定与目标概念 c 相同的假设 h,然而我们对于 c 仅有的信息只是它在训练样例上的值。因此,归纳学习算法最多只能保证输出的假设能与训练样例相拟合。如果没有更多的信息,我们只能假定,对于未见实例最好的假设就是与训练数据最佳拟合的假设。这是归纳学习的一个基本假定,本书中将对此做更多的阐述。这里我们只是简单提及,第 5、6、7 章将更形式地和定量地审定和分析这一假定。

归纳学习假设　任一假设如果在足够大的训练样例集中很好地逼近目标函数,它也能在未见实例中很好地逼近目标函数。

2.3　作为搜索的概念学习

概念学习可以看作是一个搜索的过程,范围是假设的表示所隐含定义的整个空间。搜索的目标是为了寻找能最好地拟合训练样例的假设。必须注意到,当假设的表示形式选定后,那么也就隐含地为学习算法确定了所有假设的空间。这些假设是学习程序所能表示的,也是它能够学习的。考虑在 *EnjoySport* 学习任务中的实例集合 X 和假设集合 H。如果属性 *Sky* 有 3 种可能的值,而 *AirTemp*、*Humidity*、*Wind*、*Water* 和 *Forecast* 都只有两种可能值,则实例空间 X 包含了 $3\times2\times2\times2\times2\times2=96$ 种不同的实例。类似的计算可得,在假设空间 H 中,有 $5\times4\times4\times4\times4\times4=5120$ 种语法不同(syntactically distinct)的假设。然而,注意到包含有 Ø 符号的假设代表空实例集合,即它们将每个实例都分类为反例。因此,语义不同(semantically distinct)的假设只有 $1+4\times3\times3\times3\times3\times3=973$ 个。这里的 *EnjoySport* 例子是一个非常简单的学习任务,它的假设空间相对较小且有限。多数实际的学习任务包含更大的、有时是无限大的假设空间。

如果把学习看作是一个搜索问题,那么很自然,对学习算法的研究需要考查假设空间搜索的不同策略。特别引起我们兴趣的算法应能有效地搜索非常大的或无限大的假设空间,以找到最佳拟合训练数据的假设。

假设的一般到特殊序

许多概念学习算法中,搜索假设空间的方法依赖于一种针对任意概念学习都很有效的结构:假设的一般到特殊序关系。利用假设空间的这种自然结构,我们可以在无限的假设空间中进行彻底的搜索,而不需要明确地列举所有的假设。为说明一般到特殊序关系,考虑以下两个假设:

$$h_1 = \langle Sunny, ?, ?, Strong, ?, ? \rangle$$
$$h_2 = \langle Sunny, ?, ?, ?, ?, ? \rangle$$

哪些实例可被 h_1 和 h_2 划分为正例？由于 h_2 包含的实例约束较少，它划分出的正例也较多。实际上，任何被 h_1 划分为正例的实例都会被 h_2 划分为正例，因此，我们说 h_2 比 h_1 更一般。

直观上的"比……更一般"这种关系可以有如下精确定义。首先，对 X 中的任意实例 x 和 H 中的任意假设 h，我们说当且仅当 $h(x)=1$ 时 x 满足 h。现在以实例集合的形式定义一个 *more_general_than_or_equal_to* 的关系：给定假设 h_j 和 h_k，h_j *more_general_than_or_equal_to* h_k，当且仅当任意一个满足 h_k 的实例同时也满足 h_j。

定义：令 h_j 和 h_k 为在 X 上定义的布尔函数。称 h_j ***more_general_than_or_equal_to*** h_k（记作 $h_j \geq_g h_k$），当且仅当

$$(\forall x \in X)[(h_k(x)=1) \rightarrow (h_j(x)=1)]$$

有必要考虑一假设严格地比另一假设更一般的情形。因此，我们说 h_j 严格的 *more_general_than* h_k（写作 $h_j >_g h_k$），当且仅当 $(h_j \geq_g h_k) \wedge (h_k \ngeq_g h_j)$。最后，还可以定义逆向的关系"比……更特殊"为 h_j *more_specific_than* h_k，当 h_k *more_general_than* h_j。

为说明这些定义，考虑 *EnjoySport* 例子中的 3 个假设 h_1、h_2、h_3，如图 2-1 所示。这三个假设是如何由 $\geq_g$ 关系相关联起来的？如前所述，h_2 比 h_1 更一般是因为每个满足 h_1 的实例都满足 h_2。与此相似，h_2 也比 h_3 更一般。注意 h_1 和 h_3 之间相互之间不存在 $\geq_g$ 关系，虽然满足这两个假设的实例有交叠，但没有一个集合完全包含另一个集合。注意 $\geq_g$ 和 $>_g$ 关系的定义独立于目标概念。它们只依赖于满足这两个假设的实例，而与根据目标概念进行的实例分类无关。用形式化的语言来说，$\geq_g$ 关系定义了假设空间 H 上的一个偏序（即这个关系是自反、反对称和传递的）。偏序关系的含义（对应于全序）是，可能存在像 h_1 和 h_3 这样的一对假设，$(h_1 \ngeq_g h_3)$ 而且 $(h_3 \ngeq_g h_1)$。

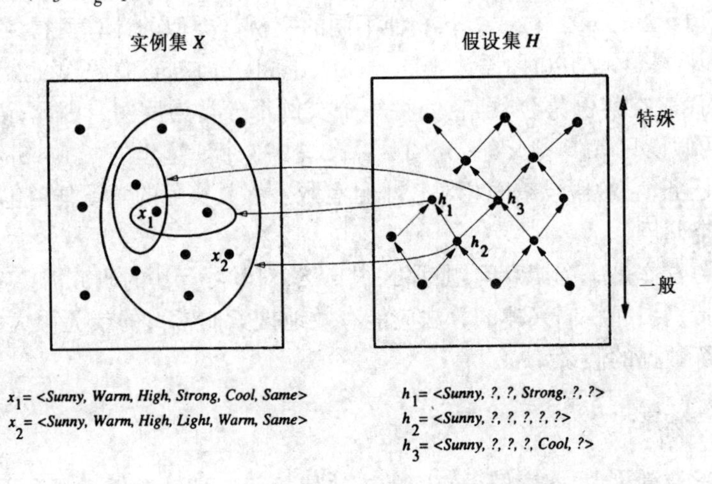

左边的方框代表所有实例的集合 X，右边的方框代表所有假设集合 H。右边的每个假设对应左边 X 中某个子集——即被此假设划分为正例的集合。连接假设的箭头代表 *more_general_than* 关系。箭头所指为较特殊的假设。注意到 h_2 对应的实例子集包含了 h_1 对应的实例子集，因此 h_2 *more_general_than* h_1。

图 2-1　实例、假设和 *more_general_than* 关系

$\geqslant_g$ 关系很重要,因为它在假设空间 H 上对任意概念学习问题提供了一种有效的结构。后面的章节将阐述概念学习算法如何利用这一偏序结构有效地搜索假设空间。

2.4　FIND-S:寻找极大特殊假设

如何使用 *more_general_than* 偏序来搜索与训练样例相一致的假设呢? 一种办法是从 H 中最特殊假设开始，然后在该假设覆盖正例失败时将其一般化(当一假设能正确地划分一个正例时,称该假设“覆盖”该正例)。使用偏序实现的 FIND-S 算法的精确描述见表 2-3。

表 2-3　FIND-S 算法

1. 将 h 初始化为 H 中最特殊假设
2. 对每个正例 x
   - 对 h 的每个属性约束 a_i

     如果 x 满足 a_i

     那么不做任何处理

     否则将 h 中 a_i 替换为 x 满足的下一个更一般约束
3. 输出假设 h

为说明这一算法,假定给予学习器的一系列训练样例如表 2-1 所示。FIND-S 的第一步是将 h 初始化为 H 中最特殊的假设:

$$h \leftarrow \langle \varnothing, \varnothing, \varnothing, \varnothing, \varnothing, \varnothing \rangle$$

在观察表 2-1 中第一个训练样例时，它刚好是个正例，很清楚，这时的 h 太特殊了。h 中的每一个 Ø 约束都不被该样例满足，因此，每个属性都被替换成能拟合该例的下一个更一般的值约束，也就是这一样例的属性值本身:

$$h \leftarrow \langle Sunny, Warm, Normal, Strong, Warm, Same \rangle$$

这个 h 仍旧太特殊了,它把除了第一个样例以外的所有实例都划分为反例。下一步,第 2 个训练样例(仍然为正例)迫使该算法进一步将 h 一般化。这次使用“?”代替 h 中不能被新样例满足的属性值,这样假设变为:

$$h \leftarrow \langle Sunny, Warm, ?, Strong, Warm, Same \rangle$$

然后处理第三个训练样例,这是一个反例,h 不变。实际上,FIND-S 算法简单地忽略每一个反例！这一开始似乎有点奇怪。注意,这时假设 h 仍然与新的反例一致(即 h 能将此例正确地划分为反例),因此不需要对 h 作任何更改。一般情况下,只要我们假定假设空间 H 确实包含真正的目标概念 c,而且训练样例不包含错误,那么当前的假设 h 不需要因反例的出现而更改。原因在于当前假设 h 是 H 中与所观察到的正例相一致的最特殊的假设,由于假定目标概念 c 在 H 中,而且它一定是与所有正例一致的,那么 c 一定比 h 更一般,而目标概念 c 不会覆盖一个反例,因此 h 也不会(由 *more_general_than* 的定义)。因此,对反例,h 不需要作出任何更改。

接着完成 FIND-S 算法,第四个正例使得 h 更一般:

$$h \leftarrow \langle Sunny, Warm, ?, Strong, ?, ? \rangle$$

FIND-S 算法演示了一种利用 *more_general_than* 偏序来搜索假设空间的方法。这一搜索沿着偏序链,从较特殊的假设逐渐转移到较一般的假设。 图 2-2 说明了在实例和假设空间中的这种搜索过程。在每一步,假设只在需要覆盖新的正例时被一般化。因此,每一步得到的假设都是在那一点上与训练样例一致的最特殊的假设。这也是其名字 FIND-S 的由来。概念学习的思想在许多不同的算法中用到,它们使用了同样的 *more_general_than* 偏序。一部分算法在本章讨论,另一些放在第 10 章。

FIND-S 算法的重要特点是:对以属性约束的合取式描述的假设空间(如,*EnjoySport* 中的 H),FIND-S 保证输出为 H 中与正例一致的最特殊的假设。只要正确的目标概念包含在 H 中并且训练数据都是正确的,最终的假设也与所有反例一致。然而,这一学习算法仍存在一些未解决的问题:

- 学习过程是否收敛到了正确的目标概念?虽然 FIND-S 找到了与训练数据一致的假设,但没办法确定它是否找到了惟一合适的假设(即目标概念本身),或者说是否还有其他可能的假设。我们希望算法知道它能否收敛到目标概念,如果不能,至少要描述出这种不确定性。
- 为什么要用最特殊的假设。如果有多个与训练样例一致的假设,FIND-S 只能找到最特殊的。为什么我们偏好最特殊的假设,而不选最一般的假设,抑或一般程度位于两者之间的某个假设。
- 训练样例是否相互一致?在多数实际的学习问题中,训练数据中常出现某些错误或噪声,这样的不一致的训练集将严重破坏 FIND-S 算法,因为它忽略了所有反例。我们期望的算法至少能检测出训练数据的不一致性,并且最好能容忍这样的错误。
- 如果有多个极大特殊假设怎么办?在 *EnjoySport* 任务的假设语言 H 中,总有一个惟一的最特殊假设与训练数据一致。然而,对其他一些假设空间(后面将讨论到),可能有多个极大特殊假设。这种情况下,FIND-S 必须被扩展,以允许其在选择怎样一般化假设的路径上回溯,以容纳目标假设位于偏序结构的另一分支上的可能性。更进一步,我们可以定义一个不存在极大特殊假设的假设空间,然而,这是一个更理论性的问题而不是实践问题(见习题 2.7)。

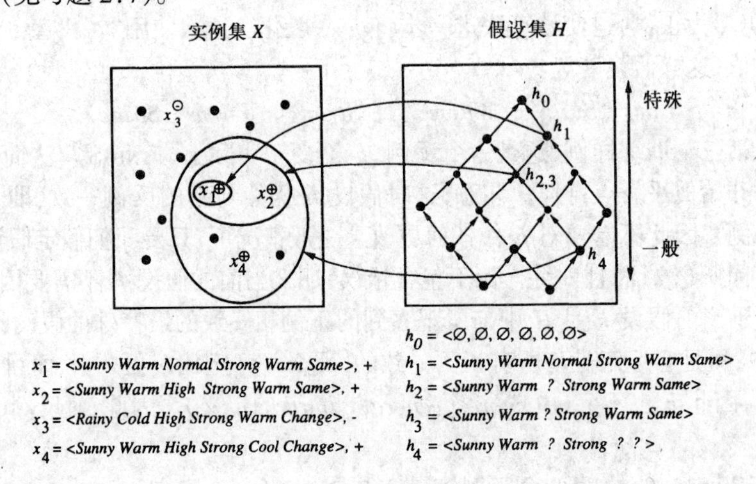

搜索开始于 H 中最特殊的假设 h_0,然后根据训练样例逐渐考虑更一般的假设(h_1 到 h_4)。在实例空间图中,正例被标以"+",反例标以"-",而没有包含在训练样例中的实例则以实心圆点表示。

图 2-2　FIND-S 中的假设空间搜索

2.5　变型空间和候选消除算法

本节描述的是概念学习的另一种途径即候选消除(CANDIDATE-ELIMINATION)算法。它能解决FIND-S中的若干不足之处。FIND-S输出的假设只是 H 中能够拟合训练样例的多个假设中的一个。而在候选消除算法中,输出的是与训练样例一致的所有假设的集合。令人惊奇的是,候选消除算法在描述这一集合时不需要明确列举其所有成员。这也归功于 *more_general_than* 偏序结构。在这里需要维护一个一致假设集合的简洁表示,然后在遇到新的训练样例时逐步精化这一表示。

候选消除算法的应用有:从化学质谱分析(chemical mass spectroscopy)中学习规则性(Mitchell 1979)和学习启发式搜索的控制规则(Mitchell et al. 1983)。然而,候选消除算法和FIND-S算法的实际应用都受到限制,因为它们在训练数据含有噪声时性能较差。在这里介绍候选消除算法的目的是为引入若干基本的机器学习问题提供一个良好的概念框架。本章其余部分将展示这一算法及相关的问题。从下一章开始将考察对有噪声数据的处理上更常用的学习算法。

2.5.1　表示

候选消除算法寻找与训练样例一致的所有假设。为精确描述这一算法,这里先引入一些基本的定义。首先,当一个假设能正确分类一组样例时,我们称这个假设是与这些样例一致的(consistent)。

定义: 一个假设 h 与训练样例集合 D **一致**,当且仅当对 D 中每一个样例 $\langle x, c(x)\rangle$ 都有 $h(x)=c(x)$。

$$Consistent(h, D) \equiv (\forall \langle x, c(x)\rangle \in D)\ h(x)=c(x)$$

注意,这里定义的一致与前面定义的满足是不同的。一个样例 x 在 $h(x)=1$ 时称为满足假设 h,不论 x 是目标概念的正例还是反例。然而,这一样例是否与 h 一致则与目标概念有关,即是否 $h(x)=c(x)$。

候选消除算法能够表示与训练样例一致的所有假设。在假设空间中的这一子集被称为关于假设空间 H 和训练样例 D 的变型空间(version space),因为它包含了目标概念的所有合理的变型。

定义: 关于假设空间 H 和训练样例集 D 的**变型空间**,标记为 $VS_{H,D}$,是 H 中与训练样例 D 一致的所有假设构成的子集。

$$VS_{H,D} \equiv \{h \in H \mid Consistent(h, D)\}$$

2.5.2　列表后消除算法

显然,表示变型空间的一种方法是列出其所有成员。这样可产生一个简单的算法,称为列表后消除(LIST-THEN-ELIMINATE)算法,其定义见表2-4。

表 2-4　列表后消除算法

列表后消除算法

1. 变型空间 *VersionSpace* ← 包含 H 中所有假设的列表
2. 对每个训练样例 $\langle x, c(x)\rangle$
   从变型空间中移除所有 $h(x) \neq c(x)$ 的假设 h
3. 输出 *VersionSpace* 中的假设列表

列表后消除算法首先将变型空间初始化为包含 H 中所有的假设,然后从中去除与任一训练样例不一致的假设。包含候选假设的变型空间随着观察到越来越多的样例而缩减,直到只剩一个(理想情况下)与所有样例一致的假设,这可能就是所要的目标概念。如果没有充足的数据使变型空间缩减到只有一个假设,那么该算法将输出一个集合,这个集合中所有的假设与训练样例都一致。

原则上,只要假设空间是有限的,就可使用列表后消除算法。它具有很多优点,如能保证得到与训练数据一致的所有假设。但是,这一算法要求非常繁琐地列出 H 中所有假设,这对于大多数实际的假设空间是不现实的要求。

2.5.3　变型空间的更简洁表示

候选消除算法与上面的列表后消除算法遵循同样的原则。然而,它使用一种更简洁的变型空间表示法。在此,变型空间被表示为它的极大一般的和极大特殊的成员。这些成员形成了一般和特殊边界的集合,这些边界在整个偏序结构中划分出变型空间。

为说明变型空间的这种表示,再一次考虑表 2-2 中描述的 *EnjoySport* 概念学习问题。对于表 2-1 中给定的 4 个训练样例,FIND-S 输出假设:

$$h = \langle Sunny, Warm, ?, Strong, ?, ?\rangle$$

实际上,这只是 H 中与训练样例一致的所有 6 个假设之一。所有 6 个假设在图 2-3 中表示出,它们构成了与该数据集合和假设表示相对应的变型空间。6 个假设之间的箭头表示实例间的 *more_general_than* 关系。候选消除算法通过使用极大一般成员(在图 2-3 中标为 G)和极大特殊成员(图中标为 S)来表示变型空间。只给定这两个集合 S 和 G,就可以列举出变型空间中的所有成员,方法是使用一般到特殊偏序结构来生成 S 和 G 集合之间的所有假设。

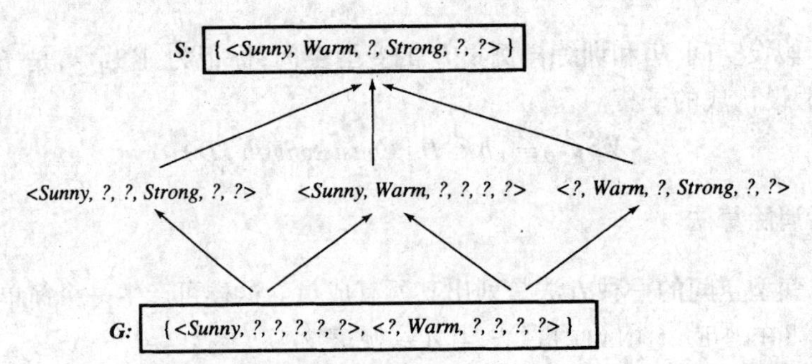

变型空间中包含了所有 6 个假设,但可以简单地用 S 和 G 来表示。箭头表示实例间的 *more_general_than* 关系。这个变型空间对应于表 2-1 中描述的 *EnjoySport* 概念学习问题及其训练样例。

图 2-3　变型空间及其一般和特殊边界集合

可以直观地看出,使用极大一般和极大特殊集合表示变型空间的作法是合理的。下面我们精确地定义 S 和 G 这两个边界集合,并且证明它们确实代表了变型空间。

定义:关于假设空间 H 和训练数据 D 的**一般边界**(general boundary) G,是在 H 中与 D 相一致的极大一般(maximally general)成员的集合。

$$G \equiv \{ g \in H \mid Consistent(g, D) \wedge (\neg \exists g' \in H)[(g' >_g g) \wedge Consistent(g', D)]\}$$

定义:关于假设空间 H 和训练数据 D 的**特殊边界**(specific boundary) S,是在 H 中与 D 相一致的极大特殊(maximally specific)成员的集合。

$$S \equiv \{ s \in H \mid Consistent(s, D) \wedge (\neg \exists s' \in H)[(s >_g s') \wedge Consistent(s', D)]\}$$

只要集合 G 和 S 被良好地定义了(见习题 2.7),它们就完全规定了变型空间。这里还可以证明,变型空间的确切组成是:G 中包含的假设,S 中包含的假设以及 G 和 S 之间偏序结构所规定的假设。

定理 2.1:变型空间表示定理　令 X 为一任意的实例集合,H 为 X 上定义的布尔假设的集合。令 c: $X \rightarrow \{0, 1\}$ 为 X 上定义的任一目标概念,并令 D 为任一训练样例的集合 $\{\langle x, c(x)\rangle\}$。对所有的 X, H, c, D 以及良好定义的 S 和 G:

$$VS_{H,D} = \{ h \in H \mid (\exists s \in S)(\exists g \in G)(g \geq_g h \geq_g s)\}$$

证明:为证明该定理只需证明:(1)每一个满足上式右边的 h 都在 $VS_{H,D}$ 中,(2) $VS_{H,D}$ 的每个成员都满足等式右边。为证明(1),令 g 为 G 中任意一个成员,s 为 S 中任一成员,h 为 H 的任一成员而且 $g \geq_g h \geq_g s$。由 S 的定义,s 必须被 D 中所有的正例满足。因为 $h \geq_g s$, h 也被 D 中所有正例满足。相似地,由 G 的定义,g 必须不被 D 中任一反例满足,且由于 $g \geq_g h$, h 也不被 D 中所有反例满足。由于 h 被 D 中所有正例满足且不被其中所有反例满足,因此 h 与 D 一致,因此 h 是 $VS_{H,D}$ 的成员。这证明了步骤(1)。(2)的讨论稍微有些复杂,可以使用反证法,假定 $VS_{H,D}$ 中某一 h 不满足等式右边,那么将产生矛盾(见习题 2.6)。

2.5.4　候选消除学习算法

候选消除算法计算出的变型空间,包含 H 中与训练样例的观察序列一致的所有假设。开始,变型空间被初始化为 H 中所有假设的集合。即将 G 边界集合初始化为 H 中最一般的假设:

$$G_0 \leftarrow \{\langle ?, ?, ?, ?, ?, ?\rangle\}$$

并将 S 边界集合初始化为最特殊(最不一般)的假设:

$$S_0 \leftarrow \{\langle \varnothing, \varnothing, \varnothing, \varnothing, \varnothing, \varnothing\rangle\}$$

这两个边界集合包含了整个假设空间。因为 H 中所有假设都比 S_0 更一般,且比 G_0 更特殊。算法在处理每个训练样例时,S 和 G 边界集合分别被一般化和特殊化,从变型空间中逐步消去与样例不一致的假设。在所有训练样例处理完后,得到的变型空间就包含了所有与样例一致的假设,而且只包含这样的假设。这一算法在表 2-5 中描述。

表 2-5　使用变型空间的候选消除算法

将 G 集合初始化为 H 中极大一般假设
将 S 集合初始化为 H 中极大特殊假设
对每个训练样例 d,进行以下操作:
- 如果 d 是一正例
  - 从 G 中移去所有与 d 不一致的假设
  - 对 S 中每个与 d 不一致的假设 s
    - 从 S 中移去 s

（续）

- 把 s 的所有的极小一般化式 h 加入到 S 中，其中 h 满足
  - h 与 d 一致，而且 G 的某个成员比 h 更一般
- 从 S 中移去所有这样的假设：它比 S 中另一假设更一般

- 如果 d 是一个反例
  - 从 S 中移去所有与 d 不一致的假设
  - 对 G 中每个与 d 不一致的假设 g
    - 从 G 中移去 g
    - 把 g 的所有的极小特殊化式 h 加入到 G 中，其中 h 满足
      - h 与 d 一致，而且 S 的某个成员比 h 更特殊
    - 从 G 中移去所有这样的假设：它比 G 中另一假设更特殊

注：注意正例和反例是怎样同时影响 S 和 G 的。

注意算法中的操作，包括对给定假设的极小一般化式和极小特殊化式的计算，和确定那些非极小和非极大的假设。具体的实现当然依赖于实例和假设的表示方式。然而，只要这些操作被良好地定义了，该算法就可应用于任意概念学习和任意假设空间。以下将实际演示算法的运行步骤，从中可以看到在 *EnjoySport* 这个例子中这些操作是怎样实现的。

2.5.5 算法的举例

图 2-4 演示了候选消除算法应用到表 2-1 中前两个训练样例时的运行步骤。如上所述，边界集合先被初始化为 G_0 和 S_0，分别代表 H 中最一般和最特殊的假设。

当第 1 个训练样例出现时（这里为一正例），候选消除算法检查 S 边界，并发现它过于特殊了——因为它不能覆盖该正例。这一边界就被修改为紧邻的更一般的假设，以覆盖新的样例。修改后的边界在图 2-4 中显示为 S_1。G 边界不需要修改，因为 G_0 能够正确地覆盖该样例。当处理第 2 个训练样例时（也是一个正例），同样需要将 S 进一步一般化到 S_2，G 仍旧不变（$G_2 = G_1 = G_0$）。注意，对前两个正例的处理非常类似于 FIND-S 算法。

在前两步的算法中，正例使得变型空间的 S 边界逐渐一般化，而反例扮演的角色恰好相反，使得 G 边界逐渐特殊化。考虑第 3 个训练样例，如图 2-5 所示。这一反例显示，G 边界过于一般了。也就是说，G 中的假设错误地将该例判定为正例。因此 G 边界中的假设必须被特殊化，使它能对新的反例正确分类。如图 2-5 所示，这里有几种可选的极小更特殊的假设。这些全都成为新的 G_3 边界集合的成员。

有 6 个属性可以用来使 G_2 特殊化，为什么只有 3 个在 G_3 中呢？比如 $h = \langle ?, ?, Normal, ?, ?, ? \rangle$ 是 G_2 的一个极小特殊化式，它能够将新的样例正确地划分为反例，但它不在 G_3 中。将这一假设排除在外的原因是，它与以前遇到的正例不一致。在算法中只是简单地判断 h 并不比当前特殊边界 S_2 更一般。实际上变型空间的 S 边界形成了以往正例的摘要说明，它可以用来判断任何给定的假设是否与以往样例一致。根据定义，任何比 S 更一般的假设能够覆盖所有 S 能覆盖的样例，即以往的所有正例。同样，G 边界说明了以往所有反例的信息。任何比 G 更特殊的假设能保证与所有反例相一致。这是因为根据定义，任一假设不会覆盖 G 所不能覆盖的样例。

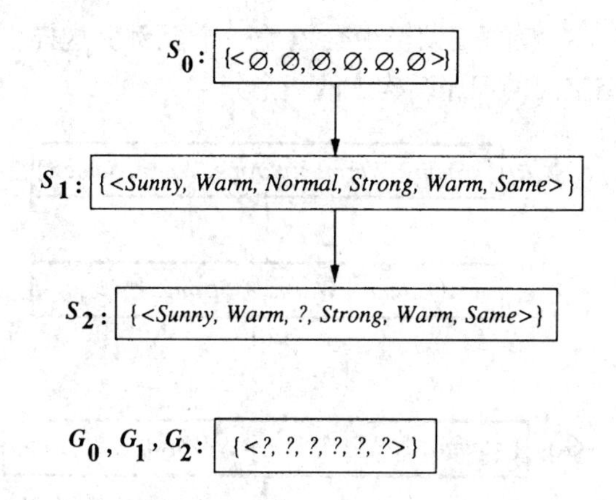

训练样例:

1. <*Sunny, Warm, Normal, Strong, Warm, Same*>, *Enjoy Sport = Yes*
2. <*Sunny, Warm, High, Strong, Warm, Same*>, *Enjoy Sport = Yes*

S_0 和 G_0 为最初的边界集合,分别对应最特殊和最一般假设。训练样例 1 和 2 使得 S 边界变得更一般,如 FIND-S 算法中一样,这些样例对 G 边界没有影响。

图 2-4　候选消除算法步骤 1

S_2, S_3: { <*Sunny, Warm, ?, Strong, Warm, Same*> }

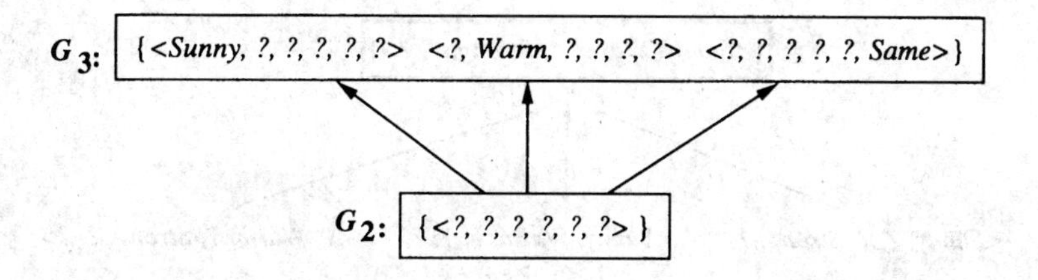

训练样例:

3. <*Rainy, Cold, High, Strong, Warm, Change*>, *EnjoySport=No*

样例 3 是一反例,它把 G_2 边界特殊化为 G_3。注意在 G_3 中有多个可选的极大一般假设。

图 2-5　候选消除算法步骤 2

第 4 个训练样例如图 2-6 所示,使变型空间的 S 边界更一般化。它也导致 G 边界中的一个成员被删除,因为这个成员不能覆盖新的正例。最后这一动作来自于表 2-5 算法中"如果 d 是一正例"下的第一步骤。为理解这一步的原因,需要考虑为什么不一致的假设要从 G 中移去。注意这一假设不能再被特殊化,因为这样它将不能覆盖新的样例。它也不能被一般化,因

为按照 G 的定义,任何更一般的假设至少会覆盖一个反例。这样,这一假设必须从 G 中移去,也相当于移去了变型空间的偏序结构中的一个分支。

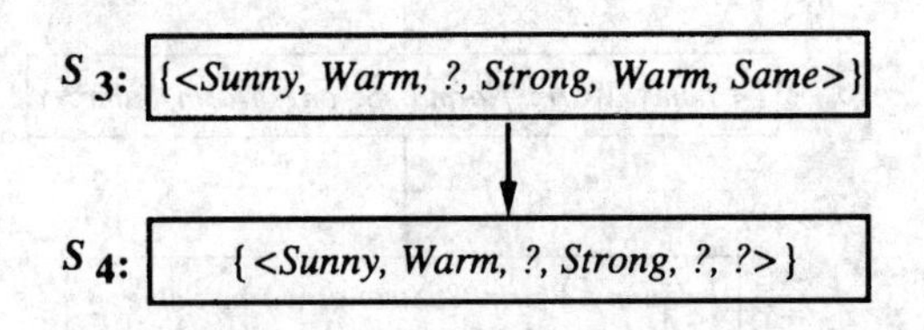

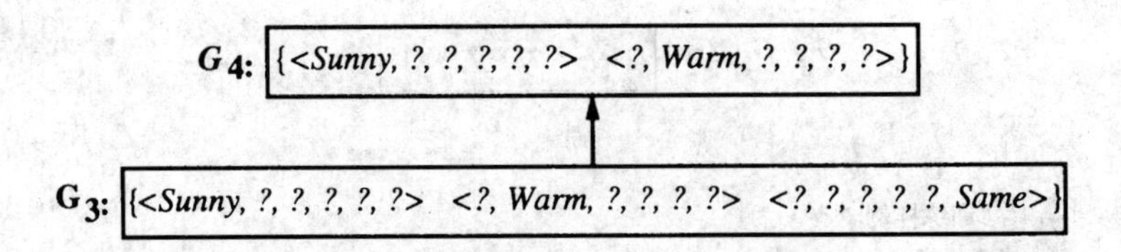

训练样例:

4.<*Sunny, Warm, High, Strong, Cool, Change*>, *EnjoySport* = *Yes*

正例使 S 边界更一般,从 S_3 变为 S_4。G_3 的一个成员也必须被删除,因为它不再比 S_4 边界更一般。

图 2-6　候选消除算法步骤 3

在处理完这 4 个样例后,边界集合 S_4 和 G_4 划分出的变型空间包含了与样例一致的所有假设的集合。整个变型空间,包含那些由 S_4 和 G_4 界定的假设都在图 2-7 中显示。这一变型空间不依赖于训练样本出现的次序(因为最终它包含了与训练样例集一致的所有假设)。如果提供更多的训练数据,S 和 G 边界将继续单调移动并相互靠近,划分出越来越小的变型空间来。

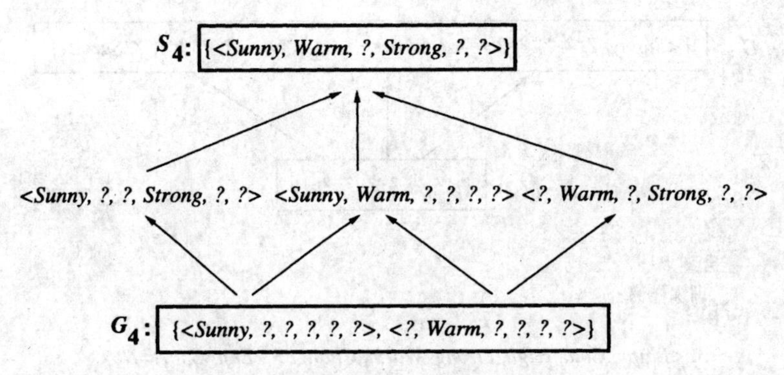

图 2-7　*EnjoySport* 概念学习问题中的最终的变型空间

2.6　关于变型空间和候选消除的说明

2.6.1　候选消除算法是否会收敛到正确的假设

由候选消除算法得到的变型空间能够收敛到描述目标概念的假设的条件是:(1)在训练样

例中没有错误。(2) H 中确实包含描述目标概念的正确假设。实际上，如果遇到新的训练样例，可以监测变型空间以判定其与真正的目标概念之间是否还有分歧，以及为精确确定目标概念还需要多少训练样例。当 S 和 G 边界集合收敛到单个的可确定的假设时，目标概念才真正获得。

如果训练数据中包含错误会怎样？比如，以上例子中第二个样例被错误地标为一反例。遗憾的是，这种情况下，算法肯定会从变型空间中删除正确的目标概念。因为它会删除所有与样例不一致的假设，所以在遇到这一错误的反例时，算法将从变型空间中移去正确的目标概念。当然，如果给定足够的训练数据，最终，我们会发现 S 和 G 边界收敛得到一个空的变型空间，从而得知训练数据有误。空的变型空间表示 H 中没有假设能够与样例一致。相似的情形会出现在另一种环境中：训练样例正确，但目标概念不能由假设表示方式所描述（比如目标概念是某几个属性特征的析取，而假设空间只支持合取的形式）。以后我们将详细考虑这些可能性。目前，我们只考虑样例数据是正确的并且目标概念确实在假设空间中。

2.6.2　下一步需要什么样的训练样例

到这里我们都假定训练样例由某个外部的施教者提供。假想学习器可以主宰实验进程，下一步它要自己选择一个实例，然后从外界（自然界或一个施教者）获得该实例的正确分类结果。这一场景可分为两种情况，一种是学习器在自然界中进行实验（如造一座新桥，然后让自然界决定其是否牢固），或在一个施教者指导下学习（提出一座新桥梁的设计，然后让施教者来判断它是否牢固）。我们这里用查询（query）来代表学习器建立的这个实例，然后由外界来对它分类。

再次考虑图 2-3 中所示的从 *EnjoySport* 的 4 个样例中学习到的变型空间。这时学习器怎样能提出一个较好的查询？一般情况下怎样采取一种好的查询策略？显然，学习器应试图在当前变型空间中选择假设，以进一步划分该空间。因此，需要选择的实例需满足：它能被变型空间中一些假设分类为正例，另一些分类为反例。其中一个这样的实例是：

$$\langle Sunny,\ Warm,\ Normal,\ Light,\ Warm,\ Same \rangle$$

注意这一实例满足变型空间的 6 个假设中的 3 个。如果施教者将实例划分为正例，变型空间的 S 边界就需要被一般化。相反，如果施教者划分其为反例，G 边界需要被特殊化。无论哪种情况，机器将能够学到更多的知识，以确定目标概念并将变型空间缩小到原来的一半。

一般来说，概念学习的最优查询策略，是产生实例以满足当前变型空间中大约半数的假设。这样，变型空间的大小可以在遇到每个新样例时减半，正确的目标概念就可在只用 $\lceil \log_2 |VS| \rceil$ 次实验后得到。这有点像玩“20 问”游戏，通过问题的是/否回答逐渐获得问题的最终答案，玩 20 问游戏的策略是提的问题最好能把候选答案减半。虽然在图 2-3 的变型空间中，我们可以生成一个实例将其精确地分半，但一般情况下，可能无法构造出这样的精确分半的实例。这样，查询的数目可能会大于 $\lceil \log_2 |VS| \rceil$ 次。

2.6.3　怎样使用不完全学习概念

在上面的例子中，如果除了 4 个样例之外没有更多的训练样例，但机器现在要对未见过的实例进行分类。虽然图 2-3 的变型空间中仍包含多个假设，即目标概念还未完全学习到，但是仍然有可能对新样例进行一定可信度的分类。为示范这一过程，假定机器需要对表2-6中的4个新实例进行分类。

表 2-6　待分类的新实例

Instance	*Sky*	*AirTemp*	*Humidity*	*Wind*	*Water*	*Forecast*	*EnjoySport*
A	Sunny	Warm	Normal	Strong	Cool	Change	?
B	Rainy	Cold	Normal	Light	Warm	Same	?
C	Sunny	Warm	Normal	Light	Warm	Same	?
D	Sunny	Cold	Normal	Strong	Warm	Same	?

注意，虽然实例 *A* 不在训练样例中，但当前变型空间中每个假设（见图 2-3）都将其分类为正例。由于变型空间的所有假设一致同意实例 *A* 为正例，学习器将 *A* 划分为正例的可信度，与只有单个的目标概念时一样。不管变型空间中哪个假设最终成为目标概念，它都会将其划分为正例。进一步讲，我们知道不需要列举变型空间中所有的假设，就可知道每个假设都会将其划分为正例。这一条件在当且仅当实例满足 *S* 的每个成员时成立（为什么？）。原因是变型空间中的其他每个假设都至少比 *S* 的某个成员更一般。由我们的 *more_general_than* 定义，如果新的实例满足 *S* 的所有成员，它一定也满足这些更一般的假设。

同样，实例 *B* 被变型空间中的每个假设划分为反例，所以这个实例可被放心地划分为反例，即使概念学习是不完全的。对这一条件进行测试的有效方法是，判断实例不满足 *G* 中的所有成员（为什么？）。

实例 *C* 的情况有所不同。变型空间中半数的假设划分其为正例，半数划分为反例。因此，学习器无法可信地分类这一样例，除非提供更多的训练样例。可以注意到，实例 *C* 与前一节提出的一个最优查询相同。这是可以预见的，因为最有分类歧义性的实例也一定最能提供新的分类信息。

最后，实例 *D* 在变型空间中被两个假设分为正例，被其他4个假设分为反例。这个例子的分类可信度比实例 *A* 和 *B* 要小。投票选举要倾向于反例分类，所以我们可以输出拥有最大票数的分类，还可附带一个可信度比例以表明投票的倾向程度。在第6章将讨论到，如果假定 *H* 中所有假设有相等的先验概率，那么投票的方法能得到新实例的最可能分类。进一步说，投正例票假设所占的比例可被看作在给定训练数据时，实例为正例的可能性。

2.7　归纳偏置

如上所述，在给定正确的训练样例并且保证初始假设空间包含目标概念时，候选消除算法可以收敛到目标概念。如果目标概念不在假设空间中怎么办？是否可设计一个包含所有假设的空间来解决这一困难？假设空间的大小对于算法推广到未见实例的能力有什么影响？假设空间的大小对所需训练样例的数量有什么影响？这些都是归纳推理中的一些基本问题。这里我们在候选消除算法中考察这些问题。然而，此处分析中得到的结论可以应用于任意的概念学习系统。

2.7.1　一个有偏的假设空间

如果想保证假设空间包含目标概念，一个明显的方法是扩大假设空间，使每个可能的假设都被包含在内。再一次使用 *EnjoySport* 这个例子,其中我们将假设空间限制为只包含属性值的合取。由于这一限制,假设空间不能够表示最简单的析取形式的目标概念,如"*Sky* = *Sunny* 或 *Sky* = *Cloudy*"。实际上,如果给定以下三个训练样例,它们来自于该析取式假设,我们的算法将得到一个空的变型空间。

Example	*Sky*	*AirTemp*	*Humidity*	*Wind*	*Water*	*Forecast*	*EnjoySport*
1	Sunny	Warm	Normal	Strong	Cool	Change	Yes
2	Cloudy	Warm	Normal	Strong	Cool	Change	Yes
3	Rainy	Warm	Normal	Strong	Cool	Change	No

之所以不存在与这 3 个样例一致的假设的原因是,与前两个样例一致,并且能在给定假设空间 H 中表示的最特殊的假设是:

$$S_2: \langle ?,\ Warm,\ Normal,\ Strong,\ Cool,\ Change \rangle$$

这一假设虽然是 H 中与样例一致的最特殊的假设,它仍然过于一般化了:它将第 3 个样例错误地划为正例。问题在于,我们使学习器偏向于只考虑合取的假设,这里需要表示能力更强的假设空间。

2.7.2 无偏的学习器

很显然,为了保证目标概念在假设空间中,需要提供一个假设空间,它能表达所有的可教授概念(every teachable concept)。换言之,它能够表达实例集 X 的所有可能的子集。一般我们把集合 X 的所有子集的集合称为 X 的幂集(power set)。

例如在 *EnjoySport* 学习任务中,使用 6 种属性描述的实例空间 X 的大小为 96。在这一实例集合上可以定义多少概念?换言之,X 的幂集大小是什么?一般说来在集合 X 上定义的相异子集数目(即 X 幂集的大小)为 $2^{|X|}$,其中 $|X|$ 是 X 的元素数目。因此在这一实例空间上可定义 2^{96},或大约是 10^{28} 个不同的目标概念,这也是学习器所需要学习的目标概念数目。回忆 2.3 节中合取假设空间只能表示 973 个假设——实在是一个偏置很大的假设空间!

现在将 *EnjoySport* 学习任务重新定义为一种无偏的形式。方法是定义一个新的假设空间 H',它能表示实例的每一个子集,也就是把 H' 对应到 X 的幂集。定义 H' 的一种办法是,允许使用前面的假设的任意析取、合取和否定式。例如目标概念"*Sky* = *Sunny* 或 *Sky* = *Cloudy*"可被描述为:

$$\langle Sunny, ?, ?, ?, ?, ? \rangle \vee \langle Cloudy, ?, ?, ?, ?, ? \rangle$$

给定这样的假设空间,我们就可以安全地使用候选消除算法,而不必担心无法表达目标概念。然而,虽然这个假设空间排除了表达能力的问题,它又产生了一个新的、同样困难的问题:概念学习算法将完全无法从训练样例中泛化!其原因如下,假定我们给学习器提供了 3 个正例(x_1, x_2, x_3)以及两个反例(x_4, x_5)。这时,变型空间的 S 边界包含的假设正好是三个正例的析取:

$$S: \{ (x_1 \vee x_2 \vee x_3) \}$$

因为这是能覆盖 3 个正例的最特殊假设。相似地,G 边界将由那些刚好能排除掉反例的那些假设组成。

$$G: \{\neg(x_4 \vee x_5)\}$$

问题在于,在这一非常具有表达力的假设表示方法中,S 边界总是所有正例的析取式,G 边界总是所有反例的析取的否定式。这样能够由 S 和 G 无歧义地分类的,只有已见到的训练样例本身。要想获得单个目标概念,就必须提供 X 中所有的实例作为训练样例。

看起来避免这一问题的方法可以使用此部分学习的变型空间,并像在 2.6.3 节中讨论的那样由变型空间的所有成员投票。遗憾的是,能够产生一致投票的只有那些已见过的训练样例。对其他的实例,投票没有任何效果:每一个未见过的实例都会被变型空间中刚好半数的假设划分为正例,而被另一半划分为反例(为什么?)。原因如下,若 H 是 X 的幂集,而 x 是某个未出现过的实例,则对于变型空间中一覆盖 x 的假设 h,必然存在另一假设 h',它与 h 几乎相等,只不过对 x 的分类不同。而且,如果 h 在变型空间中,那么 h' 也在,因为它对于已往训练样例的划分与 h 完全一样。

2.7.3　无偏学习的无用性

以上的讨论说明了归纳推理的一个基本属性:学习器如果不对目标概念的形式做预先的假定,它从根本上无法对未见实例进行分类。实际上在我们原来的 *EnjoySport* 任务中,候选消除算法能够从训练样例中泛化,其惟一的原因就是它是有偏的,它隐含假定了目标概念可以由属性值的合取来表示。如果这一假定正确(并且训练数据无错),对于新实例的分类也会是正确的。但如果这个假定不正确,候选消除算法肯定会错误地分类 X 中的某些实例。

由于归纳学习需要某种形式的预先假定,或称为归纳偏置(inductive bias)[⊖],我们可以用归纳偏置来描述不同学习方法的特征。现在来精确地定义归纳偏置。这里要获取的关键思想在于,学习器在从训练样例中泛化并推断新实例的分类过程中所采用的策略。因此,考虑一般情况下任意的学习算法 L 以及为任意目标概念 c 提供的任意训练数据 $D_c=\{\langle x, c(x)\rangle\}$。训练过程结束后,$L$ 需要对新的实例 x_i 进行分类。令 $L(x_i, D_c)$表示在对训练数据 D_c 学习后 L 赋予 x_i 的分类(正例或反例),我们可以如下描述 L 所进行的这一归纳推理过程:

$$(D_c \wedge x_i) \succ L(x_i, D_c)$$

这里的记号 $y \succ z$ 表示 z 从 y 归纳推理得到,例如,如果令 L 为候选消除算法,D_c 为表 2-1 中的训练数据,x_i 为表 2-6 中第一个实例,则归纳推理可得到结论 $L(x_i, D_c)=(EnjoySport = yes)$。

由于 L 是一归纳学习算法,则一般情况下 $L(x_i, D_c)$这一推论出的结果正确性无法证明;也就是说,分类 $L(x_i, D_c)$并非从训练数据 D_c 和新实例 x_i 中演绎派生。然而问题是,需要在 $D_c \wedge x_i$ 上附加怎样的前提,以使 $L(x_i, D_c)$能演绎派生。我们定义 L 的归纳偏置为这些附加前提的集合。更精确地说,我们定义 L 的归纳偏置为前提集合 B,使所有的新实例 x_i 满足:

$$(B \wedge D_c \wedge x_i) \vdash L(x_i, D_c)$$

这里的记号 $y \vdash z$ 表示 z 从 y 演绎派生(follow deductively,或 z 可以由 y 证明得出)。这

⊖ 这里的术语归纳偏置(inductive bias)不要和统计学中普遍使用的估计偏差(estimation bias)混淆。估计偏差将在第5章讨论。

样,我们定义学习器的归纳偏置为附加的前提集合 B,通过 B 使归纳推理充分地由演绎推理来论证。以下是该定义的总结:

定义:考虑对于实例集合 X 的概念学习算法 L。令 c 为 X 上定义的任一概念,并令 $D_c = \{<x, c(x)>\}$ 为 c 的任意训练样例集合。令 $L(x_i, D_c)$ 表示经过数据 D_c 的训练后 L 赋予实例 x_i 的分类。L 的**归纳偏置**是最小断言集合 B,它使任意目标概念 c 和相应的训练样例 D_c 满足:

$$(\forall x_i \in X)[(B \wedge D_c \wedge x_i) \vdash L(x_i, D_c)] \tag{2.1}$$

那么,候选消除算法的归纳偏置是什么呢?首先确定这一算法的 $L(x_i, D_c)$:给定数据集 D_c,候选消除算法首先计算变型空间 $VS_{H,Dc}$,然后在变型空间所包含的假设中投票,进行新实例 x_i 的分类。这里假定产生 x_i 的分类的条件是投票一致为正或为负,否则不进行分类。现在来回答什么是候选消除算法 $L(x_i, D_c)$的归纳偏置的问题:很简单,就是 $c \in H$ 这个前提。有了这一前提,候选消除算法所执行的每一归纳推理都可以被演绎论证。

现在看一看为什么 $L(x_i, D_c)$这一分类可由 $B = \{c \in H\}$、数据 D_c 和实例 x_i 演绎派生。首先,注意如果假定 $c \in H$,那么可演绎派生出 $c \in VS_{H,Dc}$。这一派生的条件除 $c \in H$,还包括变型空间 $VS_{H,Dc}$的定义(即 H 中与 D_c 一致的所有假设集合)以及对 $D_c = \{\langle x, c(x)\rangle\}$的定义(即与目标概念一致的训练数据)。其次,由于 $L(x_i, D_c)$是一分类,它定义为变型空间中所有假设的一致投票。因此,如果 L 输出分类 $L(x_i, D_c)$,那么 $VS_{H,Dc}$中每一假设必将产生同样的分类,包括假设 $c \in VS_{H,Dc}$。因此 $c(x_i) = L(x_i, D_c)$候选消除算法的归纳偏置概括说明如下:

候选消除算法的归纳偏置:目标概念 c 包含在给定的假设空间 H 中。

图 2-8 为一示意图解。上面的图显示候选消除算法有两个输入:训练样例和待分类的新实例。下面的图为一演绎定理证明器,它的输入包括同样的两组数据,再加上断言“H 包含目标概念”。这两个系统对所有可能的训练样例输入和 X 中可能的新实例输入产生相同的输出。当然,在定理证明器中显式输入的归纳偏置只是隐含在候选消除算法的代码中。在某种意义上,归纳偏置只在我们的印象中存在,但它确实是能被完整定义的断言集合。

将归纳推理系统看作是包含了归纳偏置,好处在于它提供了一种非程序化的描述手段,以描述学习器从观察到的数据中进行泛化的策略。其次它还可以对归纳偏置强度不同的学习器进行比较。例如,考虑以下 3 个学习算法,按其有偏程度从弱到强进行排序:

1) 机械式学习器(ROTE-LEARNER):简单地将每个观察到的训练样例存储下来,后续的实例的分类通过在内存中匹配进行。如果实例在内存中找到了,存储的分类结果被输出。否则系统拒绝进行分类。

2) 候选消除算法:新的实例只在变型空间所有成员都进行同样分类时才输出分类结果,否则系统拒绝分类。

3) FIND-S:如前所述,这一算法寻找与训练样例一致的最特殊的假设,它用这一假设来分类后续实例。

机械式学习器没有归纳偏置。对于新实例所做的分类能从已观察到的训练样例中演绎派生,不需要附加前提。候选消除算法有较强的归纳偏置:即目标概念须在假设空间中才能表示。由于它是有偏的,所以能够对机械式学习器不能分类的实例进行分类。当然分类的正确性也完全依赖于归纳偏置的正确性。FIND-S 算法有更强的归纳偏置,除了假定目标概念须在假设空间中,它还有另一额外的归纳偏置前提:任何实例,除非它的逆实例可由其他知识逻辑推出,否则它为反例。[1]

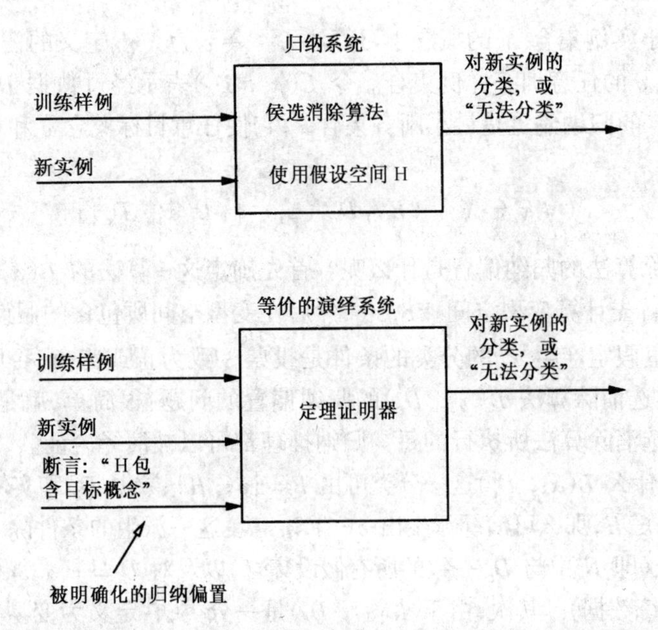

使用假设空间 H 的候选消除算法的输入输出行为,等价于利用了断言“H 包含目标概念”的演绎定理证明器。该断言因此被称为候选消除算法的*归纳偏置*。用归纳偏置来刻画归纳系统,可以便于使用等价的演绎系统来模拟它们。这提供了一种对归纳系统进行比较的方法,即通过它们从训练数据中泛化的策略。

图 2-8 用等价的演绎系统来模拟归纳系统

在研究其他的归纳推理方法时,有必要牢记这种归纳偏置的存在及其强度。一种算法如果有偏性越强,那它的归纳能力越强,可以分类更多的未见实例。某些归纳偏置是对类别的假定,以确定目标概念的范围。如“假设空间 H 包含目标概念”。其他的归纳偏置只是对假设进行排序,以描述偏好程度,比如“偏向于特殊假设,而不是一般假设。”某些偏置隐含在学习器中不可更改,如这里所讨论的例子。在第 11 章和第 12 章可以看到明确表示归纳偏置的系统,它们将偏置表示为断言的集合并可由学习器操纵。

2.8 小结和补充读物

本章的要点包括:

- 概念学习可看作是搜索预定义潜在假设空间的过程。
- 假设的一般到特殊偏序结构可以定义在任何概念学习问题中,它提供了一种有用的结构以便于假设空间的搜索。
- FIND-S 算法使用一般到特殊序,在偏序结构的一个分支上执行一般到特殊搜索,以寻找与样例一致的最特殊假设。
- 候选消除算法利用一般到特殊序,通过渐进地计算极大特殊假设集合 S 和极大一般假设集合 G 计算变型空间(即所有与训练数据一致的假设集)。

[1] 注意最后面这个归纳偏置假定,它包含了某种默认推理,或非单调推理。

- 由于 S 和 G 从整个假设集合中划分出了与训练数据一致的那部分集合，它们提供了一种对目标概念的不确定性描述。含有多个假设的变型空间可以用来判断学习器是否已收敛到了目标概念；判断训练数据是否不一致；产生查询以进一步精化变型空间以及确定未见过的实例是否能用不完全学习到的概念来无歧义地分类。
- 变型空间和候选消除算法为研究概念学习提供了一种有用的框架，然而这一算法缺少健壮性，特别是在遇到有噪声的数据以及目标概念无法在假设空间中表示的情况时。第10章描述了几种基于一般到特殊序关系的概念学习算法，它们能够处理有噪声数据。
- 归纳学习算法能够对未见数据进行分类，是因为它们在选择一致的假设的过程中隐含的归纳偏置。候选消除算法中的偏置为：目标概念可以在假设空间中找到（$c \in H$）。输出的假设和对后续实例的分类可由这一前提及训练样例演绎推出。
- 如果假设空间被扩展，使对应实例集的每一个子集（实例的幂集）都有一个假设，将使候选消除算法中的归纳偏置消失。然而，这也将消除其对新实例分类的能力。无偏的学习器无法对未见样例进行归纳。

概念学习以及使用一般到特殊序的相关研究由来已久。Bruner et al.(1957)早就研究了人类的概念学习，而 Hunt & Hovland(1963)将其自动化。Winston(1970)的著名的博士论文中将概念学习看作是包含一般化和特殊化操作的搜索过程。Plotkin(1970, 1971)较早地提供了形式化的 *more_general_than* 关系以及一个相关的概念 θ-包容（在第10章中讨论）。Simon 和 Lea(1973)将学习的过程看作是在假设空间中搜索的过程。其他一些较早的概念学习系统包括：Popplestone 1969、Michalski 1973、Buchanan 1974、Vere 1975、Hayes-Roth 1974，大量的基于符号表示的概念学习算法已被开发出来。第10章描述了几种近期的概念学习算法，包括用一阶逻辑表示的概念学习算法，对有噪声数据有健壮性的算法，以及当目标概念无法在学习器的假设空间中表示时能较好地降级学习的算法。

变型空间和候选消除算法由 Mitchell(1977, 1982)提出，这一算法已应用于质谱分析(mass spectroscopy)中的规则推理(Mitchell 1979)以及应用于学习搜索控制规则(Mitchell et al. 1983)。Haussler(1988)证明，即使当假设空间只包含简单的特征合取时，一般边界的大小随训练样例的数目成指数增长。Smith & Rosenbloom(1990)提出对 G 集合的表示进行简单的更改，以改进其特定情况下的复杂性，Hirsh(1992)提出在某些情况下不存储 G 集合时学习过程为样例数目的多项式函数。Subramanian & Feigenbaum(1986)讨论了特定情况下通过分解变型空间以生成有效查询一种方法。候选消除算法的一个最大的实际限制是它要求训练数据是无噪声的。Mitchell(1979)描述了该算法的一种扩展，以处理可预见的有限数量的误分类样例，Hirsh(1990, 1994)提出一种良好的扩展以处理具有实数值属性的训练样例中的有限噪声。Hirsh(1990)描述了一种递增变型空间合并算法，它将候选消除算法扩展到能处理由不同类型的值约束表示的训练信息。来自每个约束的信息由变型空间来表示，然后用交叠变型空间的办法合并这些约束。Sebag(1994, 1996)展示了一种被称为析取变型空间的方法来从有噪声数据中学习析取概念。从每个正例中学到一个分立的变型空间，然后用这不同变型空间进行投票以分类新实例。她在几个问题领域进行了实验，得出她的方法同其他广泛使用的归纳方法有同样良好的性能，如决策树和 k-近邻方法。

习题

2.1　解释为什么 *EnjoySport* 学习任务的假设空间的大小为973。如果增加一属性 *WaterCurrent*,可取值 *Light*、*Moderate* 和 *Strong*,那么可能的实例数和可能的假设数将会增加多少？推广到一般,增加一新属性 A,有 k 种取值,实例数和假设数将会增加多少？

2.2　在候选消除算法中,如果训练样例按表2-1中的逆序出现,请分步给出 S 和 G 边界集合。虽然不论样例出现顺序如何,最终的变型空间相同(为什么?),在中间步骤中得到的 S 和 G 仍依赖于该顺序。是否有办法对训练样例排序,以使 *EnjoySport* 例子中的所有 S 和 G 集合的中间结果的大小之和为最小?

2.3　继续考虑 *EnjoySport* 学习任务和2.2节中描述的假设空间 H。如果定义一个新的假设空间 H',它包含 H 中所有假设的成对析取。如 H' 中一假设为:

$$\langle ?,\ Cold,\ High,\ ?,?,\ ?\rangle \vee \langle Sunny,\ ?,\ High,\ ?,\ ?,\ Same\rangle$$

试跟踪运行使用该假设空间 H' 的候选消除算法,给定的训练样例如表2-1所示(需要分步列出 S 和 G 集合)。

2.4　假定一实例空间包含 x, y 平面中的整数点,假设集合 H 为矩形集。更精确地,假设的形式为 $a \leqslant x \leqslant b, c \leqslant y \leqslant d$,其中 a, b, c, d 为任意整数。

(a)考虑对应于下图所示正例(+)和反例(-)集合的变型空间,它的 S 边界是什么?写出其中的假设并在图中画出。

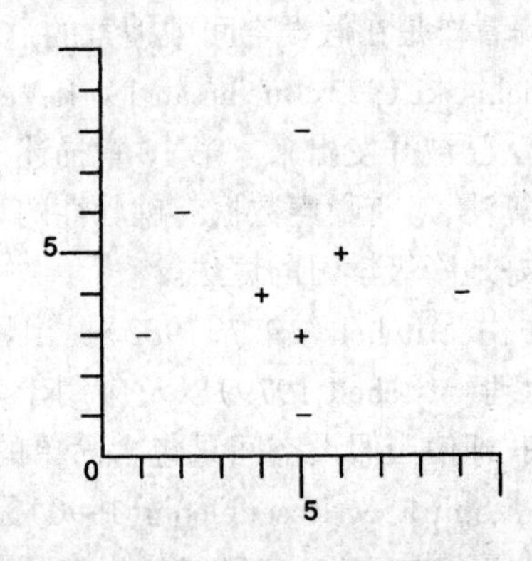

(b)变型空间的 G 边界是什么,写出其中的假设并在图中画出。

(c)假定学习器可提出一个新实例$(x,\ y)$,并要求施教者进行分类。试给出一个查询,无论施教者怎样分类都能保证减小变型空间。再给出一个不能保证的查询。

(d)作为施教者,如果想让学习器学习一特定的目标概念(如 $3 \leqslant x \leqslant 5, 2 \leqslant y \leqslant 9$),为使候选消除算法完全学习到目标概念,需要提供的的训练样例数目最小是多少?

2.5　请看以下的正例和反例序例,它们描述的概念是“两个住在同一房间中的人”。每个训练样例描述了一个有序对,每个人由其性别、头发颜色(black、brown 或 blonde)、身高(tall、medium 或 short)以及国籍(US、French、German、Irish、Indian、Chinese 或 Portuguese)。

+⟨⟨*male brown tall US*⟩,⟨*female black short US*⟩⟩

+⟨⟨*male brown short French*⟩,⟨*female black short US*⟩⟩

-⟨⟨*female brown tall German*⟩,⟨*female black short Indian*⟩⟩

+⟨⟨ *male brown tall Irish*⟩,⟨*female brown short Irish*⟩⟩

考虑在这些实例上定义的假设空间为：所有假设以一对 4 元组表示，其中每个值约束与 *EnjoySport* 中的假设表示相似，可以为：特定值、"?"或者"Ø"。例如，下面的假设：

$$\langle\langle \textit{male}\ ?\ \textit{tall}\ ?\rangle\langle \textit{female}\ ?\ ?\ \textit{French}\rangle\rangle$$

它表示了所有这样的有序对：第一个人为高个男性(国籍和发色任意)，第二个人为法国女性(发色和身高任意)。

(a) 根据上述提供的训练样例和假设表示，手动执行候选消除算法。特别是要写出处理了每一个训练样例后变型空间的特殊和一般边界。

(b)计算给定的假设空间中有多少假设与下面的正例一致：

$$+\ \langle\langle \textit{male black short Portuguese}\rangle\langle \textit{female blonde tall Indian}\rangle\rangle$$

(c)如果学习器只有一个训练样例，如(b)中所示，现在由学习器提出查询，并由施教者给出其分类。求出一个特定的查询序列，以保证学习器收敛到单个正确的假设，而不论该假设是哪一个(假定目标概念可以使用给定的假设表示语言来描述)。求出最短的查询序列。这一序列的长度与问题(b)的答案有什么关联？

(d)注意到这里的假设表示语言不能够表示这些实例上的所有概念(如我们可定义出一系列的正例和反例，它们并没有相应的可描述假设)。如果要扩展这一语言，使其能够表达该实例语言上的所有概念，那么(c)的答案应该如何更改。

2.6　完成变型空间表示定理的证明(定理 2.1)。

2.7　考虑一个概念学习问题，其中每个实例为一实数，而每个假设为实数中的某个区间。精确地定义为：假设空间 H 中的每个假设形式为 $a<x<b$，其中 a、b 为任意实常数，x 代表该实例。例如 $4.5<x<6.1$ 这个假设将 4.5 和 6.1 之间的实例划分为正例，其他为反例。简要解释为什么不存在一个对任意正例集合都一致的最特殊假设。试修改假设的表示方法以避免这一缺点。

2.8　本章中指出如果给定一个无偏的假设空间(即实例的幂集)，学习器将发现每一个未观察的实例将刚好与变型空间中半数的成员匹配，而不论已经过了怎样的训练样例。证明这一结论。确切地讲，证明对于任意实例空间 X，任意训练样例集 D 及任意不包含在 D 中的实例 $x\in X$，如果 H 是 X 的幂集，那么在 $VS_{H,D}$ 中有恰好半数的假设将 x 划分为正例，另外半数划分为反例。

2.9　有一学习问题，其中每个实例都由 n 个布尔值属性 $a_1,\ a_2,\ \ldots,a_n$ 的合取来描述。因此，一个典型的实例如下：

$$(a_1=T)\wedge(a_2=F)\wedge\ldots\wedge(a_n=T)$$

现考虑一个假设空间 H 中，每个假设是这些属性约束的析取，例如：

$$(a_1=T)\vee(a_5=F)\vee(a_7=T)$$

设计一算法，它经过一系列的样例训练后输出一个一致的假设(如果存在的话)。算法的时间要求为 n 和训练样例数目的多项式函数。

2.10　实现 FIND-S 算法。首先，验证它可成功地产生 2.4 节中 *EnjoySport* 例子中各步骤结果。然后使用这一程序，研究为了学习到确切的目标概念所需的随机训练样例数目。实现一训练样例生成器来生成这些随机的实例，再用下面的目标概念产生分类结果：

$$\langle \textit{Sunny}, \textit{Warm}, ?, ?, ?, ?\rangle$$

试用随机产生的样例训练你的 FIND-S 算法并测量需要多少样例才能使程序的假设与目标概念相等。能否预测所需的平均样例数目？运行该实验 20 次并报告所需样例的平均数。这一数目会怎样随着目标概念中的“?”数目而变动？以及它会怎样随着实例或假设中属性的数目而变动？

参考文献

Bruner, J. S., Goodnow, J. J., & Austin, G. A. (1957). *A study of thinking*. New York: John Wiley & Sons.

Buchanan, B. G. (1974). Scientific theory formation by computer. In J. C. Simon (Ed.), *Computer Oriented Learning Processes*. Leyden: Noordhoff.

Gunter, C. A., Ngair, T., Panangaden, P., & Subramanian, D. (1991). The common order-theoretic structure of version spaces and ATMS's. *Proceedings of the National Conference on Artificial Intelligence* (pp. 500–505). Anaheim.

Haussler, D. (1988). Quantifying inductive bias: AI learning algorithms and Valiant's learning framework. *Artificial Intelligence*, 36, 177–221.

Hayes-Roth, F. (1974). Schematic classification problems and their solution. *Pattern Recognition*, 6, 105–113.

Hirsh, H. (1990). Incremental version space merging: A general framework for concept learning. Boston: Kluwer.

Hirsh, H. (1991). Theoretical underpinnings of version spaces. *Proceedings of the 12th IJCAI* (pp. 665–670). Sydney.

Hirsh, H. (1994). Generalizing version spaces. *Machine Learning*, 17(1), 5–46.

Hunt, E. G., & Hovland, D. I. (1963). Programming a model of human concept formation. In E. Feigenbaum & J. Feldman (Eds.), *Computers and thought* (pp. 310–325). New York: McGraw Hill.

Michalski, R. S. (1973). AQVAL/1: Computer implementation of a variable valued logic system VL1 and examples of its application to pattern recognition. *Proceedings of the 1st International Joint Conference on Pattern Recognition* (pp. 3–17).

Mitchell, T. M. (1977). Version spaces: A candidate elimination approach to rule learning. *Fifth International Joint Conference on AI* (pp. 305–310). Cambridge, MA: MIT Press.

Mitchell, T. M. (1979). *Version spaces: An approach to concept learning*, (Ph.D. dissertation). Electrical Engineering Dept., Stanford University, Stanford, CA.

Mitchell, T. M. (1982). Generalization as search. *Artificial Intelligence*, 18(2), 203–226.

Mitchell, T. M., Utgoff, P. E., & Banerji, R. (1983). Learning by experimentation: Acquiring and modifying problem-solving heuristics. In Michalski, Carbonell, & Mitchell (Eds.), *Machine Learning* (Vol. 1, pp. 163–190). Tioga Press.

Plotkin, G. D. (1970). A note on inductive generalization. In Meltzer & Michie (Eds.), *Machine Intelligence 5* (pp. 153–163). Edinburgh University Press.

Plotkin, G. D. (1971). A further note on inductive generalization. In Meltzer & Michie (Eds.), *Machine Intelligence 6* (pp. 104–124). Edinburgh University Press.

Popplestone, R. J. (1969). An experiment in automatic induction. In Meltzer & Michie (Eds.), *Machine Intelligence 5* (pp. 204–215). Edinburgh University Press.

Sebag, M. (1994). Using constraints to build version spaces. *Proceedings of the 1994 European Conference on Machine Learning*. Springer-Verlag.

Sebag, M. (1996). Delaying the choice of bias: A disjunctive version space approach. *Proceedings of the 13th International Conference on Machine Learning* (pp. 444–452). San Francisco: Morgan Kaufmann.

Simon, H. A., & Lea, G. (1973). Problem solving and rule induction: A unified view. In Gregg (Ed.), *Knowledge and Cognition* (pp. 105–127). New Jersey: Lawrence Erlbaum Associates.

Smith, B. D., & Rosenbloom, P. (1990). Incremental non-backtracking focusing: A polynomially bounded generalization algorithm for version spaces. *Proceedings of the 1990 National Conference on Artificial Intelligence* (pp. 848–853). Boston.

Subramanian, D., & Feigenbaum, J. (1986). Factorization in experiment generation. *Proceedings of the 1986 National Conference on Artificial Intelligence* (pp. 518–522). Morgan Kaufmann.

Vere, S. A. (1975). Induction of concepts in the predicate calculus. *Fourth International Joint Conference on AI* (pp. 281–287). Tbilisi, USSR.

Winston, P. H. (1970). *Learning structural descriptions from examples*, (Ph.D. dissertation). [MIT Technical Report AI-TR-231].

第3章 决策树学习

决策树学习是应用最广的归纳推理算法之一。它是一种逼近离散值函数的方法，对噪声数据有很好的健壮性且能够学习析取表达式。本章描述了一系列决策树学习算法，包括如ID3、ASSISTANT和C4.5这些广为应用的算法。这些决策树学习方法搜索一个完整表示的假设空间，从而避免了受限假设空间的不足。决策树学习的归纳偏置是优先选择较小的树。

3.1 简介

决策树学习是一种逼近离散值目标函数的方法，在这种方法中学习到的函数被表示为一棵决策树。学习得到的决策树也能再被表示为多个if-then的规则，以提高可读性。这种学习算法是最流行的归纳推理算法之一，已经被成功地应用到从学习医疗诊断到学习评估贷款申请的信用风险的广阔领域。

3.2 决策树表示法

决策树通过把实例从根结点排列(sort)到某个叶子结点来分类实例，叶子结点即为实例所属的分类。树上的每一个结点指定了对实例的某个属性(attribute)的测试，并且该结点的每一个后继分支对应于该属性的一个可能值。分类实例的方法是从这棵树的根结点开始，测试这个结点指定的属性，然后按照给定实例的该属性值对应的树枝向下移动。然后这个过程在以新结点为根的子树上重复。

图3-1画出了一棵典型的学习到的决策树。这棵决策树根据天气情况分类“星期六上午是否适合打网球”。例如，下面的实例将被沿着这棵决策树的最左分支向下排列，因而被判定为反例(也就是这棵树预测这个实例 *PlayTennis* = *No*)。

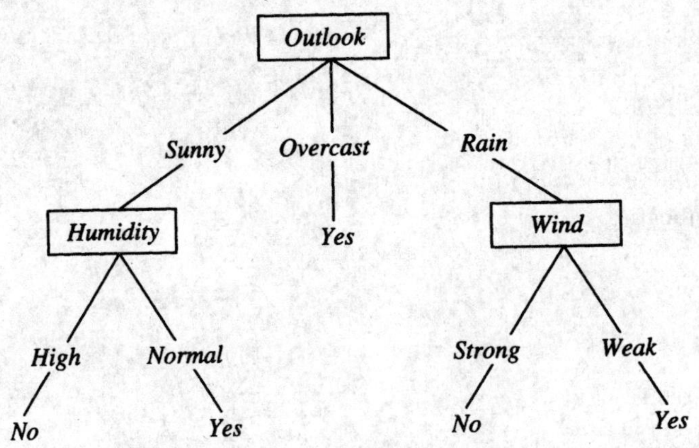

分类一个样例的方法是，将其沿根结点排列到合适的叶子结点，然后返回与这个叶子结点关联的分类(本例中为 *Yes* 或 *No*)。这棵决策树根据天气分类“星期六上午是否适合打网球”。

图3-1 概念PlayTennis的决策树

$$\langle Outlook = Sunny, Temperature = Hot, Humidity = High, Wind = Strong \rangle$$

这棵树以及表 3-2 中用来演示 ID3 学习算法的例子摘自(Quinlan 1986)。

通常决策树代表实例属性值约束的合取(conjunction)的析取式(disjunction)。从树根到树叶的每一条路径对应一组属性测试的合取,树本身对应这些合取的析取。例如,图 3-1 表示的决策树对应于以下表达式:

$$\begin{aligned}&(Outlook = Sunny \wedge Humidity = Normal)\\ &\vee (Outlook = Overcast)\\ &\vee (Outlook = Rain \wedge Wind = Weak)\end{aligned}$$

3.3 决策树学习的适用问题

尽管已经开发的种种决策树学习算法有这样或那样不太一致的能力和要求,通常决策树学习最适合具有以下特征的问题:

- 实例是由"属性-值"对(pair)表示的:实例是用一系列固定的属性(例如,*Temperature*)和它们的值(例如,*Hot*)来描述的。在最简单的决策树学习中,每一个属性取少数的离散的值(例如,*Hot*、*Mild*、*Cold*)。然而,扩展的算法(在 3.7.2 节中讨论)也允许处理值域为实数的属性(例如,数字表示的温度)。
- 目标函数具有离散的输出值:图 3-1 的决策树给每个实例赋予一个布尔型的分类(例如,*yes* 或 *no*)。决策树方法很容易扩展到学习有两个以上输出值的函数。一种更强有力的扩展算法允许学习具有实数值输出的函数,尽管决策树在这种情况下的应用不太常见。
- 可能需要析取的描述(disjunctive description):如上面指出的,决策树很自然地代表了析取表达式。
- 训练数据可以包含错误:决策树学习对错误有很好的健壮性,无论是训练样例所属的分类错误还是描述这些样例的属性值错误。
- 训练数据可以包含缺少属性值的实例:决策树学习甚至可以在有未知属性值的训练样例中使用(例如,仅有一部分训练样例知道当天的湿度)。这个问题将在第 3.7.4 节中讨论。

已经发现很多实际的问题符合这些特征,所以决策树学习已经被应用到很多问题中。例如根据疾病分类患者;根据起因分类设备故障;根据拖欠支付的可能性分类贷款申请。对于这些问题,核心任务都是要把样例分类到各可能的离散值对应的类别(category)中,因此经常被称为分类问题(classification problem)。

这一章的其余部分是这样安排的。第 3.4 节给出学习决策树的基本 ID3 算法并演示它的具体操作。第 3.5 节分析使用这种学习算法进行的假设空间搜索,并与第 2 章的算法进行了比较。第 3.6 节刻画了决策树学习算法的归纳偏置,并更一般化的探索了一种被称为奥坎姆剃刀的归纳偏置,该偏置优先选择最简单的假设。第 3.7 节讨论了训练数据的过度拟合(overfitting)以及解决这种问题的策略,比如规则后修剪(post-pruning)。这一节还讨论了一些更深入的话题,比如将算法扩展以适应实数值属性、带有未观测到属性的训练数据、以及有不同代价的属性。

3.4 基本的决策树学习算法

大多数已开发的决策树学习算法是一种核心算法的变体。该算法采用自顶向下的贪婪搜索遍历可能的决策树空间。这种方法是 ID3 算法(Quinlan 1986)和后继的 C4.5 算法(Quinlan 1993)的基础,也是讨论的重点。这一节将给出决策树学习的基本算法,大致相当于 ID3 算法。在第 3.7 节我们考虑该基本算法的一些扩展,包括被合并到 C4.5 和其他一些较新的决策树学习算法中的扩展。

基本的 ID3 算法通过自顶向下构造决策树来进行学习。构造过程是从“哪一个属性将在树的根结点被测试?”这个问题开始的。为了回答这个问题,使用统计测试来确定每一个实例属性单独分类训练样例的能力。分类能力最好的属性被选作树的根结点的测试。然后为根结点属性的每个可能值产生一个分支,并把训练样例排列到适当的分支(也就是,样例的该属性值对应的分支)之下。然后重复整个过程,用每个分支结点关联的训练样例来选取在该点被测试的最佳属性。这形成了对合格决策树的贪婪搜索(greedy search),也就是算法从不回溯重新考虑以前的选择。表 3-1 描述了该算法的一个简化版本——专门用来学习布尔值函数(即概念学习)。

表 3-1 专用于学习布尔函数的 ID3 算法概要

ID3(*Examples*, *Target_attribute*, *Attributes*)

Examples 即训练样例集。*Target_attribute* 是这棵树要预测的目标属性。*Attributes* 是除目标属性外供学习到的决策树测试的属性列表。返回一棵能正确分类给定 *Examples* 的决策树

- 创建树的 *Root* 结点
- 如果 *Examples* 都为正,那么返回 label = + 的单结点树 *Root*
- 如果 *Examples* 都为反,那么返回 label = - 的单结点树 *Root*
- 如果 *Attributes* 为空,那么返回单结点树 *Root*, label = *Examples* 中最普遍的 *Target_attribute* 值
- 否则开始
  - $A \leftarrow$ *Attributes* 中分类 *Examples* 能力最好的属性*
  - *Root* 的决策属性 $\leftarrow A$
  - 对于 A 的每个可能值 v_i
    - 在 *Root* 下加一个新的分支对应测试 $A = v_i$
    - 令 $Examples_{v_i}$ 为 *Examples* 中满足 A 属性值为 v_i 的子集
    - 如果 $Examples_{v_i}$ 为空
      - 在这个新分支下加一个叶子结点,结点的 label = *Examples* 中最普遍的 *Target_attribute* 值
      - 否则在这个新分支下加一个子树 ID3($Examples_{v_i}$, *Target_attribute*, *Attributes* - {A})
- 结束
- 返回 *Root*

* 根据公式(3.4)的定义,具有最高信息增益(information gain)的属性是最好的属性。

注:ID3 是一种自顶向下增长树的贪婪算法,在每个结点选取能最好地分类样例的属性。继续这个过程直到这棵树能完美分类训练样例,或所有的属性都已被使用过。

3.4.1 哪个属性是最佳的分类属性

ID3 算法的核心问题是选取在树的每个结点要测试的属性。我们希望选择的是最有助于

分类实例的属性。那么衡量属性价值的一个好的定量标准是什么呢？这里将定义一个统计属性，称为“信息增益”(information gain)，用来衡量给定的属性区分训练样例的能力。ID3 算法在增长树的每一步使用这个信息增益标准从候选属性中选择属性。

1.用熵度量样例的均一性

为了精确地定义信息增益，我们先定义信息论中广泛使用的一个度量标准，称为熵(entropy)，它刻画了任意样例集的纯度(purity)。给定包含关于某个目标概念的正反样例的样例集 S，那么 S 相对这个布尔型分类的熵为：

$$Entropy(S) \equiv -p_{\oplus}\log_2 p_{\oplus} - p_{\ominus}\log_2 p_{\ominus} \tag{3.1}$$

其中，$p_{\oplus}$是在 S 中正例的比例，$p_{\ominus}$是在 S 中反例的比例。在有关熵的所有计算中我们定义 0log0 为 0。

举例说明，假设 S 是一个关于某布尔概念的有 14 个样例的集合，它包括 9 个正例和 5 个反例(我们采用记号[9+,5-]来概括这样的数据样例)。那么 S 相对于这个布尔分类的熵为：

$$\begin{aligned} Entropy([9+,5-]) &= -(9/14)\log_2(9/14) - (5/14)\log_2(5/14) \\ &= 0.940 \end{aligned} \tag{3.2}$$

注意，如果 S 的所有成员属于同一类，那么 S 的熵为 0。例如，如果所有的成员是正的($p_{\oplus}=1$)，那么 $p_{\ominus}$就是 0，于是 $Entropy(S) = -1\cdot\log_2(1) - (0)\cdot\log_2(0) = -1\cdot 0 - 0\cdot\log_2 0 = 0$。另外，当集合中正反样例的数量相等时，熵为 1。如果集合中正反例的数量不等时，熵介于 0 和 1 之间。图 3-2 显示了关于某布尔分类的熵函数随着 $p_{\oplus}$从 0 到 1 变化的曲线。

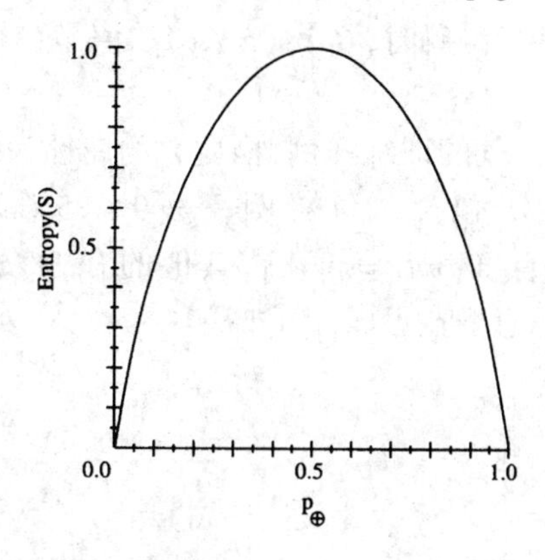

图中画出了随着正例所占比例 $p_{\oplus}$从 0 到 1，熵函数变化的曲线。

图 3-2 关于某布尔分类的的熵函数

信息论中熵的一种解释是，熵确定了要编码集合 S 中任意成员(即以均匀的概率随机抽出的一个成员)的分类所需要的最少二进制位数。举例来说，如果 $p_{\oplus}$是 1，接收者知道抽出的样例必为正，所以不必发任何消息，此时的熵为 0。另一方面，如果 $p_{\oplus}$是 0.5，必须用一个二进制位来说明抽出的样例是正还是负。如果 $p_{\oplus}$是 0.8，那么对所需的消息编码方法是赋予正例集合较短的编码，可能性较小的反例集合较长的编码，平均每条消息的编码少于 1 个二进制位。

至此我们讨论了目标分类是布尔型的情况下的熵。更一般的,如果目标属性具有 c 个不同的值,那么 S 相对于 c 个状态(c-wise)的分类的熵定义为:

$$Entropy(S) \equiv \sum_{i=1}^{c} - p_i \log_2 p_i \tag{3.3}$$

其中,p_i 是 S 中属于类别 i 的比例。请注意对数的底数仍然为 2,原因是熵是以二进制位的个数来度量编码长度的。同时注意,如果目标属性具有 c 个可能值,那么熵最大可能为 $\log_2 c$。

2. 用信息增益度量期望的熵降低

已经有了熵作为衡量训练样例集合纯度的标准,现在可以定义属性分类训练数据的能力的度量标准。这个标准被称为"信息增益"(information gain)。简单地说,一个属性的信息增益就是由于使用这个属性分割样例而导致的期望熵降低。更精确地讲,一个属性 A 相对样例集合 S 的信息增益 $Gain(S,A)$ 被定义为:

$$Gain(S,A) \equiv Entropy(S) - \sum_{v \in Values(A)} \frac{|S_v|}{|S|} Entropy(S_v) \tag{3.4}$$

其中,$Values(A)$ 是属性 A 所有可能值的集合,S_v 是 S 中属性 A 的值为 v 的子集(也就是,$S_v = \{s \in S | A(s) = v\}$)。请注意,等式(3.4)的第一项就是原集合 S 的熵,第二项是用 A 分类 S 后熵的期望值。这个第二项描述的期望熵就是每个子集的熵的加权和,权值为属于 S_v 的样例占原始样例 S 的比例 $\frac{|S_v|}{|S|}$。所以 $Gain(S,A)$ 是由于知道属性 A 的值而导致的期望熵减少。换句话来讲,$Gain(S,A)$ 是由于给定属性 A 的值而得到的关于目标函数值的信息。当对 S 的一个任意成员的目标值编码时,$Gain(S,A)$ 的值是在知道属性 A 的值后可以节省的二进制位数。

例如,假定 S 是一套有关天气的训练样例,描述它的属性为可具有 $Weak$ 和 $Strong$ 两个值的 $Wind$。像前面一样,假定 S 包含 14 个样例——[9+,5-]。在这 14 个样例中,假定正例中的 6 个和反例中的 2 个有 $Wind = Weak$,其他的有 $Wind = Strong$。由于按照属性 $Wind$ 分类 14 个样例得到的信息增益可以计算如下。

$$Values(Wind) = Weak, Strong$$

$$S = [9+, 5-]$$

$$S_{Weak} \leftarrow [6+, 2-]$$

$$S_{Strong} \leftarrow [3+, 3-]$$

$$\begin{aligned} Gain(S, Wind) &= Entropy(S) - \sum_{v \in \{Weak, Strong\}} \frac{|S_v|}{|S|} Entropy(S_v) \\ &= Entropy(S) - (8/14) Entropy(S_{Weak}) - (6/14) Entropy(S_{Strong}) \\ &= 0.940 - (8/14)0.811 - (6/14)1.00 \\ &= 0.048 \end{aligned}$$

信息增益正是 ID3 算法增长树的每一步中选取最佳属性的度量标准。图 3-3 概述了如何使用信息增益来评估属性的分类能力。在这个图中,计算了两个不同属性:湿度(humidity)和风力(wind)的信息增益,以便决定对于分类表 3-2 的训练样例哪一个属性更好。

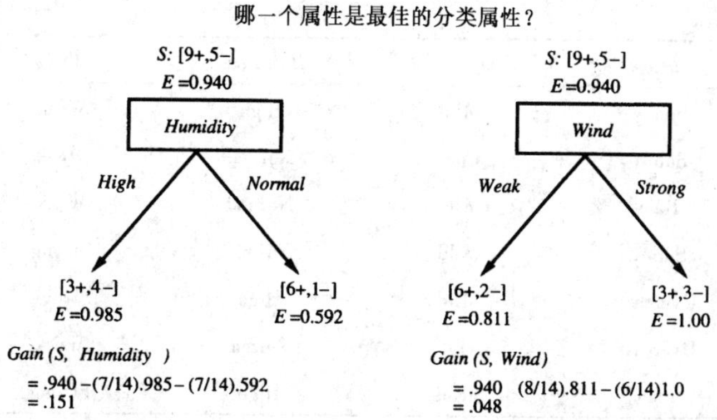

哪一个属性是最佳的分类属性？

S: [9+,5–]
E =0.940
Humidity
High
Normal
[3+,4–]
E =0.985
[6+,1–]
E =0.592
Gain (S, Humidity)
= .940 – (7/14).985 – (7/14).592
= .151

S: [9+,5–]
E =0.940
Wind
Weak
Strong
[6+,2–]
E =0.811
[3+,3–]
E =1.00
Gain (S, Wind)
= .940 (8/14).811 – (6/14)1.0
= .048

相对于目标分类(即星期六上午是否适合打网球)，*Humidity* 比 *Wind* 有更大的信息增益。这里，E 代表熵，S 代表原始样例集合。已知初始集合 S 有 9 个正例和 5 个反例，即[9+,5−]。用 *Humidity* 分类这些样例产生了子集[3+,4−](*Humidity* = *High*)和[6+,1−](*Humidity* = *Normal*)。这种分类的信息增益为 0.151，而对于属性 *Wind* 增益仅为 0.048。

图 3-3 计算属性的信息增益

3.4.2 举例

为了演示 ID3 算法的具体操作，考虑表 3-2 的训练数据所代表的学习任务。这里，目标属性 *PlayTennis* 对于不同的星期六上午具有 *yes* 和 *no* 两个值，我们将根据其他属性来预测这个目标属性值。先考虑这个算法的第一步，创建决策树的最顶端结点。哪一个属性该在树上第一个被测试呢？ID3 算法计算每一个候选属性(也就是 *Outlook*、*Temperature*、*Humidity* 和 *Wind*)的信息增益，然后选择信息增益最高的一个。其中两个属性的信息增益的计算显示在图 3-3 中。

所有四个属性的信息增益为：

$$Gain(S, Outlook) = 0.246$$
$$Gain(S, Humidity) = 0.151$$
$$Gain(S, Wind) = 0.048$$
$$Gain(S, Temperature) = 0.029$$

其中，S 表示来自表 3-2 的训练样例的集合。

表 3-2 目标概念 *PlayTennis* 的训练样例

Day	*Outlook*	*Temperature*	*Humidity*	*Wind*	*PlayTennis*
D1	Sunny	Hot	High	Weak	No
D2	Sunny	Hot	High	Strong	No
D3	Overcast	Hot	High	Weak	Yes
D4	Rain	Mild	High	Weak	Yes
D5	Rain	Cool	Normal	Weak	Yes
D6	Rain	Cool	Normal	Strong	No
D7	Overcast	Cool	Normal	Strong	Yes

（续）

Day	*Outlook*	*Temperature*	*Humidity*	*Wind*	*PlayTennis*
D8	Sunny	Mild	High	Weak	No
D9	Sunny	Cool	Normal	Weak	Yes
D10	Rain	Mild	Normal	Weak	Yes
D11	Sunny	Mild	Normal	Strong	Yes
D12	Overcast	Mild	High	Strong	Yes
D13	Overcast	Hot	Normal	Weak	Yes
D14	Rain	Mild	High	Strong	No

根据信息增益标准，属性 *Outlook* 在训练样例上提供了对目标属性 *PlayTennis* 的最佳预测。所以，*Outlook* 被选作根结点的决策属性，并为它的每一个可能值（也就是 *Sunny*、*Overcast* 和 *Rain*）在根结点下创建分支。得到的部分决策树显示在图 3-4 中，同时画出的还有被排列到每个新的后继结点的训练样例。注意到每一个 *Outlook* = *Overcast* 的样例也都是 *PlayTennis* 的正例。所以，树的这个结点成为一个叶子结点，它对目标属性的分类是 *PlayTennis* = *Yes*。相反，对应 *Outlook* = *Sunny* 和 *Outlook* = *Rain* 的后继结点还有非 0 的熵，所以决策树会在这些结点下进一步展开。

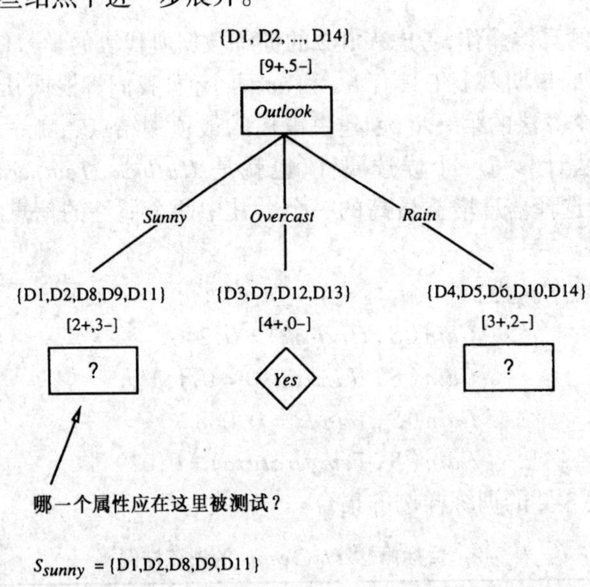

训练样例被排列到对应的分支结点。分支 *Overcast* 的所有样例都是正例，所以成为目标分类为 *Yes* 的叶结点。另两个结点将被进一步展开，方法是按照新的样例子集选取信息增益最高的属性。

图 3-4　ID3 算法第一步后形成的部分决策树

对于非终端的后继结点，再重复前面的过程选择一个新的属性来分割训练样例，这一次仅使用与这个结点关联的训练样例。已经被树的较高结点测试的属性被排除在外,以便任何给定的属性在树的任意路径上最多仅出现一次。对于每一个新的叶子结点继续这个过程,直到满足以下两个条件中的任一个:(1) 所有的属性已经被这条路径包括;(2)与这个结点关联的所有训练样例都具有相同的目标属性值(也就是它们的熵为0)。图3-4列出了下一步增长树要计算的信息增益。表3-2的14个训练样例通过ID3算法得到的最终决策树画在图3-1中。

3.5 决策树学习中的假设空间搜索

与其他的归纳学习算法一样,ID3算法可以被描述为从一个假设空间中搜索一个拟合训练样例的假设。被ID3算法搜索的假设空间就是可能的决策树的集合。ID3算法以一种从简单到复杂的爬山算法遍历这个假设空间,从空的树开始,然后逐步考虑更加复杂的假设,目的是搜索到一个正确分类训练数据的决策树。引导这种爬山搜索的评估函数是信息增益度量。图3-5描述了这种搜索。

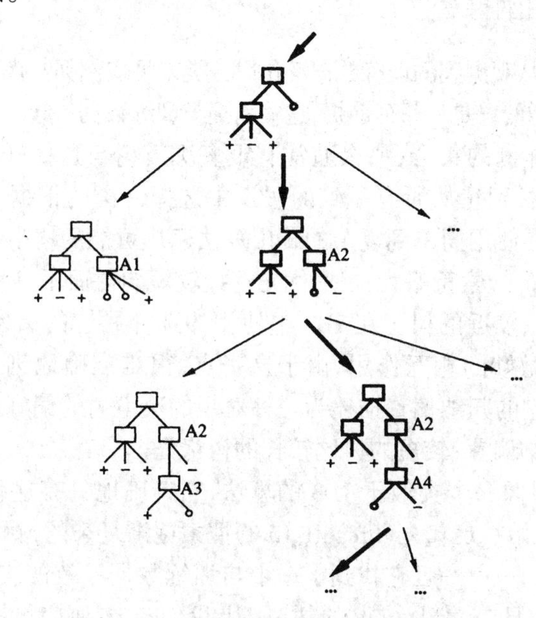

ID3遍历可能决策树的空间,从最简单的树到逐渐复杂的树,其搜索由信息增益启发式规则引导。

图3-5 ID3搜索的假设空间

通过观察ID3算法的搜索空间和搜索策略,我们可以深入认识这个算法的优势和不足。

- ID3算法中的假设空间包含所有的决策树,它是关于现有属性的有限离散值函数的一个完整空间。因为每个有限离散值函数可被表示为某个决策树,所以ID3算法避免了搜索不完整假设空间(例如那些仅考虑合取假设的方法)的一个主要风险:假设空间可能不包含目标函数。
- 当遍历决策树空间时,ID3仅维护单一的当前假设。这与第2章讨论的变型空间候选消除方法不同,后者维护了与当前的训练样例一致的所有假设的集合。因为仅考虑单一的假设,ID3算法失去了表示所有一致假设所带来的优势。例如,它不能判断有多少个其他的决策树也是与现有的训练数据一致的,或者使用新的实例查询来最优地区分这些竞争假设。

● 基本的 ID3 算法在搜索中不进行回溯。每当在树的某一层次选择了一个属性进行测试,它不会再回溯重新考虑这个选择。所以,它易受无回溯的爬山搜索中的常见风险影响：收敛到局部最优的答案,而不是全局最优的。对于 ID3 算法,一个局部最优的答案对应着它在一条搜索路径上探索时选择的决策树。然而,这个局部最优的答案可能不如沿着另一条分支搜索到的更令人满意。后面我们讨论一个扩展,增加一种形式的回溯(后修剪决策树)。

● ID3 算法在搜索的每一步都使用当前的所有训练样例,以统计为基础决定怎样精化当前的假设。这与那些基于单独的训练样例递增作出决定的方法(例如,FIND-S 或候选消除法)不同。使用所有样例的统计属性(例如,信息增益)的一个优点是大大降低了对个别训练样例错误的敏感性。因此,通过修改 ID3 算法的终止准则以接受不完全拟合训练数据的假设,它可以被很容易地扩展到处理含有噪声的训练数据。

3.6 决策树学习的归纳偏置

ID3 算法用什么策略从观测到的训练数据泛化以分类未见实例呢？换句话说,它的归纳偏置是什么？回忆第 2 章中,归纳偏置是一系列前提,这些前提与训练数据一起演绎论证未来实例的分类。

如果给定一个训练样例的集合,那么通常有很多决策树与这些样例一致。所以,要描述 ID3 算法的归纳偏置,应找到它从所有一致的假设中选择一个的根据。ID3 从这些决策树中选择哪一个呢？它选择在使用简单到复杂的爬山算法遍历可能的树空间时遇到的第一个可接受的树。概略地讲,ID3 的搜索策略为：(a)优先选择较短的树而不是较长的;(b)选择那些信息增益高的属性离根结点较近的树。在 ID3 中使用的选择属性的启发式规则和它遇到的特定训练样例之间存在着微妙的相互作用,由于这一点,很难准确地刻划出 ID3 的归纳偏置。然而我们可以近似地把它的归纳偏置描述为一种对短的决策树的偏好。

近似的 ID3 算法归纳偏置:较短的树比较长的树优先。

事实上,我们可以想像一个类似于 ID3 的算法,它精确地具有这种归纳偏置。考虑一种算法,它从一个空的树开始广度优先(breadth first)搜索逐渐复杂的树,先考虑所有深度为 1 的树,然后所有深度为 2 的,……一旦它找到了一个与训练数据一致的决策树,它返回搜索深度的最小的一致树(例如,具有最少结点的树)。让我们称这种广度优先搜索(breadth-first search)算法为 BFS-ID3。BFS-ID3 寻找最短的决策树,因此精确地具有“较短的树比较长的树优先”的偏置。ID3 可被看作 BFS-ID3 的一个有效近似,它使用一种贪婪的启发式搜索企图发现最短的树,而不用进行完整的广度优先搜索来遍历假设空间。

因为 ID3 使用信息增益启发式规则和“爬山”策略,它包含比 BFS-ID3 更复杂的偏置。尤其是,它并非总是找最短的一致树,而是倾向于那些信息增益高的属性更靠近根结点的树。

ID3 归纳偏置的更贴切近似：较短的树比较长的树优先。那些信息增益高的属性更靠近根结点的树优先。

3.6.1 限定偏置和优选偏置

在 ID3 算法和第 2 章中讨论的候选消除算法显示出的归纳偏置之间有一个有趣的差别。下面考虑一下这两种方法中对假设空间搜索的差异：

● ID3 的搜索范围是一个完整的假设空间(例如,能表示任何有限的离散值函数的空间)。

但它不彻底地搜索这个空间,从简单的假设到复杂的假设,直到遇到终止条件(例如,它发现了一个与数据一致的假设)。它的归纳偏置完全是搜索策略排序假设的结果。它的假设空间没有引入额外的偏置。

- 变型空间候选消除算法的搜索范围是不完整的假设空间(即一个仅能表示潜在可教授概念子集的空间),但它彻底地搜索这个空间,查找所有与训练数据一致的假设。它的归纳偏置完全是假设表示的表达能力的结果。它的搜索策略没有引入额外的偏置。

简单地讲,ID3 的归纳偏置来自它的*搜索策略*,而候选消除算法的归纳偏置来自它对*搜索空间*的定义。

ID3 的归纳偏置是对某种假设(例如,对于较短的假设)胜过其他假设的一种*优选*(preference),它对最终可列举的假设没有硬性限制。这种类型的偏置通常被称为*优选偏置*(preference bias)(或叫*搜索偏置*(search bias))。相反,候选消除算法的偏置是对待考虑假设的一种*限定*(restriction)。这种形式的偏置通常被称为*限定偏置*(或者叫*语言偏置*(language bias))。

如果需要某种形式的归纳偏置来从训练数据中泛化(见第 2 章),那么我们该优先考虑哪种形式的归纳偏置:优选偏置还是限定偏置?

通常,优选偏置比限定偏置更符合需要,因为它允许学习器工作在完整的假设空间上,这保证了未知的目标函数被包含在内。相反,限定偏置严格地限制了假设集合的潜在空间,通常不是我们希望的,因为它同时引入了把未知的目标函数排除在外的可能性。

鉴于 ID3 采用纯粹的优选偏置而候选消除算法采用纯粹的限定偏置,一些学习系统综合了这两者。例如,考虑第 1 章中描述的下棋程序的例子。其中,学习到的评估函数被表示为一些固定的棋盘特征的线性组合。学习算法调整这个线性组合的参数来最好地拟合现有的训练数据。这里,使用线性函数来表示评估函数的决定就引入了限定偏置(非线性的评估函数不可能被表示成这种形式)。同时,选择了有一个特定的参数调整方法(LMS 算法)就引入了一个优选偏置,这一特定参数源自所有可能参数值空间上的顺序搜索。

3.6.2 为什么短的假设优先

ID3 算法中优选较短决策树的归纳偏置,是不是从训练数据中泛化的一个可靠基础?哲学家们以及其他学者已经对这样的问题争论几个世纪了,而且这个争论至今尚未解决。威廉·奥坎姆大约在 1320 年提出了类似的论点㊀,是最早讨论这个问题的人之一,所以这个偏置经常被称为“奥坎姆剃刀”(Occam's razor)。

奥坎姆剃刀:优先选择拟合数据的最简单的假设。

当然给出一个归纳偏置的名字不等于证明了它。为什么应该优先选择较简单的假设呢?请注意科学家们有时似乎也遵循这个归纳偏置。例如物理学家优先选择行星运动简单的解释,而不用复杂的解释,为什么?一种解释是短假设的数量少于长假设的数量(基于简单的参数组合),所以找到一个短的但同时与训练数据拟合的假设的可能性较小。相反,常常有很多非常复杂的假设拟合当前的训练数据,但却无法正确地泛化到后来的数据。例如考虑决策树假设。500 个结点的决策树比 5 个结点的决策树多得多。如果给定一个 20 个训练样例的集

㊀ 显然是在刮胡须时想到的。

合,可以预期能够找到很多 500 个结点的决策树与训练数据一致,而如果一个 5 个结点的决策树可以完美地拟合这些数据则是出乎意料的。所以我们会相信 5 个结点的树不太可能是统计巧合,因而优先选择这个假设,而不选择 500 个结点的。

根据更深入的分析,可以发现上面的解释有一个主要的困难。为什么我们不反问:使用同样的推理,应该优先选择包含恰好有 17 个叶子结点和 11 个非叶子结点的决策树?这棵树在根结点使用决策属性 A_1,然后以数字顺序测试属性 A_2 直到 A_{11}。这样的决策树相当少,因此(用和上面同样的推理),找到其中之一与任意数据集一致的先验可能性也很小。这里的困难在于可以定义很多小的假设集合——其中大多数相当晦涩难解。那么,我们根据什么相信有*短描述*(short description)的决策树组成的小假设集合就比其他众多可定义的小假设集合更适当呢?

上面的奥坎姆剃刀原则的解释的第二个难题是,假设的大小是由学习器*内部*使用的特定表示决定的。所以两个学习器使用不同的内部表示会得到不同的假设,两者又都用奥坎姆剃刀原则得到相互矛盾的结论!例如,如果我们定义属性 *XYZ*,它对于被图 3-1 的决策树分类为正例的实例为真,相反为假,那么一个学习器就可以把图 3-1 中决策树表示的函数表示为只有一个决策结点的树。于是,两个学习器如果一个使用了 *XYZ* 属性描述它的实例,而另一个只使用 *Outlook*、*Temperature*、*Humidity* 和 *Wind* 属性,但都应用奥坎姆剃刀原则,那么它们会以不同的方式泛化。

以上说明,对于同一套训练样例,当两个学习器以不同的内部表示方式理解和使用这些样例时,会产生两个不同的假设。基于这一点,似乎我们应完全抵制奥坎姆剃刀原则。不过,让我们看一看下面这个场景,并分析哪一个内部表示会从自然选择和进化中脱颖而出。想像一个由人造的学习 agent 组成的群体,这个群体是由模拟的进化过程产生的,进化过程包括 agent 的繁殖、变异和自然选择。假定这个进化过程能够一代接一代地改变这些 agent 的感知系统,由此改变它们用来感知世界的器官的内部属性。出于论证的考虑,我们也假定这些学习 agent 采用一个不会被进化所改变的固定的算法(比如 ID3)。有理由推断,随着时间的流逝,进化会产生更好的内部表示,使 agent 能愈加成功地生存在它们的环境中。假定 agent 的成功依赖于它精确泛化的能力,我们可以期望,进化产生的内部表示对任何学习算法和归纳偏置都有很好的性能。如果某个 agent 种群采用了带有奥坎姆剃刀归纳偏置的学习算法,那么我们期望进化会产生适合奥坎姆剃刀策略的内部表示。这个论点的精髓在于,进化产生的内部表示使得学习算法的归纳偏置成为自我实现的预言(self-fulfilling prophecy),只因为它改变内部表示比改变学习算法更容易。

我们暂时放下关于奥坎姆剃刀的争论。在第 6 章我们会再次提起这个话题,将讨论最小描述长度(Minimum Description Length)原则,它是另一版本的奥坎姆剃刀,可用贝叶斯框架来解释。

3.7　决策树学习的常见问题

决策树学习的实际问题包括:确定决策树增长的深度;处理连续值的属性;选择一个适当的属性筛选度量标准;处理属性值不完整的训练数据;处理不同代价的属性;提高计算效率。下面我们讨论每一个问题,并针对这些问题扩展基本的 ID3 算法。事实上,为了解决其中的多数问题,ID3 算法已经被扩展了,扩展后的系统被改名为 C4.5(Quinlan 1993)。

3.7.1　避免过度拟合数据

表 3-1 描述的算法增长树的每一个分支的深度,直到恰好能对训练样例完美地分类。然而这个策略并非总行得通。事实上,当数据中有噪声或训练样例的数量太少以至于不能产生目标函数的有代表性的采样时,这个策略便会遇到困难。在以上任一种情况发生时,这个简单的算法产生的树会过度拟合训练样例。

对于一个假设,当存在其他的假设对训练样例的拟合比它差,但事实上在实例的整个分布(也就是包含训练集合以外的实例)上表现得却更好时,我们说这个假设过度拟合(overfit)训练样例。

定义:给定一个假设空间 H,一个假设 $h \in H$,如果存在其他的假设 $h' \in H$,使得在训练样例上 h 的错误率比 h' 小,但在整个实例分布上 h' 的错误率比 h 小,那么就说假设 h **过度拟合**(overfit)训练数据。

图 3-6 画出了在决策树学习的一个典型应用中过度拟合的影响。在这个例子中,ID3 算法用来学习哪一个病人患有某种糖尿病。这幅图的横轴表示在决策树创建过程中树的结点总数,纵轴表示决策树作出的预测的精度。实线显示决策树在训练样例上的精度,虚线显示在一套独立的测试样例(没有被包括在训练样例中)上测量出的精度。可以看出,随着树的增长,在训练样例上的精度是单调上升的。然而,在独立的测试样例上测出的精度先上升后下降。如图所示,当树超过大约 25 个结点时,对树的进一步精化尽管可以提高它在训练数据上的精度,却降低了它在测试样例上的精度。

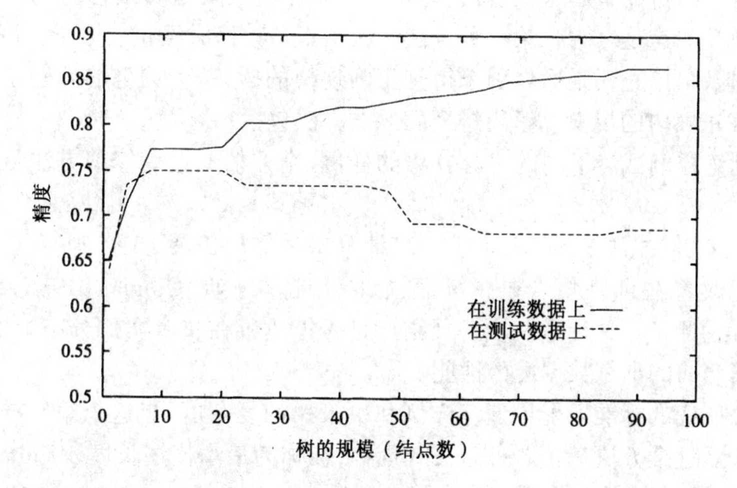

随着 ID3 算法增加新的结点增长决策树,在训练样例上的精度是单调上升的。然而,在独立于训练样例的测试样例上,精度先上升后下降。实验这个图所需的软件和数据可以通过网址 http://www.cs.cmu.edu/~tom/mlbook.html 得到。

图 3-6　决策树学习中的过度拟合

是什么原因导致树 h 比树 h' 更好地拟合训练样例,但对于后来的实例却表现更差呢?这种情况发生的一种可能原因是训练样例含有随机错误或噪声。举例说明,考虑在表 3-2 的原本正确的样例中加入一条训练正例,但却被误标示为反例,如下:

⟨*Outlook* = *Sunny*, *Temperature* = *Hot*, *Humidity* = *Normal*, *Wind* = *Strong*, *PlayTennis* = *No*⟩

对于本来没有错误的数据，ID3 生成图 3-1 表示的决策树。然而，增加这个不正确的样例导致 ID3 建立一个更复杂的树。确切地讲，新的样例会被排列到图 3-1 表示的树的左起第二个叶子结点，与以前的正例 D9 和 D11 排在一起。因为新的样例被标记为反例，所以 ID3 会在这个结点下面进一步搜索更多的细节。当然只要新的错误样例与原来这个结点的两个样例有任何差异，ID3 会成功找到一个新的决策属性来把新的样例从以前的两个正例中分开。这样的结果是 ID3 会输出一个决策树(h)，它比图 3-1 中原来的树(h')更复杂。当然，h 会完美地拟合训练样例集，而较简单的 h' 不会。然而，由于新的决策结点只是拟合训练样例中噪声的结果，我们可以断定在取自同一实例分布的后续数据上，h' 会胜过 h。

上面的例子演示了训练样例中的随机噪声如何导致过度拟合。事实上，当训练数据没有噪声时，过度拟合也有可能发生，特别是当少量的样例被关联到叶子结点时。这种情况下，很可能出现巧合的规律性，使得一些属性恰巧可以很好地分割样例，但却与实际的目标函数并无关系。一旦这样巧合的规律性存在，就有过度拟合的风险。

过度拟合对于决策树学习和其他很多学习算法是一个重要的实践难题。例如，在一次关于 ID3 算法的实验研究中(Mingers 1989b)，对于涉及 5 种带有噪声和不确定数据的不同研究中，人们发现在多数问题中过度拟合使决策树的精度降低了 10% ~ 25%。

有几种途径可被用来避免决策树学习中的过度拟合。它们可被分为两类：

- 及早停止树增长，在 ID3 算法完美分类训练数据之前就停止树增长；
- 后修剪法(post-prune)，即允许树过度拟合数据，然后对这个树进行后修剪。

尽管第一种方法可能看起来更直接，但是对过度拟合的树进行后修剪的第二种方法被证明在实践中更成功。这是因为在第一种方法中精确地估计何时停止树增长很困难。

无论是通过及早停止还是后修剪来得到正确规模的树，一个关键的问题是使用什么样的准则来确定最终正确树的规模。解决这个问题的方法包括：

- 使用与训练样例截然不同的一套分离的样例，来评估通过后修剪方法从树上修剪结点的效用。
- 使用所有可用数据进行训练，但进行统计测试来估计扩展(或修剪)一个特定的结点是否有可能改善在训练集合外的实例上的性能。例如，Quinlan(1986)使用一种卡方(chi-square)测试来估计进一步扩展结点是否能改善在整个实例分布上的性能，还是仅仅改善了当前的训练数据上的性能。
- 使用一个明确的标准来衡量训练样例和决策树的复杂度，当这个编码的长度最小时停止树增长。这个方法基于一种启发式规则，被称为最小描述长度(Minimum Description Length)的准则，我们将在第 6 章中讨论这种方法。Quinlan & Rivest(1989)和 Mehta et al.(1995)也讨论了这种方法。

上面的第一种方法是最普通的，它常被称为*训练和验证集*(training and validation set)法。下面我们讨论这种方法的两个主要变种。这种方法中，可用的数据被分成两个样例集合：一个训练集合用来形成学习到的假设，一个分离的验证集合用来评估这个假设在后续数据上的精度，确切地说是用来评估修剪这个假设的影响。这个方法的动机是：即使学习器可能会被训练集合中的随机错误和巧合规律性所误导，但验证集合不大可能表现出同样的随机波动。所以，验证集合可以用来对过度拟合训练集中的虚假特征提供防护检验。当然，很重要的一点是验证集合应该足够大，以便它本身可提供具有统计意义的实例样本。一种常见的做法是取出可用样例的三分之一用作验证集合，用另外三分之二作训练集合。

1.错误率降低修剪

使用验证集合来防止过度拟合的确切方法是什么？一种称为"错误率降低修剪"(reduced-error pruning)的方法(Quinlan 1987)是考虑将树上的每一个结点作为修剪的候选对象。修剪一个结点由以下步骤组成：删除以此结点为根的子树；使它成为叶子结点；把和该结点关联的训练样例的最常见分类赋给它。仅当修剪后的树对于验证集合的性能不比原来的树差时才删除该结点。这样便使因为训练集合的巧合规律性而加入的结点很可能被删除，因为同样的巧合不大会发生在验证集合中。反复地修剪结点，每次总是选取那些删除后可以最大提高决策树在验证集合上的精度的结点。继续修剪结点直到进一步的修剪是有害的为止(也就是降低了在验证集合上的精度)。

"错误率降低修剪"对决策树精度的影响被画在图3-7中。和图3-6一样，图3-7显示了在训练样例和测试样例上的决策树精度。图3-7中另外一条线显示的是随着树的修剪，它在测试样例上的精度变化。当修剪开始时，树的规模最大，并且它在测试样例上的精度最小。随着修剪的进行，结点的数量下降，但在测试集合上的精度上升。这里可供使用的数据已经被分成3个子集：训练样例、供修剪树用的验证样例和一个测试样例集合。测试样例用来提供在未来的未见实例上的精度的无偏估计。图中显示了在训练集和测试集上的精度。在用作修剪的验证集合上的精度没有画出来。

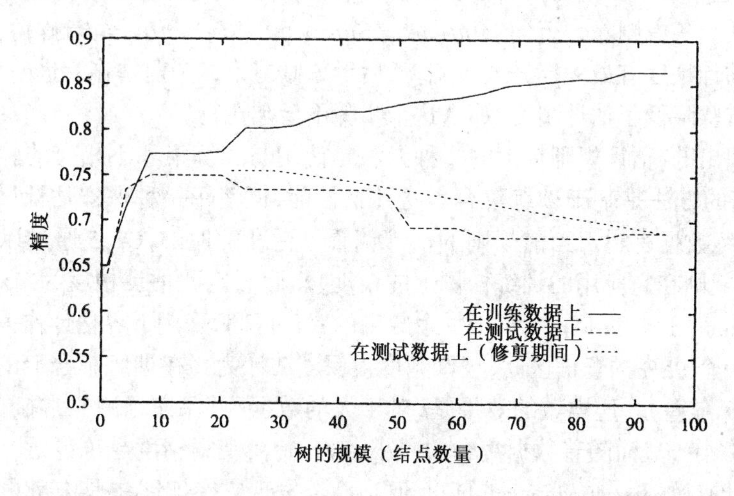

这幅图显示了与图3-6同样的在训练集和测试集上的精度曲线。另外，它显示了"错误率降低修剪"对ID3算法产生的树的影响。注意随着树结点的剪除，决策树在测试集合上的精度上升。这里，供修剪用的验证集合与训练和测试集合都是完全不同的。

图3-7 决策树学习中错误率降低修剪的效果

如果有大量的数据可供使用，那么使用分离的数据集合来引导修剪是一个有效的方法。这个方法的主要缺点是当数据有限时，从中保留一部分用作验证集合进一步减少了训练可以使用的样例。下一节给出了另一种修剪方法，在数据有限的许多实际情形下，这种方法很有效。人们还提出了许多其他的技术。例如，以不同的方式多次分割可供使用的数据，然后将得到的结果平均。Mingers(1989b)和Malerba et al.(1995)中报告了对不同树修剪方法的经验评估。

2.规则后修剪

实践中,一种用来发现高精度假设的非常成功的方法为“规则后修剪”(rule post-pruning)。这种修剪方法的一个变体被用在C4.5中(Quinlan 1993),C4.5是从原始的ID3算法的派生出来的。规则后修剪包括下面的步骤:

1) 从训练集合推导出决策树,增长决策树直到尽可能好地拟合训练数据,允许过度拟合发生。
2) 将决策树转化为等价的规则集合,方法是为从根结点到叶子结点的每一条路径创建一条规则。
3) 通过删除任何能导致估计精度提高的前件(preconditions)来修剪(泛化)每一条规则。
4) 按照修剪过的规则的估计精度对它们进行排序,并按这样的顺序应用这些规则来分类后来的实例。

为了演示以上过程,再次考虑图3-1中的决策树。在“规则后修剪”算法中,为树中的每个叶子结点产生一条规则。从根结点到叶子结点路径上的每一个属性的测试称为一个规则的先行词(即前件),叶子结点的分类称为规则的结论(即后件)。例如,图3-1中树的最左一条路径被转换成规则:

$$\begin{array}{ll}\text{IF} & (Outlook = Sunny) \wedge (Humidity = High) \\ \text{THEN} & PlayTennis = No\end{array}$$

接下来,通过删除不会降低估计精度的先行词来修剪每一个规则。例如对于上面的规则,规则后修剪算法会考虑删除先行词($Outlook = Sunny$)和($Humidity = High$)。它会选择这些修剪步骤中使估计精度有最大提升的步骤,然后考虑修剪第二个前件作为进一步的修剪步骤。如果某个修剪步骤降低了估计精度,那么这个步骤不会被执行。

如同前面提出的,估计规则精度的一种方法是使用与训练集和不相交的验证集合。另一种被C4.5使用的方法是基于训练集合本身评估性能,但使用一种保守估计(pessimistic estimate)来弥补训练数据有利于当前规则的估计偏置。更准确地讲,C4.5通过以下方法计算保守估计,先计算规则在它应用的训练样例上的精度,然后假定此估计精度为二项分布,并计算它的标准差(standard deviation)。对于一个给定的置信区间,采用下界估计作为规则性能的度量(例如,对于一个95%的置信区间,规则精度被保守估计为:在训练集合上的观察精度减去1.96乘估计的标准差)。这样做的效果是,对于大的数据集,保守预测非常接近观察精度(也就是标准差非常小),然而随着数据集合的减小,它开始离观察精度越来越远。虽然这种启发式方法不是统计有效(statistically valid)的,但是已经发现它在实践中是有效的。第5章讨论了统计有效的预测均值和置信区间的方法。

为什么修剪之前要把决策树转化成规则集呢?这样做主要有三个好处:

- 转化为规则集可以区分决策结点使用的不同上下文。因为贯穿决策结点的每条不同路径产生一条不同的规则,所以对于不同路径,关于一个属性测试的修剪决策可以不同。相反,如果直接修剪树本身,只有两个选择,要么完全删除决策结点,要么保留它的本来状态。
- 转化为规则集消除了根结点附近的属性测试和叶结点附近的属性测试的区别。于是避免了零乱的记录问题,比如,若是根结点被修剪了但保留它下面的部分子树时如何重新组织这棵树。

● 转化为规则以提高可读性。对人来说,规则总是更容易理解。

3.7.2 合并连续值属性

我们最初的ID3定义被限制为取离散值的属性。首先,学习到的决策树要预测的目标属性必须是离散的。其次,树的决策结点的属性也必须是离散的。可以简单地删除第二个限制,以便把连续值的决策属性加入到决策树中。这可以通过动态地定义新的离散值属性来实现,即先把连续值属性的值域分割为离散的区间集合。例如,对于连续值的属性 A,算法可动态地创建一个新的布尔属性 A_c,如果 $A < c$,那么为 A_c 真,否则为假。惟一的问题是如何选取最佳的阈值 c。

举例来说,假定我们希望在表3-2的学习任务中包含连续值的属性 *Temperature* 来描述训练样例。对于与决策树的特定结点关联的训练样例,进一步假定其属性 *Temperature* 和目标属性 *PlayTennis* 的值如下:

Temperature:	40	48	60	72	80	90
PlayTennis:	No	No	Yes	Yes	Yes	No

对属性 *Temprature*,应该定义什么样的基于阈值的布尔属性呢?我们无疑会选择产生最大信息增益的阈值 c。首先按照连续属性 A 排序样例,然后确定目标分类不同的相邻实例,于是我们可以产生一组候选阈值,它们的值是相应的 A 值之间的中间值。可以证明产生最大信息增益的 c 值必定位于这样的边界中(Fayyad 1991)。然后可以通过计算与每个候选阈值关联的信息增益评估这些候选值。在当前的例子中,有两个候选阈值,它们对应于目标属性 *PlayTennis* 变化时属性 *Temperature* 的值:$(48+60)/2$ 和 $(80+90)/2$。然后计算每一个候选属性—— $Temperature_{>54}$ 和 $Temperature_{>85}$ 的信息增益,并选择最好的($Temperature_{>54}$)。现在这个动态创建的布尔属性便可以和其他候选的离散值属性一同"竞争",以用于增长决策树。Fayyad & Irani(1993)讨论了这种方法的一个扩展,即把连续的属性分割成多个区间,而不是基于单一阈值的两个区间。Utgoff & Brodley(1991)和 Murthy et al.(1994)讨论了通过对几个连续值属性的线性组合定义阈值参数的方法。

3.7.3 属性选择的其他度量标准

信息增益度量存在一个内在偏置,它偏袒具有较多值的属性。举一个极端的例子,考虑属性 *Date*,它有大量的可能值(例如,March 4,1979)。要是我们把这个属性加到表3-2的数据中,它在所有属性中有最大的信息增益。这是因为单独 *Date* 就可以完全预测训练数据的目标属性。于是这个属性会被选作树的根结点的决策属性并形成一棵深度为一级但却非常宽的树,这棵树可以理想地分类训练数据。当然,这个决策树对于后来数据的性能会相当差,因为尽管它完美地分割了训练数据,但它不是一个好的预测器(predictor)。

属性 *Date* 出了什么问题呢?简单地讲,是因为太多的可能值必然把训练样例分割成非常小的空间。因此,相对训练样例,它会有非常高的信息增益,尽管对于未见实例它是一个非常差的目标函数预测器。

避免这个不足的一种方法是用其他度量而不是信息增益来选择决策属性。一个可以选择的度量标准是增益比率(gain ratio)(Quinlan 1986)。增益比率通过加入一个被称作分裂信息

(split information)的项来惩罚类似 *Date* 的属性,分裂信息用来衡量属性分裂数据的广度和均匀性:

$$SplitInformation(S, A) \equiv -\sum_{i=1}^{c} \frac{|S_i|}{|S|} \log_2 \frac{|S_i|}{|S|} \tag{3.5}$$

其中,S_1 到 S_c 是 c 个值的属性 A 分割 S 而形成的 c 个样例子集。注意分裂信息实际上就是 S 关于属性 A 的各值的熵。这与我们前面对熵的使用不同,在那里我们只考虑 S 关于学习到的树要预测的目标属性值的熵。

增益比率度量是用前面的增益度量和这里的分裂信息度量来共同定义的,即:

$$GainRatio(S, A) \equiv \frac{Gain(S, A)}{SplitInformation(S, A)} \tag{3.6}$$

请注意,分裂信息项阻碍选择值为均匀分布的属性。例如,考虑一个含有 n 个样例的集合被属性 A 彻底分割[⊖]。这时分裂信息的值为 $\log_2 n$。相反,一个布尔属性 B 分割同样的 n 个实例,如果恰好平分两半,那么分裂信息是 1。如果属性 A 和 B 产生同样的信息增益,那么根据增益比率度量,显然 B 得分更高。

使用增益比率代替增益来选择属性产生的一个实际问题是,当某个 S_i 使 $|S_i| \approx |S|$ 时,分母可能为 0 或非常小。如果某个属性对于 S 的所有样例有几乎同样的值,这时要么导致增益比率未定义,要么是增益比率非常大。为了避免选择这种属性,我们可以采用这样一些启发式规则,比如先计算每个属性的增益,然后仅对那些增益高过平均值的属性应用增益比率测试(Quinlan 1986)。

除了信息增益,Lopez de Mantaras(1991)介绍了另一种直接针对上述问题而设计的基于距离的(distance-based)度量。这个度量标准定义了数据划分间的一种距离尺度。每个属性的评估根据它产生的划分与理想划分(也就是完美分类训练数据的划分)间的距离。然后选择划分最接近完美划分的属性。Lopez de Mantaras (1991)定义了这个距离度量,证明了它不偏向有大量值的属性,并报告了其实验研究,说明这种方法产生的决策树的预测精度与增益法和增益比率法得到的结果没有明显的差别。而且这种距离度量避免了增益比率度量的实际困难。在他的实验中,对于属性值个数差异非常大的数据集,这种方法产生了效果很好的较小的树。

此外,学者们还提出了许多种属性选择度量(例如,Breiman et al. 1984, Mingers 1989a, Kearns & Mansour 1996, Dietterich et al. 1996)。Mingers(1989a)提供了实验分析,比较了针对不同问题的几种选择度量的有效度。他报告了使用不同属性选择度量产生的未修剪决策树的大小的显著差异。然而在他的实验中,不同的属性选择度量对最终精度的影响小于后修剪的程度和方法对最终精度的影响。

3.7.4 处理缺少属性值的训练样例

在某些情况下,可供使用的数据可能缺少某些属性的值。例如,在医学领域我们希望根据多项化验指标预测患者的结果,然而可能仅有部分患者具有验血结果。在这种情况下,经常需要根据此属性值已知的其他实例来估计这个缺少的属性值。

⊖ 分成 n 组,即一个样例一组。——译者注。

考虑以下情况,为了评估属性 A 是否是决策结点 n 的最佳测试属性,要计算决策树在该结点的信息增益 $Gain(S, A)$。假定$\langle x, c(x)\rangle$是 S 中的一个训练样例,并且其属性 A 的值 $A(x)$未知。

处理缺少属性值的一种策略是赋给它结点 n 的训练样例中该属性的最常见值。另一种策略是可以赋给它结点 n 的被分类为$c(x)$的训练样例中该属性的最常见值。然后使用这个估计值的训练样例就可以被现有的决策树学习算法使用了。Mingers(1989a)分析了这个策略。

第二种更复杂的策略是为 A 的每个可能值赋予一个概率,而不是简单地将最常见的值赋给 $A(x)$。根据结点 n 的样例上 A 的不同值的出现频率,这些概率可以被再次估计。例如,给定一个布尔属性 A,如果结点 n 包含 6 个已知 $A=1$ 和 4 个 $A=0$ 的样例,那么 $A(x)=1$ 的概率是 0.6,$A(x)=0$ 的概率是 0.4。于是,实例 x 的 60% 被分配到 $A=1$ 的分支,40% 被分配到另一个分支。这些片断样例(fractional examples)的目的是计算信息增益,另外,如果有第二个缺少值的属性必须被测试,这些样例可以在后继的树分支中被进一步细分。上述的样例的片断也可以在学习之后使用,用来分类缺少属性的新实例。在这种情况下,新实例的分类就是最可能的分类,计算的方法是通过在树的叶结点对按不同方式分类的实例片断的权求和。C4.5(Quinlan 1993)使用这种方法处理缺少的属性值。

3.7.5　处理不同代价的属性

在某些学习任务中,实例的属性可能与代价相关。例如,在学习分类疾病时,我们可能以这些属性来描述患者:体温、活组织切片检查、脉搏、血液化验结果等。这些属性在代价方面差别非常大,不论是所需的费用还是患者要承受的不适。对于这样的任务,我们将优先选择尽可能使用低代价属性的决策树,仅当需要产生可靠的分类时才依赖高代价属性。

通过引入一个代价项到属性选择度量中,可以使 ID3 算法考虑属性代价。例如,我们可以用信息增益除以属性的代价,以使低代价的属性会被优先选择。虽然这种代价敏感度量不保证找到最优的代价敏感决策树,但它们确实使搜索偏置到有利于低代价属性。

Tan & Schlimmer(1990)和 Tan(1993)描述了一种这样的方法,并把它应用到机器人感知任务中。在这个任务中,机器人必须根据这些物体如何能被它的机械手抓住,从而学会分辨不同的物体。这种情况下,属性对应于机器人身上的移动声纳获得的不同传感器读数。属性的代价通过定位或操作声纳来获取属性值所需的秒数来衡量。他们证明,通过用下面的度量代替信息增益属性选择度量,学到了更加有效的识别策略,同时没有损失分类的精度。

$$\frac{Gain^2(S,A)}{Cost(A)}$$

Nunez(1988)中描述了一种有关的方法,并把它应用到学习医疗诊断规则上。这里属性是具有不同代价的不同症状和化验测试。它的系统使用了稍有不同的属性选择度量:

$$\frac{2^{Gain(S,A)}-1}{(Cost(A)+1)^w}$$

其中,$w\in[0,1]$是一个常数,决定代价对信息增益的相对重要性。Nunez(1991)针对一系列任务给出了这两种方法的经验对比。

3.8 小结和补充读物

本章的要点包括：

- 决策树学习为概念学习和学习其他离散值的函数提供了一个实用的方法。ID3 系列算法使用从根向下增长法推断决策树，为每个要加入树的新决策分支贪婪地选择最佳的属性。
- ID3 算法搜索完整的假设空间(也就是说，决策树空间能够表示定义在离散值实例上的任何离散值函数)。所以它避免了仅考虑有限的假设集合的方法的主要问题：目标函数可能不在假设空间中。
- 隐含在 ID3 算法中的归纳偏置包括优先选择较小的树，也就是说，它通过对假设空间的搜索增长树，使树的大小为正好能分类已有的训练样例。
- 过度拟合训练数据是决策树学习中的重要问题。因为训练样例仅仅是所有可能实例的一个样本，向树增加分支可能提高在训练样例上的性能，但却降低在训练实例外的其他实例上的性能。因此，后修剪决策树的方法对于避免决策树学习中(和其他使用优选偏置的归纳推理方法)的过度拟合是很重要的。
- 对于基本 ID3 算法，研究者已经开发了大量的扩展。其中包括后修剪的方法；处理实数值的属性；容纳缺少属性值的训练样例；当有了新的训练实例时递增地精化决策树；使用信息增益之外的其他属性选择度量；考虑与实例属性关联的代价。

关于决策树学习的最早的著作有 Hunt 的概念学习系统(Concept Learning System，CLS)(Hunt et al. 1966)以及 Friedman 和 Breiman 的 CART 系统(Friedman 1977，Breiman et al. 1984)。Quinlan 的 ID3 系统(Quinlan 1979，1983)构成了本章讨论的基础。决策树学习的其他早期著作包括 ASSISTANT(Kononenko et al. 1984，Cestnik et al. 1987)。决策树归纳算法在多数计算机平台上的实现可用商业方式得到。

关于决策树归纳的进一步细节，Quinlan(1993)写了一本精彩的著作，其中讨论了很多实践问题，并提供了 C4.5 算法的代码。Mingers(1989a)和 Buntine & Niblett(1992)提供了比较不同属性选择度量的实验研究。Mingers(1989b)提供了对不同修剪策略的研究。比较决策树学习和其他学习方法的试验可在众多的论文中找到，包括 Dietterich et al. 1995、Fisher & McKusick 1989、Quinlan 1988a、Shavlik et al. 1991、Thrun et al. 1991 以及 Weiss and Kapouleas 1989。

习题

3.1 画出表示下面布尔函数的决策树：

(a) $A \wedge \neg B$

(b) $A \vee [B \wedge C]$

(c) $A\ XOR\ B$

(d) $[A \wedge B] \vee [C \wedge D]$

3.2 考虑下面的训练样例集合：

实例	分类	a_1	a_2
1	+	T	T
2	+	T	T
3	−	T	F
4	+	F	F
5	−	F	T
6	−	F	T

(a)请计算这个训练样例集合关于目标函数分类的熵。

(b)请计算属性 a_2 相对这些训练样例的信息增益。

3.3 判断以下命题的正误：如果树 D2 是从树 D1 加工而成的，那么 D1 *more_general_than* D2。假定 D1 和 D2 是表示任意布尔函数的决策树，而且当 ID3 能把 D1 扩展成 D2 时，则 D2 是 D1 加工而成的。如果正确，给出证明；如果错误，举出一个反例（*more_general_than* 在第 2 章中定义）。

3.4 ID3 仅寻找一个一致的假设，而候选消除算法寻找所有一致的假设。考虑这两种学习算法间的对应关系。

(a)假定给定 *EnjoySport* 的四个训练样例，画出 ID3 学习的决策树。其中 *EnjoySport* 目标概念列在第 2 章的表 2-1 中。

(b)学习到的决策树和从同样的样例使用变型空间算法得到的变型空间（参见第 2 章图 2-3）间有什么关系？树等价于变型空间的一个成员吗？

(c)增加下面的训练样例，计算新的决策树。这一次，显示出增长树的每一步中每个候选属性的信息增益。

Sky	*Air-Temp*	*Humidity*	*Wind*	*Water*	*Forecast*	*Enjoy-Sport?*
Sunny	*Warm*	*Normal*	*Weak*	*Warm*	*Same*	*No*

(d)假定我们希望设计一个学习器，让它搜索决策树假设空间（类似 ID3）并寻找与数据一致的所有假设（类似候选消除）。简单地说，我们希望应用候选消除算法搜索决策树假设空间。写出经过表 2-1 的第一个训练样例后的 S 和 G 集合。注意，S 必须包含与数据一致的最特殊的决策树，而 G 必须包含最一般的。说明遇到第二个训练样例时 S 和 G 集合是如何被精化的（可以去掉描述相同概念而语法不同的树）。在把候选消除算法应用到决策树假设空间时，预计会碰到什么样的困难？

参考文献

Breiman, L., Friedman, J. H., Olshen, R. A., & Stone, P. J. (1984). *Classification and regression trees.* Belmont, CA: Wadsworth International Group.

Brodley, C. E., & Utgoff, P. E. (1995). Multivariate decision trees. *Machine Learning*, 19, 45–77.

Buntine, W., & Niblett, T. (1992). A further comparison of splitting rules for decision-tree induction. *Machine Learning*, 8, 75–86.

Cestnik, B., Kononenko, I., & Bratko, I. (1987). ASSISTANT-86: A knowledge-elicitation tool for sophisticated users. In I. Bratko & N. Lavrač (Eds.), *Progress in machine learning*. Bled, Yugoslavia: Sigma Press.

Dietterich, T. G., Hild, H., & Bakiri, G. (1995). A comparison of ID3 and BACKPROPAGATION for

English text-to-speech mapping. *Machine Learning*, 18(1), 51–80.

Dietterich, T. G., Kearns, M., & Mansour, Y. (1996). Applying the weak learning framework to understand and improve C4.5. *Proceedings of the 13th International Conference on Machine Learning* (pp. 96–104). San Francisco: Morgan Kaufmann.

Fayyad, U. M. (1991). *On the induction of decision trees for multiple concept learning*, (Ph.D. dissertation). EECS Department, University of Michigan.

Fayyad, U. M., & Irani, K. B. (1992). On the handling of continuous-valued attributes in decision tree generation. *Machine Learning*, 8, 87–102.

Fayyad, U. M., & Irani, K. B. (1993). Multi-interval discretization of continuous-valued attributes for classification learning. In R. Bajcsy (Ed.), *Proceedings of the 13th International Joint Conference on Artificial Intelligence* (pp. 1022–1027). Morgan-Kaufmann.

Fayyad, U. M., Weir, N., & Djorgovski, S. (1993). SKICAT: A machine learning system for automated cataloging of large scale sky surveys. *Proceedings of the Tenth International Conference on Machine Learning* (pp. 112–119). Amherst, MA: Morgan Kaufmann.

Fisher, D. H., and McKusick, K. B. (1989). An empirical comparison of ID3 and back-propagation. *Proceedings of the Eleventh International Joint Conference on AI* (pp. 788–793). Morgan Kaufmann.

Friedman, J. H. (1977). A recursive partitioning decision rule for non-parametric classification. *IEEE Transactions on Computers* (pp. 404–408).

Hunt, E. B. (1975). *Artificial Intelligence*. New York: Academic Press.

Hunt, E. B., Marin, J., & Stone, P. J. (1966). *Experiments in Induction*. New York: Academic Press.

Kearns, M., & Mansour, Y. (1996). On the boosting ability of top-down decision tree learning algorithms. *Proceedings of the 28th ACM Symposium on the Theory of Computing*. New York: ACM Press.

Kononenko, I., Bratko, I., & Roskar, E. (1984). *Experiments in automatic learning of medical diagnostic rules* (Technical report). Jozef Stefan Institute, Ljubljana, Yugoslavia.

Lopez de Mantaras, R. (1991). A distance-based attribute selection measure for decision tree induction. *Machine Learning*, 6(1), 81–92.

Malerba, D., Floriana, E., & Semeraro, G. (1995). A further comparison of simplification methods for decision tree induction. In D. Fisher & H. Lenz (Eds.), *Learning from data: AI and statistics*. Springer-Verlag.

Mehta, M., Rissanen, J., & Agrawal, R. (1995). MDL-based decision tree pruning. *Proceedings of the First International Conference on Knowledge Discovery and Data Mining* (pp. 216–221). Menlo Park, CA: AAAI Press.

Mingers, J. (1989a). An empirical comparison of selection measures for decision-tree induction. *Machine Learning*, 3(4), 319–342.

Mingers, J. (1989b). An empirical comparison of pruning methods for decision-tree induction. *Machine Learning*, 4(2), 227–243.

Murphy, P. M., & Pazzani, M. J. (1994). Exploring the decision forest: An empirical investigation of Occam's razor in decision tree induction. *Journal of Artificial Intelligence Research*, 1, 257–275.

Murthy, S. K., Kasif, S., & Salzberg, S. (1994). A system for induction of oblique decision trees. *Journal of Artificial Intelligence Research*, 2, 1–33.

Nunez, M. (1991). The use of background knowledge in decision tree induction. *Machine Learning*, 6(3), 231–250.

Pagallo, G., & Haussler, D. (1990). Boolean feature discovery in empirical learning. *Machine Learning*, 5, 71–100.

Quinlan, J. R. (1979). Discovering rules by induction from large collections of examples. In D. Michie (Ed.), *Expert systems in the micro electronic age*. Edinburgh Univ. Press.

Quinlan, J. R. (1983). Learning efficient classification procedures and their application to chess end games. In R. S. Michalski, J. G. Carbonell, & T. M. Mitchell (Eds.), *Machine learning: An artificial intelligence approach*. San Mateo, CA: Morgan Kaufmann.

Quinlan, J. R. (1986). Induction of decision trees. *Machine Learning*, 1(1), 81–106.

Quinlan, J. R. (1987). Rule induction with statistical data—a comparison with multiple regression. *Journal of the Operational Research Society*, 38, 347–352.

Quinlan, J.R. (1988). An empirical comparison of genetic and decision-tree classifiers. *Proceedings of the Fifth International Machine Learning Conference* (135–141). San Mateo, CA: Morgan Kaufmann.

Quinlan, J.R. (1988b). Decision trees and multi-valued attributes. In Hayes, Michie, & Richards (Eds.), *Machine Intelligence 11*, (pp. 305–318). Oxford, England: Oxford University Press.

Quinlan, J. R., & Rivest, R. (1989). *Information and Computation*, (80), 227–248.

Quinlan, J. R. (1993). *C4.5: Programs for Machine Learning*. San Mateo, CA: Morgan Kaufmann.

Rissanen, J. (1983). A universal prior for integers and estimation by minimum description length. *Annals of Statistics 11* (2), 416–431.

Rivest, R. L. (1987). Learning decision lists. *Machine Learning*, 2(3), 229–246.

Schaffer, C. (1993). Overfitting avoidance as bias. *Machine Learning, 10*, 113–152.

Shavlik, J. W., Mooney, R. J., & Towell, G. G. (1991). Symbolic and neural learning algorithms: an experimental comparison. *Machine Learning*, 6(2), 111–144.

Tan, M. (1993). Cost-sensitive learning of classification knowledge and its applications in robotics. *Machine Learning*, 13(1), 1–33.

Tan, M., & Schlimmer, J. C. (1990). Two case studies in cost-sensitive concept acquisition. *Proceedings of the AAAI-90*.

Thrun, S. B. et al. (1991). *The Monk's problems: A performance comparison of different learning algorithms*, (Technical report CMU-CS-91-197). Computer Science Department, Carnegie Mellon Univ., Pittsburgh, PA.

Turney, P. D. (1995). Cost-sensitive classification: empirical evaluation of a hybrid genetic decision tree induction algorithm. *Journal of AI Research*, 2, 369–409.

Utgoff, P. E. (1989). Incremental induction of decision trees. *Machine Learning*, 4(2), 161–186.

Utgoff, P. E., & Brodley, C. E. (1991). *Linear machine decision trees*, (COINS Technical Report 91-10). University of Massachusetts, Amherst, MA.

Weiss, S., & Kapouleas, I. (1989). An empirical comparison of pattern recognition, neural nets, and machine learning classification methods. *Proceedings of the Eleventh IJCAI*, (781–787), Morgan Kaufmann.

第4章 人工神经网络

人工神经网络(Artificial Neural Networks,ANN)提供了一种普遍而且实用的方法从样例中学习值为实数、离散值或向量的函数。像反向传播(BACKPROPAGATION)这样的算法,使用梯度下降来调节网络参数以最佳拟合由输入-输出对组成的训练集合。ANN 学习对于训练数据中的错误健壮性很好,且已被成功地应用到很多领域,例如视觉场景分析(interpreting visual scenes)、语音识别以及机器人控制等。

4.1 简介

神经网络学习方法对于逼近实数值、离散值或向量值的目标函数提供了一种健壮性很强的方法。对于某些类型的问题,如学习解释复杂的现实世界中的传感器数据,人工神经网络是目前知道的最有效的学习方法。例如,本章要描述的反向传播算法已在很多实际的问题中取得了惊人的成功,比如学习识别手写字符(LeCun et al. 1989)、学习识别口语(Lang et al. 1990)和学习识别人脸(Cottrell 1990)。Rumelhart et al.(1994)提供了对实际应用的调查。

生物学动机

人工神经网络(ANN)的研究在一定程度上受到了生物学的启发,因为生物的学习系统是由相互连接的神经元(neuron)组成的异常复杂的网络。而人工神经网络与此大体相似,它是由一系列简单的单元相互密集连接构成的,其中每一个单元有一定数量的实值输入(可能是其他单元的输出),并产生单一的实数值输出(可能成为其他很多单元的输入)。

为了加深对这种类比的认识,让我们考虑一些来自生物学的事实。例如,据估计人类的大脑是由大约 10^{11} 个神经元相互连接组成的密集网络,平均每一个神经元与其他 10^4 个神经元相连。神经元的活性通常被通向其他神经元的连接激活或抑制。目前知道的最快的神经元转换时间是在 10^{-3}秒级别——与计算机的转换时间 10^{-10}秒相比慢很多。然而人类能够以惊人的速度做出复杂度惊人的决策。例如,你要通过视觉认出自己的母亲大约需要 10^{-1}秒。注意在这 10^{-1}秒的间隔内,被激发的神经元序列不长于数百步,因为单个神经元的转换速度已知。这个事实使很多人推测,生物神经系统的信息处理能力一定得益于对分布在大量神经元上的信息表示的高度并行处理。ANN 系统的一个动机就是获得这种基于分布表示的高度并行算法。大多数的 ANN 软件在串行机器上仿真分布处理,然而更快版本的算法也已经在高度并行机和特别为 ANN 应用设计的专用硬件上实现了。

由于 ANN 只是在一定程度上受生物神经系统的启发,所以 ANN 并未模拟生物神经系统中的很多复杂特征,而且已经知道 ANN 的很多特征与生物系统也是不一致的。例如,我们考虑的 ANN 每个单元输出单一的不变值,然而生物神经元输出的是复杂的时序脉冲。

长期以来,人工神经网络领域的研究者分为两个团体。一个团体的目标是使用 ANN 研究和模拟生物学习过程。另一个团体的目标是获得高效的机器学习算法,不管这种算法是否反映了生物过程。在本书中,我们的兴趣与后一团体一致,所以我们不会再把注意力用在生物模型上。若要获得关于使用 ANN 模拟生物系统的更多信息,请参考 Churchland & Sejnowski (1992)、Zornetzer et al.(1994)和 Gabriel & Moore(1990)。

4.2 神经网络表示

Pomerleau(1993)的 ALVINN 系统是 ANN 学习的一个典型实例,这个系统使用一个学习到的 ANN 以正常的速度在高速公路上驾驶汽车。ANN 的输入是一个 30×32 像素的网格,像素的亮度来自一个安装在车辆上的前向摄像机。ANN 的输出是车辆行进的方向。这个 ANN 通过模仿人类驾驶时的操纵命令进行训练,训练过程大约 5 分钟。ALVINN 用学习到的网络在高速公路上以 70 英里时速成功地驾驶了 90 英里(在分行公路的左车道行驶,同时有其他车辆)。

图 4-1 画出了 ALVINN 系统的一个版本中使用过的神经网络表示,这也是很多 ANN 系

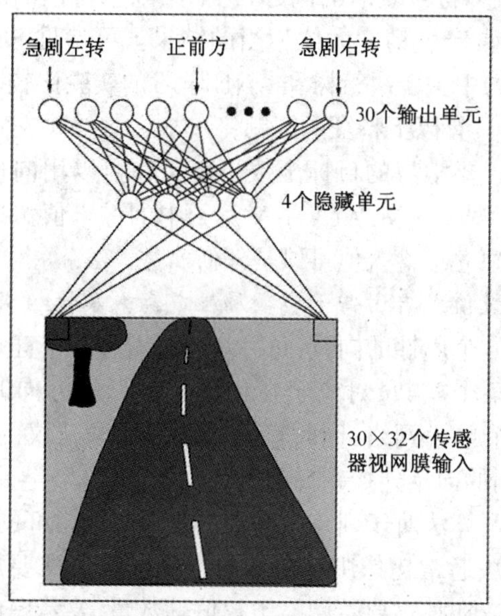

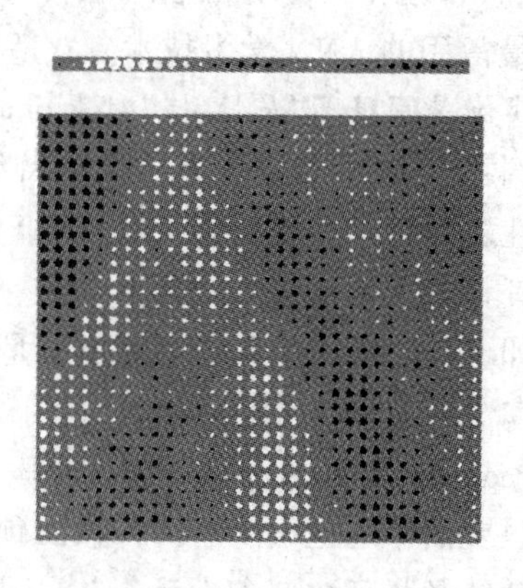

ALVINN 系统使用反向传播算法来学习驾驶汽车(上图),它的最高时速达到每小时 70 英里。左图显示了来自车前摄像机的图像是如何被映射到 960 个神经网络输入的,这些输入又前馈到 4 个隐藏单元,再连接到 30 个输出单元。网络输出编码了推荐的驾驶方向。右图显示了网络中一个隐藏单元的权值。进入这个隐藏单元的 30×32 个权值显示在大的矩阵中,白色的方框表示正权值而黑色的方框表示负权值。从这个隐藏单元到 30 个输出单元的权值被画在这个大矩阵上方的较小矩形中。从这些输出权值可以看出,激活这个隐藏单元会促使车向左转。

图 4-1 学习驾驶汽车的神经网络

统的典型表示方式。神经网络显示在图的左边,输入的摄像机图像在它的下边。网络图中每个结点对应一个网络单元(unit)的输出,而从下方进入结点的实线为其输入。可以看到,共有四个单元直接从图像接收所有的 30×32 个像素。这四个单元被称为“隐藏”单元,因为它们的输出仅在网络内部,不是整个网络输出的一部分。每个隐藏单元根据 960 个输入的加权和计算得到单一的实数值输出。然后这四个隐藏单元的输出被用作第二层 30 个“输出单元”的输入。每个输出单元对应一个特定的驾驶方向,这些单元的输出决定哪一个驾驶方向是被最强烈推荐的。

图 4-1 中的右侧部分描绘的是一些学习得到的权值,它们与这个 ANN 的四个隐藏单元之一相联系。下面的黑白方格大矩阵描述的是从 30×32 像素输入到这个隐藏单元的权值。这里,白方格表示正权值,黑方格表示负权值,方格的大小表示权的数量。大矩阵正上方的较小的矩形表示从这个隐藏单元到 30 个输出单元的权。

ALVINN 的网络结构是很多 ANN 中的典型结构。所有单元分层互连形成了一个有向无环图。通常,ANN 图的结构可以有很多种类型——无环的或有环的,有向的或无向的。本章集中讨论以反向传播算法为基础的最常见和最实用的 ANN 方法。反向传播算法假定网络是一个固定结构,对应一个有向图,可能包含环。ANN 学习就是为图中的每一条边选取权值。尽管某种类型的循环是允许的,大多数的实际应用都采用无环的前馈网络,与 ALVINN 使用的网络结构相似。

4.3　适合神经网络学习的问题

ANN 学习非常适合于这样的问题:训练集合为含有噪声的复杂传感器数据,例如来自摄像机和麦克风的数据。它也适用于需要较多符号表示的问题,例如第 3 章讨论的决策树学习任务。这种情况下 ANN 和决策树学习经常产生精度大体相当的结果。可参见 Shavlik et al.(1991)和 Weiss, S., & Kapouleas, I.(1989)中关于决策树和 ANN 学习的实验比较。反向传播算法是最常用的 ANN 学习技术。它适合具有以下特征的问题:

- *实例是用很多“属性-值”对表示的*:要学习的目标函数是定义在可以用向量描述的实例之上的,向量由预先定义的特征组成,例如 ALVINN 例子中的像素值。这些输入属性之间可以高度相关,也可以相互独立。输入值可以是任何实数。
- *目标函数的输出可能是离散值、实数值或者由若干实数属性或离散属性组成的向量*:例如,在 ALVINN 系统中输出的是 30 个属性的向量,每一个分量对应一个建议的驾驶方向。每个输出值是 0 和 1 之间的某个实数,对应于在预测相应驾驶方向时的置信度(confidence)。我们也可以训练一个单一网络,同时输出行驶方向和建议的加速度,这只要简单地把编码这两种输出预测的向量连接在一起就可以了。
- *训练数据可能包含错误*:ANN 学习算法对于训练数据中的错误有非常好的健壮性。
- *可容忍长时间的训练*:网络训练算法通常比像决策树学习这样的算法需要更长的训练时间。训练时间可能从几秒钟到几小时,这要看网络中权值的数量、要考虑的训练实例的数量以及不同学习算法参数的设置等因素。
- *可能需要快速求出目标函数值*:尽管 ANN 的学习时间相对较长,但对学习到的网络求值以便把网络应用到后续的实例通常是非常快速的。例如,ALVINN 在车辆向前行驶时,每秒应用它的神经网络若干次,以不断地更新驾驶方向。

● 人类能否理解学到的目标函数是不重要的:神经网络方法学习到的权值经常是人类难以解释的。学到的神经网络比学到的规则难以传达给人类。

这一章的其余部分是这样组织的:我们先讨论训练单个单元的学习算法,同时介绍组成神经网络的几种主要单元,包括感知器(perceptron)、线性单元(linear unit)和 sigmoid 单元(sigmoid unit)。然后给出训练这些单元组成的多层网络的反向传播算法,并考虑几个一般性的问题,比如 ANN 的表征能力、假设空间搜索的本质特征、过度拟合问题以及反向传播算法的变体。本章也给出了一个应用反向传播算法识别人脸的详细例子,指导读者如何取得这个例子的数据和代码并进一步实验。

4.4 感知器

一种类型的 ANN 系统是以被称为*感知器*(perceptron)的单元为基础的,如图 4-2 所示。感知器以一个实数值向量作为输入,计算这些输入的线性组合,然后如果结果大于某个阈值,就输出 1,否则输出 -1。更精确地,如果输入为 x_1 到 x_n,那么感知器计算的输出为:

$$o(x_1,\cdots,x_n)=\begin{cases}1 & \text{if } w_0+w_1x_1+w_2x_2+\cdots+w_nx_n>0\\ -1 & \text{otherwise}\end{cases}$$

其中每一个 w_i 是一个实数常量,或叫做权值(weight),用来决定输入 x_i 对感知器输出的贡献率。请注意,数量($-w_0$)是一个阈值,它是为了使感知器输出 1,输入的加权和 $w_1x_1+w_2x_2+\cdots+w_nx_n$ 必须超过的阈值。

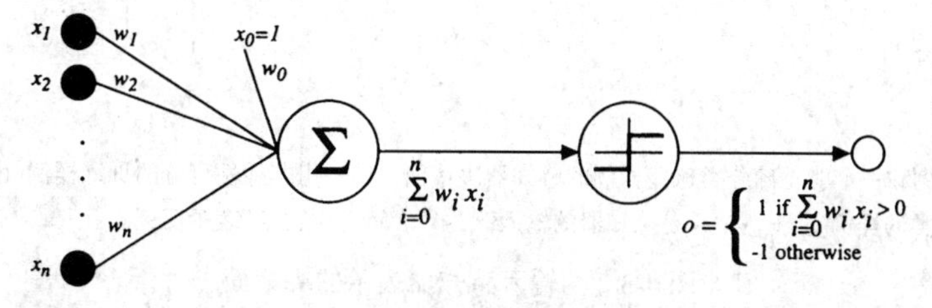

图 4-2 感知器

为了简化表示,我们假想有一个附加的常量输入 $x_0=1$,那么我们就可以把上边的不等式写为$\sum_{i=0}^{n}w_ix_i>0$,或以向量形式写为 $\vec{w}\cdot\vec{x}>0$。为了简短起见,我们有时会把感知器函数写为:

$$o(\vec{x})=\mathrm{sgn}(\vec{w}\cdot\vec{x})$$

其中:

$$\mathrm{sgn}(y)=\begin{cases}1 & \text{if } y>0\\ -1 & \text{otherwise}\end{cases}$$

学习一个感知器意味着选择权 $w_0,\ ...,\ w_n$ 的值。所以感知器学习要考虑的候选假设空间 H 就是所有可能的实数值权向量的集合。

$$H=\{\vec{w}\mid\vec{w}\in\mathscr{R}^{(n+1)}\}$$

4.4.1 感知器的表征能力

我们可以把感知器看作是 n 维实例空间(即点空间)中的超平面决策面。对于超平面一侧的实例,感知器输出 1,对于另一侧的实例输出 -1,如图 4-3 所示。这个决策超平面方程是 $\vec{w}\cdot\vec{x}=0$。当然,某些正反样例集合不可能被任一超平面分割。那些可以被分割的称为线性可分(linearly separable)样例集合。

单独的感知器可以用来表示很多布尔函数。例如,假定用 1(真)和 -1(假)表示布尔值,那么使用一个有两输入的感知器来实现与函数(AND)的一种方法是设置权 $w_0=-0.8$ 并且 $w_1=w_2=0.5$。如果用这个感知器来表示或函数(OR),那么只要改变它的阈值 $w_0=-0.3$。事实上,AND 和 OR 可被看作 m-of-n 函数的特例：也就是要使函数输出为真,那么感知器的 n 个输入中至少 m 个必须为真。OR 函数对应于 $m=1$,AND 函数对应于 $m=n$。任意 m-of-n 函数可以很容易地用感知器表示,只要设置所有输入的权为同样的值(如 0.5),然后据此恰当地设置阈值。

感知器可以表示所有的原子布尔函数(primitive boolean function)：与、或、与非(NAND)和或非(NOR)。然而遗憾的是,一些布尔函数无法用单一的感知器表示,例如异或函数(XOR),它当且仅当 $x_1 \neq x_2$ 时输出为 1。请注意图 4-3b 中线性不可分的训练样本集对应于异或函数。

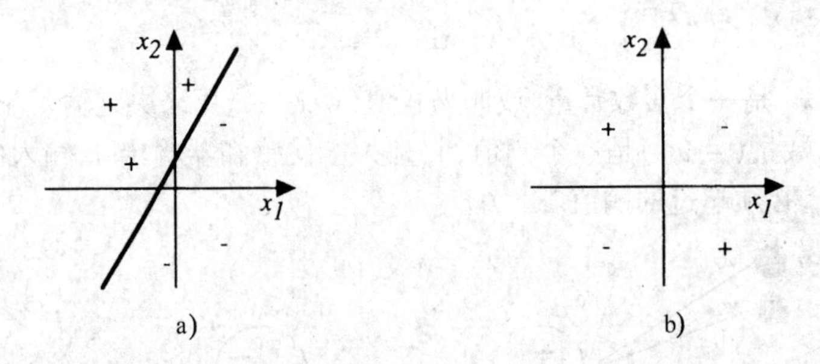

a)一组训练样例和一个能正确分类这些样例的感知器决策面。b)一组非线性可分的训练样例(也就是不能用任一直线正确分类的样例)。x_1 和 x_2 是感知器的输入。"+"表示正例,"-"表示反例。

图 4-3 两输入感知器表示的决策面

感知器表示与、或、与非、或非的能力是很重要的,因为所有的布尔函数都可表示为基于这些原子函数的互连单元的某个网络。事实上,仅用两层深度的感知器网络就可以表示所有的布尔函数,在这些网络中输入被送到多个单元,这些单元的输出被输入到第二级,也是最后一级。一种方法是用析取范式(disjunctive normal form)(也就是对输入和它们的否定的先进行合取,再对这组合取式进行析取)来表示布尔函数。注意,要把一个 AND 感知器的输入求反,只要简单地改变相应输入权的符号。

因为阈值单元的网络可以表示大量的函数,而单独的单元不能做到这一点,所以通常我们感兴趣的是学习阈值单元组成的多层网络。

4.4.2 感知器训练法则

虽然我们的目的是学习由多个单元互连的网络,但我们还是要从如何学习单个感知器的权值开始。准确地说,这里的学习任务是决定一个权向量,它可以使感知器对于给定的训练样例输出正确的 1 或 -1。

已经知道有几种解决这个学习任务的算法。这里我们考虑两种：感知器法则和 delta 法则(delta rule)(是第 1 章中用来学习评估函数的最小均方法 LMS 的一个变体)。这两种算法保证收敛到可接受的假设,在不同的条件下收敛到的假设略有不同。这两种方法对于 ANN 是很重要的,因为它们提供了学习多个单元构成的网络的基础。

为得到可接受的权向量,一种办法是从随机的权值开始,然后反复地应用这个感知器到每个训练样例,只要它误分类样例就修改感知器的权值。重复这个过程,直到感知器正确分类所有的训练样例。每一步根据*感知器训练法则*(perceptron training rule)来修改权值,也就是修改与输入 x_i 对应的权 w_i,法则如下:

$$w_i \leftarrow w_i + \Delta w_i$$

其中:

$$\Delta w_i = \eta(t - o)x_i$$

这里 t 是当前训练样例的目标输出,o 是感知器的输出,η 是一个正的常数称为*学习速率*(learning rate)。学习速率的作用是缓和每一步调整权的程度。它通常被设为一个小的数值(例如 0.1),而且有时会使其随着权调整次数的增加而衰减。

为什么这个更新法则会成功收敛到正确的权值呢? 为了得到直观的感觉,考虑一些特例。假定训练样本已被感知器正确分类。这时,$(t - o)$是 0,这使 Δw_i 为 0,所以没有权值被修改。而如果当目标输出是 $+1$ 时,感知器输出一个 -1,这种情况下为使感知器输出一个 $+1$ 而不是 -1,权值必须被修改以增大 $\vec{w} \cdot \vec{x}$ 的值。例如,如果 $x_i > 0$,那么增大 w_i 会使感知器更接近正确分类的这个实例。注意,这种情况下训练法则会增长 w_i,因为$(t - o)$、η 和 x_i 都是正的。例如,如果 $x_i = 0.8$, $\eta = 0.1$, $t = 1$,并且 $o = -1$,那么权更新就是 $\Delta w_i = \eta(t - o)x_i = 0.1(1 - (-1))0.8 = 0.16$。另一方面,如果 $t = -1$ 而 $o = 1$,那么和正的 x_i 关联的权值会被减小而不是增大。

事实上可以证明,在有限次地使用感知器训练法则后,上面的训练过程会收敛到一个能正确分类所有训练样例的权向量,前提是训练样例线性可分,并且使用了充分小的 η(参见 Minskey & Papert 1969)。如果数据不是线性可分的,那么不能保证训练过程收敛。

4.4.3 梯度下降和 delta 法则

尽管当训练样例线性可分时,感知器法则可以成功地找到一个权向量,但如果样例不是线性可分时它将不能收敛。因此,人们设计了另一个训练法则来克服这个不足,称为 *delta 法则*(delta rule)。如果训练样本不是线性可分的,那么 delta 法则会收敛到目标概念的最佳近似。

delta 法则的关键思想是使用*梯度下降*(gradient descent)来搜索可能的权向量的假设空间,以找到最佳拟合训练样例的权向量。这个法则很重要,因为它为反向传播算法提供了基础,而反向传播算法能够学习多个单元的互连网络。这个法则重要性的另一个原因是,对于包含多种不同类型的连续参数化假设的假设空间,梯度下降是必须遍历这样的假设空间的所有学习算法的基础。

最好把 delta 训练法则理解为训练一个无阈值的感知器,也就是一个*线性单元*(linear unit),它的输出 o 如下:

$$o(\vec{x}) = \vec{w} \cdot \vec{x} \tag{4.1}$$

于是,线性单元对应于感知器的第一阶段,不带阈值。

为了推导线性单元的权值学习法则,先指定一个度量标准来衡量假设(权向量)相对于训

练样例的训练误差(training error)。尽管有很多方法定义这个误差,一个常用的特别方便的度量标准为:

$$E(\vec{w}) \equiv \frac{1}{2}\sum_{d \in D}(t_d - o_d)^2 \tag{4.2}$$

其中,D 是训练样例集合,t_d 是训练样例 d 的目标输出,o_d 是线性单元对训练样例 d 的输出。在这个定义中,$E(\vec{w})$是目标输出 t_d 和线性单元输出 o_d 的差异的平方在所有的训练样例上求和后的一半。这里我们把 E 定为 $\vec{w}$ 的函数,是因为线性单元的输出 o 依赖于这个权向量。当然 E 也依赖于特定的训练样例集合,但我们认为它们在训练期间是固定的,所以不必麻烦地把 E 写为训练样例的函数。第 6 章给出了选择这种 E 定义的一种贝叶斯论证。确切地讲,在那里我们指出了在一定条件下,对于给定的训练数据使 E 最小化的假设也就是 H 中最可能的假设。

1.可视化假设空间

为了理解梯度下降算法,可视化地表示包含所有可能的权向量和相关联的 E 值的整个假设空间是有帮助的,如图 4-4 所示。这里,坐标轴 w_0、w_1 表示一个简单的线性单元中两个权可能的取值。纵轴指出相对于某固定的训练样本的误差 E。因此图中的误差曲面概括了假设空间中每一个权向量的期望度(desirability)(我们期望得到一个具有最小误差的假设)。如果用来定义 E 的方法已知,那么对于线性单元,这个误差曲面必然是具有单一全局最小值的抛物面。当然,具体的抛物面形状依赖于具体的训练样例集合。

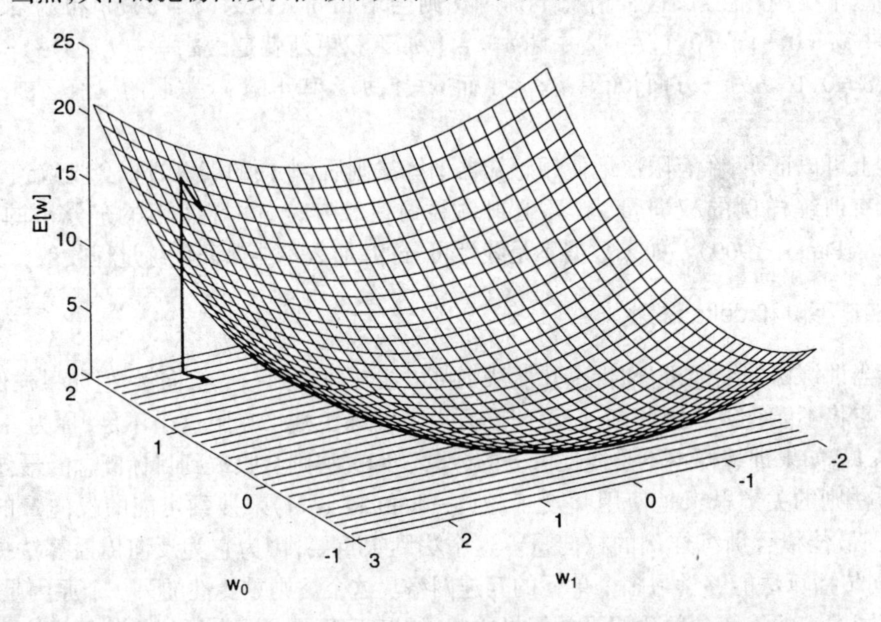

对于有两个权值的线性单元,假设空间 H 就是 w_0、w_1 平面。纵轴表示与固定的训练样例集合相对应的权向量假设的误差。箭头显示了该点梯度的相反方向,指出了在 w_0、w_1 平面中沿误差曲面最陡峭下降的方向。

图 4-4　不同假设的误差

为了确定一个使 E 最小化的权向量,梯度下降搜索从一个任意的初始权向量开始,然后以很小的步伐反复修改这个向量。每一步都沿误差曲面产生最陡峭下降的方向修改权向量(参见图 4-4),继续这个过程直到得到全局的最小误差点。

2.梯度下降法则的推导

我们怎样才能计算出沿误差曲面最陡峭下降的方向呢？可以通过计算 E 相对向量 $\vec{w}$ 的每个分量的导数来得到这个方向。这个向量导数被称为 E 对于 $\vec{w}$ 的梯度(gradient),记作 $\nabla E(\vec{w})$。

$$\nabla E(\vec{w}) \equiv \left[\frac{\partial E}{\partial w_0}, \frac{\partial E}{\partial w_1}, \cdots, \frac{\partial E}{\partial w_n}\right] \tag{4.3}$$

注意,$\nabla E(\vec{w})$本身是一个向量,它的成员是 E 对每个 w_i 的偏导数。当梯度被解释为权空间的一个向量时,它确定了使 E 最陡峭上升的方向。所以这个向量的反方向给出了最陡峭下降的方向。例如,图4-4中的箭头显示了 w_0、w_1 平面的一个特定点的负梯度 $-\nabla E(\vec{w})$。

既然梯度确定了 E 最陡峭上升的方向,那么梯度下降的训练法则是:

$$\vec{w} \leftarrow \vec{w} + \Delta\vec{w}$$

其中:

$$\Delta\vec{w} = -\eta \nabla E(\vec{w}) \tag{4.4}$$

这里 η 是一个正的常数叫做学习速率,它决定梯度下降搜索中的步长。公式中的负号是因为我们想让权向量向 E 下降的方向移动。这个训练法则也可以写成它的分量形式:

$$w_i \leftarrow w_i + \Delta w_i$$

其中:

$$\Delta w_i = -\eta \frac{\partial E}{\partial w_i} \tag{4.5}$$

这样很清楚,最陡峭的下降可以按照比例$\frac{\partial E}{\partial w_i}$改变 $\vec{w}$ 中的每一分量 w_i 来实现。

要形成一个根据公式(4.5)迭代更新权的实用算法,我们需要一个高效的方法在每一步都计算这个梯度。幸运的是计算过程并不困难。我们可以从公式(4.2)中计算 E 的微分,从而得到组成这个梯度向量的分量$\frac{\partial E}{\partial w_i}$。过程如下:

$$\begin{aligned}
\frac{\partial E}{\partial w_i} &= \frac{\partial}{\partial w_i}\frac{1}{2}\sum_{d\in D}(t_d - o_d)^2 = \frac{1}{2}\sum_{d\in D}\frac{\partial}{\partial w_i}(t_d - o_d)^2 \\
&= \frac{1}{2}\sum_{d\in D}2(t_d - o_d)\frac{\partial}{\partial w_i}(t_d - o_d) \\
&= \sum_{d\in D}(t_d - o_d)\frac{\partial}{\partial w_i}(t_d - \vec{w}\cdot\vec{x}_d)
\end{aligned}$$

$$\frac{\partial E}{\partial w_i} = \sum_{d\in D}(t_d - o_d)(-x_{id}) \tag{4.6}$$

其中,x_{id}表示训练样例 d 的一个输入分量 x_i。现在我们有了一个公式,能够用线性单元的输入 x_{id}、输出 o_d 以及训练样例的目标值 t_d 表示$\frac{\partial E}{\partial w_i}$。把公式(4.6)代入公式(4.5)便得到了梯度下降权值更新法则。

$$\Delta w_i = \eta \sum_{d \in D} (t_d - o_d) x_{id} \tag{4.7}$$

总而言之,训练线性单元的梯度下降算法如下：选取一个初始的随机权向量;应用线性单元到所有的训练样例,然后根据公式(4.7)计算每个权值的 Δw_i;通过加上 Δw_i 来更新每个权值,然后重复这个过程。这个算法被归纳在表 4-1 中。因为误差曲面仅包含一个全局的最小值,所以无论训练样例是否线性可分,这个算法会收敛到具有最小误差的权向量,条件是必须使用一个足够小的学习速率 η。如果 η 太大,梯度下降搜索就有越过误差曲面最小值而不是停留在那一点的危险。因此,对此算法的一种常用的改进方法是随着梯度下降步数的增加逐渐减小 η 的值。

表 4-1　训练线性单元的梯度下降算法

GRADIENT-DESCENT(*training_examples*, η)

training_examples 中每一个训练样例形式为序偶 $\langle \vec{x}, t \rangle$,其中 $\vec{x}$ 是输入值向量,t 是目标输出值,η 是学习速率(例如 0.05)

- 初始化每个 w_i 为某个小的随机值
- 遇到终止条件之前,做以下操作:
  - 初始化每个 Δw_i 为 0
  - 对于训练样例 *training_examples* 中的每个 $\langle \vec{x}, t \rangle$,做:
    - 把实例 $\vec{x}$ 输入到此单元,计算输出 o
    - 对于线性单元的每个权 w_i,做

$$\Delta w_i \leftarrow \Delta w_i + \eta (t - o) x_i \tag{4.8}$$

  - 对于线性单元的每个权 w_i,做

$$w_i \leftarrow w_i + \Delta w_i \tag{4.9}$$

注：要实现梯度下降的随机近似,删除公式(4.9),并把公式(4.8)替换为 $w_i \leftarrow w_i + \eta(t - o) x_i$。

3.梯度下降的随机近似

梯度下降是一种重要的通用学习范型。它是搜索庞大假设空间或无限假设空间的一种策略,它可应用于满足以下条件的任何情况：(1)假设空间包含连续参数化的假设(例如,一个线性单元的权值);(2)误差对于这些假设参数可微。应用梯度下降的主要实践问题是：(1)有时收敛过程可能非常慢(它可能需要数千步的梯度下降);(2)如果在误差曲面上有多个局部极小值,那么不能保证这个过程会找到全局最小值。

缓解这些困难的一个常见的梯度下降变体被称为增量梯度下降(incremental gradient descent)或随机梯度下降(stochastic gradient descent)。鉴于公式(4.7)给出的梯度下降训练法则在对 D 中的所有训练样例求和后计算权值更新,随机梯度下降的思想是根据每个单独样例的误差增量计算权值更新,得到近似的梯度下降搜索。修改后的训练法则与公式(4.7)相似,只是在迭代计算每个训练样例时根据下面的公式来更新权值:

$$\Delta w_i = \eta (t - o) x_i \tag{4.10}$$

其中,t、o、和 x_i 分别是目标值、单元输出和第 i 个训练样例的输入。要修改表 4-1 的梯度下降算法,只要简单地删除式(4.9)并把式(4.8)替换为 $w_i \leftarrow w_i + \eta(t - o) x_i$ 就可以了。随机梯度下降可被看作为每个单独的训练样例 d 定义不同的误差函数 $E_d(\vec{w})$:

$$E_d(\vec{w}) = \frac{1}{2}(t_d - o_d)^2 \tag{4.11}$$

其中，t_d 和 o_d 是训练样例 d 的目标输出值和单元输出值。随机梯度下降迭代计算训练样例集 D 的每个样例 d，在每次迭代过程中按照关于 $E_d(\vec{w})$ 的梯度来改变权值。在迭代所有训练样例时，这些权值更新的序列给出了对于原来的误差函数 $E(\vec{w})$ 的梯度下降的一个合理近似。通过使 η（梯度下降的步长）的值足够小，可以使随机梯度下降以任意程度接近于真实梯度下降。标准的梯度下降和随机的梯度下降之间的关键区别是：

- 标准的梯度下降是在权值更新前对所有样例汇总误差，而随机梯度下降的权值是通过考查每个训练实例来更新的。
- 在标准的梯度下降中，权值更新的每一步对多个样例求和，这需要更多的计算。另一方面，因为使用真正的梯度，标准的梯度下降对于每一次权值更新经常使用比随机梯度下降大的步长。
- 如果 $E(\vec{w})$ 有多个局部极小值，随机的梯度下降有时可能避免陷入这些局部极小值中，因为它使用不同的 $\nabla E_d(\vec{w})$ 而不是 $\nabla E(\vec{w})$ 来引导搜索。

在实践中，无论是随机的还是标准的梯度下降方法都被广泛应用。

公式(4.10)中的训练法则被称为*增量法则*(delta rule)，或叫 LMS 法则(least-mean -square 最小均方)、Adaline 法则或 Windrow-Hoff 法则(以它的发明者命名)。在第 1 章中描述了它在学习博弈问题的评估函数中的应用，当时我们称它为 LMS 权值更新法则。注意，公式(4.10)的增量法则与第 4.4.2 节的感知器训练法则相似。两个看起来完全一致的表达式事实上是不同的，因为在增量法则中 o 是指线性单元的输出 $o(\vec{x}) = \vec{w} \cdot \vec{x}$，而对于感知器法则，$o$ 是指阈值输出 $o(\vec{x}) = sgn(\vec{w} \cdot \vec{x})$。

尽管我们给出的增量法则可学习非阈值线性单元的权，但它也可以方便地用来训练有阈值的感知器单元。假定 $o = \vec{w} \cdot \vec{x}$ 是上面的非阈值线性单元的输出，并且 $o' = sgn(\vec{w} \cdot \vec{x})$ 是 o 被阈值化的结果，与在感知器中一样。现在如果我们希望为 o' 训练一个感知器使其拟合目标值为 ±1 的训练样例，可以使用与训练 o 一样的目标值和训练样例，不要使用增量法则。很明显，如果非阈值输出 o 能够被训练到完美拟合这些值，那么阈值输出 o' 也会拟合它们(因为 $sgn(1) = 1$，$sgn(-1) = -1$)。即使不能完美地拟合目标值，只要线性单元的输出具有正确的符号，有阈值的 o' 值就会正确地拟合目标值 ±1。注意，由于这个过程会得到使线性单元输出的误差最小化的权值，这些权值不能保证也使有阈值输出 o' 的误分类样例数最小化。

4.4.4 小结

我们已经研究了迭代学习感知器权值的两个相似的算法。这两个算法间的关键差异是感知器训练法则根据阈值化(thresholded)的感知器输出的误差更新权值，然而增量法则根据输入的非阈值化(unthresholded)线性组合的误差来更新权。

这两个训练法则间的差异反映在不同的收敛特性上。感知器训练法则经过有限次的迭代收敛到一个能理想分类训练数据的假设，但条件是训练样例线性可分。增量法则渐近收敛到最小误差假设，可能需要极长的时间，但无论训练样例是否线性可分都会收敛。关于以上收敛性的详细证明可以参考 Hertz et al.(1991)。

学习权向量的第三种方法是线性规划(linear programming)。线性规划是解线性不等式方程组的一种通用的有效方法。注意每个训练样例对应一个形式为 $\vec{w}\cdot\vec{x}>0$ 或 $\vec{w}\cdot\vec{x}\leqslant 0$ 的不等式,并且它们的解就是我们期望的权向量。遗憾的是,这种方法仅当训练样例线性可分时有解。Duda & Hart (1973,p.168)推荐了一种更巧妙的适合非线性可分的情况的方法。无论如何,这种线性规划的方法不能扩展到训练多层网络,这是我们最关心的。相反,正如下一节所讨论的,基于增量法则的梯度下降方法可以被简单地扩展到多层网络。

4.5 多层网络和反向传播算法

正如第 4.4.1 节所指出的,单个感知器仅能表示线性决策面。相反,反向传播算法所学习的多层网络能够表示种类繁多的非线性曲面。例如,图 4-5 描述了一个典型的多层网络和它的决策曲面。这个语音识别任务要区分出现在"h _ d"上下文中的 10 种元音(例如,"hid"、"had"、"head"、"hood"等)。输入的语音信号用两个参数表示,它们是通过对声音的频谱分析得到的,这样我们可以方便地在二维实例空间中显示出决策面。如图可见,多层网络能够表示高度非线性的决策面,它比前面图 4-3 中画出的单个单元的线性决策面表征能力更强。

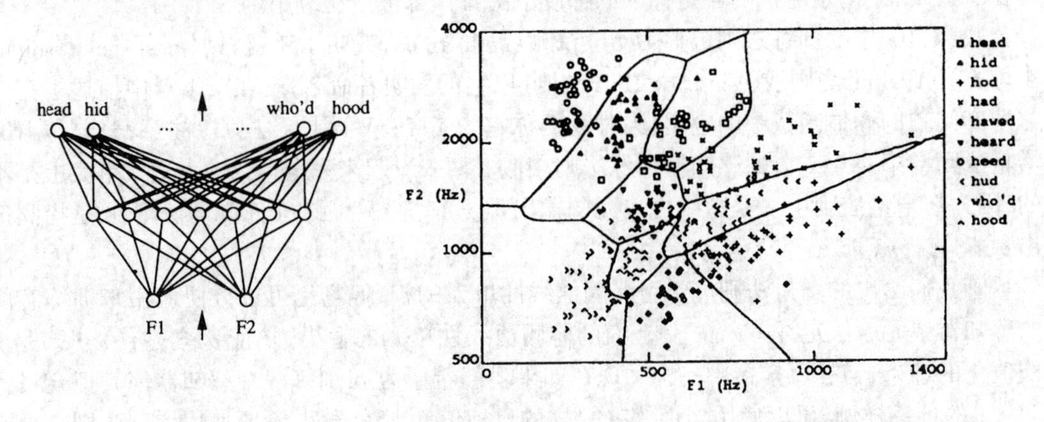

这里显示的网络是用来训练识别 10 种出现在"h _ d"(例如"had","hid")间的元音。这个网络的输入由两个参数 F1 和 F2 组成,它们是通过对声音的频谱进行分析得到的。网络的 10 个输出对应于 10 个可能的元音。这个网络的预测是其中有最大值的输出。右图画出了学到的网络所代表的高度非线性决策面。图中的点表示测试样例,它们与用来训练这个网络的样例是完全不同的(经许可摘自 Haung & Lippmann(1988))。

图 4-5 多层前馈网络的决策区域

本节讨论如何学习这样的多层网络,使用的算法和前面讨论的梯度下降方法相似。

4.5.1 可微阈值单元

应该使用什么类型的单元来作为构建多层网络的基础呢?起初我们可以尝试选择前面讨论的线性单元,因为我们已经为这种单元推导出了一个梯度下降学习法则。然而,多个线性单元的连接仍产生线性函数,而我们更希望选择能够表征非线性函数的网络。感知器单元是另一种选择,但它的不连续阈值使它不可微,所以不适合梯度下降算法。我们所需要的是这样的单元,它的输出是输入的非线性函数,并且输出是输入的可微函数。一种答案是 sigmoid 单元(unit),这是一种非常类似于感知器的单元,但它基于一个平滑的可微阈值函数。

图 4-6 画出了 sigmoid 单元。与感知器相似,sigmoid 单元先计算它的输入的线性组合,然后应用一个阈值到此结果。然而,对于 sigmoid 单元,阈值输出是输入的连续函数。更精确地讲,sigmoid 单元这样计算它的输出:

$$o = \sigma(\vec{w} \cdot \vec{x})$$

其中:

$$\sigma(y) = \frac{1}{1 + e^{-y}} \tag{4.12}$$

σ 经常被称为 sigmoid 函数或者也可以称为 logistic 函数(logistic function)。注意,它的输出范围为 0 到 1,随输入单调递增(参见图 4-6 中的阈值函数曲线)。因为这个函数把非常大的输入值域映射到一个小范围的输出,它经常被称为 sigmoid 单元的*挤压函数*(squashing function)。sigmoid 函数有一个有用的特征,就是它的导数很容易用它的输出表示[确切地讲,$\frac{d\sigma(y)}{dy} = \sigma(y) \cdot (1 - \sigma(y))$]。我们将看到,后面的梯度下降学习法则使用了这个导数。有时也可以使用其他易计算导数的可微函数代替 σ。例如,sigmoid 函数定义的 e^{-y}项有时被替换为 $e^{-k \cdot y}$,其中 k 为某个正的常数,用来决定这个阈值函数的陡峭性。双曲正切函数 $tanh$ 有时也用来代替 sigmoid 函数(参见习题 4.8)。

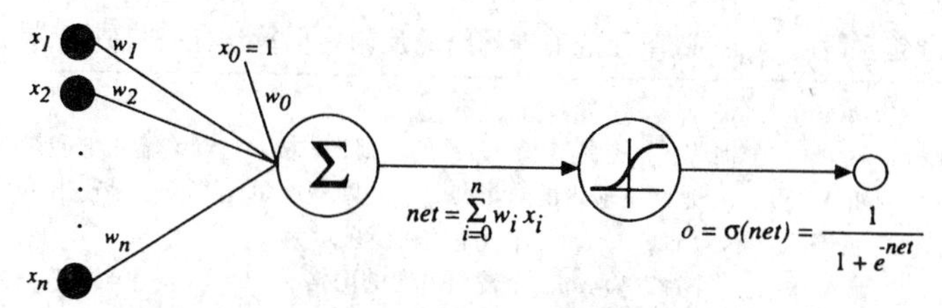

图 4-6 sigmoid 阈值单元

4.5.2 反向传播算法

对于由一系列确定的单元互连形成的多层网络,反向传播算法可用来学习这个网络的权值。它采用梯度下降方法试图最小化网络输出值和目标值之间的误差平方。这一节给出反向传播算法,下一节推导出反向传播算法使用的梯度下降权值更新法则。

因为我们要考虑多个输出单元的网络,而不是像以前只考虑单个单元,所以我们先重新定义误差 E,以便对所有网络输出的误差求和。

$$E(\vec{w}) \equiv \frac{1}{2} \sum_{d \in D} \sum_{k \in outputs} (t_{kd} - o_{kd})^2 \tag{4.13}$$

其中,$outputs$ 是网络输出单元的集合,t_{kd}和 o_{kd}是与训练样例 d 和第 k 个输出单元相关的输出值。

反向传播算法面临的学习问题是搜索一个巨大的假设空间,这个空间由网络中所有单元的所有可能的权值定义。这种情况可以用一个误差曲面来可视化表示,与图 4-4 表示的线性单元的误差曲面相似。那幅图中的误差被我们的新的误差定义 E 所替代,并且其他的空间的维现在对应网络中与所有单元相关的所有权值。和训练单个单元的情况一样,梯度下降可被用来尝试寻找一个假设使 E 最小化。

在多层网络中,误差曲面可能有多个局部极小值,而图 4-4 表示的抛物曲面仅有一个最小值。遗憾的是,这意味着梯度下降仅能保证收敛到局部极小值,而未必得到全局最小的误差。尽管有这个障碍,已经发现对于实践中很多应用反向传播算法都产生了出色的结果。

表 4-2 给出了反向传播算法。这里描述的算法适用于包含两层 sigmoid 单元的分层前馈网络,并且每一层的单元与前一层的所有单元相连。这是反向传播算法的增量梯度下降(或随机梯度下降)版本。这里使用的符号与前一节使用的一样,并进行了如下的扩展:

- 网络中每个结点被赋予一个序号(例如一个整数),这里的“结点”要么是网络的输入,要么是网络中某个单元的输出。
- x_{ji}表示结点 i 到单元 j 的输入,w_{ji}表示对应的权值。
- δ_n 表示与单元 n 相关联的误差项。它的角色与前面讨论的 delta 训练法则中的$(t-o)$相似。后面我们可以看到 $\delta_n=-\frac{\partial E}{\partial net_n}$。

表 4-2 的算法,从建立一个具有期望数量的隐藏单元和输出单元的网络并初始化所有网络的权值为小的随机数开始。给定了这个固定的网络结构,算法的主循环就对训练样例进行反复的迭代。对于每一个训练样例,它应用目前的网络到这个样例,计算出对于这个样例网络输出的误差,然后更新网络中所有的权值。对这样的梯度下降步骤进行迭代,直到网络的性能达到可接受的精度为止(经常需要上千次,多次使用同样的训练样例)。

表 4-2　包含两层 sigmoid 单元的前馈网络的反向传播算法(随机梯度下降版本)

BACKPROPAGATION($training\_examples$, η, n_{in}, n_{out}, n_{hidden})

$trainning\_exaples$ 中每一个训练样例是形式为$\langle \vec{x}, \vec{t} \rangle$的序偶,其中 $\vec{x}$ 是网络输入值向量,$\vec{t}$ 是目标输出值。

η 是学习速率(例如 0.05)。n_{in}是网络输入的数量,n_{hidden}是隐藏层单元数,n_{out}是输出单元数。

从单元 i 到单元 j 的输入表示为 x_{ji},单元 i 到单元 j 的权值表示为 w_{ji}。

- 创建具有 n_{in} 个输入,n_{hidden} 个隐藏单元,n_{out} 个输出单元的网络
- 初始化所有的网络权值为小的随机值(例如 -0.05 和 0.05 之间的数)
- 在遇到终止条件前:
  - 对于训练样例 $training\_examples$ 中的每个$\langle \vec{x}, \vec{t} \rangle$:

    把输入沿网络前向传播

    1. 把实例 $\vec{x}$ 输入网络,并计算网络中每个单元 u 的输出 o_u

    使误差沿网络反向传播

    2. 对于网络的每个输出单元 k,计算它的误差项 δ_k

    $$\delta_k \leftarrow o_k(1-o_k)(t_k-o_k) \tag{4.14}$$

    3. 对于网络的每个隐藏单元 h,计算它的误差项 δ_h

    $$\delta_h \leftarrow o_h(1-o_h)\sum_{k\in outputs} w_{kh}\delta_k \tag{4.15}$$

    4. 更新每个网络权值 w_{ji}

    $$w_{ji} \leftarrow w_{ji}+\Delta w_{ji}$$

    其中

    $$\Delta w_{ji}=\eta\delta_j x_{ji} \tag{4.16}$$

这里的梯度下降权更新法则(表 4-2 中的公式(4.16))与 delta 训练法则(公式(4.10))相似。就像 delta 法则,它依照以下三者来更新每一个权:学习速率 η、该权值涉及的输入值 x_{ji} 和这个单元输出的误差。惟一的不同是 delta 法则中的误差项$(t-o)$被替换成一个更复杂的误差项 δ_j。在第 4.5.3 节的对权更新法则的推导之后,我们将给出 δ_j 的准确形式。为了直观地理解它,先考虑网络的每一个输出单元 k 的 δ_k(在算法的公式(4.14)中))是怎样计算的。很简单,δ_k 与 delta 法则中的(t_k-o_k)相似,但乘上了 sigmoid 挤压函数的导数 $o_k(1-o_k)$。每个

隐藏单元 h 的 δ_h 的值具有相似的形式(算法的公式(4.15))。然而,因为训练样例仅对网络的输出提供了目标值 t_k,所以缺少直接的目标值来计算隐藏单元的误差值。因此采取以下间接办法计算隐藏单元的误差项:对受隐藏单元 h 影响的每一个单元的误差 δ_k 进行加权求和,每个误差 δ_k 权值为 w_{kh},w_{kh}就是从隐藏单元h 到输出单元k 的权值。这个权值刻画了隐藏单元 h 对于输出单元k 的误差应"负责"的程度。

表4-2中的算法随着每个训练样例的出现而递增地更新权。这一点与梯度下降的随机近似算法一致。要取得误差 E 的真实梯度,需要在修改权值之前对所有训练样例的 $\delta_j x_{ji}$值求和。

在典型的应用中,反向传播算法的权值更新迭代会被重复上千次。有很多终止条件可以用来停止这个过程。一种方法是在迭代的次数到了一个固定值时停止:或当在训练样例上的误差降到某个阈值以下时;或在分离的验证样例集合上的误差符合某个标准时。终止判据的选择是很重要的,因为太少的迭代可能无法有效地降低误差,而太多的迭代会导致对训练数据的过度拟合。在第4.6.5节中我们会更详细地讨论这个问题。

1.增加冲量项

因为反向传播算法的应用如此广泛,所以已经开发出了很多反向传播算法的变体。其中最常见的是修改算法中公式(4.16)的权值更新法则,使第 n 次迭代时的权值的更新部分地依赖于发生在第 $n-1$ 次迭代时的更新,即把公式(4.16)换为如下的形式:

$$\Delta w_{ji}(n) = \eta\delta_j x_{ji} + \alpha\Delta w_{ji}(n-1) \tag{4.17}$$

这里 $\Delta w_{ji}(n)$是算法主循环中的第 n 次迭代进行的权值更新,并且 $0\leqslant\alpha<1$ 是一个称为冲量(momentum)的常数。注意,这个公式右侧的第一项就是反向传播算法的公式(4.16)中的权值更新法则。右边的第二项是新的,被称为冲量项。为了理解这个冲量项的作用,设想梯度下降的搜索轨迹就好像一个(无冲量的)球沿误差曲面滚下。α 的作用是增加冲量,使这个球从一次迭代到下一次迭代时以同样的方向滚动。冲量有时会使这个球滚过误差曲面的局部极小值或使其滚过误差曲面上的平坦区域。如果没有冲量,这个球有可能在这个区域停止。它也具有在梯度不变的区域逐渐增大搜索步长的效果,从而可以加快收敛。

2.学习任意的无环网络

表4-2给出的反向传播算法的定义仅适用于两层的网络。然而那里给出的算法可以简单地推广到任意深度的前馈网络。公式(4.16)的权值更新法则保持不变,惟一的变化是计算 δ 值的过程。概括地说,第 m 层的单元 r 的 δ_r 值是由更深的 $m+1$ 层的 δ 值根据下式计算的:

$$\delta_r = o_r(1-o_r)\sum_{s\in m+1\text{层}} w_{sr}\delta_s \tag{4.18}$$

注意,这个公式与表4-2算法的第3步相同,这里要说明的是对于网络中的任意数量的隐藏单元,该步骤要被重复很多遍。

将这个算法推广到任何有向无环结构也同样简单,而不论网络中的单元是否像我们目前假定的那样被排列在统一的层上。对于网络单元没有按此排列的情况,计算任意内部单元(也就是所有非输出单元)的 δ 的法则是:

$$\delta_r = o_r(1-o_r)\sum_{s\in Downstream(r)} w_{sr}\delta_s \tag{4.19}$$

其中,$Downstream(r)$是在网络中单元 r 的直接的下游(immediately downstream)单元的集合,或者说输入中包括 r 的输出的所有单元。第4.5.3节我们要推导的就是这种权值更新法则的一般形式。

4.5.3 反向传播法则的推导

这一节给出反向传播算法的权值调整法则的推导，如果是第一遍阅读可以跳过这一节，而不失连续性。

这里我们要解决的问题是推导出表 4-2 算法使用的随机梯度下降法则。回忆公式(4.11)，随机的梯度下降算法迭代处理训练样例，每次处理一个。对于每个训练样例 d，利用关于这个样例的误差 E_d 的梯度修改权值。换句话说，对于每一个训练样例 d，每个权 w_{ji} 被增加 Δw_{ji}：

$$\Delta w_{ji} = -\eta \frac{\partial E_d}{\partial w_{ji}} \tag{4.20}$$

其中，E_d 是训练样例 d 的误差，通过对网络中所有输出单元的求和得到：

$$E_d(\vec{w}) \equiv \frac{1}{2} \sum_{k \in outputs} (t_k - o_k)^2$$

这里，$outputs$ 是网络中输出单元的集合，t_k 是单元 k 对于训练样例 d 的目标值，o_k 是给定训练样例 d 时单元 k 的输出值。

随机梯度下降法则的推导在概念上是易懂的，但需要留意很多下标和变量。我们将遵循图 4-6中所画出的符号，增加一个下标 j 用来表示网络中的第 j 个单元，具体如下：

- x_{ji} = 单元 j 的第 i 个输入
- w_{ji} = 与单元 j 的第 i 个输入相关联的权值
- $net_j = \sum_i w_{ji} x_{ji}$(单元 j 的输入的加权和)
- o_j = 单元 j 计算出的输出
- t_j = 单元 j 的目标输出
- σ = sigmoid 函数
- $outputs$ = 网络最后一层的单元的集合
- $Downstream(j)$ = 单元的直接输入(immediate inputs)中包含单元 j 的输出的单元的集合

现在我们导出$\frac{\partial E_d}{\partial w_{ji}}$的一个表达式，以便实现公式(4.20)中所讲的随机梯度下降法则。首先，注意权值 w_{ji}仅能通过 net_j 影响网络的其他部分。所以，我们可以使用链式规则(chain rule)得到：

$$\begin{aligned}\frac{\partial E_d}{\partial w_{ji}} &= \frac{\partial E_d}{\partial net_j} \frac{\partial net_j}{\partial w_{ji}} \\ &= \frac{\partial E_d}{\partial net_j} x_{ji}\end{aligned} \tag{4.21}$$

已知等式(4.21)，我们剩下的任务就是为$\frac{\partial E_d}{\partial net_j}$导出一个方便的表达式。我们依次考虑两种情况：一种情况是单元 j 是网络的一个输出单元，另一种情况是 j 是一个内部单元。

情况 1：输出单元的权值训练法则　就像 w_{ji}仅能通过 net_j 影响网络一样，net_j 仅能通过 o_j 影响网络。所以我们可以再次使用链式规则得出：

$$\frac{\partial E_d}{\partial net_j} = \frac{\partial E_d}{\partial o_j} \frac{\partial o_j}{\partial net_j} \tag{4.22}$$

首先,仅考虑公式(4.22)的第一项:

$$\frac{\partial E_d}{\partial o_j} = \frac{\partial}{\partial o_j} \frac{1}{2} \sum_{k \in outputs} (t_k - o_k)^2$$

除了当 $k = j$ 时,所有输出单元 k 的导数$\frac{\partial}{\partial o_j}(t_k - o_k)^2$ 为 0。所以我们不必对多个输出单元求和,只需设 $k = j$。

$$\begin{aligned}\frac{\partial E_d}{\partial o_j} &= \frac{\partial}{\partial o_j} \frac{1}{2}(t_j - o_j)^2 \\ &= \frac{1}{2} 2(t_j - o_j) \frac{\partial(t_j - o_j)}{\partial o_j} \\ &= -(t_j - o_j)\end{aligned} \tag{4.23}$$

接下来考虑公式(4.22)中的第二项。既然 $o_j = \sigma(net_j)$,导数$\frac{\partial o_j}{\partial net_j}$就是 sigmoid 函数的导数,而我们已经指出 sigmoid 函数的导数为 $\sigma(net_j)(1 - \sigma(net_j))$。所以:

$$\begin{aligned}\frac{\partial o_j}{\partial net_j} &= \frac{\partial \sigma(net_j)}{\partial net_j} \\ &= o_j(1 - o_j)\end{aligned} \tag{4.24}$$

把表达式(4.23)和(4.24)代入(4.22),我们得到:

$$\frac{\partial E_d}{\partial net_j} = -(t_j - o_j) o_j (1 - o_j) \tag{4.25}$$

然后与公式(4.20)和(4.21)合并,我们便推导出了输出单元的随机梯度下降法则:

$$\Delta w_{ji} = -\eta \frac{\partial E_d}{\partial w_{ji}} = \eta (t_j - o_j) o_j (1 - o_j) x_{ji} \tag{4.26}$$

注意,这个训练法则恰恰是表 4-2 算法中的公式(4.14)和公式(4.16)的权值更新法则。此外,我们可以发现公式(4.14)中的 δ_k 与 $-\frac{\partial E_d}{\partial net_k}$的值相等。在这一节的其余部分我们将使用 δ_i 来表示任意单元 i 的 $-\frac{\partial E_d}{\partial net_i}$。

情况 2:隐藏单元的权值训练法则　对于网络中的内部单元或者说隐藏单元的情况,推导 w_{ji}必须考虑 w_{ji}间接地影响网络输出,从而影响 E_d。由于这个原因,我们发现定义网络中单元 j 的所有直接下游(immediately downstream)单元的集合(也就是直接输入中包含单元 j 的输出的所有单元)是有用的。我们用 $Downstream(j)$表示这样的单元集合。注意,net_j 只能通过 $Downstream(j)$中的单元影响网络输出(再影响 E_d)。所以可以得出如下推导:

$$\begin{aligned}\frac{\partial E_d}{\partial net_j} &= \sum_{k \in Downstream(j)} \frac{\partial E_d}{\partial net_k} \frac{\partial net_k}{\partial net_j} \\ &= \sum_{k \in Downstream(j)} -\delta_k \frac{\partial net_k}{\partial net_j} \\ &= \sum_{k \in Downstream(j)} -\delta_k \frac{\partial net_k}{\partial o_j} \frac{\partial o_j}{\partial net_j}\end{aligned}$$

$$= \sum_{k \in Downstream(j)} -\delta_k w_{kj} \frac{\partial o_j}{\partial net_j}$$

$$= \sum_{k \in Downstream(j)} -\delta_k w_{kj} o_j (1 - o_j) \tag{4.27}$$

重新组织各项并使用 δ_j 表示 $-\frac{\partial E_d}{\partial net_j}$,我们得到:

$$\delta_j = o_j(1 - o_j) \sum_{k \in Downstream(j)} \delta_k w_{kj}$$

和

$$\Delta w_{ji} = \eta \delta_j x_{ji}$$

上式就是由公式(4.19)得到的一般法则,用来更新任意有向无环网络结构内部单元的权值。注意,表 4-2 中的公式(4.15)仅是这个法则当 $Downstream(j) = outputs$ 时的一个特例。

4.6 反向传播算法的说明

4.6.1 收敛性和局部极小值

正如前面所描述的,反向传播算法实现了一种对可能的网络权值空间的梯度下降搜索,它迭代地减小训练样例的目标值和网络输出间的误差。因为对于多层网络,误差曲面可能含有多个不同的局部极小值,梯度下降可能陷入这些局部极小值中的任何一个。因此,对于多层网络,反向传播算法仅能保证收敛到误差 E 的某个局部极小值,不一定收敛到全局最小误差。

尽管缺乏对收敛到全局最小误差的保证,反向传播算法在实践中仍是非常有效的函数逼近算法。对于很多实际的应用,人们发现局部极小值的问题没有想像的那么严重。为了对这个问题有一些直观的认识,考虑含有大量权值的网络,它对应着维数非常高的空间中的误差曲面(每个权值一维)。当梯度下降陷入相对某个权的局部极小值时,相对其他的权,这里未必是局部极小值。事实上,网络的权越多,误差曲面的维数越多,也就越可能为梯度下降提供更多的“逃逸路线”,让梯度下降离开相对该单个权值的局部极小值。

对局部极小值的第二种观点是需考虑随着训练中迭代次数的增加网络权值的演化方式。注意,在算法中,如果把网络的权值初始化为接近于 0 的值,那么在早期的梯度下降步骤中,网络将表现为一个非常平滑的函数,近似为输入的线性函数。这是因为 sigmoid 函数本身在权值靠近 0 时接近线性(见图 4-6 中的 sigmoid 函数曲线)。仅当权值已经增长了一定时间之后,它们才会到达可以表示高度非线性网络函数的程度。可以预期在这个能表示更复杂函数的权空间区域存在更多的局部极小值。但希望当权到达这一点时它们已经足够靠近全局最小值,即便它是这个区域的局部极小值也是可以接受的。

尽管有上面的评论,人们对用 ANN 表示的复杂误差曲面的梯度下降理解得还是不够,还不知道有何方法能确切地预测局部极小值什么时候会导致困难。用来缓解局部极小值问题的一些常见的启发式规则包括:

- 像公式(4.17)描述的那样,为梯度更新法则加一个冲量项。冲量有时可以带动梯度下降过程,冲过狭窄的局部极小值(然而,原则上它也可以带动梯度下降过程冲过狭窄的全局最小值到其他局部极小值!)。

- 使用随机的梯度下降而不是真正的梯度下降。根据前面的讨论，梯度下降的随机近似对于每个训练样例沿一个不同的误差曲面有效下降，它依靠这些梯度的平均来近似对于整个训练集合的梯度。这些不同的误差曲面通常有不同的局部极小值，这使得下降过程不太可能陷入任意一个局部极小值。
- 使用同样的数据训练多个网络，但用不同的随机权值初始化每个网络。如果不同的训练产生不同的局部极小值，那么对分离的验证集合性能最好的那个网络将被选中。或者保留所有的网络，并且把它们当作一个网络"委员会"，它们的输出是每个网络输出的平均值(可能加权)。

4.6.2 前馈网络的表征能力

什么类型的函数可以使用前馈网络来表示呢？当然这个问题的答案依赖于网络的宽度和深度。尽管目前对哪一族函数可以用哪种类型的网络描述还知道得很少，但已经知道了三个一般性的结论：

- *布尔函数*：任何布尔函数可以被具有两层单元的网络准确表示，尽管在最坏的情况下所需隐藏单元的数量随着网络输入数量的增加成指数级增长。为了说明这是如何实现的，考虑下面表示任意布尔函数的通用方案：对于每一个可能的输入向量，创建不同的隐藏单元，并设置它的权值使当且仅当这个特定的向量输入到网络时该单元被激活。这样就产生了一个对于任意输入仅有一个单元被激活的隐藏层。接下来把输出单元实现为一个仅由所希望的输入模式激活的或门(OR gate)。
- *连续函数*：每个有界的连续函数可以由一个两层的网络以任意小的误差(在有限的范数下)逼近(Cybenko 1989, Hornik et al. 1989)。这个理论适用于在隐藏层使用 sigmoid 单元、在输出层使用(非阈值的)线性单元的网络。所需的隐藏单元数量依赖于要逼近的函数。
- *任意函数*：任意函数可以被一个有三层单元的网络以任意精度逼近(Cybenko 1988)。与前面相同，输出层使用线性单元，两个隐藏层使用 sigmoid 单元，每一层所需的单元数量一般不确定。这一结论的证明方法为：首先说明任意函数可以被许多局部化函数的线性组合逼近，这些局部化函数的值除了某个小范围外都为 0；然后说明两层的 sigmoid 单元足以产生良好的局部逼近。

这些结论表明有限深度的前馈网络为反向传播算法提供了非常有表征力的假设空间。然而记住下面一点是重要的：梯度下降是从一个初始的权值开始的，因此搜索范围里的网络权向量可能不包含所有的权向量。Hertz et al.(1991)提供了上面结论的更详细的讨论。

4.6.3 假设空间搜索和归纳偏置

把反向传播算法的假设空间搜索和其他学习算法采取的搜索相比较很有意义。对于反向传播算法，网络权的每一种可能赋值都表示了一个句法不同的假设，原则上都在学习器的考虑范围内。换句话说，这个假设空间是 n 个网络权值的 n 维欧氏空间。注意，这个空间是连续的，这与决策树学习和其他基于离散表示的方法的假设空间完全不同。假设空间的连续性以及误差 E 关于假设的连续参数可微这两个事实，导致了一个定义良好的误差梯度，为最佳假设的搜索提供了一个非常有用的结构。这个结构与基于符号的概念学习算法的"一般到特殊序"搜索的结构，或 ID3 和 C4.5 算法中对决策树的简单到复杂序搜索所用的结构都完全不同。

反向传播算法从观测数据中泛化的归纳偏置是什么呢？精确地刻画出反向传播学习的归纳偏置是有难度的，因为它依赖于梯度下降搜索和权空间覆盖可表征函数空间的方式的相互作用性。然而，可以把这一偏置粗略地刻画为*在数据点之间平滑插值*(smooth interpolation between data points)。如果给定两个正例，它们之间没有反例，反向传播算法会倾向于把这两点之间的点也标记为正例。例如，在图 4-5 画出的决策面中可以看到这一点，训练样例的特定样本产生了平滑变化的决策区域。

4.6.4　隐藏层表示

反向传播算法的一个迷人的特性是，它能够在网络内部的隐藏层发现有用的中间表示。因为训练样例仅包含网络输入和输出，权值调节的过程可以自由地设置权值，来定义任何隐藏单元表示，这些隐藏单元表示在使误差平方 E 达到最小化时最有效。这能够引导反向传播算法定义新的隐藏层特征，这些特征在输入中没有明确表示出来，但却能捕捉输入实例中与学习目标函数最相关的特征。

例如，考虑图 4-7 所示的网络。这里，8 个网络输入与 3 个隐藏单元相连，3 个隐藏单元又依次连接到 8 个输出单元。由于这样的结构，3 个隐藏单元必须重新表示 8 个输入值，以某种方式捕捉输入的相关特征，以便这个隐藏层的表示可以被输出单元用来计算正确的目标值。

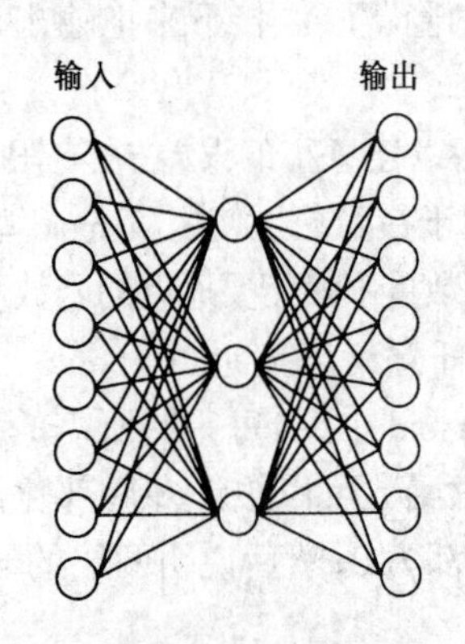

输入值		隐藏值				输出值
10000000	→	.89	.04	.08	→	10000000
01000000	→	.15	.99	.99	→	01000000
00100000	→	.01	.97	.27	→	00100000
00010000	→	.99	.97	.71	→	00010000
00001000	→	.03	.05	.02	→	00001000
00000100	→	.01	.11	.88	→	00000100
00000010	→	.80	.01	.98	→	00000010
00000001	→	.60	.94	.01	→	00000001

这个 8×3×8 的网络被训练以学习恒等函数，使用图中所示的 8 个训练样例。在 5000 轮(epochs)训练之后，3 个隐藏单元使用图右侧的编码方式来编码 8 个相互不同的输入。注意，如果把编码后的值四舍五入为 0 和 1，那么结果是 8 个不同值的标准二进制编码。

图 4-7　学习到的隐藏层表示

考虑训练图 4-7 所示的网络，来学习简单的目标函数 $f(\vec{x})=\vec{x}$，其中，$\vec{x}$ 是含有七个 0 和一个 1 的向量。网络必须学会在 8 个输出单元重现这 8 个输入。尽管这是一个简单的函数，但现在限制网络只能使用 3 个隐藏单元。所以，学习到的 3 个隐藏单元必须捕捉住来自 8 个输入单元的所有关键信息。

当反向传播算法被用来完成这个任务时，使用 8 个可能向量作为训练样例，它成功地学会了目标函数。梯度下降的反向传播算法产生的隐藏层表示是什么呢？通过分析学习到的网络对于 8 个可能输入向量产生的隐藏单元的值，可以看出学到的编码和熟知的对 8 个值使用 3 位标准二进制编码相同(也就是 000,001,010,……,111)。图 4-7 显示了反向传播算法的一次运行中计算出的这3个隐藏单元的确切值。

多层网络在隐藏层自动发现有用表示的能力是ANN学习的一个关键特性。与那些仅限于使用人类设计者提供的预定义特征的学习方法相比,它提供了一种相当重要的灵活性——允许学习器创造出设计者没有明确引入的特征。当然,这些创造出的特征一定是网络输入的sigmoid单元函数可以计算出的。注意,网络中使用的单元层越多,就可以创造出越复杂的特征。第4.7节要讨论的人脸识别应用提供了隐藏单元特征的另一个例子。

为了增强对这个例子中反向传播算法操作的直观理解,让我们更详细地分析梯度下降过程中的具体操作[㊀]。使用表4-2中的算法训练图4-7中的网络,设置初始的权值为区间(-0.1, 0.1)中的随机数,学习速率$\eta=0.3$,没有权冲量(即$\alpha=0$)。使用其他的学习速率和使用非0的冲量得到的结果相似。图4-7中显示的隐藏单元编码是在执行了算法的外层训练迭代5000次后得到的(也就是对8个训练样例的每一个迭代5000次)。然而,吸引我们注意的大多数权值变化发生在前2500次。

我们可以描绘出输出误差的平方相对梯度下降搜索步数的函数曲线,这样就可以直接观察反向传播算法的梯度下降搜索的效果。它显示在图4-8中最上面的曲线图中。这幅图的8条曲线对应8个网络输出,每一条曲线都显示了相应的网络输出对所有训练样例的误差平方和。横轴表示反向传播算法的最外层迭代的次数。如图所示,每个输出的误差平方和随着梯度下降而下降,某些单元较快,某些单元较慢。

隐藏单元表示的演变过程可以在图4-8的第二幅图中看到。这幅图显示了对于一个可能的输入(这幅图对应的是01000000)网络计算出的三个隐藏单元值。和前面一样,横轴表示训练循环的次数。如图所示,这个网络在收敛到如图4-7中给出的最终的编码之前经历了很多不同的编码。

最后,图4-8中的第3幅图画出了网络中各个权值的演变过程。这幅图显示了连接8个输入单元(和一个常量偏置输入(constant bias input))到3个隐藏单元之一的权值的演变过程。注意,这个隐藏单元权值的显著变化与隐藏层编码和输出误差平方的显著变化一致。这里收敛到接近0值的权是偏置权w_0。

4.6.5 泛化、过度拟合和停止判据

在表4-2对反向传播算法的描述中,没有指定算法使用的终止条件。终止权值更新循环的合适条件是什么呢?很明显,一种选择是继续训练直到对训练样例的误差E降低至某个预先定义的阈值之下。事实上,这不是一个好的策略,因为反向传播算法容易过度拟合训练样例,降低对于其他未见过实例的泛化精度。

为了看出使训练数据上误差最小化的危险,考虑误差E是如何随着权值迭代次数变化的。图4-9显示了两个相当典型的反向传播算法应用中的这种变化。首先考虑图中上面一幅曲线图。两条曲线中较低的一条显示了在训练集合上的误差E随着梯度下降迭代次数的增加而单调下降。较高的曲线是在一个与训练样例不同的验证集合的实例上测到的误差E的

㊀ 这个例子的源代码可以从 http://www.cs.cmu.edu/~tom/mlbook.html 得到。

情况。这条线测量了网络的泛化精度(generalization accuracy)——网络拟合训练数据外的实例的精度。

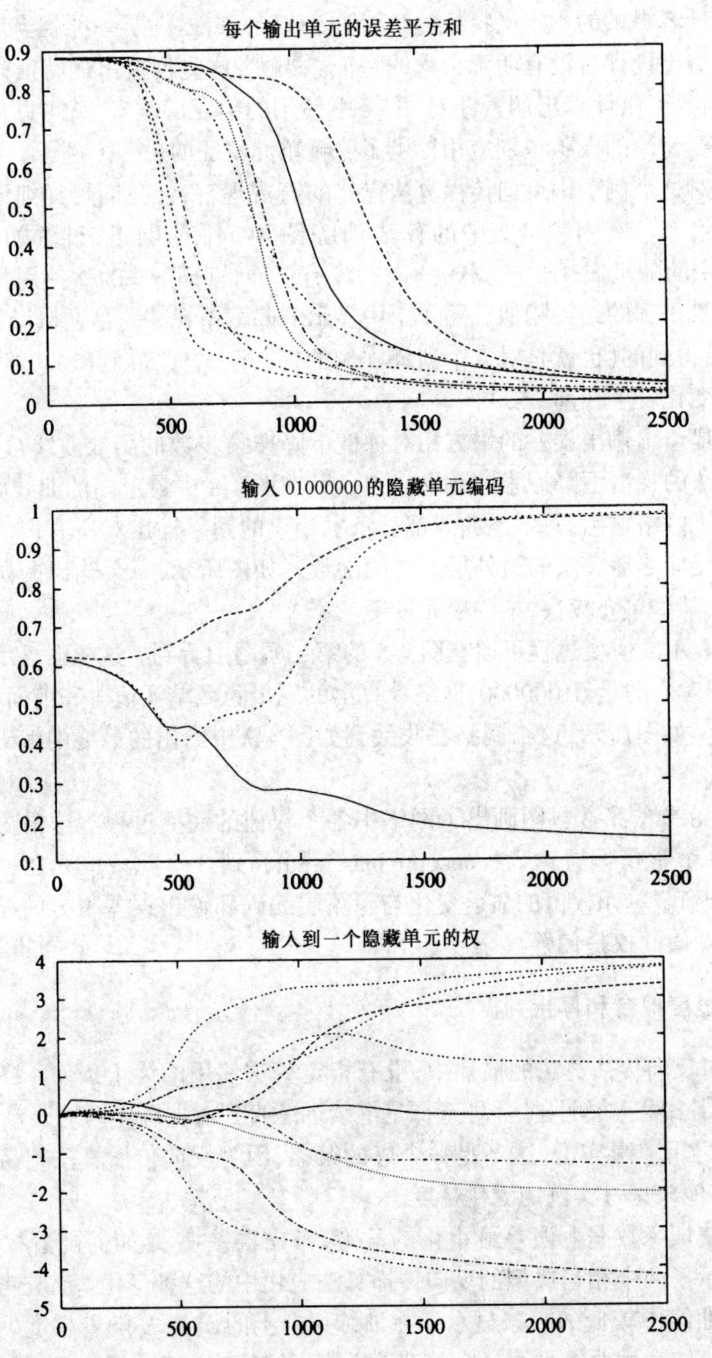

最上图显示了随着训练迭代次数(轮数)的增加,8 个输入的误差平方和的演变。中图显示了对于输入串"01000000"的隐藏层表示的演变。下图显示了 3 个隐藏单元之一的权值演变过程。

图 4-8 学习 8×3×8 网络

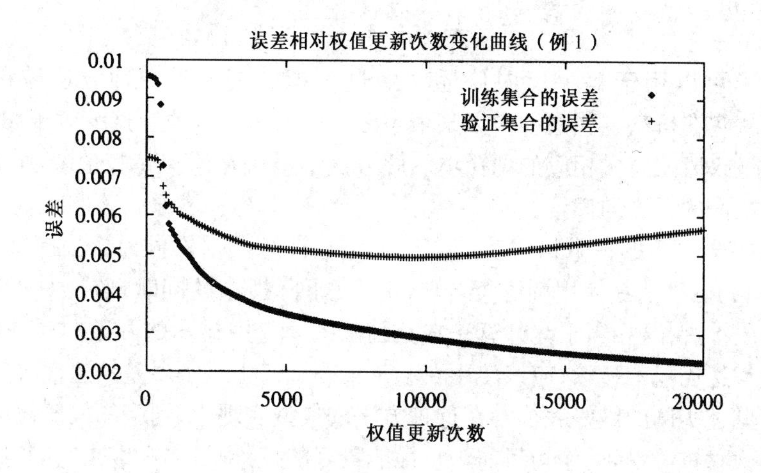

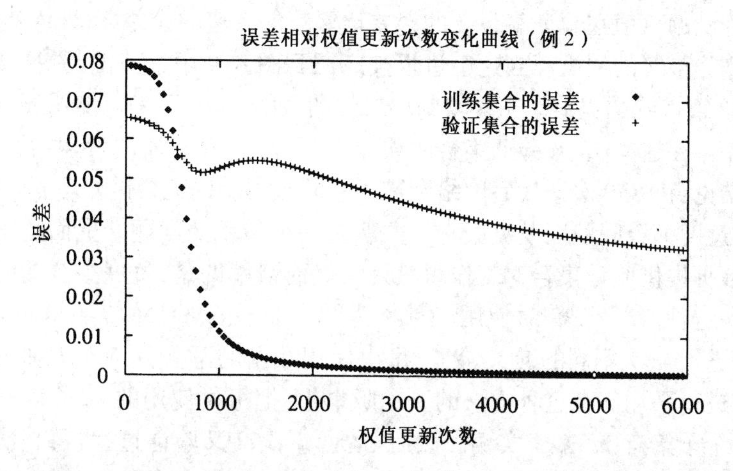

两种情况下，在训练样例上的误差 E 都单调下降，因为梯度下降的目标是最小化这个误差。对于单独的验证集合中的样例，误差 E 通常先下降，然后误差可能因为过度拟合训练样例而上升。最有可能正确泛化到未见过数据的网络是对于验证集合有最小误差的网络。注意在第二幅曲线图中，必须小心不要过早停止训练，因为在验证集合上的误差 E 在迭代到850次时开始上升而后又下降。

图4-9　两个不同机器人感知任务的误差 E 相对权值更新次数的变化曲线

注意，尽管在训练样例上的误差持续下降，但在验证样例上测量到的误差 E[⊖]先下降，然后上升。为什么会发生这种现象呢？这是因为这些权值拟合了训练样例的“特异性”（*idiosyncrasy*），而这个“特异性”对于样例的一般分布没有代表性。ANN 中大量的权值参数为拟合这样的“特异性”提供了很大的自由度。

为什么过度拟合往往是发生在迭代的后期，而不是迭代的早期呢？设想网络的权值是被初始化为小随机值的，使用这些几乎一样的权值仅能描述非常平滑的决策面。随着训练的进行，一些权值开始增长，以降低在训练数据上的误差，同时学习到的决策面的复杂度也在提高。于是，随着权值调整迭代次数的增加，反向传播算法获得的假设的有效复杂度也在增加。如果权值调整迭代次数足够多，反向传播算法经常会产生过度复杂的决策面，拟合了训练数据中的噪声和训练样例中没有代表性的特征。这个过度拟合问题与决策树学习中的过度拟合问题相

⊖　原书此处有误，原句为 *generalization accuracy* 先下降后上升，显然这里的 *generalization accuracy* 应为 error E）。——译者注

似(见第3章)。

有几种技术可以用于解决反向传播中的过度拟合问题。一种方法被称为*权值衰减*(*weight decay*),它在每次迭代过程中以某个小因子降低每个权值。这等效于修改 E 的定义,加入一个与网络权值的总量相应的惩罚项。此方法的动机在于保持权值较小,从而使学习过程向着复杂决策面的反方向偏置。

解决过度拟合问题的一个最成功的方法就是在训练数据外再为算法提供一套验证数据(*validation data*)。算法在使用训练集合驱动梯度下降搜索的同时,监视对于这个验证集合的误差。从本质上讲,这相当于允许算法本身画出图4-9中显示的两条曲线。算法应该进行多少次权值调整迭代呢?显然,应该使用在验证集合上产生最小误差的迭代次数,因为这是网络性能对于未见过实例的最好表征。在这种方法的典型实现中,网络的权值被保留两份拷贝:一份用来训练,而另一份拷贝作为目前为止性能最好的权,衡量的标准是它们对于验证集合的误差。一旦训练到的权值在验证集合上的误差比保存的权值的误差高,训练就被终止,并且返回保存的权值作为最终的假设。当这个过程被应用到图4-9中最上图的情况时,它将输出在9100次迭代后网络得到的权值。图4-9的第二幅曲线图显示,不是总能明显确定验证集合何时达到最小误差。在这幅图中,验证集合的误差先下降,然后上升,然后再下降。所以必须注意避免错误的结论:在850次迭代后网络到达了它的最小验证集合误差。

一般而言,过度拟合问题以及克服它的方法是一个棘手的问题。上面的交叉验证方法在可获得额外的数据提供验证集合时工作得最好。然而遗憾的是,过度拟合的问题对小训练集合最为严重。在这种情况下,有时使用一种称为"k-fold 交叉验证"(k-fold cross-validation)的方法,这种方法进行 k 次不同的交叉验证,每次使用数据的不同分割作为训练集合和验证集合,然后对结果进行平均。在这种方法的一个版本中,把可供使用的 m 个实例分割成 k 个不相交的子集,每个子集有 m/k 个实例。然后,运行 k 次交叉验证过程,每一次使用不同的子集作为验证集合,并合并其他的子集作为训练集合。于是,每一个样例会在一次实验中被用作验证集合的成员,在 $k-1$ 次实验中用作训练集合的成员。在每次试验中,都使用上面讨论的交叉验证过程来决定在验证集合上取得最佳性能的迭代次数 i。然后计算这些 i 的均值 $\bar{i}$,最后运行一次反向传播算法,训练所有 m 个实例并迭代 $\bar{i}$ 次,此时没有验证集合。这个过程与第5章描述的基于有限数据比较两种学习方法的过程很相近。

4.7 举例:人脸识别

为了说明反向传播算法应用中的一些实际的设计问题,这一节讨论把这个算法应用到人脸识别的学习任务。这一节用来产生这个例子的所有图像数据和代码都可以从以下网址得到:http://www.cs.cmu.edu/~tom/mlbook.html,同时还有如何使用这些代码的完整文档。读者可以自己进行试验。

4.7.1 任务

这里的学习任务是对不同人的不同姿态的摄影图像进行分类。我们收集了20个不同的人的摄影图像,每个人大约有32张图像,对应这个人不同的表情(快乐,沮丧,愤怒,中性)、他们看的不同方向(左,右,正前,上)和他们是否戴太阳镜。从图4-10的示例图像中可以看到,人后面的背景、穿的衣服和人脸在图像中的位置也都有差异。我们共收集了624幅灰度图像,每一幅的分辨率为 120×128,图像的每个像素使用0(黑色)到255(白色)的灰度值描述。

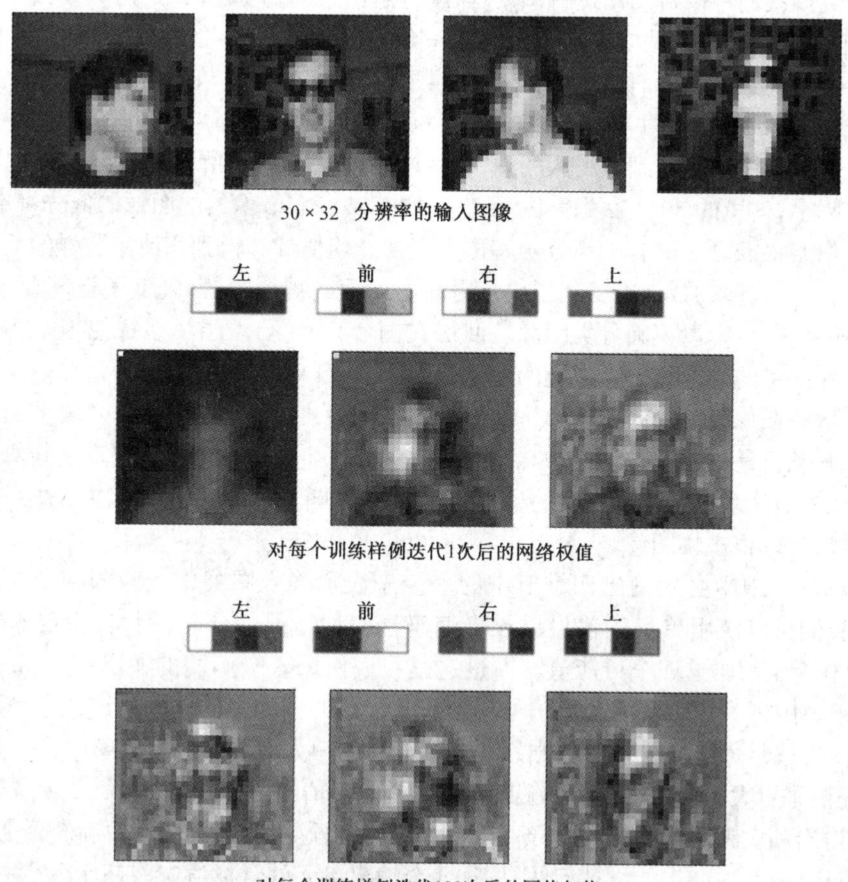

这里使用人脸的灰度图像(见最上一行)训练一个 960×3×4 的网络,来预测一个人是在向左、向右、向前还是向上看。在使用了260幅这样的图像训练后,这个网络对于独立的验证集合达到了90%的精度。图中也显示了使用训练样例迭代1次后和迭代100次后的网络权值。每个输出单元(左,前,右,上)有四个权值,用暗(负)和明(正)的方块显示。最左侧的方块对应权 w_0,它决定单元的阈值,右面的三个方块对应从三个隐藏单元输入的权。图中也显示了每个像素输入到每个隐藏单元的权值被画在对应像素的位置上。

图 4-10　学习识别人脸朝向的人工神经网络

从这些图像数据中可以学习很多不同的目标函数。例如,我们可以训练一个 ANN,使输入给定的一幅图像时输出这个人的惟一标识(identity)、脸的朝向、性别、是否带太阳镜等。所有这些目标函数可以以很高的精度从这些数据中学习到,我们鼓励读者自行试验。在本节后面的部分,我们考虑一个特定的任务:学习图像中人脸的朝向(左,右,正前,朝上)。

4.7.2　设计要素

应用反向传播算法到一个给定任务时,必须决定几个设计要素。下面归纳出了学习人脸朝向这个学习任务的一些设计要素。尽管我们没有打算去选择精确的最优设计,但这里描述的设计对目标函数学习得相当好。在训练了260幅图像样例之后,对于独立测试集合的精度达到90%。相对而言,如果随机猜测四个脸朝向中的一个,只能达到25%的正确率。

输入编码 已经知道ANN的输入必然是图像的某种表示，那么设计的关键是如何编码这幅图像。例如我们可以对图像进行预处理，来分解出边缘、亮度一致的区域或其他局部图像特征，然后把这些特征输入网络。这种设计的一个问题是会导致每幅图像有不同数量的特征参数（例如，边缘的数量），然而ANN具有固定数量的输入单元。在此，我们的设计是把图像编码成固定的30×32像素的亮度值，每个像素对应一个网络输入。并且把范围是0到255的亮度值按比例线性缩放到0到1的区间内，以使网络输入与隐藏单元和输出单元在同样的区间取值。实际上，这里的30×32像素图像就是原来120×128像素的图像的低分辨率概括，每个低分辨率像素根据对应的若干高分辨率像素亮度的均值计算得到。使用这样的低分辨率图像，把输入个数和权值的数量减少到了一个更易于处理的规模，从而降低了运算要求，但同时也保留了足够的分辨率以正确分类图像。回忆在图4-1中，ALVINN系统使用了相似的低分辨率图像作为网络的输入。一个有趣的差别是，在ALVINN中，每一个低分辨率像素的亮度等于从高分辨率图像对应的区域中随机取一个像素的亮度，而不是取这个区域中所有像素亮度的均值。其动机是为了明显地减少从高分辨率图像产生低分辨率图像所需的运算量。这个效率对于ALVINN系统是特别重要的，因为在自动驾驶车辆的过程中，ALVINN系统的网络必须在每秒钟处理很多幅图像。

输出编码 ANN必须输出四个值中的一个来表示输入图像中人脸的朝向（左，右，上，前）。注意我们可以使用单一的输出单元来编码这四种情况的分类，例如，指定输出值0.2、0.4、0.6和0.8来编码这四个可能值。不过这里我们使用4个不同的输出单元，每一个对应四种可能朝向中的一种，取具有最高值的输出作为网络的预测值。这种方法经常被称为n取1(1-of-n)输出编码。选择n取1输出编码而不用单个单元有两个原因。第一，这为网络表示目标函数提供了更大的自由度（即在输出层单元中有n倍的可用权值）。第二，在n取1编码中，最高值输出和次高值输出间的差异可以作为对网络预测的置信度（不明确的分类可能导致结果相近或相等）。进一步的设计问题是“这4个输出单元的目标值应该是什么？”一个显而易见的办法是用4个目标值$\langle 1,0,0,0\rangle$来编码脸朝向左，$\langle 0,1,0,0\rangle$来编码脸朝向正前，依次类推。我们这里使用0.1和0.9，而不是0和1，即$\langle 0.9,0.1,0.1,0.1\rangle$表示脸朝向左的目标输出向量。避免使用0和1作为目标值的原因是sigmoid单元对于有限权值不能产生这样的输出。如果我们企图训练网络来准确匹配目标值0和1，梯度下降将会迫使权值无限增长。而值0.1和0.9是sigmoid单元在有限权值情况下可以完成的。

网络结构图 正如前面所描述的，反向传播算法可以被应用到任何有向无环sigmoid单元的网络，所以，我们面临的另一设计问题是，这个网络包含多少个单元以及如何互连。最普遍的一种网络结构是分层网络，一层的每个单元向前连接到下一层的每一个单元。目前的设计选择了这样的标准结构，使用两层sigmoid单元（一个隐藏层和一个输出层）。使用一或两层sigmoid单元是很普遍的，偶尔使用三层。使用更多的层是不常见的，因为训练时间会变得很长，而且三层sigmoid单元的网络已经能够表示数量相当大的目标函数（见第4.6.2节）。我们已经确定选择有一个隐藏层的分层前馈网络，那么其中应该包含多少个隐藏单元呢？在图4-10的结果中，仅使用了三个隐藏单元，就达到了对测试集合90%的精度。在另一个使用30个隐藏单元的实验中，得到的精度提高了一到两个百分点。尽管这两个实验得到的泛化精度相差很小，但后一个试验明显需要更多的训练时间。使用260幅图像的训练样例，30个隐藏单元的网络在Sun Sparc5工作站上的训练时间大约是一个小时。相对而言，三个隐藏单元的网络大约是5分钟。人们已经发现在很多应用中需要某个最小数量的隐藏单元来精确地学习目标函数,并且超过这个数量的多余的隐藏单元不会显著地提高泛化精度,前提条件是使用交叉验证方法来决定应该进行多少次梯度下降迭代。如果没有使用交叉验证,那么增加隐藏单元数量经常会增加过度拟合训练数据的倾向,从而降低泛化精度。

学习算法的其他参数　在这个实验中,学习速率 η 被设定为0.3,冲量 α 被设定为0.3。赋予这两个参数更低的值会产生大体相当的泛化精度,但需要更长的训练时间。如果这两个值被设定得太高,训练将不能收敛到一个具有可接受误差(在训练集合上)的网络。在整个试验中我们使用完全的梯度下降(和表4-2算法中随机近似的梯度下降不同)。输出单元的网络权值被初始化为小的随机值。然而输入单元的权值被初始化为0,因为这样可以使学习到的权值的可视化(见图4-10)更易于理解,而对泛化精度没有明显的影响。训练的迭代次数的选择可以通过分割可用的数据为训练集合和独立的验证集合来实现。梯度下降方法被用于最小化训练集合上的误差,并且每隔50次梯度下降迭代根据验证集合评估一次网络的性能。最终选择的网络是对验证集合精度最高的网络。可以参见第4.6.5节得到关于这个过程的解释和依据。最终报告的精度(对于图4-10中的网络也就是90%)是在没有对训练产生任何影响的第三个集合——测试集合上测量得到的。

4.7.3　学习到的隐藏层表示

有必要分析一下网络中学习得到的2899个[㊀]权值。图4-10描绘了对所有训练样例进行一次权值更新后的每个权值和100次更新后的权值。

为了理解这些图像,先考虑图中紧挨人脸图像下的四个矩形。每一个矩形描绘了网络中四个输出单元(编码了左、前、右和上)中的一个权值。每个矩形中的四个小方形表示和这个输出单元关联的四个权值——最左边是权 w_0,它决定单元的阈值;然后是连接三个隐藏单元到这个输出的三个权值。方形的亮度表示权值,亮白表示较大的正权值,暗黑表示较大的负权值,介于中间的灰色阴影表示中等的权值。例如,标为"上"的输出单元的阈值权 w_0 接近0,从第一个隐藏单元来的权值为较大的正值,从第二个隐藏单元来的权值为较大的负值。

隐藏单元的权值显示在输出单元的下边。回忆一下,每个隐藏单元接受所有 30×32 个像素输入。与这些输入关联的 30×32 个权值被显示在它们对应的像素的位置(阈值权 w_0 被重叠显示在图像阵列的左上角)。非常有趣的是,可以看到权的取值通常对人脸和身体出现的图像区域特别敏感。

针对每一个训练样例,梯度下降迭代100次后的网络权值显示在图的下部。注意,最左边的隐藏单元的权值和迭代一次时的权值有很大不同,另两个隐藏单元的权值也有所变化。现在可以分析一下这个最终权值集合中的编码。例如,假定输出单元指出一个人是在向右看。这个单元与第二个隐藏单元间具有一个较大的正权值,与第三个隐藏单元间具有一个大的负权值。分析这两个隐藏单元的权值,容易看到如果一个人的脸是转向他的右面(也就是我们的左面),那么他的亮度高的皮肤会大致与这个隐藏单元中的较大正值对齐,同时他的亮度低的头发会大致与负权值对齐,这导致此单元输出一个较大的值。同样的图像会使第三个隐藏单

㊀ 2899 = 输入单元与三个隐单元间连接对应的权(960×3) + 三个隐单元与四个输出单元间连接对应的权(3×4) + 三个隐单元和四个输出单元的 w_0 权($3+4$)。

元输出一个接近0的值,因为亮度高的脸部倾向于与大的负权对齐。

4.8 人工神经网络的高级课题

4.8.1 其他可选的误差函数

正如前面所指出的,只要函数 E 相对参数化的假设空间可微,那么就可以执行梯度下降。虽然基本的反向传播算法以网络误差平方和的形式定义 E,但也有人提出其他的定义,以便把其他的约束引入权值调整法则。如果定义了一个新的 E,那么就必须推导出一个新的权值调整法则供梯度下降使用。E 的其他可选定义包括:

- *为权值增加一个惩罚项*:如同前面讨论的,我们可以把一个随着权向量幅度增长的项加入到 E 中。这导致梯度下降搜寻较小的权值向量,从而减小过度拟合的风险。一种办法是按照下面的等式重新定义 E:

$$E(\vec{w}) \equiv \frac{1}{2} \sum_{d \in D} \sum_{k \in outputs} (t_{kd} - o_{kd})^2 + \gamma \sum_{i,j} w_{ji}^2$$

  这得到了一个与反向传播法则基本一致的权更新法则,只是在每次迭代时为每个权乘以常量$(1-2\gamma\eta)$。因此选择这种 E 的定义和使用权衰减策略(见练习4.10)是等价的。

- *对误差增加一项目标函数的斜率(slope)或导数*:某些情况下,训练信息中不仅有目标值,而且还有关于目标函数的导数。例如,Simard et al.(1992)描述了一个字符识别的应用,在这个应用中使用了一些训练导数来强迫网络学习那些在图像平移中不变的字符识别函数。Mitchell and Thrun(1993)描述了根据学习器以前的知识计算训练导数的方法。在这两个系统中(在第12章中描述),误差函数都被增加了一项,用来衡量这些训练导数和网络的实际导数间的差异。这样的误差函数的一个例子是:

$$E(\vec{w}) \equiv \frac{1}{2} \sum_{d \in D} \sum_{k \in outputs} \left[(t_{kd} - o_{kd})^2 + \mu \sum_{j \in inputs} \left(\frac{\partial t_{kd}}{\partial x_d^j} - \frac{\partial o_{kd}}{\partial x_d^j} \right)^2 \right]$$

  这里,x_d^j 表示对于训练实例 d 的第 j 个输入单元的值。于是$\frac{\partial t_{kd}}{\partial x_d^j}$是描述目标输出值 t_{kd} 应该如何随输入值 x_d^j 变化的训练导数。与此类似,$\frac{\partial o_{kd}}{\partial x_d^j}$表示实际的学习网络的对应导数。常数 μ 决定匹配训练值相对于匹配训练导数的权值。

- *使网络对目标值的交叉熵(cross entropy)最小化*:考虑学习一个概率函数,比如根据这个申请者的年龄和存款余额,预测一个借贷申请者是否会还贷。尽管这里的训练样例仅提供了布尔型的目标值(要么是1,要么是0,根据这个申请者是否还贷),但基本的目标函数最好以申请者还贷的概率的形式输出,而不是对每个输入实例都企图输出明确的0或1值。在这种情况下,我们希望网络输出一个概率估计,可以证明最小化交叉熵(cross entropy)的网络可以给出最好的(也就是极大似然)概率估计,交叉熵的定义如下:

$$-\sum_{d \in D} t_d \log o_d + (1 - t_d) \log(1 - o_d)$$

  这里,o_d 是网络对于训练样例 d 输出的概率估计,t_d 是对于训练样例 d 的目标值(0或1)。第6章讨论了何时及为什么最可能的网络假设就是使交叉熵最小化的假设,并推导了相应的sigmoid单元的梯度下降权值调整法则。第6章也描述了在什么条件下最可能的假设就是使误差平方和最小化的假设。

- 改变有效误差函数也可以通过权值共享(weight sharing)来完成,也就是把与不同单元或输入相关联的权“捆绑在一起”:这里的想法是强迫不同的网络权值取一致的值,通常是为了实施人类设计者事先知道的某个约束。例如,Waibel et al.(1989)和 Lang et al.(1990)描述了神经网络在语音识别方面的一个应用,其中网络的输入是在一个 144 毫秒的时间窗中不同时间的语音频率分量。在这个应用中可以做的一个假定是:一个特定语音(例如“eee”)的频率分量的识别是与这个语音在 144 毫秒时间窗中出现的确切时间无关的。为了实施这个约束,必须强迫接收这个时间窗不同部分的不同单元共享权值。这样做的效果是约束了假设的潜在空间,从而减小了过度拟合的风险,提高了准确泛化到未见过的情形的可能性。权值共享通常这样实现:首先在共享权值的每个单元分别更新各个权值,然后取这些权值的平均,再用这个平均值替换每个需要共享的权值。这个过程的结果是被共享的权值比没有被共享的权值更有效地适应一个不同的误差函数。

4.8.2 其他可选的误差最小化过程

虽然梯度下降是搜寻使误差函数最小化的假设的最通用的方法之一,但它不总是最高效的。当训练复杂的网络时,不难见到反向传播算法要进行上万次的权值更新迭代的情形。由于这个原因,人们探索并提出了很多其他的权值优化算法。为了领会其他可能的方法,我们不妨把权值更新方法看作是要决定这样两个问题:选择一个改变当前权值向量的方向;选择要移动的距离。在反向传播算法中,这个方向是通过取梯度的负值来选择的,距离是通过常量的学习速率 η 决定的。

一种被称为“线搜索”(line search)的优化方法采用了不同的方法选择权值更新的距离。确切地讲,每当选定了一条确定权值更新方向的路线,那么权更新的距离是通过沿这条线寻找误差函数的最小值来选择的。注意这可能导致很大幅度也可能是很小幅度的权值更新,要看沿这条线的最小误差点的位置。另一种方法是根据“线搜索”的思想建立的,被称为*共轭梯度*(conjugate gradient)法。这种方法进行一系列线搜索来搜索误差曲面的最小值。这一系列搜索的第一步仍然使用梯度的反方向。在后来的每一步中,选择使误差梯度分量刚好为 0 并保持为 0 的方向。

虽然其他的误差最小化方法提高了训练网络的效率,但像共轭梯度这样的方法则对最终网络的泛化误差没有明显的影响。对最终误差惟一可能的影响是,不同的误差最小化过程会陷入不同的局部极小值。Bishop(1996)包含了关于训练网络的几种参数优化方法的一般性讨论。

4.8.3 递归网络

直到现在我们考虑的只是有向无环的网络拓扑结构。递归网络(Recurrent Networks)是有如下特征的人工神经网络:适用于时序数据;使用网络单元在时间 t 的输出作为其他单元在时间 $t+1$ 的输入。以这种方式,递归网络支持在网络中使用某种形式的有向环(directed cycle)。为了演示递归网络,考虑一个时序预测任务——根据当天的经济指标 $x(t)$,预测下一天的股票平均市值 $y(t+1)$。给定了这样的时序数据,一个显而易见的办法是根据输入值 $x(t)$

训练一个前馈网络预测输出 $y(t+1)$。一个这样的网络显示在图 4-11a 中。

这种网络的一个限制是仅依赖 $x(t)$ 作出对 $y(t+1)$ 预测,而不能捕捉 $y(t+1)$ 对 x 的以前值的依赖性,而这可能是必需的。例如,明天的股票平均市值可能依赖于今天的经济指标和昨天的经济指标的差异。当然,我们可以通过把 $x(t)$ 和 $x(t-1)$ 都作为前馈网络的输入来弥补这个不足。但是如果我们希望这个网络预测 $y(t+1)$ 时考虑任意过去的时间窗内的信息呢?那么就需要用不同的解决方案了。图 4-11b 显示的递归网络提供了这样一个的解决方案。这里我们向隐藏层加了一个新的单元 b 和新的输入单元 $c(t)$。$c(t)$ 的值被定义为单元 b 在时间 $t-1$ 的值;也就是说,网络在某一个时间步(time step)的输入值 $c(t)$ 拷贝自单元 b 在前一时间步的值。注意,这实现了一种递归关系,其中 b 表示关于网络输入的历史信息。因为 b 既依赖于 $x(t)$ 又依赖于 $c(t)$,所以 b 可能概括了以前任意时间距离的 x 值。很多其他的网络拓扑也可以用来表示递归网络。例如,我们可以在输入和单元 b 间插入若干层单元,也可以在加入单元 b 和输入单元 c 的地方再并行插入几个单元。

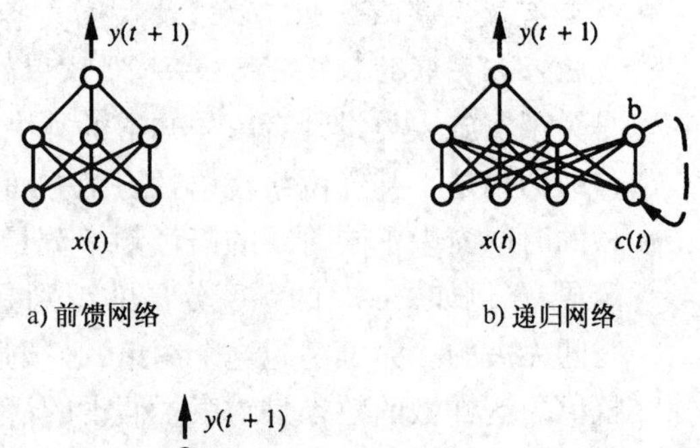

a) 前馈网络　　b) 递归网络

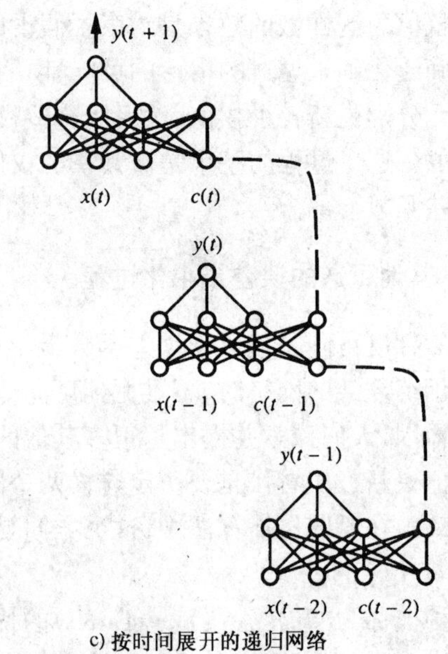

c) 按时间展开的递归网络

图 4-11　递归网络

如何训练这样的递归网络呢?递归网络有多种变体,因此人们也分别提出了不同的训练方法(例如,参见 Jordan 1986、Elman 1990、Mozer 1995、Williams & Zipser 1995)。有趣的是,像图 4-11b那样的递归网络可以使用反向传播算法的简单变体来训练。为了理解如何实施,图 4-11c显示了递归网络按照时间展开的数据流。这里我们把递归网络拷贝成几份,用不同拷贝间的连接替换掉反馈环。注意,这个大的网络不再包含回路。所以展开网络的权值可以直接使用反向传播算法来训练。当然实践中我们希望仅保留一份递归网络和权值集合的拷贝。所以,在训练了展开的网络后,可以取不同拷贝中权值 w_{ji} 的平均值作为最终网络的对应的权值 w_{ji}。Mozer(1995)非常详细地描述了这个训练过程。实践中,递归网络比没有反馈环的网络更难以训练,泛化的可靠性也不如后者。然而它们仍因较强的表征力而保持着重要性。

4.8.4　动态修改网络结构

直到现在,我们考虑的神经网络学习问题是调整一个固定网络结构中的权值。为了改善泛化精度和训练效率,人们提出了很多动态增长或压缩网络单元和单元间连接数量的方法。

一种想法是从一个不包含隐藏单元的网络开始,然后根据需要增加隐藏单元来增长网络,直到训练误差下降到某个可接受的水平。级联相关(CASCADE-CORRELATION)算法(Fahlman

& Lebiere 1990)就是这样一种算法。级联相关算法从创建一个没有隐藏单元的网络开始。例如,对于我们的人脸朝向的学习任务,它会建立一个仅包含四个输出单元全连接到 30 × 32 个输入结点的网络。在这个网络被训练了一段时间后,我们可以很容易地发现还有较大的残留误差,因为事实上这个目标函数不可能被一个单层结构的网络理想地表示。在这种情况下,算法增加一个隐藏单元,选择它的权值使这个隐藏单元的值和整个网络的残留误差的相关性最大化。现在一个新的单元被安装进了网络,它的权值保持不变,并且从这个新单元到每一个输出单元间增加连接。重复这个过程。原始的权值被再次训练(保持隐藏单元的权值不变),检查残留误差,如果残留误差还高于阈值就加入第二个隐藏单元。每当加入一个新的隐藏单元,它的输入包括所有原始的网络输入和已经存在的隐藏单元的输出。网络以这种方式增长,积聚隐藏单元,直到网络的残余误差下降到某个可接受的水平。Fahlman & Lebiere(1990)报告了级联相关算法显著减少训练时间的例子,原因是每一步仅有一层网络在被训练。这个算法的一个实际困难是因为算法可以无限制地增加单元,它就很容易过度拟合训练数据,所以必须采取避免过度拟合的预防措施。

动态修改网络结构的第二个想法是使用相反的途径。不再从可能的最简单网络开始增加复杂性,而是从一个复杂的网络开始修剪掉某些无关紧要的连接。判断某个权是否无关紧要的一种方法是看它的值是否接近 0。第二种看来在实践中更加成功的方法是考虑这个权值的一个小的变化对误差 E 的影响。变化 w 对 E 的影响(也就是$\frac{\partial E}{\partial w}$)可以被看作衡量这个连接的显著性(salience)的尺度。LeCun et al.(1990)描述了一个网络被训练的过程,最不显著的连接被拆除,重复这个过程,直到遇到某个终止条件为止。他们称这种方法为"最优脑损伤"(optimal brain damage)法,因为每一步算法都试图去除最没有用的连接。他们报告,在一个字符识别应用中,这种方法将一个大的网络中权值减少到四分之一,对泛化精度有微小的改善,并且大大改善了后来的训练效率。

一般而言,动态修改网络结构的方法已经取得了一些成功,但也有不足。这种方法是否能稳定地提高反向传播算法的泛化精度还有待研究。然而已经证明在某些情形下它可以显著地降低训练时间。

4.9 小结和补充读物

本章的要点包括:

- 人工神经网络学习为学习实数值和向量值函数提供了一种实际的方法,对于连续的和离散值的属性都可以使用,并且对训练数据中的噪声具有很好的健壮性。反向传播算法是最常见的网络学习算法,这已被成功应用在很多学习任务中,比如手写识别和机器人控制。
- 反向传播算法考虑的假设空间是固定连接的有权网络所能表示的所有函数的空间。包含三层单元的前馈网络能够以任意精度逼近任意函数,只要每一层有足够数量(可能非常多)的单元。即使是一个实际大小的网络也能够表示很大范围的高度非线性的函数,这使得前馈网络成为学习预先未知的一般形式的离散和连续函数的很好选择。
- 反向传播算法使用梯度下降方法搜索可能假设的空间,迭代减小网络的误差以拟合训练数据。梯度下降收敛到训练误差相对网络权值的局部极小值。通常,梯度下降是一种有应用潜力的方法,它可用来搜索很多连续参数的假设空间,只要训练误差是假设参数的可微函数。

- 反向传播算法最令人感兴趣的特征之一,是它能够创造出网络输入中没有明确出现的特征。确切地讲,多层网络的内部(隐藏)层能够表示对学习目标函数有用的但隐含在网络输入中的中间特征。这种能力被一些例子所描述,如4.6.4节的8×3×8网络中创造的数字1到8的布尔编码,以及4.7节人脸识别应用中隐藏层表示的图像特征。
- 过度拟合训练数据是ANN学习中的一个重要问题。过度拟合导致网络泛化到新的数据时性能很差,尽管网络对于训练数据表现非常好。交叉验证方法可以用来估计梯度下降搜索的合适终止点,从而最小化过度拟合的风险。
- 尽管反向传播算法是最常见的ANN学习算法,人们也提出很多其他的算法,包括对于特殊任务的一些算法。例如,递归网络方法训练包含有向环的网络,类似级联相关的算法改变权的同时也改变了网络结构。

本书的其他章节也介绍了一些关于ANN学习的其他信息。第6章给出了选择最小化误差平方和的贝叶斯论证,以及在其他情况下用最小化交叉熵(cross-entropy)代替最小化误差平方和的方法。第7章讨论了为可靠学习布尔函数所需要的训练实例数量的理论结果,以及某些类型网络的Vapnik - Chervonenkis维。关于过度拟合以及如何避免过度拟合的讨论可以在第5章中找到。第12章讨论了使用以前的知识来提高泛化精度的方法。

对人工神经网络的研究可以追溯到计算机科学的早期。McCulloch & Pitts(1943)提出了一个相当于感知器的神经元模型,20世纪60年代他们的大量工作探索了这个模型的很多变体。20世纪60年代早期Widrow & Hoff(1960)探索了感知器网络(他们称为“adelines”)和delta法则。Rosenblatt(1962)证明了感知器训练法则的收敛性。然而,直到20世纪60年代晚期,人们才开始清楚单层的感知器网络的表现能力很有限,而且找不到训练多层网络的有效方法。Minsky & Papert(1969)说明即使是像XOR这样简单的函数也不能用单层的感知器网络表示或学习,在整个20世纪70年代ANN的研究衰退了。

在20世纪80年代中期ANN的研究经历了一次复兴,主要是因为训练多层网络的反向传播算法的发明(Rumelhart & McClelland 1986;Parker 1985)。这些思想可以被追溯到有关的早期研究(例如,Werbos 1975)。自从20世纪80年代,反向传播算法就成为应用最广泛的学习方法,而且人们也积极探索出了很多其他的ANN方法。在同一时期,计算机变得不再贵重,这允许人们试验那些在20世纪60年代不可能被完全探索的计算密集型的算法。

很多教科书专门论述了神经网络学习。一本早期的但仍有用的关于模式识别的参数学习方法的书是Duda & Hart(1973)。Windrow & Stearns(1985)的教科书覆盖了感知器和相关的单层网络以及它们的应用。Rumelhart & McClelland(1986)收编了20世纪80年代中期开始的重新激发起人们对神经网络方法兴趣的论文。关于神经网络最近出版的书籍包括Bishop(1996)、Chauvin & Rumelhart(1995)、Freeman & Skapina(1991)、Fu(1994)、Hecht - Nielson(1990)和Hertz et al.(1991)。

习题

4.1 对图4-3画出的误差曲面,感知器的权 w_0, w_1 和 w_2 的值是什么?假定这个误差曲面与 x_1 轴相交在 $x_1 = -1$,并与 x_2 轴相交在 $x_2 = 2$。

4.2　设计一个两输入的感知器来实现布尔函数 $A \wedge \neg B$。设计一个两层的感知器网络来实现布尔函数 $A\ XOR\ B$。

4.3　考虑使用阈值表达式 $w_0 + w_1x_1 + w_2x_2 > 0$ 定义的两个感知器。感知器 A 的权值为：

$$w_0 = 1,\ w_1 = 2,\ w_2 = 1$$

感知器 B 的权值为：

$$w_0 = 0,\ w_1 = 2,\ w_2 = 1$$

请判断以下表达对或错。感知器 A 是 *more_general_than* 感知器 B 的（*more_general_than* 在第 2 章中定义）。

4.4　实现一个两输入线性单元的 delta 训练法则。训练它来拟合目标概念 $-2 + x_1 + 2x_2 > 0$。画出误差 E 相对训练迭代次数的函数曲线。画出 5,10,50,100,……次迭代后的决策面。

(a) 为 η 选取不同的常量值，并使用衰减的学习速率——也就是第 i 次迭代使用 η_0/i，再进行试验。哪一个效果更好？

(b) 试验增量（incremental）和批量（batch）学习。哪个收敛得更快？考虑权值更新次数和总执行时间。

4.5　推导输出为 o 的单个单元的梯度下降训练法则，其中：

$$o = w_0 + w_1x_1 + w_1x_1^2 + \cdots + w_nx_n + w_nx_n^2$$

4.6　简略解释为什么公式（4.10）中的 delta 法则仅是公式（4.7）表示的真正梯度下降法则的近似？

4.7　考虑一个两层的前馈 ANN，它具有两个输入 a 和 b，一个隐藏单元 c，和一个输出单元 d。这个网络有五个权值（$w_{ca}, w_{cb}, w_{c0}, w_{dc}, w_{d0}$），其中 w_{x0} 表示单元 x 的阈值权。先把这些权的值初始化为（0.1,0.1,0.1,0.1,0.1），然后给出使用反向传播算法训练这个网络的前两次迭代中每一次这些权值的值。假定学习速率 $\eta = 0.3$，冲量 $\alpha = 0.9$，采用增量的权值更新和以下训练样例：

a	b	d
1	0	1
0	1	0

4.8　修改表 4-2 中的反向传播算法，使用双曲正切 $tanh$ 函数取代 sigmoid 函数作为挤压函数。也就是说，假定单个单元的输出是 $o = tanh(\vec{w} \cdot \vec{x})$。给出输出层权值和隐藏层权值的权更新法则。提示：$tanh'(x) = 1 - tanh^2(x)$。

4.9　回忆图 4-7 描述的 8×3×8 网络。考虑训练一个 8×1×8 的网络来完成同样的任务，也就是仅有一个隐藏单元的网络。注意，图 4-7 中的 8 个训练样例可以被表示为单个隐藏单元的 8 个不同的值（例如 0.1,0.2,……,0.8）。那么仅有一个隐藏单元的网络能够根据这些训练样例学习恒等函数吗？提示：考虑类似这样的问题“是否存在这样的隐藏单元权值，能产生上面建议的隐藏单元编码？”、“是否存在这样的输出单元权值，能正确解码这样的输入编码？”和“梯度下降搜索可能发现这样的权值吗？”。

4.10　考虑第 4.8.1 节中描述的另一种误差函数：

$$E(\vec{w}) \equiv \frac{1}{2}\sum_{d \in D}\sum_{k \in outputs}(t_{kd} - o_{kd})^2 + \gamma \sum_{i,j} w_{ji}^2$$

为这个误差 E 推导出梯度下降权更新法则。证明这个权值更新法则的实现可通过在进行表 4-2 的标准梯度下降权更新前把每个权值乘以一个常数。

4.11　应用反向传播算法来完成人脸识别任务。参见因特网 http://www.cs.cmu.edu/~tom/mlbook.html 来获得细节,包括人脸图像数据、反向传播程序源代码和具体的任务。

4.12　推导出学习 x, y 平面上的矩形这一目标概念的梯度下降算法。使用 x, y 的坐标描述每一个假设,矩形的左下角和右上角分别表示为 llx, lly, urx 和 ury。实例 $\langle x, y\rangle$ 被假设 $\langle llx, lly, urx, ury\rangle$ 标记为正例的充要条件是点 $\langle x, y\rangle$ 位于对应的矩形内部。按本章中的办法定义误差 E。试设计一个梯度下降算法来学习这样的矩形假设。注意误差 E 不是 llx、lly、urx 和 ury 的连续函数,这与感知器学习的情况一样(提示:考虑感知器中使用的两个解决办法:(1)改变分类法则来使输出预测成为输入的连续函数;(2)另外定义一个误差——比如到矩形中心的距离——就像训练感知器的 delta 法则)。当正例和反例可被矩形分割时,设计的算法会收敛到最小误差假设吗?何时不会?该算法有局部极小值的问题吗?该算法与学习特征约束合取的符号方法相比如何?

参考文献

Bishop, C. M. (1996). *Neural networks for pattern recognition*. Oxford, England: Oxford University Press.

Chauvin, Y., & Rumelhart, D. (1995). BACKPROPAGATION*: Theory, architectures, and applications* (edited collection). Hillsdale, NJ: Lawrence Erlbaum Assoc.

Churchland, P. S., & Sejnowski, T. J. (1992). *The computational brain*. Cambridge, MA: The MIT Press.

Cybenko, G. (1988). Continuous valued neural networks with two hidden layers are sufficient (Technical Report). Department of Computer Science, Tufts University, Medford, MA.

Cybenko, G. (1989). Approximation by superpositions of a sigmoidal function. *Mathematics of Control, Signals, and Systems*, 2, 303–314.

Cottrell, G. W. (1990). Extracting features from faces using compression networks: Face, identity, emotion and gender recognition using holons. In D. Touretzky (Ed.), *Connection Models: Proceedings of the 1990 Summer School*. San Mateo, CA: Morgan Kaufmann.

Dietterich, T. G., Hild, H., & Bakiri, G. (1995). A comparison of ID3 and BACKPROPAGATION for English text-to-speech mapping. *Machine Learning*, 18(1), 51–80.

Duda, R., & Hart, P. (1973). *Pattern classification and scene analysis*. New York: John Wiley & Sons.

Elman, J. L. (1990). Finding structure in time. *Cognitive Science*, 14, 179–211.

Fahlman, S., & Lebiere, C. (1990). *The* CASCADE-CORRELATION *learning architecture* (Technical Report CMU-CS-90-100). Computer Science Department, Carnegie Mellon University, Pittsburgh, PA.

Freeman, J. A., & Skapura, D. M. (1991). *Neural networks*. Reading, MA: Addison Wesley.

Fu, L. (1994). *Neural networks in computer intelligence*. New York: McGraw Hill.

Gabriel, M. & Moore, J. (1990). *Learning and computational neuroscience: Foundations of adaptive networks* (edited collection). Cambridge, MA: The MIT Press.

Hecht-Nielsen, R. (1990). *Neurocomputing*. Reading, MA: Addison Wesley.

Hertz, J., Krogh, A., & Palmer, R.G. (1991). *Introduction to the theory of neural computation*. Reading, MA: Addison Wesley.

Hornick, K., Stinchcombe, M., & White, H. (1989). Multilayer feedforward networks are universal approximators. *Neural Networks*, 2, 359–366.

Huang, W. Y., & Lippmann, R. P. (1988). Neural net and traditional classifiers. In Anderson (Ed.), *Neural Information Processing Systems* (pp. 387–396).

Jordan, M. (1986). Attractor dynamics and parallelism in a connectionist sequential machine. *Proceedings of the Eighth Annual Conference of the Cognitive Science Society* (pp. 531–546).

Kohonen, T. (1984). *Self-organization and associative memory*. Berlin: Springer-Verlag.

Lang, K. J., Waibel, A. H., & Hinton, G. E. (1990). A time-delay neural network architecture for isolated word recognition. *Neural Networks*, 3, 33–43.

LeCun, Y., Boser, B., Denker, J. S., Henderson, D., Howard, R. E., Hubbard, W., & Jackel, L.D. (1989). BACKPROPAGATION applied to handwritten zip code recognition. *Neural Computation*, 1(4).

LeCun, Y., Denker, J. S., & Solla, S. A. (1990). Optimal brain damage. In D. Touretzky (Ed.), *Advances in Neural Information Processing Systems* (Vol. 2, pp. 598–605). San Mateo, CA: Morgan Kaufmann.

Manke, S., Finke, M. & Waibel, A. (1995). NPEN++: a writer independent, large vocabulary online cursive handwriting recognition system. *Proceedings of the International Conference on Document Analysis and Recognition*. Montreal, Canada: IEEE Computer Society.

McCulloch, W. S., & Pitts, W. (1943). A logical calculus of the ideas immanent in nervous activity. *Bulletin of Mathematical Biophysics*, 5, 115–133.

Mitchell, T. M., & Thrun, S. B. (1993). Explanation-based neural network learning for robot control. In Hanson, Cowan, & Giles (Eds.), *Advances in neural information processing systems 5* (pp. 287–294). San Francisco: Morgan Kaufmann.

Mozer, M. (1995). A focused BACKPROPAGATION algorithm for temporal pattern recognition. In Y. Chauvin & D. Rumelhart (Eds.), *Backpropagation: Theory, architectures, and applications* (pp. 137–169). Hillsdale, NJ: Lawrence Erlbaum Associates.

Minsky, M., & Papert, S. (1969). *Perceptrons*. Cambridge, MA: MIT Press.

Nilsson, N. J. (1965). *Learning machines*. New York: McGraw Hill.

Parker, D. (1985). *Learning logic* (MIT Technical Report TR-47). MIT Center for Research in Computational Economics and Management Science.

Pomerleau, D. A. (1993). Knowledge-based training of artificial neural networks for autonomous robot driving. In J. Connell & S. Mahadevan (Eds.), *Robot Learning* (pp. 19–43). Boston: Kluwer Academic Publishers.

Rosenblatt, F. (1959). The perceptron: a probabilistic model for information storage and organization in the brain. *Psychological Review*, 65, 386–408.

Rosenblatt, F. (1962). *Principles of neurodynamics*. New York: Spartan Books.

Rumelhart, D. E., & McClelland, J. L. (1986). *Parallel distributed processing: exploration in the microstructure of cognition* (Vols. 1 & 2). Cambridge, MA: MIT Press.

Rumelhart, D., Widrow, B., & Lehr, M. (1994). The basic ideas in neural networks. *Communications of the ACM*, 37(3), 87–92.

Shavlik, J. W., Mooney, R. J., & Towell, G. G. (1991). Symbolic and neural learning algorithms: An experimental comparison. *Machine Learning*, 6(2), 111–144.

Simard, P. S., Victorri, B., LeCun, Y., & Denker, J. (1992). Tangent prop—A formalism for specifying selected invariances in an adaptive network. In Moody, et al. (Eds.), *Advances in Neural Information Processing Systems 4* (pp. 895–903). San Francisco: Morgan Kaufmann.

Waibel, A., Hanazawa, T., Hinton, G., Shikano, K., & Lang, K. (1989). Phoneme recognition using time-delay neural networks. *IEEE Transactions on Acoustics, Speech and Signal Processing*.

Weiss, S., & Kapouleas, I. (1989). An empirical comparison of pattern recognition, neural nets, and machine learning classification methods. *Proceedings of the Eleventh IJCAI* (pp. 781–787). San Francisco: Morgan Kaufmann.

Werbos, P. (1975). Beyond regression: *New tools for prediction and analysis in the behavioral sciences* (Ph.D. dissertation). Harvard University.

Widrow, B., & Hoff, M. E. (1960). Adaptive switching circuits. *IRE WESCON Convention Record*, 4, 96–104.

Widrow, B., & Stearns, S. D. (1985). *Adaptive signal processing*. Signal Processing Series. Englewood

Cliffs, NJ: Prentice Hall.
Williams, R., & Zipser, D. (1995). Gradient-based learning algorithms for recurrent networks and their computational complexity. In Y. Chauvin & D. Rumelhart (Eds.), *Backpropagation: Theory, architectures, and applications* (pp. 433–486). Hillsdale, NJ: Lawrence Erlbaum Associates.
Zornetzer, S. F., Davis, J. L., & Lau, C. (1994). *An introduction to neural and electronic networks* (edited collection) (2nd ed.). New York: Academic Press.

第5章 评估假设

对假设的精度进行经验评估是机器学习中的基本问题。本章介绍了用统计方法估计假设精度,主要为解决以下三个问题:首先,已知一个假设在有限数据样本上观察到的精度,怎样估计它在其他实例上的精度?其次,如果一个假设在某些数据样本上好于另一个,那么一般情况下该假设是否更准确?第三,当数据有限时,怎样高效地利用这些数据,通过它们既能学习到假设,还能估计其精度?由于有限的数据样本可能不代表数据的一般分布,所以从这些数据上估计出的假设精度可能有误差。统计的方法,结合有关数据基准分布的假定,使我们可以用有限数据样本上的观察精度来逼近整个数据分布上的真实精度。

5.1 动机

多数情况下,对学习到的假设进行尽可能准确的性能评估十分重要。原因之一很简单,是为了知道是否可以使用该假设。例如,从一个长度有限的数据库中学习以了解不同医疗手段的效果,就有必要尽可能准确地知道学习结果的正确性。另一原因在于,对假设的评估是许多学习方法的重要组成部分。例如在决策树学习中,为避免过度拟合问题必须进行后修剪,这时我们必须评估每一步修剪对树的精度产生的影响。因此,有必要了解已修剪和未修剪树的精度估计中固有的误差。

当数据十分充足时,假设精度的估计相对容易。然而当给定的数据集非常有限时,要学习一个概念并估计其将来的精度,存在两个很关键的困难:

- *估计的偏差*(Bias in the estimate) 首先,学习到的概念在训练样例上的观察精度通常不能很好地用于估计在将来样例上的精度。因为假设是从这些样例中得出的,因此对将来样例的精度估计通常偏于乐观。尤其在学习器采用了很大的假设空间并过度拟合训练样例时,这一情况就更可能出现。要对将来的精度进行无偏估计,典型的方法是选择与训练样例和假设无关的测试样例,并在这个样例集合上测试假设。
- *估计的方差*(Variance in the estimate) 其次,即使假设精度在独立的无偏测试样例上测量,得到的精度仍可能与真实精度不同,这取决于特定测试样例集合的组成。测试样例越少,产生的方差越大。

本章讨论了对学到的假设的评估、对两个假设精度的比较和在有限的数据样本情况下两个学习算法精度的比较,其中的讨论多数集中在统计和采样理论的基本定律。本章假定读者在统计学方面没有背景知识,而假设的统计测试需要较多的理论知识,因此本章提供了介绍性的综述,集中讨论那些与假设的学习、评估和比较相关的问题。

5.2 估计假设精度

在评估一个假设时,我们一般对估计这个假设对未来实例的分类的精度更感兴趣。同时,也需要知道这一精度估计中的可能的误差(即与此估计相联系的误差门限)。

本章使用的学习问题的框架如下。有一所有可能实例的空间 X(如所有人的集合),其上定义了多个目标函数(如,计划本年购买滑雪板的人)。我们假定 X 中不同实例具有不同的出现频率,对此,一种合适的建模方式是,假定存在一未知的概率分布 $\mathscr{D}$,它定义了 X 中每一实例出现的概率(如,19 岁的人的概率比 109 岁的人的概率高)。注意 $\mathscr{D}$ 并没有说明 x 是一正例还是一反例,只确定了其出现概率。学习任务是在假设空间 H 上学习一个目标概念(即目标函数)f。目标函数 f 的训练样例由施教者提供给学习器:每一个实例按照分布 $\mathscr{D}$ 被独立地抽取,然后它连同其正确的目标值 $f(x)$ 被提供给学习器。

为说明这一点,考虑目标函数"计划本年购买滑雪板者",可以调查去滑雪板商店的顾客,通过此调查来收集训练样例。在这里实例空间 X 为所有人组成的集合,每个实例可由人的各种属性描述,如年龄、职业、每年滑雪次数等。分布情况 $\mathscr{D}$ 指定了在滑雪板商店中遇到每个人的概率。目标函数 $f: X \rightarrow \{0,1\}$ 将每个人进行分类,判断它是否会在本年内购买滑雪板。

在这个一般的框架中,我们感兴趣的是以下两个问题:

1) 给定假设 h 和包含若干按 $\mathscr{D}$ 分布随机抽取的样例的数据集,如何针对将来按同样分布抽取的实例,得到对 h 的精度的最好估计。
2) 这一精度估计的可能的误差是多少?

5.2.1 样本错误率和真实错误率

为解决上述的两个问题,需要确切地区分出两种精度(或两种错误率)。其一是可用数据样本上该假设的错误率。其二是在分布为 $\mathscr{D}$ 的整个实例集合上该假设的错误率。它们分别被称为*样本错误率*和*真实错误率*。

对于从 X 中抽取的样本 S,某假设关于 S 的样本错误率(sample error)是该假设错误分类的实例在 S 中所占的比例:

定义:假设 h 关于目标函数 f 和数据样本 S 的**样本错误率**(标记为 $error_S(h)$)为:

$$error_S(h) \equiv \frac{1}{n} \sum_{x \in S} \delta(f(x), h(x))$$

其中,n 为 S 中样例的数量,而 $\delta(f(x), h(x))$ 在 $f(x) \neq h(x)$ 时为 1,否则为 0。

真实错误率(true error)是对于按 $\mathscr{D}$ 分布随机抽取的实例,该假设对它错误分类的概率。

定义:假设 h 关于目标函数 f 和分布 $\mathscr{D}$ 的**真实错误率**(由 $error_{\mathscr{D}}(h)$ 表示),为 h 按 $\mathscr{D}$ 分布随机抽取实例被误分类的概率:

$$error_{\mathscr{D}}(h) \equiv \Pr_{x \in \mathscr{D}}[f(x) \neq h(x)]$$

这里,记号 $\Pr_{x \in \mathscr{D}}$ 表示概率在实例分布 $\mathscr{D}$ 上计算。

我们通常想知道的是假设的真实错误率 $error_{\mathscr{D}}(h)$,因为这是在分类未来样例时可以预料到的错误。然而我们所能测量的只是样本错误率 $error_S(h)$,它所要求的数据样本 S 是我们所拥有的。本节所要考虑的主要问题就是"$error_S(h)$ 在何种程度上提供了对 $error_{\mathscr{D}}(h)$ 的估计?"。

5.2.2 离散值假设的置信区间

为解决"$error_S(h)$ 在何种程度上提供了对 $error_{\mathscr{D}}(h)$ 的估计"的问题,先考虑 h 为离散值假设的情况。具体地说,比如我们要基于某离散值假设 h 在样本 S 上观察到的样本错误率估计它的真实错误率,其中:

- 样本 S 包含 n 个样例,它们的抽取按照概率分布 $\mathcal{D}$,抽取过程是相互独立的,并且不依赖于 h
- $n \geqslant 30$
- 假设 h 在这 n 个样例上犯了 r 个错误(例如,$error_S(h) = r/n$)

已知这些条件,统计理论可给出以下断言:

1) 没有其他信息的话,$error_{\mathcal{D}}(h)$最可能的值为 $error_S(h)$

2) 有大约95%的可能性,真实错误率 $error_{\mathcal{D}}(h)$处于下面的区间内:

$$error_S(h) \pm 1.96\sqrt{\frac{error_S(h)(1 - error_S(h))}{n}}$$

举例说明,假如数据样本 S 包含 $n = 40$ 个样例,并且假设 h 在这些数据上产生了 $r = 12$ 个错误。这样,样本错误率为 $error_S(h) = 12/40 = 0.30$。如果没有更多的信息,对真实错误率 $error_{\mathcal{D}}(h)$的最好的估计即为样本错误率0.30。然而我们不能期望这是对真实错误率的完美估计。如果另外搜集40个随机抽取的样例 S',样本错误率 $error_{S'}(h)$将与原来的 $error_S(h)$存在一些差别。这种差别是由 S'和 S 组成上的随机差异所产生的。实际上,如果不断重复这一实验,每次抽取一个包含40样例的样本 S_i,将会发现约95%的实验中计算所得的区间包含真实错误率。因此,我们将此区间称为 $error_{\mathcal{D}}(h)$的95%置信区间估计。在本例中,$r = 12$ 和 $n = 40$,根据上式,95%置信区间为 $0.30 \pm (1.96 \times 0.07) = 0.30 \pm 0.14$。

上面的95%置信区间表达式可推广到一般情形以计算任意置信度。常数1.96是由95%这一置信度确定的。定义 z_N 为计算 $N\%$置信区间时的常数。计算 $error_{\mathcal{D}}(h)$的 $N\%$置信区间的一般表达式为:

$$error_S(h) \pm z_N\sqrt{\frac{error_S(h)(1 - error_S(h))}{n}} \tag{5.1}$$

其中,z_N 的值依赖于所需的置信度,参见表5-1中的取值。

表5-1 双侧的 $N\%$置信区间的 z_N 值

置信度 $N\%$	50%	68%	80%	90%	95%	98%	99%
常量 z_N	0.67	1.00	1.28	1.64	1.96	2.33	2.58

因此,正如 $error_{\mathcal{D}}(h)$的95%置信区间为 $0.30 \pm (1.96 \times 0.07)$(其中 $r = 12, n = 40$),可以求得同样情况下68%置信区间为 $0.30 \pm (1.0 \times 0.07)$。从直觉上我们也可以看出68%置信区间要小于95%置信区间,因为我们减小了要求 $error_{\mathcal{D}}(h)$落入此区间的概率。

公式(5.1)描述了为了在 $error_S(h)$基础上估计 $error_{\mathcal{D}}(h)$,如何计算置信区间(即误差门限)。这一表达式只能应用于离散值假设。它假定样本 S 抽取的分布与将来的数据抽取的分布相同,并且假定数据不依赖于所测试的假设。还有,该表达式只提供了近似的置信区间,不过这一近似在至少包含30个样例并且 $error_S(h)$不太靠近0或1时很接近真实情况。判断这种近似是否接近真实,更精确的规则为:

$$n\ error_S(h)(1 - error_S(h)) \geqslant 5$$

上面我们概述了计算离散值假设的置信区间的过程,下一节将给出这一过程的统计学基础。

5.3 采样理论基础

本节介绍了统计学和采样理论的几个基本概念,包括概率分布、期望值、方差、二项分布和正态分布、双侧和单侧区间。对于这些概念的基本了解将有助于理解假设评估和算法评估。更为重要的是,它们提供了一种重要的概念框架,以便于理解相关的机器学习问题(如过度拟合问题)以及理解在成功的泛化和训练样例数目之间的关系。已经熟悉这些概念的读者可以跳过本节。其中介绍的关键概念在表5-2中列出。

表5-2　统计学中的基本定义和概念

- **随机变量**(random variable)可看作是有概率输出的一个实验的名字。它的值为实验的输出结果
- **某随机变量** Y **的概率分布**(probability distribution)指定了取值为任一可能的值 y_i 的可能性 $\Pr(Y=y_i)$
- **随机变量** Y **的期望值**(expected value)**或均值**(mean)为 $E[Y]=\sum_i y_i Pr(Y=y_i)$。通常用符号 μ_Y 来表示 $E[Y]$
- **随机变量的方差**(Variance)为 $Var(Y)=E[(Y-\mu_Y)^2]$。它描述了 Y 关于其均值分布的宽度或分散度
- Y **的标准差**(*Standard deviation*)为$\sqrt{Var(Y)}$,通常用符号 σ_Y 来表示
- **二项分布**(Binomial distribution)是在硬币投掷问题中,若出现正面的概率为 p,那么在 n 个独立的实验中出现 r 次正面的分布情况
- **正态分布**(Normal distribution)是一个钟形的概率分布,它在许多自然现象中都会出现
- **中心极限定理**(Central Limit Theorem)说明独立同分布的随机变量的总和遵循正态分布
- **估计量**(estimator)为一个随机变量 Y,它被用来估计一个基准总体的某一参数 p
- Y **的估计偏差**(estimation bias)作为 p 的估计量是$(E[Y]-p)$。无偏估计量是指该偏差为0
- $N\%$**置信区间**(confidence interval)用于估计参数 p,该区间包含 p 的概率为 $N\%$

5.3.1 错误率估计和二项比例估计

样本错误率和真实错误率之间的差异与数据样本大小的依赖关系如何?这一问题在统计学中已被透彻研究。它可表述为:给定一总体中随机抽取的部分样本的其属性的观察频率,估计整体的该属性的概率。在这里,我们感兴趣的观察量为 h 是否误分类样例。

解决该问题首先要注意到,测量样本错误率相当于在作一个有随机输出的实验。我们先从分布 $\mathscr{D}$ 中随机抽取出 n 个独立的实例,形成样本 S,然后测量样本错误率 $error_S(h)$,如前一节所述,如果将实验重复多次,每次抽取大小为 n 的不同的样本 S_i,将可以得到不同的 $error_{S_i}(h)$ 的值,它取决于不同 S_i 的组成中的随机差异。这种情况下,第 i 个这样的实验的输出 $error_{S_i}(h)$ 被称为一随机变量(random variable)。一般情况下,可以将随机变量看成一个有随机输出的实验。随机变量值即为随机实验的观察输出。

设想要运行 k 个这样的随机实验,测量随机变量 $error_{S_1}(h)$,$error_{S_2}(h)$,…,$error_{S_k}(h)$。然后我们以图表的形式显示出观察到的每个错误率值的频率。当 k 不断增长,该图表将呈现如表5-3所显示的分布。该表描述的概率分布称为二项分布(Binomial distribution)。

表 5-3 二项分布

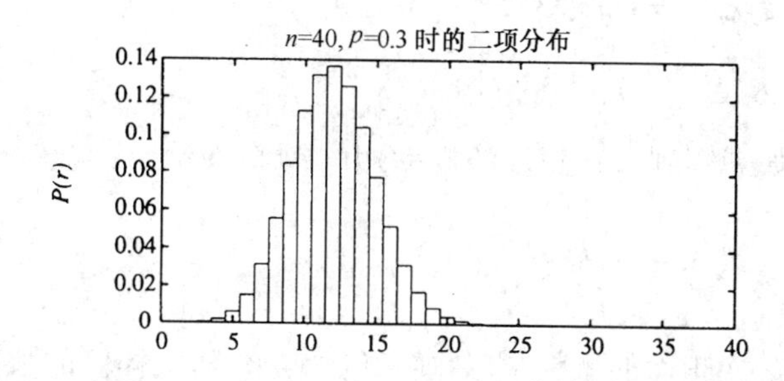

一个二项分布(Binomial distribution)给出了当单个硬币投掷出现正面的概率为 p 时,在 n 个独立硬币投掷的样本中观察到 r 次正面的概率。它由以下的概率函数定义:

$$P(r)=\frac{n!}{r!\ (n-r)!}p^{r}(1-p)^{n-r}$$

如果随机变量 X 遵循二项分布,则:

- X 取值为 r 的概率 $\Pr(X=r)$ 由 $P(r)$ 给出。
- X 的期望值或均值 $E[X]$ 为:

$$E[X]=np$$

- X 的方差 $Var(X)$ 为:

$$Var(X)=np(1-p)$$

- X 的标准差为 σ_X 为:

$$\sigma_X=\sqrt{np(1-p)}$$

对于足够大的 n 值,二项分布很接近于有同样均值和方差的正态分布(见表 5-4)。多数统计学家建议只在 $np(1-p)\geqslant 5$ 时使用正态分布来近似二项分布

5.3.2 二项分布

为较好地理解二项分布,考虑以下的问题。有一磨损并弯曲了的硬币,要估计在抛硬币时出现正面的概率。令此未知概率为 p,投掷该硬币 n 次并计算出现正面的次数 r。对于 p 的一合理的估计为 r/n。注意,如果重新进行一次该实验,生成一个新的 n 次抛硬币的集合,其出现正面次数 r 将与第一次实验有稍许不同,从而得到对 p 的另一个估计。二项分布描述的是对任一可能的 r 值(从 0 到 n),这个正面概率为 p 的硬币抛掷 n 次恰好出现 r 次正面的概率。

有趣的是,从抛掷硬币的随机样本中估计 p 与在实例的随机样本上测试 h 以估计 $error_{\mathscr{D}}(h)$ 是相同的问题。一次硬币抛掷对应于从 $\mathscr{D}$ 中抽取一个实例并测试它是否被 h 误分类。一次随机抛掷出现正面的概率 p 对应于随机抽取的实例被误分类的概率(即 p 对应 $error_{\mathscr{D}}(h)$)。n 次抛掷的样本观察到 r 次正面,对应 n 个抽取的实例被误分类的数目。因此,r/n 对应 $error_S(h)$。估计 p 的问题等效于估计 $error_{\mathscr{D}}(h)$。二项分布给出了一个一般形式的概率分布,无论用于表示 n 次硬币出现正面的次数还是在 n 个样例中假设出错的次数。二项分布的具体形式依赖于样本大小 n 以及概率 p 或 $error_{\mathscr{D}}(h)$。

一般来说应用二项分布的条件包括:

1) 有一基本实验(如投掷硬币),其输出可被描述为一随机变量 Y。随机变量 Y 有两种取值(如 $Y=1$ 为正面,$Y=0$ 反面)。
2) 在实验的任一次尝试中 $Y=1$ 的概率为常数 p。它与其他的实验尝试无关。因此 $Y=0$ 概率为 $1-p$。一般 p 为预先未知的,面临的问题就在于如何估计它。

3) 基本实验的 n 次独立尝试按序列执行,生成一个独立同分布的随机变量序列 Y_1, Y_2, ……, Y_n,令 R 代表 n 次试验中出现 $Y_i = 1$ 的次数:

$$R \equiv \sum_{i=1}^{n} Y_i$$

4) 随机变量 R 取特定值 r 的概率(如观察到 r 次正面的概率)由二项分布给出:

$$\Pr(R = r) = \frac{n!}{r!\ (n-r)!} p^r (1-p)^{n-r} \tag{5.2}$$

此概率分布的一个图表由表 5-3 给出。

二项分布刻画了 n 次硬币投掷出现 r 次正面的概率,也刻画了包含 n 个随机样例的数据样本出现 r 次误分类错误的概率。

5.3.3 均值和方差

随机变量的两个最常用到的属性为其期望值(也称为均值)和方差。期望值是重复采样随机变量得到的值的平均。更精确的定义如下:

定义:考虑随机变量 Y 可能的取值为 $y_1 ... y_n$, Y 的**期望值**(expected value) $E[Y]$为:

$$E[Y] \equiv \sum_{i=1}^{n} y_i \Pr(Y = y_i) \tag{5.3}$$

例如,如果 Y 取值 1 的概率为 0.7,取值 2 的概率 0.3,那么期望值为($1 \times 0.7 + 2 \times 0.3 = 1.3$)。如果随机变量 Y 服从二项分布,那么可得:

$$E[Y] = np \tag{5.4}$$

其中,n 和 p 为公式(5.2)中定义的二项分布的参数。

另一重要属性方差描述的是概率分布的宽度或散度,即它描述了随机变量与其均值之间的差有多大。

定义:随机变量 Y 的**方差**(variance) $Var[Y]$为:

$$Var[Y] \equiv E[(Y - E[Y])^2] \tag{5.5}$$

方差描述的是从 Y 的一个观察去估计其均值 $E[Y]$的误差平方的期望。方差的平方根被称为 Y 的*标准差*,记为 σ_Y。

定义:随机变量 Y 的**标准差**(standard deviation) σ_Y 为:

$$\sigma_Y \equiv \sqrt{E[(Y - E[Y])^2]} \tag{5.6}$$

若随机变量 Y 服从二项分布,则方差和标准差分别为:

$$Var[Y] = np(1-p)$$
$$\sigma_Y = \sqrt{np(1-p)} \tag{5.7}$$

5.3.4 估计量、偏差和方差

我们已得出随机变量 $error_S(h)$服从二项分布,现在回到前面的问题:$error_S(h)$和真实错误率 $error_{\mathcal{D}}(h)$之间可能的差异是多少?

用式(5.2)中定义二项分布的术语来描述 $error_S(h)$和 $error_{\mathcal{D}}(h)$,可得:

$$error_S(h) = \frac{r}{n}$$

$$error_{\mathscr{D}}(h) = p$$

其中,n 为样本 S 中实例数,r 是 S 中被 h 误分类的实例数,p 为从 $\mathscr{D}$中抽取一实例被误分类的概率。

统计学中将 $error_S(h)$称为真实错误率 $error_{\mathscr{D}}(h)$的一个估计量(*estimator*)。通常,估计量是用来估计某基本总体的某一参数的随机变量。对于估计量,显然最关心的是它平均来说是否能产生正确估计。下面我们定义*估计偏差*(*estimation bias*)作为估计量的期望值同真实参数值之间的差异。

定义:针对任意参数 p 的估计量 Y 的**估计偏差**为:

$$E[Y] - p$$

如果估计偏差为0,我们称 Y 为p 的*无偏估计量*(unbiased estimator)。注意,在此情况下由多次重复实验生成的 Y 的多个随机值的平均(即 $E[Y]$)将收敛于 p。

$error_S(h)$是否为 $error_{\mathscr{D}}(h)$的一个无偏估计量?确实如此,因为对于二项分布,r 的期望值为np(公式[5.4])。由此,并且因为 n 为一常数,那么 r/n 的期望值为p。

对估计偏差还需要作两点说明。首先,在本章开始我们提到,在训练样例上测试假设得到的对假设错误率的估计偏于乐观化,所指的正是估计偏差。要使 $error_S(h)$对 $error_{\mathscr{D}}(h)$无偏估计,假设 h 和样本 S 必须独立选取。第二,*估计偏差*(estimation bias)这一概念不能与第2章介绍的学习器的*归纳偏置*(inductive bias)相混淆。估计偏差为一数字量,而归纳偏置为一个断言集合。

估计量的另一重要属性是它的方差。给定多个无偏估计量,直观上应选取其中方差最小的。由方差的定义,所选择的应为参数值和估计值之间期望平方误差最小的。

假如在测试一假设时,它对 $n = 40$ 个随机样例的样本产生 $r = 12$ 个错误,那么对 $error_{\mathscr{D}}(h)$的无偏估计为 $error_S(h) = r/n = 0.3$。估计中产生的方差完全来源于 r 中的方差,因为 n 为一常数。由于 r 是二项分布,它的方差由式(5.7)得 $np(1-p)$。然而 p 未知,我们可以用估计量 r/n 来代替p。由此得出 r 的估计方差为$40 \times 0.3(1-0.3) = 8.4$,或相应的标准差$\sqrt{8.4} \approx 2.9$。这表示 $error_S(h) = r/n$ 中的标准差约为 $2.9/40 = 0.07$ 总而言之,观察到的 $error_S(h)$为0.3,标准差约为0.07(见习题5.1)。

一般来说,若在 n 个随机选取的样本中有 r 个错误,$error_S(h)$的标准差为:

$$\sigma_{error_S(h)} = \frac{\sigma_r}{n} = \sqrt{\frac{p(1-p)}{n}} \tag{5.8}$$

它约等于用 $r/n = error_S(h)$来代替 p:

$$\sigma_{error_S(h)} \approx \sqrt{\frac{error_S(h)(1-error_S(h))}{n}} \tag{5.9}$$

5.3.5 置信区间

通常描述某估计的不确定性的方法是使用置信区间,真实的值以一定的概率落入该区间中。这样的估计称为*置信区间*(confidence interval)估计。

定义:某个参数 p 的 $N\%$ **置信区间**是一个以 $N\%$ 的概率包含 p 的区间。

例如,如果在 $n=40$ 个独立抽取的样例的样本中有 $r=12$ 个错误,可以称区间 0.3 ± 0.14 有 95% 的可能性包含真实错误率 $error_{\mathscr{D}}(h)$。

如何获得 $error_{\mathscr{D}}(h)$的置信区间? 答案在于估计量 $error_S(h)$服从二项分布。这一分布的均值为 $error_{\mathscr{D}}(h)$,标准差可由式(5.9)计算。因此,为计算 95% 置信区间,只需要找到一个以均值 $error_{\mathscr{D}}(h)$为中心的区间,它的宽度足以包含该分布下全部概率的 95%。这提供了一个包围 $error_{\mathscr{D}}(h)$的区间,使 $error_S(h)$必定有 95% 的机会落入其中。同样,它也指定了 $error_{\mathscr{D}}(h)$有 95% 的机会落入包围 $error_S(h)$的区间的大小。

对于给定的 N 值,如何计算区间大小以使其包含 $N\%$ 的概率质量? 对于二项分布来说这一计算十分烦琐。然而多数情况下可以找到一近似,使计算过程更容易。这基于如下事实:即对于足够大的样本,二项分布可以很好地由正态分布来近似。正态分布(在表 5-4 中概述)是统计学中研究得最透彻的概率分布之一。如表 5-4 所示,正态分布是一钟形分布,由其均值 μ 和标准差 σ 完全定义。对于大的 n,二项分布非常近似于一个同样均值和方差的正态分布。

表 5-4　正态或高斯分布

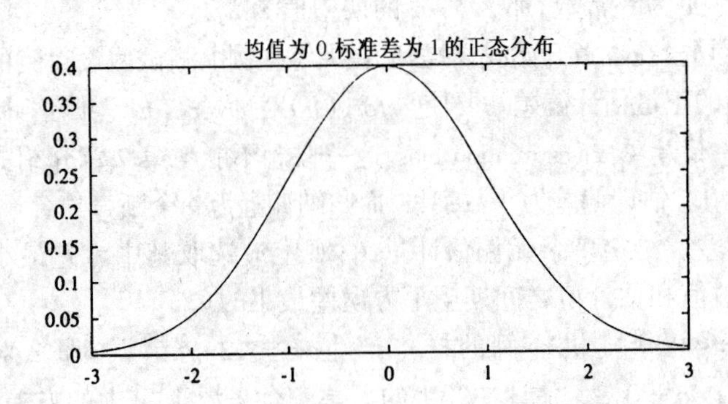

一个正态分布(也被称为高斯分布)是一钟型分布,它定义为下面的概率密度函数:

$$p(x)=\frac{1}{\sqrt{2\pi\sigma^2}}e^{-\frac{1}{2}\left(\frac{x-\mu}{6}\right)^2}$$

一个正态分布由上面公式中的两个参数完全确定:μ 和 σ

如果随机变量 X 遵循正态分布,则:

- X 落入到$(a,\ b)$的概率为:

$$\int_a^b p(x)\,dx$$

- X 的期望值或均值 $E[X]$为:

$$E[X]=\mu$$

- X 的方差 $Var(X)$为:

$$Var(X)=\sigma^2$$

- X 的标准差为σ_X 为:

$$\sigma_X=\sigma$$

中心极限定理(第 5.4.1 节)说明,大量独立同分布的随机变量的和遵循的分布近似为正态分布之所以使用正态分布来代替，原因之一是多数统计参考都用列表给出了正态分布下关于均值的包含 $N\%$ 的概率质量的区间的大小。这就是计算 $N\%$ 置信区间所需的信息。实际上表5-1正是这样一个表。表5-1中给定的常数 z_N 定义的是在钟形正态分布下，包含 $N\%$ 概率质量的关于均值的最小区间的宽度。更精确地说，z_N 以标准差给定了区间的半宽度（即在任一方向距均值的距离），图5-1a给出了针对 $z_{0.80}$ 的一个区间。

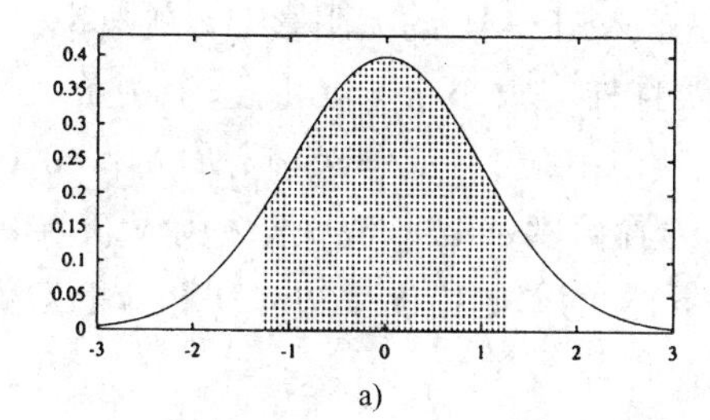

a)

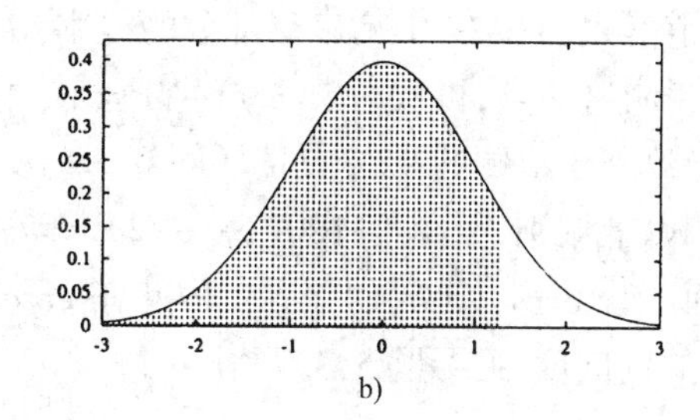

b)

a)在80%置信度下，随机变量值位于双侧区间[- 1.28, 1.28]之间。注意 $z_{.80} = 1.28$。有10%置信度其落入区间左侧，10%落入区间右侧。b)在90%置信度下，随机变量位于单侧区间[- ∞, 1.28]上

图5-1 均值为0，标准差为1的正态分布

总而言之，如果随机变量 Y 服从均值为 μ，标准差为 σ 的一个正态分布，那么 Y 的任一观察值 y 有 $N\%$ 的机会落入下面的区间：

$$\mu \pm z_N \sigma \tag{5.10}$$

相似地，均值 μ 有 $N\%$ 的机会落入下面的区间：

$$y \pm z_N \sigma \tag{5.11}$$

很容易将此结论和前面的结论结合起来，推导式(5.1)的离散值假设的 $N\%$ 置信区间的一般表达式。首先，由于 $error_S(h)$ 遵从二项分布，其均值为 $error_{\mathcal{D}}(h)$，标准差如式(5.9)所示。其次，我们知道对于足够大的样本 n，二项分布非常近似于正态分布。第三，式(5.11)告诉我们如何为估计正态分布的均值求出 $N\%$ 置信区间。因此，将 $error_S(h)$ 的均值和标准差代入到式(5.11)中将得到式(5.1)中对离散值假设的 $N\%$ 置信区间为：

$$error_S(h) \pm z_N \sqrt{\frac{error_S(h)(1 - error_S(h))}{n}}$$

回忆一下，在表达式的推导中有两个近似：

1) 估计 $error_S(h)$ 的标准差 σ 时，我们将 $error_{\mathcal{D}}(h)$ 近似为 $error_S(h)$[如从式(5.8)到式(5.9)的推导]。

2) 用正态分布近似二项分布。

统计学中的一般规则表明，这两个近似在 $n \geqslant 30$ 或 $np(1-p) \geqslant 5$ 时工作得很好。对于较小的 n 值，最好使用列表的形式给出二项分布的具体值。

5.3.6 双侧和单侧边界

上述的置信区间是双侧的，即它规定了估计量的上界和下界。在某些情况下，可能要用到单侧边界。例如，提出问题"$error_{\mathcal{D}}(h)$ 至多为 U 的概率"。在只要限定 h 的最大错误率，而不在乎真实错误率是否小于估计错误率时，很自然会提出这种问题。

只要对上述的过程作一小的修改就可计算单侧错误率边界。它所基于的事实为正态分布关于其均值对称。因此,任意正态分布上的双侧置信区间能够转换为相应的单侧区间,置信度为原来的两倍(见图 5-1b)。换言之,由一个有下界 L 和上界 U 的 $100(1-\alpha)\%$ 置信区间,可得到一个下界为 L 且无上界的 $100(1-\alpha/2)\%$ 置信区间,同时也可得出一个有上界 U 且无下界的 $100(1-\alpha/2)\%$ 置信区间。这里 α 对应于真实值落在指定区间外的概率。换句话说,α 是真实值落入图 5-1a 中无阴影部分的概率,$\alpha/2$ 是落入图 5-1b 的无阴影部分的概率。

为说明这一点,再次考虑 h 产生 $r=12$ 个错误且样本大小 $n=40$ 的这个例子。如上所述,它导致一个双侧的 95% 置信区间 0.3 ± 0.14。其中 $100(1-\alpha)=95\%$,所以 $\alpha=0.05$。因此,应用以上规则,可得有 $100(1-\alpha/2)=97.5\%$ 的置信度 $error_{\mathscr{D}}(h)$ 最多为 $0.30+0.14=0.44$,而不管 $error_{\mathscr{D}}(h)$ 的下界。因此在 $error_{\mathscr{D}}(h)$ 上的单侧错误率边界比相应的双侧边界有双倍的置信度(见习题 5.3)。

5.4 推导置信区间的一般方法

前一节介绍的是针对一特定情况推导置信区间估计:基于独立抽取的 n 个样本,估计离散值假设的 $error_{\mathscr{D}}(h)$。本节介绍的方法是在许多估计问题中用到的通用的方法。确切地讲,我们可以将此看作是基于大小为 n 的随机抽取样本的均值,来估计总体均值的问题。

通用的过程包含以下步骤:

1) 确定基准总体中要估计的参数 p,例如 $error_{\mathscr{D}}(h)$。
2) 定义一个估计量 Y(如 $error_S(h)$),它的选择应为最小方差的无偏估计量。
3) 确定控制估计量 Y 的概率分布 $\mathscr{D}_Y$,包括其均值和方差。
4) 通过寻找阈值 L 和 U 确定 $N\%$ 置信区间,以使这个按 $\mathscr{D}_Y$ 分布的随机变量有 $N\%$ 机会落入 L 和 U 之间。

后面的几节,将该通用的方法应用到其他几种机器学习中常见的估计问题中去。首先我们需要讨论估计理论的一个重要成果,称为*中心极限定理*(Central Limit Theorem)。

中心极限定理

中心极限定理是简化置信区间推导的一个基本根据。考虑如下的一般框架:在 n 个独立抽取的且服从同样概率分布的随机变量 $Y_1 \cdots Y_n$ 中观察实验值(如一硬币的 n 次抛掷)。令 μ 代表每一变量 Y_i 服从的未知分布的均值,并令 σ 代表标准差,称这些变量 Y_i 为*独立同分布*(independent, identically distributed)随机变量,因为它们描述的是各自独立并且服从同样概率分布的实验。为估计 Y_i 服从的分布的均值 μ,我们计算样本的均值 $\overline{Y}_n \equiv \frac{1}{n}\sum_{i=1}^{n} Y_i$(如 n 次投掷硬币中出现正面的比例)。中心极限定理说明在 $n\to\infty$ 时 $\overline{Y}_n$ 所服从的概率分布为一正态分布,*而不论 Y_i 本身服从什么样的分布*。更进一步讲,$\overline{Y}_n$ 服从的分布均值为 μ 而且标准差为 $\frac{\sigma}{\sqrt{n}}$,精确的定义如下:

定理 5.1:中心极限定理 考虑独立同分布的随机变量 $Y_1 \ldots Y_n$ 的集合,它们服从一任意的概率分布,均值为 μ,有限方差为 σ^2。定义样本均值 $\overline{Y}_n \equiv \sum_{i=1}^{n} Y_i$,则当 $n\to\infty$ 时下面的式子:

$$\frac{\bar{Y}_n - \mu}{\frac{\sigma}{\sqrt{n}}}$$

服从一正态分布，均值为0且标准差为1。

这一结论非常令人吃惊，因为它说明在不知道独立的 Y_i 所服从的基准分布的情况下，我们可以得知样本均值 $\bar{Y}$ 的分布形式。更进一步说，中心极限定理说明了怎样使用 $\bar{Y}$ 的均值和方差来确定独立的 Y_i 的均值和方差。

中心极限定理是一个非常有用的结论，因为它表示任意样本均值的估计量（如 $error_S(h)$ 为平均错误率）服从的分布在 n 足够大时可近似为正态分布。如果还知道这一近似的正态分布的方差，就可用式(5.11)来计算置信区间。一个通常的规则是在 $n \geqslant 30$ 时可使用这一近似。前面的章节我们正是使用了正态分布来近似地描述 $error_S(h)$ 服从的二项分布。

5.5 两个假设错误率间的差异

现在考虑对某离散目标函数有两个假设 h_1 和 h_2。假设 h_1 在一拥有 n_1 个随机抽取的样例的样本 S_1 上测试，且 h_2 在拥有 n_2 个从相同分布中抽取的样例的样本 S_2 上测试。假定要估计这两个假设的真实错误率间的差异：

$$d \equiv error_{\mathscr{D}}(h_1) - error_{\mathscr{D}}(h_2)$$

可使用第5.4节中描述的四个步骤来推导 d 的置信区间估计。在确定 d 为待估计的参数后，下面要定义一估计量。显然，这里可选择样本错误率之间的差异作为估计量，标记为 $\hat{d}$：

$$\hat{d} \equiv error_{S_1}(h_1) - error_{S_2}(h_2)$$

在此虽不加证明，但可以认为 $\hat{d}$ 即为 d 的无偏估计量，即 $E[\hat{d}] = d$。

随机变量 $\hat{d}$ 服从的概率分布是什么？从前面的章节中，我们知道对于较大的 n_1 和 n_2（比如都 $\geqslant 30$），$error_{S_1}(h_1)$ 和 $error_{S_2}(h_2)$ 都近似遵从正态分布。由于两正态分布的差仍为一正态分布，因此 $\hat{d}$ 也近似遵从正态分布，均值为 d。同时，可得出该分布的方差为 $error_{S_1}(h_1)$ 和 $error_{S_2}(h_2)$ 的方差的和。使用式(5.9)获得这两个分布的近似方差：

$$\sigma_{\hat{d}}^2 \approx \frac{error_{S_1}(h_1)(1 - error_{S_1}(h_1))}{n_1} + \frac{error_{S_2}(h_2)(1 - error_{S_2}(h_2))}{n_2} \tag{5.12}$$

现在已确定了估计量 $\hat{d}$ 所服从的概率分布，很容易推导出置信区间以说明使用 $\hat{d}$ 来估计 d 的可能误差。随机变量 $\hat{d}$ 服从均值 d 方差 σ^2 的正态分布，其 $N\%$ 置信区间估计为 $\hat{d} \pm z_N \sigma$。使用上面给出的方差 $\sigma_{\hat{d}}^2$ 的近似值，d 的近似的 $N\%$ 置信区间估计为：

$$\hat{d} \pm z_N \sqrt{\frac{error_{S_1}(h_1)(1 - error_{S_1}(h_1))}{n_1} + \frac{error_{S_2}(h_2)(1 - error_{S_2}(h_2))}{n_2}} \tag{5.13}$$

其中 z_N 是表5-1中描述的常数。上式给出了一般的双侧置信区间，以估计两个假设错误率之间的差异。有时可能需要某一置信度下的单侧的边界——要么界定最大可能差异，要么为最小的可能差异。单侧置信区间可以通用第5.3.6节中描述的方法修改上式而得到。

虽然上面的分析考虑的是 h_1 和 h_2 在相互独立的数据样本上测试的情况，但是在一个样本 S（S 仍然独立于 h_1 和 h_2）上测试 h_1 和 h_2 并用公式(5.13)计算置信区间通常也是可接受的。这样，$\hat{d}$ 被重新定义为：

$$\hat{d} \equiv error_S(h_1) - error_S(h_2)$$

当使用 S 来代替 S_1 和 S_2 时，新的 $\hat{d}$ 中的方差通常小于式(5.12)给出的方差。这是因为使用单个的样本 S 消除了由 S_1 和 S_2 的组合带来的随机差异。这样，由式(5.13)给出的置信区间一般说来会过于保守，但仍然是正确的。

假设检验

有时我们感兴趣的是某个特定的猜想正确的概率，而不是对某参数的置信区间估计。比如下面的问题，"$error_{\mathscr{D}}(h_1) > error_{\mathscr{D}}(h_2)$的可能性有多大?"。仍使用前一节的条件设定，假定要测量 h_1 和 h_2 的样本错误率，使用大小为100的独立样本 S_1 和 S_2，并且知道 $error_{S_1}(h_1) = 0.30$ 且 $error_{S_2}(h_2) = 0.20$，因此差异 $\hat{d}$ 为 0.10。当然，由于数据样本的随机性，即使 $error_{\mathscr{D}}(h_1) \leqslant error_{\mathscr{D}}(h_2)$，仍有可能得到这样的差异。在这里，给定 $\hat{d} = 0.10$，$error_{\mathscr{D}}(h_1) > error_{\mathscr{D}}(h_2)$的概率是多少？与此相对应，如何计算在 $\hat{d} = 0.10$ 时，$d > 0$ 的概率?

注意，概率 $\Pr(d > 0)$等于 $\hat{d}$ 对 d 的过高估计不大于0.1的概率，也就是这个概率为 $\hat{d}$ 落入单侧区间 $\hat{d} < d + 0.10$ 的概率。由于 d 是 $\hat{d}$ 所服从的分布的均值，上式等价于 $\hat{d} < \mu_{\hat{d}} + 0.10$。

概括地说，概率 $\Pr(d > 0)$等于 $\hat{d}$ 落入单侧区间 $\hat{d} < \mu_{\hat{d}} + 0.10$ 的概率。由于前一节我们已计算出 $\hat{d}$ 的大致分布，就可以通过 $\hat{d}$ 分布在该区间的概率质量来确定 $\hat{d}$ 落入这个单侧区间的概率。

首先，将区间 $\hat{d} < \mu_{\hat{d}} + 0.10$ 用允许偏离均值的标准差的数目来重新表示。使用式(5.12)可得，$\sigma_{\hat{d}} \approx 0.061$，所以这一区间可近似表示为：

$$\hat{d} < \mu_{\hat{d}} + 1.64\sigma_{\hat{d}}$$

与此正态分布的单侧区间相关联的置信度是多少呢？查表5-1可得，关于均值的1.64标准差对应置信度90%的双侧区间。因此这个单侧区间具有95%的置信度。

因此，给定观察到的 $\hat{d} = 0.1$，$error_{\mathscr{D}}(h_1) > error_{\mathscr{D}}(h_2)$的概率约为0.95。根据统计学的术语可表述为：接受(accept)"$error_{\mathscr{D}}(h_1) > error_{\mathscr{D}}(h_2)$"这一假设，置信度为0.95。换一种说法可表述为：我们拒绝(reject)对立假设(常称为零假设)，以$(1 - 0.95) = 0.05$的显著水平(significance level)。

5.6 学习算法比较

有时我们更感兴趣的是比较两个学习算法 L_A 和 L_B 的性能，而不是两个具体的假设本身。怎样近似地检验多个学习算法，如何确定两个算法之间的差异在统计上是有意义的？虽然，在机器学习研究领域，关于学习算法比较哪个方法最好仍存在激烈的争论，不过这里介绍了一个合理的途径。关于不同方法的讨论见 Dietterich(1996)。

通常，先指定要估计的参数。假定有 L_A 和 L_B 两个算法，要确定为了学习一特定目标函数 f，平均来说那个算法更好。定义"平均"的一种合理方法是，从一基准实例分布 $\mathscr{D}$中抽取包含 n 个样例的训练集合，在所有这样的集合中测量两个算法的平均性能。换句话说，需要估计假设错误率之间差异的期望值：

$$\underset{S \subset \mathscr{D}}{E}[error_{\mathscr{D}}(L_A(S)) - error_{\mathscr{D}}(L_B(S))] \tag{5.14}$$

其中，$L(S)$代表在给定训练数据的样本 S 时，学习算法 L 输出的假设，下标 $S \subset \mathscr{D}$表示期望值是在基准分布 $\mathscr{D}$中抽取的样本 S 上计算。上述表达式描述的是学习算法 L_A 和 L_B 之间的差异的期望值。

在实际的学习算法比较中,我们只有一个有限的样本 D_0。在这种情况下,很显然,要估计上述的量需要将 D_0 分割成训练集合 S_0 和与之不相交的测试集合 T_0。训练数据可以用来既训练 L_A 又训练 L_B,而测试数据则用来比较两个学习到的假设的准确度,也就是使用下式来计算:

$$error_{T_0}(L_A(S_0)) - error_{T_0}(L_B(S_0)) \tag{5.15}$$

上式与式(5.14)的计算有两个重要的不同。首先我们使用 $error_{T_0}(h)$来近似 $error_{\mathscr{D}}(h)$。其次,错误率的差异测量是在一个训练集合 S_0 上,而不是在从分布 $\mathscr{D}$中抽取的所有的样本 S 上计算期望值。

改进式(5.15)的一种方法是将数据 D_0 多次分割为不相交的训练和测试集合,然后在其中计算这些不同的试验的错误率的平均值。这一过程在表 5-5 中列出,它在一可用的固定数据样本 D_0 上估计两个学习算法错误率之间的差异。该过程首先将数据拆分为 k 个不相交的相等子集,子集大小至少为 30,然后训练和测试算法 k 次,每次使用其中一个子集作为测试数据集,其他 $k-1$ 个子集为训练集。使用这种办法,学习算法在 k 个独立测试集上测试,而把错误率的差异的均值 $\bar{\delta}$ 作为两个学习算法间差异的估计。

表 5-5　估计两个学习算法 L_A 和 L_B 错误率差异的过程

1. 将可用数据 D_0 分割成 k 个相同大小的不相交子集 $T_1, T_2, \ldots, T_k$。其大小至少为 30
2. 令 i 从 1 到 k 循环,做下面的操作:

使用 T_i 作为测试集合,而剩余的数据作为训练集合 S_i

- $S_i \leftarrow \{D_0 - T_i\}$
- $h_A \leftarrow L_A(S_i)$
- $h_B \leftarrow L_B(S_i)$
- $\delta_i \leftarrow error_{T_i}(h_A) - error_{T_i}(h_B)$

3. 返回值 $\bar{\delta}$,其中

$$\bar{\delta} \equiv \frac{1}{k}\sum_{i=1}^{k}\delta_i \tag{5.16}$$

注:近似的置信区间将在正文中给出。

表 5-5 返回的 $\bar{\delta}$ 可被用作对公式(5.14)所需的量的一个估计。更合适的说法是把 $\bar{\delta}$ 看作是下式的估计:

$$\underset{S\subset D_0}{E}[error_{\mathscr{D}}(L_A(S)) - error_{\mathscr{D}}(L_B(S))] \tag{5.17}$$

其中,S 代表一个大小为$\frac{k-1}{k}|D_0|$且从 D_0 中均匀抽取出的随机样本。在该式和式(5.14)中最初的表达式之间,惟一的差别在于其期望值的计算是在可用数据 D_0 的子集上计算,而不是在从整个分布 $\mathscr{D}$上抽取的子集上计算。

估计式(5.17)的近似的 $N\%$ 置信区间,可用 $\bar{\delta}$ 表示为:

$$\bar{\delta} \pm t_{N,k-1}s_{\bar{\delta}} \tag{5.18}$$

其中 $t_{N,k-1}$是一常数,其意义类似于前面置信区间表达式中的 z_N,而 $s_{\bar{\delta}}$ 代表对$\bar{\delta}$ 所服从的概率分布的标准差的估计,更确切地讲,$s_{\bar{\delta}}$ 的定义为:

$$s_{\bar{\delta}} \equiv \sqrt{\frac{1}{k(k-1)}\sum_{i=1}^{k}(\delta_i - \bar{\delta})^2} \tag{5.19}$$

注意,式(5.18)中的常量 $t_{N,k-1}$有两个下标。第一个代表所需的置信度,如前面的常数

z_N 中那样。第二个参数称为自由度(degree of freedom),常被记作 v,它与生成随机变量 $\bar{\delta}$ 的值时独立的随机事件数目相关。在当前的条件下,自由度数值为 $k-1$。参数 t 的几种取值在表 5-6 中列出。注意当 $k \to \infty$ 时,$t_{N,\ k-1}$的值趋向于常数 z_N。

表 5-6　双侧置信区间 $t_{N,v}$的值

	置信度 N			
	90%	95%	98%	99%
$v=2$	2.92	4.30	6.96	9.92
$v=5$	2.02	2.57	3.36	4.03
$v=10$	1.81	2.23	2.76	3.17
$v=20$	1.72	2.09	2.53	2.84
$v=30$	1.70	2.04	2.46	2.75
$v=120$	1.66	1.98	2.36	2.62
$v=\infty$	1.64	1.96	2.33	2.58

注:当 $v \to \infty$ 时,$t_{N,v}$趋近于 z_N。

注意,这里描述的比较学习算法的过程要在同样的测试集合上测试两个假设。这与 5.5 节中描述的比较两个用独立测试集合评估过的假设不同。使用相同样本来测试假设被称为配对测试(paired test)。配对测试通常会产生更紧密的置信区间。因为在配对测试中任意的差异都来源于假设之间的差异。相反,若假设在分开的数据样本上的测试,两个样本错误率之间的差异也可能部分来源于两个样本组成上的不同。

5.6.1 配对 t 测试

上面描述了在给定固定数据集时比较两个学习算法的过程。本节讨论这一过程以及式(5.18)和式(5.19)中置信区间的统计学论证。如果第一次阅读,为不失连续性可以跳过它。

为了理解式(5.18)中的置信区间,考虑以下的估计问题:

- 给定一系列独立同分布的随机变量 $Y_1, Y_2 \ldots Y_k$ 的观察值。
- 要估计这些 Y_i 所服从的概率分布的均值μ。
- 使用的估计量为样本均值 $\bar{Y}$。

$$\bar{Y} \equiv \frac{1}{k}\sum_{i=1}^{k} Y_i$$

这一基于样本均值 $\bar{Y}$ 估计分布均值 μ 的问题非常普遍。例如,它覆盖了早先用 $error_S(h)$来估计 $error_{\mathscr{D}}(h)$的问题(其中,Y_i 为 0 或 1 表示 h 是否对一单独的 S 样例产生误分类,而 $error_{\mathscr{D}}(h)$为基准分布的均值 μ)。由式(5.18)和式(5.19)描述的 t 测试应用于该问题的一特殊情形——即每个单独的 Y_i 都遵循正态分布。

现考虑表 5-5 比较学习算法的过程的一个理想化形式。假定不是拥有固定样本数据 D_0,而是从基准实例分布中抽取新的训练样例。在这里我们修改表 5-5 中的过程,使每一次循环生成新的随机训练集 S_i 和新的随机测试集 T_i,生成方法是从基准实例分布中抽取而不是从固定样本 D_0 中抽取。这一理想化方法能很好地匹配上面的估计问题,特别是该过程所测量的 δ_i 现在对应到独立同分步的随机变量 Y_i,其分布的均值 μ 对应两学习算法错误率的期望差异(如式(5.14)),样本均值 $\bar{Y}$ 为这一理想化方法计算出的$\bar{\delta}$。我们希望回答"$\bar{\delta}$ 是否能较好地估计μ?"这一问题。

首先注意到,测试集 T_i 至少包含 30 个样例。因此,单独的 δ_i 将近似遵循正态分布(由中心极限定理)。因此,我们有一特殊条件即 Y_i 服从近似的正态分布。我们知道,一般当每个 Y_i 遵循正态分布时,样本均值 $\overline{Y}$ 也遵循正态分布。由此,可以考虑使用前面计算置信区间的表达式(式(5.11)),其中的估计量正遵循正态分布。然而,该公式要求我们知道这个分布的标准差,但现在标准差未知。

t 测试正好用于这样的情形,即估计一系列独立同正态分布的随机变量的样本均值。在这里,可使用式(5.18)和式(5.19)中的置信区间,它可被重新表述为:

$$\mu = \overline{Y} \pm t_{N,k-1} s_{\overline{Y}}$$

其中,$s_{\overline{Y}}$ 为估计的样本均值的标准差:

$$s_{\overline{Y}} \equiv \sqrt{\frac{1}{k(k-1)} \sum_{i=1}^{k} (Y_i - \overline{Y})^2}$$

这里,$t_{N,k-1}$是一个类似于前面的 z_N 的常量。实际上,常量 $t_{N,k-1}$描述的是被称为 t 分布的概率分布下的区域,正如常数 z_N 描述了正态分布下的区域。t 分布是一类似于正态分布的钟形分布,但更宽且更矮,以反映由于使用 $s_{\overline{Y}}$ 来近似真实的标准差 $\sigma_{\overline{Y}}$ 时带来的更大的方差。当 k 趋近于无穷时,t 分布趋近于正态分布(因此,$t_{N,k-1}$趋近于 z_N)。这在直觉上是正确的,因为我们希望样本规模 k 增加时 $s_{\overline{Y}}$ 收敛到真实的标准差 $\sigma_{\overline{Y}}$,并且当标准差确切已知时可使用 z_N。

5.6.2 实际考虑

上面的讨论证明了在使用样本均值来估计一个包含 k 个独立同正态分布的随机变量的样本均值时,可使用式(5.18)来估计置信区间。该结论在我们的理想化方法中是合适的,即假定对于目标函数的样例可进行无限存取。在实际中,若数据集 D_0 有限,且算法使用表 5-5 描述的实际方法,这一证明并不严格适用。实际的问题是,为产生 δ_i 只有重新采样 D_0,用不同的方法把它分割为测试集和训练集。此时 δ_i 相互之间并不独立,因为它们基于从有限子集 D_0 中抽取的相互重叠的训练样例,而不是从整个分布 $\mathscr{D}$中抽取的样例。

当只有一个有限的数据样本 D_0 可用时,有几种方法可被用来重采样 D_0。表 5-5 描述的是 k-fold 方法,其中 D_0 被分为 k 个不相交的等大小的子集。在这种 k-fold 方法中,D_0 中每一样例都有一次用于测试,而 $k-1$ 次用于训练。另一种常用的方法是从 D_0 中随机抽取至少有 30 个样例的测试集合,再用剩余的样例来训练,重复这一过程直到足够的次数。这种随机方法的好处是能够重复无数次,以减小置信区间到需要的宽度。相反,k-fold 方法受限于样例的总数,这是因为每个样例只有一次用于测试,且希望样本大小至少为 30。然而,随机方法的缺点是,测试集合不能再被看作是从基准实例分布 $\mathscr{D}$中独立抽取。相反,k-fold 交叉验证生成的测试集合是独立的,因为一个实例只在测试集合中出现一次。

概括地说,基于有限数据的学习算法的比较中没有一个单独的方法能满足我们希望的所有约束。有必要记住,统计学模型在数据有限时很少能完美地匹配学习算法验证中的所有约束。然而,它们确实提供了近似的置信区间,有助于解释学习算法的实验性比较。

5.7 小结和补充读物

本章的要点包括:

- 统计理论提供了一个基础,从而基于在数据样本 S 上的观察错误率 $error_S(h)$,估计假

设 h 的真实错误率 $error_{\mathscr{D}}(h)$。例如,如果 h 为一离散值假设,而且数据样本包括 $n \geqslant 30$ 个不依赖 h 且相互独立的样例时,那么 $error_{\mathscr{D}}(h)$ 的 $N\%$ 置信区间近似为:

$$error_S(h) \pm z_N \sqrt{\frac{error_S(h)(1 - error_S(h))}{n}}$$

其中,z_N 的值由表 5-1 给出。

- 一般来说,估计置信区间的问题可通过确定一待估计的参数(如 $error_{\mathscr{D}}(h)$)以及相对应的估计量($error_S(h)$)来完成。由于估计量是一个随机变量(如 $error_S(h)$ 依赖于随机样本 S),它可由其服从的概率分布来描述。置信区间的计算可通过确定该分布下包含所需概率质量(probability mass)的区间来描述。
- 估计假设精度中的一种可能误差为*估计偏差*(estimation bias)。如果 Y 为对某参数 p 的估计量,Y 的估计偏差为 Y 的期望值和 p 之间的差。例如,如果 S 是用来形成假设 h 的训练数据,则 $error_S(h)$ 给出了真实错误率 $error_{\mathscr{D}}(h)$ 的一个乐观的有偏估计。
- 估计产生误差的第二种原因是估计方差(variance)。即使对于无偏估计,估计量的观察值也有可能在各实验中不同。估计量分布的方差 σ^2 描述了该估计与真实值的不同有多大。该方差在数据样本增大时降低。
- 比较两学习算法效果的问题在数据和时间无限时是一个相对容易的估计问题,但在资源有限时要困难得多。本章描述的一种途径是在可用数据的不同子集上运行学习算法,在剩余数据上测试学到的假设,然后取这些实验的结果平均值。
- 在这里所考虑的多数情况下,推导置信区间需要进行多个假定和近似。例如上面的 $error_{\mathscr{D}}(h)$ 的置信区间需要将二项分布近似为正态分布;近似计算分布的方差;以及假定实例从一固定不变的概率分布中生成。基于这些近似得到的区间只是近似置信区间,但它们仍提供了设计和解释机器学习实验结果的有效指导。

本章介绍的关键统计学定义在表 5-2 中列出。

使用统计的方法来估计和测试假设这一主题有大量的文献。本章只介绍了基本概念,细节的问题可在许多书籍和文章中找到。Billingsley et al.(1986)提供了对统计学的一个很简明的介绍,详尽描述了这里所讨论的一些问题。其他文献包括 DeGroot(1986),Casella & Berger(1990)。Duda & Hart(1973)在数值模式识别领域提出了对这些问题的解决办法。

Segre et al.(1991,1996)、Etzioni & Etzioni(1994)以及 Gordon & Segre(1996)讨论了评估学习算法的统计意义测试,算法的性能根据其改进计算效率的能力来评测。

Geman et al.(1992)讨论了在同时最小化偏差和最小化方差之间作出的折中。这一从有限数据中学习和比较假设的主题仍在争论中。例如,Dietterich(1996)讨论了在不同的训练-测试数据分割下使用配对差异 t 测试带来的风险。

习题

5.1 在测试一假设 h 时,发现在一包含 $n = 1000$ 个随机抽取样例的样本 S 上,它出现 $r = 300$ 个错误。$error_S(h)$ 的标准差是什么?将此结果与第 5.3.4 节末尾的例子中标准差相比较会得出什么结论?

5.2 考虑某布尔值概念中学到的假设 h。当 h 在 100 个样例的集合上测试时,有 83 个分类正确。那么真实错误率 $error_{\mathscr{D}}(h)$ 的标准差和 95% 置信区间各是多少?

5.3 如果假设 h 在 $n=65$ 的独立抽取样本上出现 $r=10$ 个错误,真实错误率的 90% 置信区间(双侧的)是多少? 95% 单侧置信区间(即一个上界 U,使得有 95% 置信度 $error_{\mathscr{D}}(h) \leq U$)是多少? 90% 单侧区间是多少?

5.4 要测试一假设 h,其 $error_{\mathscr{D}}(h)$ 已知在 0.2 到 0.6 的范围内。要保证 95% 双侧置信区间的宽度小于 0.1,最少应搜集的样例数是多少?

5.5 对于在不同数据样本上测试的两假设错误率的差,给出计算单侧上界和单侧下界的 N% 置信区间的通用表达式。

5.6 解释为什么式(5.18)给出的置信区间估计可用于估计式(5.17),而不能估计式(5.14)。

参考文献

Billingsley, P., Croft, D. J., Huntsberger, D. V., & Watson, C. J. (1986). *Statistical inference for management and economics*. Boston: Allyn and Bacon, Inc.

Casella, G., & Berger, R. L. (1990). *Statistical inference*. Pacific Grove, CA: Wadsworth and Brooks/Cole.

DeGroot, M. H. (1986). *Probability and statistics*. (2d ed.) Reading, MA: Addison Wesley.

Dietterich, T. G. (1996). *Proper statistical tests for comparing supervised classification learning algorithms* (Technical Report). Department of Computer Science, Oregon State University, Corvallis, OR.

Dietterich, T. G., & Kong, E. B. (1995). *Machine learning bias, statistical bias, and statistical variance of decision tree algorithms* (Technical Report). Department of Computer Science, Oregon State University, Corvallis, OR.

Duda, R., & Hart, P. (1973). *Pattern classification and scene analysis*. New York: John Wiley & Sons.

Efron, B., & Tibshirani, R. (1991). Statistical data analysis in the computer age. *Science*, 253, 390–395.

Etzioni, O., & Etzioni, R. (1994). Statistical methods for analyzing speedup learning experiments. *Machine Learning*, 14, 333–347.

Geman, S., Bienenstock, E., & Doursat, R. (1992). Neural networks and the bias/variance dilemma. *Neural Computation*, 4, 1–58.

Gordon, G., & Segre, A.M. (1996). Nonparametric statistical methods for experimental evaluations of speedup learning. *Proceedings of the Thirteenth International Conference on Machine Learning*, Bari, Italy.

Maisel, L. (1971). *Probability, statistics, and random processes*. Simon and Schuster Tech Outlines. New York: Simon and Schuster.

Segre, A., Elkan, C., & Russell, A. (1991). A critical look at experimental evaluations of EBL. *Machine Learning*, 6(2).

Segre, A.M, Gordon G., & Elkan, C. P. (1996). Exploratory analysis of speedup learning data using expectation maximization. *Artificial Intelligence*, 85, 301–319.

Speigel, M. R. (1991). *Theory and problems of probability and statistics*. Schaum's Outline Series. New York: McGraw Hill.

Thompson, M.L., & Zucchini, W. (1989). On the statistical analysis of ROC curves. *Statistics in Medicine*, 8, 1277–1290.

White, A. P., & Liu, W. Z. (1994). Bias in information-based measures in decision tree induction. *Machine Learning*, 15, 321–329.

第6章 贝叶斯学习

贝叶斯推理提供了推理的一种概率手段。它基于如下的假定,即待考查的量遵循某概率分布,且可根据这些概率及已观察到的数据进行推理,以作出最优的决策。贝叶斯推理对机器学习十分重要,因为它为衡量多个假设的置信度提供了定量的方法。贝叶斯推理为直接操作概率的学习算法提供了基础,而且它也为其他算法的分析提供了理论框架。

6.1 简介

贝叶斯学习算法同我们的机器学习研究相关有两个原因:首先,贝叶斯学习算法能够计算显式的假设概率,如朴素贝叶斯分类器,它是解决相应学习问题的最实际的方法之一。例如,Michie et al.(1994)详细研究并比较了朴素贝叶斯分类器和其他学习算法,包括决策树和神经网络。他们发现朴素贝叶斯分类器在多数情况下与其他学习算法性能相当,在某些情况下还优于其他算法。本章描述了朴素贝叶斯分类器并提供了一个详细例子,即它应用于文本文档分类的学习问题(如电子新闻分类)。对于这样的学习任务,朴素贝叶斯分类是最有效的算法之一。

贝叶斯方法对于机器学习研究的重要性还体现在它为理解多数学习算法提供了一种有效的手段,而这些算法不一定直接操纵概率数据。例如,本章分析了第2章的FIND-S和候选消除算法,以判断在给定数据时哪一个算法将输出最有可能的假设。我们还使用贝叶斯分析证明了神经网络学习中的一个关键性的选择:即在搜索神经网络空间时,选择使误差平方和最小化的神经网络。我们还推导出另一种误差函数:交叉熵。它在学习预测概率目标函数时比误差平方和更合适。本章还用贝叶斯的手段分析了决策树的归纳偏置,即优选最短的决策树,并考查了密切相关的最小描述长度(Minimum Description Length)原则。对贝叶斯方法的基本了解对理解和刻画机器学习中许多算法的操作很重要。

贝叶斯学习方法的特性包括:

- 观察到的每个训练样例可以增量地降低或升高某假设的估计概率。这提供了一种比其他算法更合理的学习途径。其他算法会在某个假设与任一样例不一致时完全去掉该假设。
- 先验知识可以与观察数据一起决定假设的最终概率。在贝叶斯学习中,先验知识的形式可以是:(1)每个候选假设的先验概率;(2)每个可能假设在可观察数据上的概率分布。
- 贝叶斯方法可允许假设做出不确定性的预测(比如这样的假设:这一肺炎病人有93%的机会康复)。
- 新的实例分类可由多个假设一起作出预测,用它们的概率来加权。
- 即使在贝叶斯方法计算复杂度较高时,它们仍可做为一个最优的决策的标准衡量其他方法。

在实践中应用贝叶斯方法的难度之一在于，它们需要概率的初始知识。当这些概率预先未知时，可以基于背景知识、预先准备好的数据以及关于基准分布的假定来估计这些概率。另一个实际困难在于，一般情况下确定贝叶斯最优假设的计算代价比较大（同候选假设的数量成线性关系）。在某些特定情形下，这种计算代价可以被大大降低。

本章剩余部分的组成如下。第 6.2 节介绍了贝叶斯理论，并定义了极大似然（maximum likelihood）假设和极大后验概率假设（maximum a posteriori probability hypotheses）。接下来的四节将此概率框架应用于分析前面章节的相关问题和学习算法。例如，我们证明了在特定前提下，几种前述的算法能输出极大似然假设。剩余的几节则介绍了几种直接操作概率的学习算法。包括贝叶斯最优分类器、Gibbs 算法和朴素贝叶斯分类器。最后，我们讨论了贝叶斯信念网，它是一种基于概率推理的较新的学习方法；和 EM 算法，是当存在未知变量时被广泛使用的学习算法。

6.2 贝叶斯法则

在机器学习中，通常我们感兴趣的是在给定训练数据 D 时，确定假设空间 H 中的最佳假设。所谓*最佳*（best）假设，一种办法是把它定义为在给定数据 D 以及 H 中不同假设的先验概率的有关知识下的*最可能*（most probable）假设。贝叶斯理论提供了一种直接计算这种可能性的方法。更精确地讲，贝叶斯法则提供了一种计算假设概率的方法，它基于假设的先验概率、给定假设下观察到不同数据的概率以及观察到的数据本身。

要精确地定义贝叶斯理论要先引入一些记号。我们用 $P(h)$ 来代表在没有训练数据前假设 h 拥有的初始概率。$P(h)$ 常被称为 h 的*先验概率*（prior probability），它反映了我们所拥有的关于 h 是一正确假设的机会的背景知识。如果没有这一先验知识，那么可以简单地将每一候选假设赋予相同的先验概率。类似，可用 $P(D)$ 代表将要观察的训练数据 D 的先验概率（换言之，在没有确定某一假设成立时 D 的概率）。下一步，以 $P(D|h)$ 代表假设 h 成立的情形下观察到数据 D 的概率。一般情况下，我们使用 $P(x|y)$ 代表给定 y 时 x 的概率。在机器学习中，我们感兴趣的是 $P(h|D)$，即给定训练数据 D 时 h 成立的概率。$P(h|D)$ 被称为 h 的*后验概率*（posterior probability），因为它反映了在看到训练数据 D 后 h 成立的置信度。注意，后验概率 $P(h|D)$ 反映了训练数据 D 的影响；相反，先验概率 $P(h)$ 是独立于 D 的。

贝叶斯法则是贝叶斯学习方法的基础，因为它提供了从先验概率 $P(h)$ 以及 $P(D)$ 和 $P(D|h)$ 计算后验概率 $P(h|D)$ 的方法。

贝叶斯公式：

$$P(h|D)=\frac{P(D|h)P(h)}{P(D)} \tag{6.1}$$

从直观上可以看出，$P(h|D)$ 随着 $P(h)$ 和 $P(D|h)$ 的增长而增长；同时也可看出 $P(h|D)$ 随 $P(D)$ 的增加而减少。这是很合理的，因为如果 D 独立于 h 时被观察到的可能性越大，那么 D 对 h 的支持度越小。

在许多学习场景中，学习器考虑候选假设集合 H 并在其中寻找给定数据 D 时可能性最大的假设 $h \in H$（或者存在多个这样的假设时选择其中之一）。这样的具有最大可能性的假设被称为*极大后验*（maximum a posteriori，MAP）假设。确定 MAP 假设的方法是用贝叶斯公式计算每个候选假设的后验概率。更精确地说，当下式成立时，称 h_{MAP} 为 MAP 假设：

$$\begin{aligned} h_{MAP} &\equiv \underset{h\in H}{\operatorname{argmax}} P(h|D) \\ &= \underset{h\in H}{\operatorname{argmax}} \frac{P(D|h)P(h)}{P(D)} \\ &= \underset{h\in H}{\operatorname{argmax}} P(D|h)P(h) \end{aligned} \tag{6.2}$$

注意,在最后一步我们去掉了 $P(D)$,因为它是不依赖于 h 的常量。

在某些情况下,可假定 H 中每个假设有相同的先验概率(即对 H 中任意 h_i 和 h_j, $P(h_i) = P(h_j)$)。这时可把等式(6.2)进一步简化,只需考虑 $P(D|h)$ 来寻找极大可能假设。$P(D|h)$ 常被称为给定 h 时数据 D 的似然度(likelihood),而使 $P(D|h)$ 最大的假设被称为极大似然(maximum likelihood, ML)假设 h_{ML}。

$$h_{ML} \equiv \underset{h\in H}{\operatorname{argmax}} P(D|h) \tag{6.3}$$

为了使上面的讨论与机器学习问题相联系,我们把数据 D 称作某目标函数的训练样例,而把 H 称为候选目标函数空间。实际上,贝叶斯公式有着更为普遍的意义,它同样可以很好地用于任意互斥命题的集合 H,只要这些命题的概率之和为1(例如,"天空是蓝色的"和"天空不是蓝色的")。本章中有时将 H 作为包含目标函数的假设空间,而 D 作为训练样例集合。其他一些时候考虑将 H 看作一些互斥命题的集合,而 D 为某种数据。

举例

为说明贝叶斯规则,可考虑一个医疗诊断问题,其中有两个可选的假设:(1)病人有某种类型的癌症。(2)病人无癌症。可用的数据来自于某化验测试,它有两种可能的输出:$\oplus$(正)和$\ominus$(负)。我们有先验知识:在所有人口中只有0.008的人患有该疾病。另外,该化验测试只是该病的一个不完全的预测。该测试针对确实有病的患者有98%的可能正确返回$\oplus$结果,而对无该病的患者有97%的可能正确返回$\ominus$结果。除此以外,测试返回的结果是错误的。上面的情况可由以下的概率式概括:

$$P(cancer) = 0.008, \quad P(\neg\, cancer) = 0.992$$
$$P(\oplus|cancer) = 0.98, \quad P(\ominus|cancer) = 0.02$$
$$P(\oplus|\neg\, cancer) = 0.03, \quad P(\ominus|\neg\, cancer) = 0.97$$

假定现有一新病人,化验测试返回了$\oplus$结果。是否应将病人断定为有癌症呢?极大后验假设可用式(6.2)来计算:

$$P(\oplus|cancer)P(cancer) = (0.98) \times (0.008) = 0.0078$$
$$P(\oplus|\neg\, cancer)P(\neg\, cancer) = (0.03) \times (0.992) = 0.0298$$

因此,$h_{MAP} = \neg\, cancer$。确切的后验概率可将上面的结果归一化以使它们的和为1(即 $P(cancer|\oplus) = \frac{0.0078}{0.0078 + 0.0298} = 0.21$)。该步骤的根据在于,贝叶斯公式说明后验概率就是上面的量除以 $P(\oplus)$。虽然 $P(\oplus)$ 没有作为问题陈述的一部分直接给出,但因为已知 $P(cancer|\oplus)$ 和 $P(\neg\, cancer|\oplus)$ 的和必为1(即,该病人要么有癌症,要么没有),因此可以进行归一化。注意,虽然有癌症的后验概率比先验概率要大,但最可能的假设仍为此人没有癌症。

如上例所示,贝叶斯推理的结果很大程度上依赖于先验概率,要直接应用该方法必须先获取该值。还要注意该例中并没有完全地接受或拒绝假设,而只是在观察到较多的数据后增大或减小了假设的可能性。

计算概率的基本公式在表 6-1 中列举。

表 6-1 基本概率公式表

- 乘法规则(Product rule):两事件 A 和 B 的交的概率 $P(A \wedge B)$

$$P(A \wedge B) = P(A|B)P(B) = P(B|A)P(A)$$

- 加法规则(Sum rule):两事件 A 和 B 的并的概率 $P(A \vee B)$

$$P(A \vee B) = P(A) + P(B) - P(A \wedge B)$$

- 贝叶斯法则(Bayes theorem):给定 D 时 h 的后验概率 $P(h|D)$

$$P(h|D) = \frac{P(D|h)P(h)}{P(D)}$$

- 全概率法则(Theorem of total probability):如果事件 $A_1, \dots, A_n$ 互斥且 $\sum_{i=1}^{n} P(A_i) = 1$,则:

$$P(B) = \sum_{i=1}^{n} P(B \mid A_i)P(A_i)$$

6.3 贝叶斯法则和概念学习

贝叶斯法则和概念学习问题的关系是什么呢?因为贝叶斯法则为计算给定训练数据下任一假设的后验概率提供了原则性方法,我们可直接将其作为一个基本的学习算法,计算每个假设的概率,再输出其中概率最大的。本节考虑了这样一个 BRUTE-FORCE 贝叶斯概念学习算法,然后将其与第 2 章介绍的概念学习算法相比较。通过比较可以看到一个有趣的结论,即在特定条件下,前面提到的几种算法都输出与 BRUTE-FORCE 贝叶斯算法相同的假设,只不过前面的算法不明确计算概率,而且在相当程度上效率更高。

6.3.1 BRUTE-FORCE 贝叶斯概念学习

考虑第 2 章首先提到的概念学习问题。其中,我们假定学习器考虑的是定义在实例空间 X 上的有限的假设空间 H,任务是学习某个目标概念 $c: X \rightarrow \{0,1\}$。假定给予学习器某训练样例序列 $\langle\langle x_1, d_1,\rangle \cdots \langle x_m, d_m\rangle\rangle$,其中 x_i 为 X 中的某实例,d_i 为 x_i 的目标函数值(即 $d_i = c(x_i)$)。为简化讨论,假定实例序列 $\langle x_1 \cdots x_m\rangle$ 是固定不变的,因此训练数据 D 可被简单地写作目标函数值序列:$D = \langle d_1 \cdots d_m\rangle$。可以看到(见习题 6.4),这一简化不会改变本节的主要结论。

基于贝叶斯理论,我们可以设计一个简单的概念学习算法来输出最大后验假设。如下:

BRUTE-FORCE MAP 学习算法

1) 对于 H 中每个假设 h,计算后验概率:

$$P(h|D) = \frac{P(D|h)P(h)}{P(D)}$$

2) 输出有最高后验概率的假设 h_{MAP}:

$$h_{MAP} \equiv \underset{h \in H}{\arg\max} P(h|D)$$

此算法需要较大的计算量,因为它对 H 中每个假设都应用了贝叶斯公式以计算

$P(h|D)$。虽然这对于大的假设空间显得不切实际，但该算法仍然值得关注，因为它提供了一个标准以判断其他概念学习算法的性能。

下面为 BRUTE-FORCE MAP 学习算法指定了一学习问题，我们必须确定 $P(h)$ 和 $P(D|h)$ 分别应取何值（可以看出，$P(D)$ 的值依这两者而定）。我们可以以任意方法选择 $P(h)$ 和 $P(D|h)$ 的概率分布，以描述该学习任务的先验知识。这里令其与下面的前提一致：

1) 训练数据 D 是无噪声的（即 $d_i = c(x_i)$）；

2) 目标概念 c 包含在假设空间 H 中；

3) 没有任何理由认为某假设比其他的假设的可能性大。

有了这些假定，如何确定 $P(h)$ 的值呢？由于任一假设不比其他假设可能性大，很显然可对 H 中每个假设 h 赋予相同的先验概率。进一步地，由于目标概念在 H 中，所以可要求 H 中所有假设的概率和为 1。将这些限制合起来可得：

$$P(h) = \frac{1}{|H|} \quad \text{对 } H \text{ 中任一 } h$$

如何选择 $P(D|h)$ 的值呢？$P(D|h)$ 是在已知假设 h 成立的条件下（即已知 h 为目标概念 c 的正确描述）观察到目标值 $D = \langle d_1 \ldots d_m \rangle$ 的概率。由于假定训练数据无噪声，那么给定 h 时，如果 $d_i = h(x_i)$，则分类 d_i 为 1，如果 $d_i \neq h(x_i)$ 则 d_i 为 0。则有：

$$P(D|h) = \begin{cases} 1 & \text{如果对 } D \text{ 中所有 } d_i, d_i = h(x_i) \\ 0 & \text{其他情况} \end{cases} \tag{6.4}$$

换言之，给定假设 h，数据 D 与假设 h 一致时概率值为 1，否则值为 0。

有了 $P(h)$ 和 $P(D|h)$ 的值，现在我们对于上面的 BRUTE-FORCE MAP 学习算法有了一个完整定义的问题。接下来考虑该算法的第一步，使用贝叶斯公式计算每个假设 h 的后验概率 $P(h|D)$：

$$P(h|D) = \frac{P(D|h)P(h)}{P(D)}$$

首先，考虑 h 与训练数据 D 不一致的情形。由于式(6.4)定义当 h 与 D 不一致时 $P(D|h)$ 为 0，有：

$$P(h|D) = \frac{0 \cdot P(h)}{P(D)} = 0 \quad \text{当 } h \text{ 与 } D \text{ 不一致时}$$

与 D 不一致的假设 h 的后验概率为 0。

再考虑 h 与 D 一致的情况。由于式(6.4)定义当 h 与 D 一致时 $P(D|h)$ 为 1，有：

$$\begin{aligned} P(h|D) &= \frac{1 \cdot \frac{1}{|H|}}{P(D)} \\ &= \frac{1 \cdot \frac{1}{|H|}}{\frac{|VS_{H,D}|}{|H|}} \\ &= \frac{1}{|VS_{H,D}|} \quad \text{当 } h \text{ 与 } D \text{ 一致时} \end{aligned}$$

其中，$VS_{H,D}$ 是 H 中与 D 一致的假设子集（即 $VS_{H,D}$ 是关于 D 的变型空间，如第 2 章的定义）。很容易验证 $P(D) = \frac{|VS_{H,D}|}{|H|}$，因为在所有假设上 $P(h|D)$ 的和必为 1，并且 H 中与 D

一致的假设数量为$|VS_{H,D}|$。另外,可从全概率公式(见表6-1)以及所有假设是互斥的条件(即$(\forall i \neq j)(P(h_i \wedge h_j)=0)$,推导出$P(D)$的值:

$$
\begin{aligned}
P(D) &= \sum_{h_i \in H} P(D \mid h_i) P(h_i) \\
&= \sum_{h_i \in VS_{H,D}} 1 \times \frac{1}{|H|} + \sum_{h_i \notin VS_{H,D}} 0 \times \frac{1}{|H|} \\
&= \sum_{h_i \in VS_{H,D}} 1 \times \frac{1}{|H|} \\
&= \frac{|VS_{H,D}|}{|H|}
\end{aligned}
$$

总而言之,贝叶斯公式说明,在我们的$P(h)$和$P(D|h)$的定义下,后验概率$P(h|D)$为:

$$
P(h \mid D) = \begin{cases} \dfrac{1}{|VS_{H,D}|} & \text{如果 } h \text{ 与 } D \text{ 一致} \\ 0 & \text{其他情况} \end{cases} \tag{6.5}
$$

其中,$|VS_{H,D}|$是H中与D一致的假设数量。假设的概率演化情况如图6-1所示。初始时(见图6-1a)所有假设具有相同的概率。当训练数据逐步出现后(见图6-1b和图6-1c),不一致假设的概率变为0,而整个概率的和仍为1,它们均匀地分布到剩余的一致假设中。

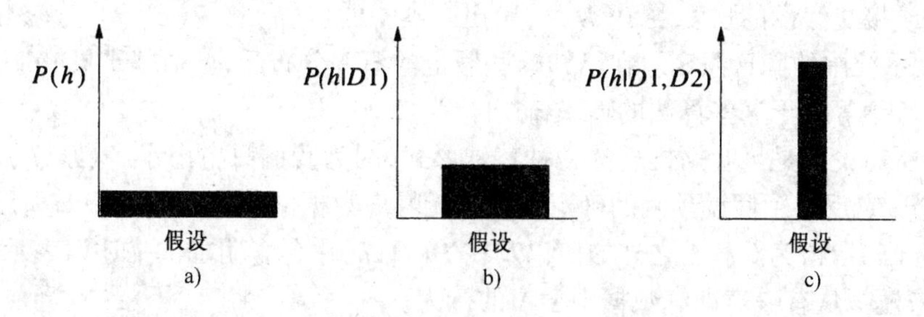

a)对每个假设赋予均匀的先验概率。当训练数据首先增长到$D1$ b),然后增长到$D1 \wedge D2$ c)时,不一致假设的后验概率变成0,而保留在变型空间中的假设的后验概率增加。

图6-1 后验概率随着训练数据增长的演化

上面的分析说明,在我们选定的$P(h)$和$P(D|h)$取值下,每个一致的假设后验概率为$(1/|VS_{H,D}|)$,每个不一致假设后验概率为0。因此,每个一致的假设都是MAP假设。

6.3.2 MAP假设和一致学习器

上面的分析说明在给定条件下,与D一致的每个假设都是MAP假设。根据这一结论可直接得到一类普遍的学习器,称为一致学习器(consistent learner)。某学习算法被称为一致学习器,说明它输出的假设在训练样例上有零错误率。由以上的分析可得,*如果假定H上有均匀的先验概率(即$P(h_i)=P(h_j)$,对所有的i,j),且训练数据是确定性的和无噪声的(即当D和h一致时,$P(D|h)=1$,否则为0)时,任意一致学习器将输出一个MAP假设。*

例如第2章讨论的FIND-S概念学习算法。FIND-S按照特殊到一般的顺序搜索假设空间H,并输出一个极大特殊的一致假设,因此可知在上面定义的$P(h)$和$P(D|h)$概率分布下,它输出MAP假设。当然,FIND-S并不直接操作概率,它只简单地输出变型空间的极大特殊成员。然而,通过决定$P(h)$和$P(D|h)$的分布,以使其输出为MAP假设,我们有了一种刻画

FIND-S 算法的有效途径。

是否还有其他可能的 $P(h)$ 和 $P(D|h)$ 分布，使 FIND-S 输出 MAP 假设呢？回答是肯定的。因为 FIND-S 从变型空间中输出极大特殊(maximally specific)假设，所以对于先验概率偏袒于更特殊假设的任何概率分布，它输出的假设都将是 MAP 假设。更精确地讲，假如 $\mathscr{H}$ 是 H 上任意概率分布 $P(h)$，它在 h_1 比 h_2 更特殊时赋予 $P(h_1) \geqslant P(h_2)$。可见，在假定有先验分布 $\mathscr{H}$ 和与上面相同的 $P(D|h)$ 分布时，FIND-S 输出一 MAP 假设。

概括以上讨论，贝叶斯框架提出了一种刻画学习算法(如 FIND-S 算法)行为的方法，即便该学习算法不进行概率操作。通过确定算法输出最优(如 MAP)假设时使用的概率分布 $P(h)$ 和 $P(D|h)$，可以刻画出算法具有最优行为时的隐含假定。

使用贝叶斯方法刻画学习算法，与揭示学习器中的归纳偏置在思想上是类似的。注意，在第 2 章将学习算法的归纳偏置定义为断言集合 B，通过它可充分地演绎推断出学习器所执行的归纳推理结果。例如，候选消除算法的归纳偏置为：假定目标概念 c 包含在假设空间 H 中。我们还将进一步证明学习算法的输出是由其输入以及这一隐含的归纳偏置假定所演绎得出的。上面的贝叶斯解释对于描述学习算法中的隐含假定提供了另一种方法。这里，不是用一等效的演绎系统去对归纳推理建模，而是用基于贝叶斯理论的一个等效的概率推理(probabilistic reasoning)系统来建模。这里的隐含假定形式为："H 上的先验概率由 $P(h)$ 分布给出，而数据拒绝或接受假设的强度由 $P(D|h)$ 给出。"本书的 $P(h)$ 和 $P(D|h)$ 定义刻画了候选消除和 FIND-S 系统中的隐含假定。在已知这些假定的概率分布后，一个基于贝叶斯理论的概率推理系统将产生等效于这些算法的输入-输出行为。

本节中所讨论的是贝叶斯推理的一种特殊形式，因为我们只考虑了 $P(D|h)$ 取值只能为 0 或 1 的情况，它反映了假设预测的确定性以及无噪声数据的前提。如后一节所示，还可以通过允许 $P(D|h)$ 取值为 0 和 1 之外的值以及在 $P(D|h)$ 中包含附加的描述以表示噪声数据的分布情况，来模拟从有噪声训练数据中学习的行为。

6.4　极大似然和最小误差平方假设

如上节所示，贝叶斯分析可用来表明一个特定学习算法会输出 MAP 假设，即使该算法没有显式地使用贝叶斯规则，或以某种形式计算概率。

本节考虑学习连续值目标函数的问题，这在许多学习算法中都会遇到，如神经网络学习、线性回归以及多项式曲线拟合。通过简单的贝叶斯分析，可以表明在特定前提下，任一学习算法如果使输出的假设预测和训练数据之间的误差平方最小化，它将输出一极大似然假设。这一结论的意义在于，对于许多神经网络和曲线拟合的方法，如果它们试图在训练数据上使误差平方和最小化，此结论提供了一种贝叶斯的论证方法(在特定前提下)。

设想问题定义如下，学习器 L 工作在实例空间 X 和假设空间 H 上，H 中的假设为 X 上定义的某种实数值函数(即 H 中每个 h 为一函数：$h: X \rightarrow \mathscr{R}$，其中 $\mathscr{R}$ 代表实数集)。L 面临的问题是学习一个从 H 中抽取出的未知目标函数 $f: X \rightarrow \mathscr{R}$。给定 m 个训练样例的集合，每个样例的目标值被某随机噪声干扰，此随机噪声服从正态分布。更精确地讲，每个训练样例是序偶 $\langle x_i, d_i \rangle$，其中 $d_i = f(x_i) + e_i$。这里 $f(x_i)$ 是目标函数的无噪声值，e_i 是一代表噪声的随机变量。假定 e_i 的值是独立抽取的，并且它们的分布服从零均值的正态分布。学习器的任务是在所有假设有相等的先验概率前提下，输出极大似然假设(即 MAP 假设)。

虽然我们的分析应用于任意实数值函数学习,但可以用一个简单的例子来描述这一问题,即学习线性函数。图 6-2 所示为一线性目标函数 f(以实线表示),以及该目标函数的有噪声训练样例集。虚线对应有最小平方训练误差的假设 h_{ML},也即极大似然假设。注意,其中极大似然假设不一定等于正确假设 f,因为它是从有限的带噪声数据中推论得出的。

这里的误差平方和最小的假设即为极大似然假设。为说明这一点,首先快速地回顾一下统计理论中的两个基本概念:概率密度和正态分布。首先,为讨论像 e 这样的连续变量上的概率,我们引入概率密度(probability density)。简单的解释是,我们需要随机变量所有可能值的概率和为 1。由于变量是连续的,因此不能为随机变量的无限种可能的值赋予有限概率。这里需要用概率密度来代替,以使 e 这样的连续变量在所有值上的概率密度的积分为 1。一般地,用小写字母 p 来代表概率密度函数,以区分有限概率 P(它有时又称为概率质量(probability mass))。概率密度 $p(x_0)$是当 ε 趋近于 0 时,x 取值在$[x_0,\ x_0+\varepsilon)$区间内的概率与 $1/\varepsilon$ 乘积的极限。

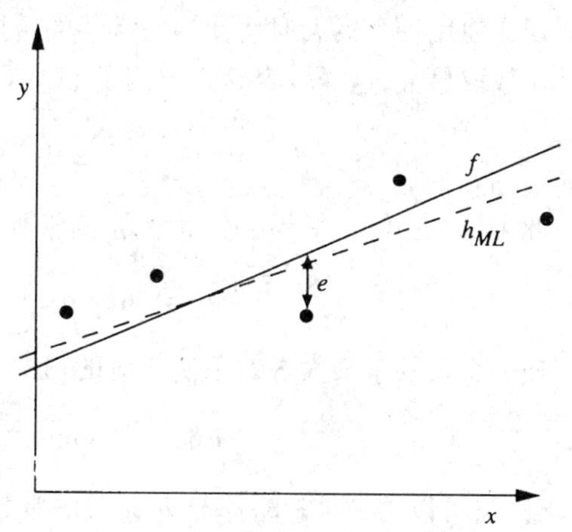

目标函数 f 对应实线。假定训练样例$\langle x_i,\ d_i\rangle$为真实目标值加上一零均值的正态分布噪声 e_i。虚线代表使误差平方之和最小的线性函数。因此,它就是这 5 个训练样例下的极大似然假设 h_{ML}。

图 6-2　学习某实值函数

概率密度函数:

$$p(x_0)\equiv\lim_{\varepsilon\to 0}\frac{1}{\varepsilon}P(x_0\leqslant x<x_0+\varepsilon)$$

其次,这里断定随机噪声变量 e 由正态分布生成。正态分布是一个平滑的钟形分布,它可由其均值 μ 和标准差σ 完全刻画。见表 5-4 中的精确定义。

有了以上的两个概念,再来讨论在我们的问题里为什么最小误差平方假设实际上就是极大似然假设。证明的过程先使用前面的式(6.3)的定义来推导极大似然假设,但使用小写的 p 代表概率密度:

$$h_{ML}=\underset{h\in H}{\operatorname{argmax}}\,p(D\mid h)$$

如前所述,假定有一固定的训练实例集合$\langle x_1\ldots x_m\rangle$,因此只考虑相应的目标值序列 $D=\langle d_1\ldots d_m\rangle$。这里 $d_i=f(x_i)+e_i$。假定训练样例是相互独立的,给定 h 时,可将 $P(D\mid h)$写成各 $p(d_i\mid h)$的积:

$$h_{ML}=\underset{h\in H}{\operatorname{argmax}}\prod_{i=1}^{m}p(d_i\mid h)$$

如果误差 e_i 服从零均值和未知方差σ^2 的正态分布,那么每个 d_i 也必须服从正态分布,其方差为 σ^2,而且以真实的目标值 $f(x_i)$为中心(而不是 0)。因此,$p(d_i\mid h)$的可被写为方差σ^2,均值$\mu=f(x_i)$的正态分布。现使用表 5-4 中的正态分布公式并将相应的 μ 和σ^2 代入,写出描述$p(d_i\mid h)$的正态分布。由于概率 d_i 的表达式是在h 为目标函数f 的正确描述条件下的,所以还要替换 $\mu=f(x_i)=h(x_i)$,从而得到:

$$h_{ML} = \underset{h \in H}{\operatorname{argmax}} \prod_{i=1}^{m} \frac{1}{\sqrt{2\pi\sigma^2}} e^{-\frac{1}{2\sigma^2}(d_i-\mu)^2}$$

$$= \underset{h \in H}{\operatorname{argmax}} \prod_{i=1}^{m} \frac{1}{\sqrt{2\pi\sigma^2}} e^{-\frac{1}{2\sigma^2}(d_i-h(x_i))^2}$$

现在使用一个极大似然计算中常用的转换：不是用上面这个复杂的表达式取最大值，而是使其对数取最大，这样较容易。原因是 $\ln p$ 是 p 的单调函数，因此使 $\ln p$ 最大也就使 p 最大：

$$h_{ML} = \underset{h \in H}{\operatorname{argmax}} \sum_{i=1}^{m} \ln \frac{1}{\sqrt{2\pi\sigma^2}} - \frac{1}{2\sigma^2}(d_i - h(x_i))^2$$

此表达式中第一项为一独立于 h 的常数，可被忽略，因此得到：

$$h_{ML} = \underset{h \in H}{\operatorname{argmax}} \sum_{i=1}^{m} -\frac{1}{2\sigma^2}(d_i - h(x_i))^2$$

使一个负的量最大等效于使相应的正的量最小：

$$h_{ML} = \underset{h \in H}{\operatorname{argmin}} \sum_{i=1}^{m} \frac{1}{2\sigma^2}(d_i - h(x_i))^2$$

最后，可以再一次忽略掉与 h 无关的常数：

$$h_{ML} = \underset{h \in H}{\operatorname{argmin}} \sum_{i=1}^{m} (d_i - h(x_i))^2 \tag{6.6}$$

这样，式(6.6)说明了极大似然假设 h_{ML} 为，使训练值 d_i 和假设预测值 $h(x_i)$ 之间的误差的平方和最小的那一个。该结论前提是训练值 d_i 由真实目标值加上随机噪声产生，其中随机噪声是从一零均值的正态分布中独立抽取的。从上面的推导中可明确看出，误差平方项 $(d_i - h(x_i))^2$ 从正态分布定义中的指数项中得来。如果假定噪声分布有另外的形式，可进行类似的推导得到不同的结果。

注意，上面的推导包含了选择假设使似然的对数值 $(\ln p(D|h))$ 为最大，以确定最可能的假设。如前所述，这导致了与使 $p(D|h)$ 这个似然度最大化相同的结果。这一用对数似然度来计算的方法在许多贝叶斯分析中都用到了，因为它比直接计算似然度需要的数学运算量小很多。当然，如前所述，极大似然假设也许不是 MAP 假设，但如果所有假设有相等的先验概率，两者相同。

为什么用正态分布来描述噪声是合理的？一个必须承认的原因是为了数学计算的简洁性。另一原因是，这一平滑的钟形分布对许多物理系统的噪声都有良好的近似。实际上，第 5 章讨论的中心极限定律显示，足够多的独立同分布随机变量的和服从一正态分布，而不管独立变量本身的分布是什么。这说明由许多独立同分布的因素的和所生成的噪声将成为正态分布。当然，在现实中不同的分量对噪声的贡献也许不是同分布的，这样该定理将不能证明我们的选择。

使误差平方最小化的方法经常被用于神经网络、曲线拟合及其他许多实函数逼近的算法中。第 4 章讨论了梯度下降方法，它在神经网络中搜索最小误差平方的假设。

在结束这里关于极大似然假设和最小平方误差假设的关系的讨论之前，必须认识到该问题框架中的某些限制。上面的分析只考虑了训练样例的目标值中的噪声，而没有考虑实例属性中的噪声。例如，如果学习问题是基于某人的年龄和高度预测他的重量，那么上面的分析要求重量的测量中可以有噪声，而年龄和高度的测量必须是精确的。如果将这些简化假定去掉，分析过程将十分复杂。

6.5 用于预测概率的极大似然假设

在前一节的问题框架中,我们确定了极大似然假设是在训练样例上的误差平方和最小的假设。本节将推导一个类似的准则,它针对神经网络学习这样的问题:即学习预测概率。

考虑问题的框架为学习一个不确定性(概率的)函数 $f: X \rightarrow \{0, 1\}$,它有两个离散的值输出。例如,实例空间 X 代表有某些症状的病人,目标函数 $f(x)$ 在病人能存活下来时为1,否则为0。或者说,X 代表借贷申请者,表示为其过去的信用历史,如果他能成功地归还下一次借贷,$f(x)$ 为1,否则为0。这两种情况下都要 f 有不确定性。例如,一群有相同症状的病人为92%可以存活,8%不能。这种不可预测性来源于未能观察到的症状特征,或者是疾病转化中确实存在的不确定性机制。无论问题的来源是什么,结果都是要求目标函数的输出为输入的概率函数。

有了这样的问题描述,我们希望学习得到的神经网络(或其他实函数逼近器)的输出是 $f(x)=1$ 的概率。换言之,需要找到目标函数 $f' = X \rightarrow [0, 1]$,使 $f' = P(f(x)=1)$。在上面的病人存活预测的例子中,如果 x 为一个存活率是92%的病人,那么 $f'(x)=0.92$,概率函数 $f(x)$ 将有92%的机会等于1,剩余的8%的机会等于0。

如何使用一个神经网络来学习 f' 呢? 一个很明显的、蛮力的方法是首先收集对 x 的每个可能值观察到的1和0的频率,然后训练神经网络,对每个 x 输出目标频率。下面将见到,我们可以直接从 f 的训练样例中训练神经网络,而且仍能推导出 f' 的极大似然假设。

在此情况下为寻找极大似然假设,应使用怎样的优化准则呢? 为回答该问题,首先需要获得 $P(D|h)$ 的表示。这里假定训练数据 D 的形式为 $D=\{\langle x_1, d_1\rangle \cdots \langle x_m, d_m\rangle\}$,其中 d_i 为观察到的 $f(x_i)$ 的0或1值。

回忆前一节中的极大似然及最小误差平方分析,其中简单地假定实例 $\langle x_1, \cdots x_m\rangle$ 是固定的。这样就可以只用目标值 d_i 来刻画数据。虽然这里也可以作这样的简单假定,但我们可以避免这一假定以说明这对最后的输出没有影响。将 x_i 和 d_i 都看作随机变量,并假定每个训练样例都是独立抽取的,可把 $P(D|h)$ 写作:

$$P(D \mid h) = \prod_{i=1}^{m} P(x_i, d_i \mid h) \tag{6.7}$$

再进一步,可以假定遇到每一特定实例 x_i 的概率独立于假设 h。例如,训练数据集中包含一特定病人 x_i 的概率独立于关于存活率的假设(虽然病人的存活率 d_i 确实强烈依赖于 h)。当 x 独立于 h 时,可将上式重写(应用表6-1的乘法规则)为:

$$P(D \mid h) = \prod_{i=1}^{m} P(x_i, d_i \mid h) = \prod_{i=1}^{m} P(d_i \mid h, x_i) P(x_i) \tag{6.8}$$

现在计算在假设 h 成立的条件下,对一个实例 x_i 观察到 $d_i=1$ 的概率 $P(d_i|h, x_i)$。注意 h 是对应目标函数的假设,它正好能计算这一概率。因此,$P(d_i=1|h, x_i)=h(x_i)$,并且一般情况下:

$$P(d_i|h, x_i) = \begin{cases} h(x_i) & \text{如果 } d_i=1 \\ (1-h(x_i)) & \text{如果 } d_i=0 \end{cases} \tag{6.9}$$

为将其代入到式(6.8)中求 $P(D|h)$,首先将其表达为数学上可操作的形式。

$$P(d_i|h, x_i) = h(x_i)^{d_i}(1-h(x_i))^{1-d_i} \tag{6.10}$$

容易验证,等式(6.9)和(6.10)是等价的。注意,当 $d_i=1$ 时,式(6.10)中第二项等于1。因此 $P(d_i=1|h, x_i)=h(x_i)$,它与式(6.9)等价。同样,可分析 $d_i=0$ 时的情形。

将式(6.10)代换式(6.8)中的 $P(d_i|h, x_i)$得到:

$$P(D\mid h)=\prod_{i=1}^{m}h(x_i)^{d_i}(1-h(x_i))^{1-d_i}P(x_i) \tag{6.11}$$

现写出极大似然假设的表达式:

$$h_{ML}=\underset{h\in H}{\operatorname{argmax}}\prod_{i=1}^{m}h(x_i)^{d_i}(1-h(x_i))^{1-d_i}P(x_i)$$

最后一项为独立于 h 的常量,可去掉,得到:

$$h_{ML}=\underset{h\in H}{\operatorname{argmax}}\prod_{i=1}^{m}h(x_i)^{d_i}(1-h(x_i))^{1-d_i} \tag{6.12}$$

式(6.12)中右边的表达式可看作是表5-3中二项分布(Binomial distribution)的一般化形式。该式描述的概率相当于投掷 m 个不同硬币,输出得到$\langle d_1\ldots d_m\rangle$的概率,其中假定每个硬币 x_i 产生正面的概率为 $h(x_i)$。注意表5-3描述的二项分布很简单,但它附加了一个假定,即所有硬币掷出正面的概率是相同的(即 $h(x_i)=h(x_j)$, $\forall i, j$)。两种情况下我们都假定硬币投掷的输出是相互独立的,这一假定适用于当前的问题。

与前面的情况相同,如果用似然的对数计算会比较容易,得到:

$$h_{ML}=\underset{h\in H}{\operatorname{argmax}}\sum_{i=1}^{m}d_i\ln h(x_i)+(1-d_i)\ln(1-h(x_i)) \tag{6.13}$$

式(6.13)描述了在我们的问题中必须被最大化的量。此结果可与前面的使误差平方最小化的分析相类比。注意式(6.13)与熵函数的一般式 $-\sum_i p_i\log p_i$(在第3章中讨论过)的相似性。正因为此相似性,以上量的负值有时被称为交叉熵(cross entropy)。

在神经网络中梯度搜索以达到似然最大化

上面讨论了使式(6.13)中的量最大化可得到极大似然假设。现用 $G(h, D)$代表该量。本节为神经网络学习推导一个权值训练法则,它使用梯度上升以使 $G(h, D)$最大化。

如第4章中的讨论,$G(h, D)$的梯度可由 $G(h, D)$ 关于不同网络权值偏导的向量给出,它定义了由此学习到的网络表示的假设 h(见第4章中梯度下降搜索的一般讨论以及这里所使用的术语的细节)。在此情况下,对应于权值 w_{jk}(从输入 k 到单元 j)的 $G(h, D)$的偏导为:

$$\begin{aligned}\frac{\partial G(h,D)}{\partial w_{jk}}&=\sum_{i=1}^{m}\frac{\partial G(h,D)}{\partial h(x_i)}\frac{\partial h(x_i)}{\partial w_{jk}}\\&=\sum_{i=1}^{m}\frac{\partial(d_i\ln h(x_i)+(1-d_i)\ln(1-h(x_i)))}{\partial h(x_i)}\frac{\partial h(x_i)}{\partial w_{jk}}\\&=\sum_{i=1}^{m}\frac{d_i-h(x_i)}{h(x_i)(1-h(x_i))}\frac{\partial h(x_i)}{\partial w_{jk}}\end{aligned} \tag{6.14}$$

为使分析过程简明,假定神经网络从一个单层的 sigmoid 单元建立。这种情况下有:

$$\frac{\partial h(x_i)}{\partial w_{jk}}=\sigma'(x_i)x_{ijk}=h(x_i)(1-h(x_i))x_{ijk}$$

其中,x_{ijk}是对第 i 个样例的到单元 j 的第 k 个输出,而 $\sigma'(x)$为 sigmoid 挤压(squashing)函数的

导数(见第 4 章)。最后,将此表达式代入到等式(6.14),可得到组成梯度的导数的简单表示:

$$\frac{\partial G(h,D)}{\partial w_{jk}} = \sum_{i=1}^{m}(d_i - h(x_i))x_{ijk}$$

因为需要使 $P(D|h)$最大化而不是最小化,所以我们执行梯度上升搜索而不是梯度下降搜索。在搜索的每一次迭代中,权值向量按梯度的方向调整,使用权值更新法则:

$$w_{jk} \leftarrow w_{jk} + \Delta w_{jk}$$

其中:

$$\Delta w_{jk} = \eta\sum_{i=1}^{m}(d_i - h(x_i))x_{ijk} \tag{6.15}$$

其中,η 是一小的正常量,表示梯度上升搜索的步进大小。

将这一权值更新法则与反向传播算法(其用途是使预测和观察的网络输出的误差平方和最小化)中用到的权值更新法则相比较,可以得到有趣的结论。用于输出单元权值的反向传播更新法则(见第 4 章),使用这里的记号可重新表示为:

$$w_{jk} \leftarrow w_{jk} + \Delta w_{jk}$$

其中:

$$\Delta w_{jk} = \eta\sum_{i=1}^{m}h(x_i)(1 - h(x_i))(d_i - h(x_i))x_{ijk}$$

注意,它与式(6.15)中的法则相似,只是除了一项 $h(x_i)(1 - h(x_i))$,它是 sigmoid 函数的导数。

概括一下,这两个权值更新法则在两种不同的问题背景下收敛到极大似然假设。使误差平方最小化的法则寻找到极大似然假设基于的前提是,训练数据可以由目标函数值加上正态分布噪声来模拟。使交叉熵最小化的法则寻找极大似然假设基于的前提是,观察到的布尔值为输入实例的概率函数。

6.6　最小描述长度准则

回忆一下第 3 章关于"奥坎坶剃刀"的讨论,这是一个很常用的归纳偏置,它可被概括为:"为观察到的数据选择最短的解释"。本章我们要讨论在对奥坎坶剃刀的长期争论中的几个论点。这里对此给出一个贝叶斯的分析,并讨论一紧密相关的准则,称为最小描述长度准则(Minimum Description Length, MDL)。

提出最小描述长度的目的是为了根据信息论中的基本概念来解释 h_{MAP}的定义。再次考虑已很熟悉的 h_{MAP}定义:

$$h_{MAP} = \underset{h \in H}{\operatorname{argmax}} P(D|h)P(h)$$

可被等价地表示为使以 2 为底的对数最大化:

$$h_{MAP} = \underset{h \in H}{\operatorname{argmax}} \log_2 P(D|h) + \log_2 P(h)$$

或使它的负值最小化:

$$h_{MAP} = \underset{h \in H}{\operatorname{argmin}} - \log_2 P(D|h) - \log_2 P(h) \tag{6.16}$$

令人吃惊的是,式(6.16)可被解释为在特定的假设编码表示方案上"优先选择短的假设"。为解释这一点,先引入信息论中的一个基本结论。设想要为随机传送的消息设计一个编码,其

中遇到消息 i 的概率是 p_i。这里最感兴趣的是最简短的编码,即为了传输随机信息所需的最小期望传送位数。显然,为使期望的编码长度最小,必须为可能性较大的消息赋予较短的编码。Shannon & Weaver(1949)证明最优编码(使得期望消息长度最短的编码)对消息 i 的编码长度为 $-\log_2 p_i$ ㊀位。使用代码 C 来编码消息 i 所需的位数被称为消息 i 关于 C 描述长度。标记为 $L_C(i)$。

下面将使用以上编码理论的结论来解释等式(6.16):

- $-\log_2 P(h)$是在假设空间 H 的最优编码下 h 的描述长度。换言之,这是假设 h 使用其最优表示时的大小。以这里的记号,$L_{C_H}(h) = -\log_2 P(h)$,其中,$C_H$ 为假设空间 H 的最优编码。
- $-\log_2 P(D|h)$是在给定假设 h 时训练数据 D 的描述长度(在此最优编码下)。以这里的记号表示,$L_{C_{D|h}}(D|h) = -\log_2 P(D|h)$,其中 $C_{D|h}$是假定发送者和接送者都知道假设 h 时描述数据 D 的最优编码。
- 因此可把式(6.16)重写,以显示出 h_{MAP}是使假设描述长度和给定假设下数据描述长度之和最小化的假设 h。

$$h_{MAP} = \underset{h}{\operatorname{argmin}}\, L_{C_H}(h) + L_{C_{D|h}}(D|h)$$

其中,C_H 和 $C_{D|h}$分别为 H 的最优编码和给定 h 时 D 的最优编码。

最小描述长度(Minimum Description Length, MDL)准则建议,应选择使这两个描述长度的和最小化的假设。当然为应用此准则,在实践中必须选择适合于学习任务的特定编码或表示。假定使用代码 C_1 和 C_2 来表示假设和给定假设下的数据,可将 MDL 准则陈述为:

最小描述长度准则:选择 h_{MDL}使:

$$h_{MDL} = \underset{h \in H}{\operatorname{argmin}}\, L_{C_1}(h) + L_{C_2}(D|h) \tag{6.17}$$

上面的分析显示,如果选择 C_1 为假设的最优编码 C_H,并且选择 C_2 为最优编码 $C_{D|h}$,那么 $h_{MDL} = h_{MAP}$。

从直觉上讲,可将 MDL 准则想像为选择最短的方法来重新编码训练数据,其中不仅计算假设的大小,并且计算给定假设时编码数据的附加开销。

举例说明,假定将 MDL 准则应用到决策树学习的问题当中。怎样选择假设和数据的表示 C_1 和 C_2 呢? 对于 C_1,可以很自然地选择某种明确的决策树编码方法,其中描述长度随着树中节点和边的增长而增加。如何选择给定一决策树时假设的编码 C_2 呢? 为使讨论简单化,假定实例序列$\langle x_1 \ldots x_m \rangle$是接收者和发送者都知道的,那么可以只传输分类结果$\langle f(x_1) \ldots f(x_m) \rangle$(注意,传送实例的开销独立于正确的假设,因此它不会影响到 h_{MDL}的选择)。现在,如果训练分类$\langle f(x_1) \ldots f(x_m) \rangle$与假设的预计相等,那么就没必要传输有关这些样例的任何信息(接收者可在其收到假设后计算这些值)。因此在此情况下,给定假设的分类情况时的描述长度为 0。如果某些样例被 h 误分类,那么对每一误分类需要传送一个消息以确定哪个样例被误分类了(可用最多 $\log_2 m$ 位传送),并传送其正确分类值(可用最多 $\log_2 k$ 位,其中 k 为可能分类值的数目)。在编码 C_1 和 C_2 下 h_{MDL}这一假设就是使这些描述长度和最小的假设。

因此,MDL准则提供了一种方法以在假设的复杂性和假设产生错误的数量之间进行折

㊀ 因此传输一条消息的期望长度为$\sum_i -p_i \log_2 p_i$,即可能消息集合的熵的公式(见第 3 章)。

中,它有可能选择一个较短的产生少量错误的假设,而不是能完美地分类训练数据的较长的假设。看到这一点,就有了一种处理数据过度拟合的方法。

Quinlan & Rivest(1989)描述了应用 MDL 准则以选择决策树最佳大小的几个实验。报告指出基于 MDL 的方法产生的决策树的精度相当于第 3 章中讨论的标准树修剪方法。Mehta et al.(1995)描述了另一种基于 MDL 的方法进行决策树修剪,经实验证明,该方法得到的结果与标准树修剪方法相当。

从最小描述长度准则的分析中可得到什么结论？是否说明所有情况下短假设都最好？结论是否定的。已经证明的只是,当选定假设表示以使假设 h 的大小为 $-\log_2 P(h)$,并且选择例外情况的表示以使给定 h 下 D 的编码长度等于 $-\log_2 P(D|h)$时,MDL 准则产生 MAP 假设。然而为说明以上两者可以如此表示,必须知道所有的先验概率 $P(h)$以及 $P(D|h)$。没有理由相信 MDL 假设对于任意编码 C_1 和 C_2 都是最好的。出于实际的考虑,更容易的办法是由设计者指定一个表示,以捕获有关假设概率的知识,而不是完整地指定每个假设的概率。学术界对 MDL 应用到实际问题的争论,主要为选择 C_1 和 C_2 编码提供某种形式的论证。

6.7　贝叶斯最优分类器

迄今为止,我们已讨论了问题“给定训练数据,最可能的假设是什么?”。实际上,该问题通常与另一更有意义的问题紧密相关,即“给定训练数据,对新实例的最可能分类是什么?”。虽然可看出第二个问题可简单地由应用 MAP 假设到新实例来得到,实际上还可能有更好的算法。

为了更直观些,考虑一个包含三个假设 h_1、h_2、h_3 的假设空间。假定已知训练数据时三个假设的后验概率分别为 0.4,0.3,0.3。因此,h_1 为 MAP 假设。若一新实例 x 被 h_1 分类为正,但被 h_2 和 h_3 分类为反。计算所有假设,x 为正例的概率为 0.4(即与 h_1 相联系的概率),而为反例的概率是 0.6。这时最可能的分类(反例)与 MAP 假设生成的分类不同。

一般说来,新实例的最可能分类可通过合并所有假设的预测得到,用后验概率来加权。如果新样例的可能分类可取某集合 V 中的任一值 v_j,那么概率 $P(v_j|D)$表示新实例的正确分类为 v_j 的概率,其值为:

$$P(v_j \mid D) = \sum_{h_i \in H} P(v_j \mid h_i) P(h_i \mid D)$$

新实例的最优分类为使 $P(v_j|D)$最大的 v_j 值。

贝叶斯最优分类器:

$$\underset{v_j \in V}{\operatorname{argmax}} \sum_{h_i \in H} P(v_j \mid h_i) P(h_i \mid D) \tag{6.18}$$

用上面的例子说明,新实例的可能分类集合为 $V = \{\oplus, \ominus\}$,而:

$$P(h_1|D) = 0.4,\quad P(\ominus|h_1) = 0,\quad P(\oplus|h_1) = 1$$

$$P(h_2|D) = 0.3,\quad P(\ominus|h_2) = 1,\quad P(\oplus|h_2) = 0$$

$$P(h_3|D) = 0.3,\quad P(\ominus|h_3) = 1,\quad P(\oplus|h_3) = 0$$

因此:

$$\sum_{h_i \in H} P(\oplus \mid h_i) P(h_i \mid D) = 0.4$$

$$\sum_{h_i \in H} P(\ominus \mid h_i) P(h_i \mid D) = 0.6$$

并且：

$$\underset{v_j \in \{\oplus, \ominus\}}{\operatorname{argmax}} \sum_{h_i \in H} P(v_j \mid h_i) P(h_i \mid D) = \ominus$$

按照式(6.18)分类新实例的系统被称为贝叶斯最优分类器(Bayes optimal classifier)或贝叶斯最优学习器。使用相同的假设空间和相同的先验概率，没有其他方法能比其平均性能更好。该方法在给定可用数据、假设空间及这些假设的先验概率下使新实例被正确分类的可能性达到最大。

例如，在布尔概念学习问题中，使用前面章节的变型空间方法，对一新实例的贝叶斯最优分类是在变型空间的所有成员中进行加权选举获得的，每个候选假设用后验概率加权。

贝叶斯最优分类器的一个极有趣的属性是，它所做的分类可以对应于 H 中不存在的假设。设想使用式(6.18)来分类 X 中每个实例，按此定义的实例标注不一定对应于 H 中的任一单个假设 h 对实例的标注。理解该命题的一种方法是将贝叶斯分类器看成是不同于假设空间 H 的另一空间 H'，在其上应用贝叶斯公式。确切地讲，H' 有效地包含了一组假设，它能在 H 中多个假设的线性组合所作的预言中进行比较。

6.8 GIBBS 算法

虽然贝叶斯最优分类器能从给定训练数据中获得最好的性能，应用此算法的开销却很大。原因在于它要计算 H 中每个假设的后验概率，然后合并每个假设的预测以分类新实例。

一个替代的、非最优的方法是 Gibbs 算法(见 Opper & Haussler 1991)，定义如下：

1) 按照 H 上的后验概率分布，从 H 中随机选择假设 h。

2) 使用 h 来预言下一实例 x 的分类。

当有一待分类新实例时，Gibbs 算法简单地按照当前的后验概率分布使用一随机抽取的假设。令人吃惊的是，可证明在一定条件下 Gibbs 算法的误分类率的期望值最多为贝叶斯最优分类器的两倍(Haussher et al. 1994)。更精确地讲，期望值是在随机抽取的目标概念上作出的，抽取过程按照学习器假定的先验概率。在此条件下，Gibbs 算法的错误率期望值最差为贝叶斯分类器的两倍。

该结论对前述的概念学习问题有一个有趣的启示，即如果学习器假定 H 上有均匀的先验概率，而且如果目标概念实际上也按该分布抽取，那么当前变型空间中随机抽取的假设对下一实例分类的期望误差最多为贝叶斯分类器的两倍。这里又有了一个例子说明贝叶斯分析可以对一种非贝叶斯算法的性能进行评估。

6.9 朴素贝叶斯分类器

贝叶斯学习方法中实用性很高的一种为朴素贝叶斯学习器，常被称为朴素贝叶斯分类器(naive Bayes classifier)。在某些领域内其性能可与神经网络和决策树学习相当。本节介绍朴素贝叶斯分类器，下一节将其应用于实际的问题，即自然语言文本文档的分类问题。

朴素贝叶斯分类器应用的学习任务中，每个实例 x 可由属性值的合取描述，而目标函数 $f(x)$ 从某有限集合 V 中取值。学习器被提供一系列关于目标函数的训练样例以及新实例(描述为属性值的元组)$\langle a_1, a_2 \ldots a_n \rangle$，然后要求预测新实例的目标值(或分类)。

贝叶斯方法的新实例分类目标是在给定描述实例的属性值$\langle a_1, a_2 \ldots a_n \rangle$下，得到最可能

的目标值 v_{MAP}。

$$v_{MAP}=\underset{v_j\in V}{\operatorname{argmax}}P(v_j|a_1,a_2...a_n)$$

可使用贝叶斯公式将此表达式重写为：

$$\begin{aligned}v_{MAP}&=\underset{v_j\in V}{\operatorname{argmax}}\frac{P(a_1,a_2...a_n|v_j)P(v_j)}{P(a_1,a_2...a_n)}\\&=\underset{v_j\in V}{\operatorname{argmax}}P(a_1,a_2...a_n|v_j)P(v_j)\end{aligned}\tag{6.19}$$

现在要做的是基于训练数据估计式(6.19)中两个数据项的值。估计每个 $P(v_j)$很容易，只要计算每个目标值 v_j 出现在训练数据中的频率就可以。然而，除非有一个非常大的训练数据的集合，否则用这种方法估计不同的 $P(a_1,a_2...a_n|v_j)$项不太可行。问题在于这些项的数量等于可能实例的数量乘以可能目标值的数量。因此为获得合理的估计，实例空间中每个实例必须出现多次。

朴素贝叶斯分类器基于一个简单的假定：在给定目标值时属性值之间相互条件独立。换言之，该假定说明在给定实例的目标值情况下，观察到联合的 a_1，$a_2...a_n$ 的概率等于每个单独属性的概率乘积：

$$P(a_1,a_2...a_n|v_j)=\prod_i P(a_i|v_j)$$

将其代入式(6.19)中，可得到朴素贝叶斯分类器所使用的方法：

$$v_{NB}=\underset{v_j\in V}{\operatorname{argmax}}P(v_j)\prod_i P(a_i|v_j)\tag{6.20}$$

其中，v_{NB}表示朴素贝叶斯分类器输出的目标值。注意，在朴素贝叶斯分类器中，须从训练数据中估计的不同 $P(a_i|v_j)$项的数量只是不同的属性值数量乘以不同目标值数量——这比要估计 $P(a_1,a_2...a_n|v_j)$项所需的量小得多。

概括地讲，朴素贝叶斯学习方法需要估计不同的 $P(v_j)$和 $P(a_i|v_j)$项，基于它们在训练数据上的频率。这些估计对应了待学习的假设。然后该假设使用式(6.20)中的规则来分类新实例。只要所需的条件独立性能够被满足，朴素贝叶斯分类 v_{NB}等于 MAP 分类。

朴素贝叶斯学习方法和其他已介绍的学习方法之间有一个有趣的差别：没有明确的搜索可能假设空间的过程(这里，可能假设的空间为可被赋予不同的 $P(v_j)$和 $P(a_i|v_j)$项的可能值)。假设的形成不需要搜索，只是简单地计算训练样例中不同数据组合的出现频率就可以了。

举例

现将朴素贝叶斯分类器应用到前面决策树中讨论过的概念学习问题：按照某人是否要打网球来划分天气。第3章的表3-2提供了目标概念 *PlayTennis* 的14个训练样例，其中，每一天由属性 *Outlook*、*Temperature*、*Humidity* 和 *Wind* 来描述。这里我们使用此表中的数据结合朴素贝叶斯分类器来分类下面的新实例：

$$\langle Outlook=sunny,\ Temperature=cool,\ Humidity=high,\ Wind=strong\rangle$$

我们的任务是对此新实例预测目标概念 *PlayTennis* 的目标值(*yes* 或 *no*)。将式(6.20)应用到当前的任务，目标值 v_{NB}由下式给出：

$$
\begin{aligned}
v_{NB} &= \underset{v_j \in \{yes, no\}}{\operatorname{argmax}} P(v_j) \prod_i P(a_i \mid v_j) \\
&= \underset{v_j \in \{yes, no\}}{\operatorname{argmax}} P(v_j) \quad P(Outlook = sunny \mid v_j) P(Temperature = cool \mid v_j) \\
&\quad P(Humidity = high \mid v_j) P(Wind = strong \mid v_j) \qquad (6.21)
\end{aligned}
$$

注意,在最后一个表达式中 a_i 已经用新实例的特定属性值实例化了。为计算 v_{NB},现在需要 10 个概率,它们都可以从训练数据中估计出来。首先不同目标值的概率可以基于这 14 个训练样例的频率很容易地估计出:

$$P(PlayTennis = yes) = 9/14 = 0.64$$
$$P(PlayTennis = no) = 5/14 = 0.36$$

与此类似,可以估计出条件概率,例如对于 $Wind = strong$ 有:

$$P(Wind = strong \mid PlayTennis = yes) = 3/9 = 0.33$$
$$P(Wind = strong \mid PlayTennis = no) = 3/5 = 0.60$$

使用这些概率估计以及对剩余属性的相似的估计,可按照式(6.21)计算 v_{NB} 如下(为简明起见忽略了属性名):

$$P(yes)P(sunny \mid yes)P(cool \mid yes)P(high \mid yes)P(strong \mid yes) = 0.0053$$
$$P(no)P(sunny \mid no)P(cool \mid no)P(high \mid no)P(strong \mid no) = 0.0206$$

这样,基于从训练数据中学习到的概率估计,朴素贝叶斯分类器将此实例赋以目标值 $PlayTennis = no$ 。再进一步,通过将上述的量归一化,可计算给定观察值下目标值为 no 的条件概率。对于此例,概率为 $0.0206/(0.0206 + 0.0053) = 0.795$。

估计概率

至此,我们通过在全部事件基础上观察某事件出现的比例来估计概率。例如,在上例中,估计 $P(Wind = strong \mid PlayTennis = no)$ 使用的是比值 n_c/n,其中,$n = 5$ 为所有 $PlayTennis = no$ 的训练样例数目,而 $n_c = 3$ 是在其中 $Wind = strong$ 的数目。

显然,在多数情况下,观察到的比例是对概率的一个良好估计,但当 n_c 很小时估计较差。难度在于,设想 $P(Wind = strong \mid PlayTennis = no)$ 的值为 0.08,而样本中只有 5 个样例的 $PlayTennis = no$。那么对于 n_c 最可能的值只有 0。这产生了两个难题,首先,n_c/n 产生了一个有偏的过低估计(underestimate)概率。其次,当此概率估计为 0 时,如果将来的查询包含 $Wind = strong$,此概率项会在贝叶斯分类器占有统治地位。原因在于,由式(6.20)计算的量需要将其他所有概率项乘以此 0 值。

为避免这些难题,这里采用一种估计概率的贝叶斯方法,即如下定义的 m-估计:

$$\frac{n_c + mp}{n + m} \qquad (6.22)$$

这里,n_c 和 n 与前面定义相同,p 是将要确定的概率的先验估计,而 m 是一称为等效样本大小的常量,它确定了对于观察到的数据如何衡量 p 的作用。在缺少其他信息时选择 p 的一种典型的方法是假定均匀的先验概率,也就是,如果某属性有 k 个可能值,那么设置 $p = 1/k$。例如,为估计 $P(Wind = strong \mid PlayTennis = no)$,注意到属性 $Wind$ 有两个可能值,因此均匀的先验概率为 $p = 0.5$。注意如果 m 为 0,m-估计等效于简单的比例 n_c/n。如果 n 和 m 都非 0,那么观察到的比例 n_c/n 和先验概率 p 可按照权 m 合并。m 被称为等效样本大小的原因是:式(6.22)可被解释为将 n 个实际的观察扩大,加上 m 个按 p 分布的虚拟样本。

6.10 举例:学习分类文本

为演示贝叶斯学习方法在实践上的重要性,考虑一个学习问题,其中的实例都为文本文档。例如,要学习目标概念:“我感兴趣的电子新闻稿”或“讨论机器学习的万维网页”。在这两种情况下,如果计算机可以精确地学习到目标概念,就可从大量在线文本文档中自动过滤出最相关的文档显示给读者。

这里描述了一个基于朴素贝叶斯分类器的文本分类的通用算法。有趣的是,这样的概率方法是目前所知文本文档分类算法中的最有效的一类。这种系统的例子由 Lewis(1991)、Lang(1995)和 Joachims(1996)提出。

将要展示的朴素贝叶斯算法遵循以下的问题框架。考虑实例空间 X 包含了所有的文本文档(即任意长度的所有可能的单词和标点符号串)。给定某未知目标函数 $f(x)$ 的一组训练样例,$f(x)$的取值来自于某有限集合 V。此任务是从训练样例中学习,以预测后续文本文档的目标值。作为示例,这里考虑的目标函数是:将文档分类为某人是否感兴趣,使用目标值 *like* 和 *dislike* 代表这两类。

在应用朴素贝叶斯分类器时的两个主要设计问题是,首先要决定怎样将任意文档表示为属性值的形式,其次要决定如何估计朴素贝叶斯分类器所需的概率。

这里表示任意文本文档的途径极奇简单。给定一文本文档(这里先考虑英文文档),可对每个单词的位置定义一个属性,该属性的值为在此位置上找到的英文单词。该文本文档如下例所示:

This is an example document for the naive Bayes classifier. This document contains only one paragraph, or two sentences.

这样,上例中的文本被表示为 19 个属性,对应 19 个单词位置。第一个属性的值为“This”,第二个为“is”,依次类推。注意较长的文档也需要较多的属性数目。我们将看到,这不会带来任何麻烦。

如果文本文档这样表示,现在就可以应用朴素贝叶斯分类器了。为了明确起见,假定我们有 700 个训练文档,并且已由人工将其分类为 *dislike*,而另外 300 个文档被分类为 *like*。现在有了一个新文档要分类。为明确起见,该文档就是上面的两句英文例子。在此情况下,可应用式(6.20)计算朴素贝叶斯分类器如:

$$v_{NB} = \underset{v_j \in \{like, dislike\}}{\operatorname{argmax}} P(v_j) \prod_{i=1}^{19} P(a_i \mid v_j)$$

$$= \underset{v_j \in \{like, dislike\}}{\operatorname{argmax}} P(v_j) P(a_1 = \text{"this"} \mid v_j) P(a_2 = \text{"is"} \mid v_j) \ldots P(a_{19} = \text{"sentences"} \mid v_j)$$

概括地讲,朴素贝叶斯分类 v_{NB}是使该文档中的单词在此处被观察到的概率最大的一个分类,它遵循通常的朴素贝叶斯独立性假定。独立性假定 $P(a_1, \ldots a_{19} \mid v_j) = \prod_1^{19} P(a_i \mid v_j)$ 说明在一个位置上出现某单词的概率独立于另外一个位置的单词。这一假定在有些时候并不反映真实情况。例如,在某处观察到单词 learning 的概率会因为它前一单词是 machine 而增大。虽然此独立性假定很不精确,但这里别无选择,必须作此假定——没有这个假定,要计算的概率项将极为庞大。幸运的是,在实践中朴素贝叶斯学习器在许多文本分类问题中性能非常好,即使此独立性假定不正确。Domingos 和 Pazzani(1996)对这一幸运的现象作了一个有趣的分析。

为使用上式计算 v_{NB},需要估计概率项 $P(v_i)$和 $P(a_i = w_k | v_i)$。这里引入 w_k 代表英文词典中的第 k 个单词。前一项可基于每一类在训练数据中的比例很容易地得到(此例中 $P(like) = 0.3$ 且 $P(dislike) = 0.7$)。如以往那样,估计类别的条件概率(如 $P(a_1) =$"*This*"$|$ $P(dislike)$)要困难的多,因为必须对每个文本位置、英文单词和目标值的组合计算此概率项。非常不幸,在英文词汇中包含约 5 万个不同单词,本例中有 2 个可能的目标值和 19 个文本位置,所以必须从训练数据中估计 $2 \times 19 \times 50000 \approx 200$ 万个这样的概率项。

幸运的是,可以再引入一合理的假定以减少需要估计的概率数量。确切地讲,可假定遇到一个特定单词 w_k 的概率独立于单词所在位置。形式化的表述是,在给定目标分类的情况下,假定各属性是独立同分布的,即对所有的 i, j, k, m,$P(a_i = w_k | v_j) = P(a_m = w_k | v_j)$。因此,为估计整个概率集合 $P(a_1 = w_k | v_j)$, $P(a_2 = w_k | v_j)\cdots$,可通过一个位置无关的概率 $P(w_k | v_j)$,而不考虑单词的位置。其效果是,现在只需要 2×50000 个不同的概率项 $P(w_k | v_j)$。虽然这仍然是一个较大的数值,但却是可处理的。注意到如果训练数据有限,作此假定的一个主要优点在于,它使可用于估计每个所需概率的样例数增加了,因此增加了估计的可靠程度。

为完成学习算法的设计,仍需要选择一个方法估计概率项。这里采纳了等式(6.22)中的 m-估计,即有统一的先验概率并且 m 等于词汇表的大小。因此,对 $P(w_k | v_j)$的估计为:

$$\frac{n_k + 1}{n + |Vocabulary|}$$

其中,n 为所有目标值为 v_j 的训练样例中单词位置的总数,n_k 是在 n 个单词位置中找到 w_k 的次数,而$|Vocabulary|$为训练数据中的不同单词(以及其他记号)的总数。

概括地说,最终的算法使用的朴素贝叶斯分类器假定单词出现的概率与它在文本中的位置无关。最终的算法显示在表 6-2 中。注意该算法非常简单。其中,过程 LEARN-NAIVE-BAYES-TEXT 分析所有训练文档,从中抽取出所有出现的单词和记号,然后在不同目标类中计算其频率以获得必要的概率估计。以后,若给定一个待分类新实例,过程 CLASSIFY-NAIVE-BAYES-TEXT 使用此概率估计来按照式(6.20)计算 v_{NB}。注意在新文档中出现但不在训练集的文档中出现的任何单词将被简单地忽略。该算法的代码以及训练数据集,可在万维网的 http://www.cs.cmu.edu/~tom/book.html 中找到。

表 6-2　用于学习和分类文本的朴素贝叶斯算法

LEARN_NAIVE_BAYES_TEXT(*Examples*, *V*)

Examples 为一组文本文档以及它们的目标值。*V* 为所有可能目标值的集合。此函数作用是学习概率项 $P(w_k | v_j)$,它描述了从类别 v_j 中的一个文档中随机抽取的一个单词为英文单词 w_k 的概率。该函数也学习类别的先验概率 $P(v_j)$。

1. 收集 *Examples* 中所有的单词、标点符号以及其他记号

- *Vocabulary*←在 *Examples* 中任意文本文档中出现的所有单词及记号的集合

（续）

2. 计算所需要的概率项 $P(v_j)$ 和 $P(w_k|v_j)$

- 对 V 中每个目标值 v_j
  - $docs_j \leftarrow$ *Examples* 中目标值为 v_j 的文档子集
  - $P(v_j) \leftarrow \frac{|docs_j|}{|Examples|}$
  - $Text_j \leftarrow$ 将 $docs_j$ 中所有成员连接起来建立的单个文档
  - $n \leftarrow$ 在 $Text_j$ 中不同单词位置的总数
  - 对 *Vocabulary* 中每个单词 w_k
    - $n_k \leftarrow$ 单词 w_k 出现在 $Text_j$ 中的次数
    - $P(w_k|v_j) \leftarrow \frac{n_k+1}{n+|Vocabulary|}$

CLASSIFY_NAIVE_BAYES_TEXT(*Doc*)

对文档 *Doc* 返回其估计的目标值。a_i 代表在 *Doc* 中的第 i 个位置上出现的单词。

- *positions* $\leftarrow$ 在 *Doc* 中的所有单词位置，它包含能在 *Vocabulary* 中找到的记号
- 返回 v_{NB}

$$v_{NB} = \underset{v_j \in V}{\operatorname{argmax}} P(v_j) \prod_{i \in positions} P(a_i | v_j)$$

注：除通常的朴素贝叶斯假定外，算法还假定单词出现的概率独立于其在文本中的位置。

实验结果

表 6-2 的学习算法效率如何？在 Joachims(1996)的一个实验中，此算法（有微小的变化）被应用于分类新闻组的文章。其中每一文章的分类是该文章所属的新闻组名称。此实验考虑了 20 个电子新闻组，然后从每个新闻组中搜集 1000 篇文章，形成一个包含 2 万个文档的数据集。然后应用朴素贝叶斯算法，其中 2/3 作为训练样例，而在剩余 1/3 中进行性能的衡量。因为有 20 个可能的新闻组，那么随机猜测的分类精确度为 5%。由程序获得的精确度为 89%。此实验中使用的算法与表 6-2 中的算法只有一点不同：只有文档中出现单词的一个子集被选作算法中的词汇表，确切地说，100 个最常见的单词被移去（如“the”和“of”这样的单词），而且任何出现少于 3 次的单词也被移去，得到的词汇表大约包含 38 500 个单词。

应用类似的统计学习算法进行文本分类的其他实验也获得了同样好的结果。例如，Lang (1995)描述了朴素贝叶斯算法的另一变种，把它应用到学习目标概念“我感兴趣的新闻组文章”。他描述了 NEWSWEEDER 系统——是一个让用户阅读新闻组文章并为其评分的系统。然后 NEWSWEEDER 使用这些评分的文章作为训练样例，来预测后续的文章哪些是用户感兴趣的，再将其送给用户阅读。LANG (1995)报告了他的实验，其中用 NEWSWEEDER 中学到的用户兴趣配置文件，每天向用户推荐评分最高的新文章。通过每天向用户展示前 10%的自动评分文章，它建立的文章序列中包含的用户感兴趣的文章比通常高 3～4 倍。例如，被一个用户评价为“有趣的”文章占总体的 16%，而 NEWSWEEDER 推荐的文章中他感兴趣的占 59%。

其他几种非贝叶斯的统计文本学习算法也很常见，其中许多基于信息检索领域（information retrieval）中的最先发明的相似性度量（见 Rocchio 1971；Salton 1991）。更多的文本学习算法见 Hearst & Hirsh(1996)。

表 6-3　在文本分类实验中使用的 20 个新闻组

comp.graphics	misc.forsale	soc.religion.christian	sci.space
comp.os.ms-windows.misc	rec.autos	talk.politics.guns	sci.crypt
comp.sys.ibm.pc.hardware	rec.motorcycles	talk.politics.mideast	sci.electronics
comp.sys.mac.hardware	rec.sport.baseball	talk.politics.misc	sci.med
comp.windows.x	rec.sport.hockey	talk.religion.misc	
		alt.atheism	

注：在对每个新闻组用 667 篇文章训练后，朴素贝叶斯分类器在预测后续文章属于哪一个新闻组时获得了 89% 的精度。随机猜测只能得到 5% 的精确度。

6.11　贝叶斯信念网

如前两节所讨论的，朴素贝叶斯分类器假定属性 $a_1 \cdots a_n$ 的值在给定目标值 v 下是条件独立的。这一假定显著地减小了目标函数学习的计算复杂度。当此条件成立时，朴素贝叶斯分类器可得到最优贝叶斯分类。然而，在许多情形下，这一条件独立假定明显过于严格了。

贝叶斯信念网描述的是一组变量所遵从的概率分布，它通过一组条件概率来指定一组条件独立性假定。朴素贝叶斯分类器假定所有变量在给定目标变量值时为条件独立的。与此不同，贝叶斯信念网中可表述变量的一个子集上的条件独立性假定。因此，贝叶斯信念网提供了一种中间的方法，它比朴素贝叶斯分类器中条件独立性的全局假定的限制更少，又比在所有变量中计算条件依赖更可行。贝叶斯信念网是目前研究中一个焦点，而且已提出学习它和用它进行推理的多种方法。本节介绍贝叶斯信念网的关键概念和表示。更详细的讨论见 Pearl (1988)、Rusell & Norvig (1995)、Heckerman et al.(1995)以及 Jensen (1996)。

一般来说，贝叶斯信念网描述了一组变量上的概率分布。考虑一任意的随机变量集合 $Y_1 \cdots Y_n$，其中每个 Y_i 可取的值集合为 $V(Y_i)$。定义变量集合 Y 的联合空间(joint space)为叉乘 $V(Y_1) \times V(Y_2) \cdots V(Y_n)$。换言之，在联合空间中的每一项对应变量元组 $\langle Y_1 ... Y_n \rangle$ 的一个可能的赋值。在此联合空间上的概率分布称为联合概率分布(joint probability distribution)。联合概率分布指定了元组 $\langle Y_1 ... Y_n \rangle$ 的每个可能的变量约束的概率。贝叶斯信念网则对一组变量描述了联合概率分布。

6.11.1　条件独立性

首先，为讨论贝叶斯信念网，需要精确定义条件独立性。令 X、Y 和 Z 为 3 个离散值随机变量。当给定 Z 值时 X 服从的概率分布独立于 Y 的值，称 X 在给定 Z 时条件独立于 Y，即：

$$(\forall x_i, y_j, z_k) P(X = x_i \mid Y = y_j, Z = z_k) = P(X = x_i \mid Z = z_k)$$

其中：$x_i \in V(X)$，$y_j \in V(Y)$，$z_k \in V(Z)$。通常将上式简写为 $P(X \mid Y, Z) = P(X \mid Z)$。这一关于条件独立性的定义可被扩展到变量集合。当下列条件成立时，称变量集合 $X_1 ... X_l$ 在给定变量集合 $Z_1 ... Z_n$ 时条件独立于变量集合 $Y_1 ... Y_m$：

$$P(X_1 ... X_l \mid Y_1 ... Y_m, Z_1 ... Z_n) = P(X_1 ... X_l \mid Z_1 ... Z_n)$$

注意，此定义与朴素贝叶斯分类器中的条件独立性之间的关系。朴素贝叶斯分类器假定给定目标值 V 时，实例属性 A_1 条件独立于实例属性 A_2，这使得朴素贝叶斯分类器可以按照下式计算式(6.20)中的 $P(A_1, A_2 \mid V)$：

$$P(A_1, A_2 \mid V) = P(A_1 \mid A_2, V) P(A_2 \mid V) \tag{6.23}$$

$$= P(A_1 \mid V)P(A_2 \mid V) \tag{6.24}$$

式(6.23)只是表6-1中概率的乘法规则的一般形式。式(6.24)成立是因为 A_1 在给定 V 时条件独立于 A_2，然后由条件独立性的定义可以得到 $P(A_1 \mid A_2, V) = P(A_1 \mid V)$。

6.11.2　表示

贝叶斯信念网(简写为贝叶斯网)表示一组变量的联合概率分布。例如，图6-3中的贝叶斯网表示了在布尔变量 *Storm*、*Lightning*、*Thunder*、*ForestFire*、*Campfire* 和 *BusTourGroup* 上的联合概率分布。一般地说，贝叶斯网表示联合概率分布的方法是指定一组条件独立性假定(它表示为一有向无环图)以及一组局部条件概率集合。联合空间中每个变量在贝叶斯网中表示为一个结点。对每一个变量需要两种类型的信息。首先，网络弧表示断言"此变量在给定其直接前驱时条件独立于其非后继"。当从 Y 到 X 存在一条有向的路径，我们称 X 是 Y 的后继。其次，对每个变量有一个条件概率表，它描述了该变量在给定其立即前驱时的概率分布。对网络变量的元组 $\langle Y_1 \ldots Y_n \rangle$ 赋以所希望的值 $(y_1 \ldots y_n)$ 的联合概率可由下面的公式计算：

$$P(y_1, \ldots, y_n) = \prod_{i=1}^{n} P(y_i \mid Parents(Y_i))$$

其中，$Parents(Y_i)$ 表示网络中 Y_i 的直接前驱的集合。注意，$P(y_i \mid Parents(Y_i))$ 的值等于与结点 Y_i 关联的条件概率表中的值。

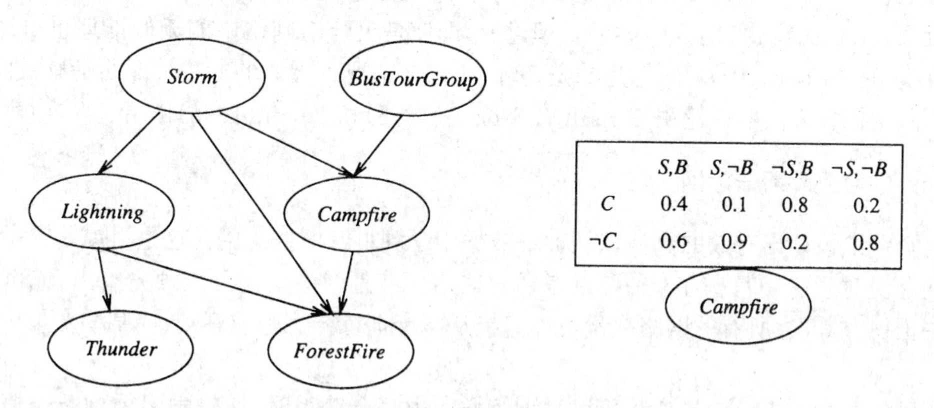

	S,B	S,¬B	¬S,B	¬S,¬B
C	0.4	0.1	0.8	0.2
¬C	0.6	0.9	0.2	0.8

左边的网络表示了一组条件独立性假定。确切地说，每个节点在给定其父结点时，条件独立于其非后代结点。每个结点关联一个条件概率表，它指定了该变量在给定其父结点时的条件分布。右边列出了 *Campfire* 结点的条件概率表，其中 *Campfire*，*Storm* 和 *BusTourGroup* 分别缩写为 C，S，B。

图6-3　贝叶斯信念网

为说明这一点，图6-3表示了在布尔变量 *Storm*、*Lightning*、*Thunder*、*ForestFire*、*Campfire* 以及 *BusTourGroup* 上的联合概率分布。考虑结点 *Campfire*，网络结点和孤表示了断言：*Campfire* 在给定其父结点 *Storm* 和 *BusTourGroup* 时条件独立于其非后继 *Lightning* 和 *Thunder*。这意味着一旦我们知道了变量 *Storm* 和 *BusTourGroup* 的值，变量 *Lightning* 和 *Thunder* 不会提供有关 *Campfire* 的更多的信息。图右边显示了与变量 *Campfire* 联系的条件概率表。比如表的最左上一个数据表示了以下的断言：

$$P(Campfire = True \mid Storm = True,\ BusTourGroup = True) = 0.4$$

注意，此表只提供了给定其父变量 *Storm* 和 *BusTourGroup* 下 *Campfire* 的条件概率，所有变量的局部条件概率表以及由网络所描述的一组条件独立假定,描述了该网络的整个联合概率分布。

贝叶斯信念网的一个吸引人的特性在于,它提供了一种方便的途径以表示因果知识,比如 *Lightning*(闪电)导致 *Thunder* (打雷)。以条件独立性的术语,可将其表述为在给定 *Lightning* 的值情况下,*Thunder* 条件独立于网络中其他变量。注意,此条件独立性假定是由图6-3的贝叶斯网的弧指定的。

6.11.3 推理

可以用贝叶斯网在给定其他变量的观察值时推理出某些目标变量(如,*ForestFire*)的值。当然,由于所处理的是随机变量,所以一般不会赋予目标变量一个确切的值。真正需要推理的是目标变量的概率分布,它指定了在给予其他变量的观察值条件下,目标变量取每一个可能值的概率。在网络中所有其他变量都确切知道了以后,这一推理步骤是很简单的。在更通常的情况下,我们希望在知道一部分变量的值(比如仅有 *Thunder* 和 *BusTourGroup* 可被观察到)时获得某变量的概率分布(如 *ForestFire*)。一般来说,贝叶斯网络可用于在知道某些变量的值或分布时计算网络中另一部分变量的概率分布。

一般情况下,对任意贝叶斯网络的概率的确切推理已经知道是一个 NP 难题(Cooper 1990)。已有多种方法在贝叶斯网络中进行概率推理,包括确切的推理以及牺牲精度换取效率的近似推理方法。例如,Monte Carlo 方法提供了一种近似的方法,通过对未观察到的变量进行随机采样(Pradham Dagum 1996)。理论上,即使是贝叶斯网络中的近似推理也可能是 NP 难题(Dagnm 和 Luby 1993)。幸运的是,实践中许多情况下近似的方法被证明是有效的,对于贝叶斯网络推理方法的讨论由 Russell & Norvig(1995)和 Jensen(1996)作出。

6.11.4 学习贝叶斯信念网

是否可以设计出有效的算法以从训练数据中学到贝叶斯信念网?这是目前研究中的一个焦点问题。对于这一问题有多种可以考虑的框架。首先网络结构可以预先给出,或可由训练数据中推得。其次,所有的网络变量可以直接从每个训练样例中观察到,或某些变量不能观察到。

当网络结构预先已知且变量可以从训练样例中完全获得时,通过学习得到条件概率表就比较简单了,只需要像在朴素贝叶斯分类器中那样估计表中的条件概率项。

若网络结构已知,但只有一部分变量值能在数据中观察到,学习问题就困难得多了。这一问题在某种程度上类似于在人工神经网络中学习隐藏单元的权值,其中输入和输出结点值由训练样例给出,但隐藏单元的值未指定。实际上,Russtll et al.(1995)提出了一个简单的梯度上升过程以学习条件概率表中的项。这一梯度上升过程搜索一个假设空间,它对应于条件概率表中所有可能的项。在梯度上升中被最大化的指标函数是给定假设 h 下观察到训练数据 D 的概率 $P(D|h)$。按照定义,它相当于对表项搜索极大似然假设。

6.11.5 贝叶斯网的梯度上升训练

由 Russell et al. (1995)给出的梯度上升规则通过 $\ln P(D|h)$的梯度来使 $P(D|h)$最大化,此梯度是关于定义贝叶斯网的条件概率表的参数的。令 w_{ijk}代表条件概率表的一个表项。确切地讲,令 w_{ijk}为在给定父结点 U_i 取值 u_{ik}时,网络变量 Y_i 值为 y_{ij}的概率。例如,若 w_{ijk}为

图 6-3 中条件概率表中最右上方的表项，那么 Y_i 为变量 *Campfire*，U_i 是其父结点的元组 $\langle Storm, BusTourGroup\rangle$，$y_{ij} = True$，并且 $u_{ik} = \langle False, False\rangle$。对于每个 w_{ijk}，$\ln P(D|h)$ 的梯度由导数 $\frac{\partial \ln P(D|h)}{\partial w_{ijk}}$ 给出。如下所示，每个导数可根据下式来计算：

$$\frac{\partial \ln P(D \mid h)}{\partial w_{ijk}} = \sum_{d \in D} \frac{P(Y_i = y_{ij}, U_i = u_{ik} \mid d)}{w_{ijk}} \tag{6.25}$$

例如，为计算对应于图 6-3 中表左上方的表项的 $\ln P(D|h)$ 的导数，需要对 D 中每个训练样例 d 计算 $P(Campfire = True, Storm = False, BusTourGroup = False \mid d)$。当训练样例 d 中无法观察到这些变量时，这些概率可用标准的贝叶斯网络从 d 中观察到的变量中推理得到。实际上这些所需的量是从多数贝叶斯网络推理的过程中计算得到的，因此无论何时贝叶斯网络被用于推理并且随即获得新的证据，学习过程几乎不需要附加的开销。

下面根据 Russell et al.(1995) 推导式(6.25)。本节的后面在第一次阅读时可以被跳过，而不失连续性。为使记号简单化，下面的推导将用 $P_h(D)$ 来简写 $P(D|h)$。因此，我们的问题是获得对所有 i,j,k 的导数集合 $\frac{\partial P_h(D)}{\partial w_{ijk}}$ 的梯度。假定在数据集 D 中的各样例 d 都是独立抽取的，可将此导数写为：

$$\begin{aligned}
\frac{\partial \ln P_h(D)}{\partial w_{ijk}} &= \frac{\partial}{\partial w_{ijk}} \ln \prod_{d \in D} P_h(d) \\
&= \sum_{d \in D} \frac{\partial \ln P_h(d)}{\partial w_{ijk}} \\
&= \sum_{d \in D} \frac{1}{P_h(d)} \frac{\partial P_h(d)}{\partial w_{ijk}}
\end{aligned}$$

最后一步使用了等式 $\frac{\partial \ln f(x)}{\partial x} = \frac{1}{f(x)} \frac{\partial f(x)}{\partial x}$。现在可以引入变量 Y_i 和 $U_i = Parents(Y_i)$ 的值，方法是通过在其可能的值 $y_{ij'}$ 和 $u_{ik'}$ 上求和。

$$\begin{aligned}
\frac{\partial \ln P_h(D)}{\partial w_{ijk}} &= \sum_{d \in D} \frac{1}{P_h(d)} \frac{\partial}{\partial w_{ijk}} \sum_{j',k'} P_h(d \mid y_{ij'}, u_{ik'}) P_h(y_{ij'}, u_{ik'}) \\
&= \sum_{d \in D} \frac{1}{P_h(d)} \frac{\partial}{\partial w_{ijk}} \sum_{j',k'} P_h(d \mid y_{ij'}, u_{ik'}) P_h(y_{ij'} \mid u_{ik'}) P_h(u_{ik'})
\end{aligned}$$

最后一步来自于概率的乘法公式，见表 6-1。现在考虑上面最后一式最右边的求和项。给定了 $w_{ijk} \equiv P_h(y_{ij} | u_{ik})$，在此求和中惟一 $\frac{\partial}{\partial w_{ijk}}$ 不等于 0 的项是其中 $j' = j$ 和 $i' = i$ 的项，因此：

$$\begin{aligned}
\frac{\partial \ln P_h(D)}{\partial w_{ijk}} &= \sum_{d \in D} \frac{1}{P_h(d)} \frac{\partial}{\partial w_{ijk}} P_h(d \mid y_{ij}, u_{ik}) P_h(y_{ij} \mid u_{ik}) P_h(u_{ik}) \\
&= \sum_{d \in D} \frac{1}{P_h(d)} \frac{\partial}{\partial w_{ijk}} P_h(d \mid y_{ij}, u_{ik}) w_{ijk} P_h(u_{ik}) \\
&= \sum_{d \in D} \frac{1}{P_h(d)} P_h(d \mid y_{ij}, u_{ik}) P_h(u_{ik})
\end{aligned}$$

应用贝叶斯公式来重写 $P_h(d|y_{ij}, u_{ik})$ 可得：

$$\frac{\partial \ln P_h(D)}{\partial w_{ijk}} = \sum_{d \in D} \frac{1}{P_h(d)} \frac{P_h(y_{ij}, u_{ik} \mid d) P_h(d) P_h(u_{ik})}{P_h(y_{ij}, u_{ik})}$$

$$= \sum_{d \in D} \frac{P_h(y_{ij}, u_{ik} \mid d) P_h(u_{ik})}{P_h(y_{ij}, u_{ik})}$$

$$= \sum_{d \in D} \frac{P_h(y_{ij}, u_{ik} \mid d)}{P_h(y_{ij} \mid u_{ik})}$$

$$= \sum_{d \in D} \frac{P_h(y_{ij}, u_{ik} \mid d)}{w_{ijk}} \tag{6.26}$$

这样我们已导出了式(6.25)中的梯度。在描述梯度上升训练前还要考虑一个问题。确切地说,我们要求当权 w_{ijk} 更新时,它们必须保持有效概率在区间[0,1]之间。我们还要求 $\sum_j w_{ijk}$ 对所有的 i,k 保持为1。这些限制可由一个两步骤的权更新来满足。首先用梯度上升来更新每个 w_{ijk}:

$$w_{ijk} \leftarrow w_{ijk} + \eta \sum_{d \in D} \frac{P_h(y_{ij}, u_{ik} \mid d)}{w_{ijk}}$$

其中,η 是一小的常量,称为学习率。其次,再将权值 w_{ijk} 归一化,以保证上面的限制得到满足。如 Russell 所描述的那样,这一过程将收敛到贝叶斯网络中的条件概率的一个局部极大似然假设。

像在其他基于梯度的方法中那样,该算法只保证寻找到局部最优解。替代梯度上升的一个算法是 EM 算法,它在第 6.12 节中讨论,它也只找局部极大可能解。

6.11.6　学习贝叶斯网的结构

当网络结构预先未知时,学习贝叶斯网络也很困难。Cooper & Herskovits(1992)提出了一个贝叶斯评分尺度(Bayesian scoring metric),以便从不同网络中进行选择。他们还提出一个称为 K2 的启发式搜索算法用于在数据完全可观察到时学习网络结构。像多数学习网络结构的算法一样,K2 执行的是一个贪婪搜索,以便在网络的复杂性和它在训练数据上的精度之间作出折中。在一个实验中,K2 被给予 3000 个训练样例,这些样例是从包含了 37 个节点和 46 条弧的手工创建的贝叶斯网络中随机抽取的。这一网络描述了在一医院的手术室中潜在的细菌问题。除了数据以外,程序还被给予 37 个变量的初始排序,它与实际网络中变量之间的偏序关系一致。该程序成功地创建出了与正确网络结构几乎一样的贝叶斯网络,除了一个不正确地被删除的和一不正确地被加入的弧。

基于约束的学习贝叶斯网络结构的途径也已被开发出来(例如,Spirtes et al. 1993)。这些途径从数据中推导出独立和相关的关系,然后用这些关系来构造贝叶斯网。关于当前学习贝叶斯网的途径的调查由 Heckerman(1995)和 Buntine(1994)给出。

6.12　EM 算法

在许多实际的学习问题框架中,相关实例特征中只有一部分可观察到。例如,在训练或使用图 6-3 中的贝叶斯信念网时,网络变量 *Storm*、*Lighting*、*Thunder*、*ForestFire*、*Campfire* 和 *BusTourGroup* 中可能只有一个子集能在数据中观察到。已有许多方法被提出用来处理存在未观察到该变量的变量的问题。如在第 3 章中看到的,若某些变量有时能观察到,有时不能,那么可以用观察到该变量的实例去预测未观察到的实例中变量的值。在本节中描述 EM 算法(Dempster et al. 1977),这是存在隐含变量时广泛使用的一种学习方法。EM 算法可用于变量的值从来没有被直接观察到的情形，只要这些变量所遵循的概率分布的一般形式已知。EM 算法已被用于训练贝叶斯网(见 Heckerman 1995)以及第 8.4 节讨论的径向基函数(radial basis function)网络。EM 算法还是许多非监督聚类算法的基础(如 Cheeseman et al. 1988)，而且它是用于学习部分可观察马尔可夫模型(Partially Observable Markov Model)的广泛使用的 Baum-Welch 前向后向算法的基础(Rabiner 1989)。

6.12.1 估计 k 个高斯分布的均值

介绍 EM 算法最方便的方法是通过一个例子。考虑数据 D 是一个实例集合，它由 k 个不同正态分布的混合所得分布生成。该问题框架在图 6-4 中显示，其中 $k=2$ 而且实例为沿着 x 轴显示的点。每个实例使用一个两步骤过程形成。首先，随机选择 k 个正态分布中的一个。其次，随机变量 x_i 按照此选择的分布生成。这一过程不断重复，生成一组数据点如图 6-4 所示。为使讨论简单化，我们考虑一个简单情形，即单个正态分布的选择基于均匀的概率进行选择，并且 k 个正态分布有相同的方差σ^2，且 σ^2 已知。学习任务是输出一个假设 $h=\langle\mu_1\ldots\mu_k\rangle$，它描述了 k 个分布中每一个分布的均值。我们希望对这些均值找到一个极大似然假设，即一个使 $p(D|h)$最大化的假设 h。

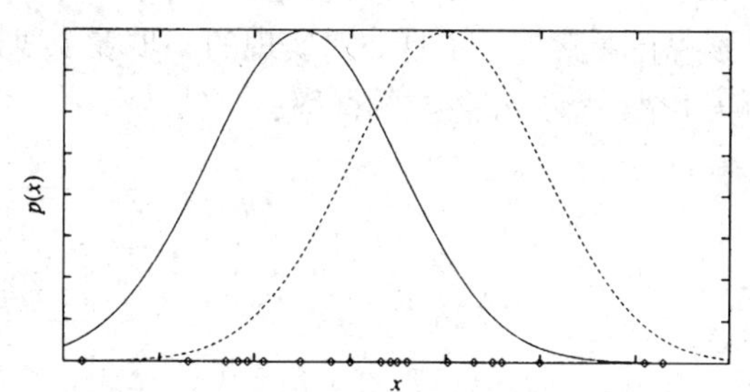

实例为沿着 x 轴显示的点集。如果正态分布的均值未知，EM 算法可用于搜索其极大似然估计

图 6-4　由两个具有相等方差 σ^2 的正态分布的混合生成的实例

注意，当给定从一个正态分布中抽取的数据实例 $x_1, x_2, \ldots, x_m$ 时，很容易计算该分布的均值的极大似然假设。这一寻找单个分布均值的问题只是在 6.4 节的式(6.6)中讨论的问题的一个特例，在其中我们证明了极大似然假设是使 m 个训练实例上的误差平方和最小化的假设。使用当前的记号重新表述一下式(6.6)，可以得到：

$$\mu_{ML} = \underset{\mu}{\operatorname{argmin}} \sum_{i=1}^{m} (x_i - \mu)^2 \tag{6.27}$$

在此情况下，误差平方和是由样本均值最小化的：

$$\mu_{ML} = \frac{1}{m}\sum_{i=1}^{m} x_i \tag{6.28}$$

然而，在这里我们的问题涉及到 k 个不同正态分布的混合，而且我们不知道哪个实例是哪个分布产生的。因此这是一个涉及隐藏变量的典型例子。在图 6-4 的例子中，可把每个实例的完整描述看作是三元组$\langle x_i, z_{i1}, z_{i2}\rangle$，其中，$x_i$ 是第 i 个实例的观测值，z_{i1}和 z_{i2}表示两个正态分布中哪个被用于产生值 x_i。确切地讲，z_{ij}在 x_i 由第j 个正态分布产生时值为 1，否则为 0。这里，x_i 是实例的描述中已观察到的变量，z_{i1}和 z_{i2}是隐藏变量。如果 z_{i1}和 z_{i2}的值可知，就可以用式(6.27)来解决均值 μ_1 和 μ_2。然而它们未知，因此我们只能用 EM 算法。

EM 算法应用于我们的 k 均值问题，目的是搜索一个极大似然假设，方法是根据当前假设$\langle\mu_1\ldots\mu_k\rangle$不断地再估计隐藏变量 z_{ij}的期望值。然后用这些隐藏变量的期望值重新计算极大似然假设。这里首先描述这一实例化的 EM 算法，以后将给出 EM 算法的一般形式。

为了估计图6-4中的两个均值,EM算法首先将假设初始化为 $h=\langle\mu_1, \mu_2\rangle$,其中 μ_1 和 μ_2 为任意的初始值。然后重复以下的两个步骤来重估计 h,直到该过程收敛到一个稳定的 h 值。

步骤1:计算每个隐藏变量 z_{ij} 的期望值 $E[z_{ij}]$,假定当前假设 $h=\langle\mu_1, \mu_2\rangle$ 成立。

步骤2:计算一个新的极大似然假设 $h'=\langle\mu'_1, \mu'_2\rangle$,假定每个隐藏变量 z_{ij} 所取的值为第1步中得到的期望值 $E[z_{ij}]$,然后将假设 $h=\langle\mu_1, \mu_2\rangle$ 替换为新的假设 $h'=\langle\mu'_1, \mu'_2\rangle$,然后循环。

现在考察第一步是如何实现的。步骤1要计算每个 z_{ij} 的期望值。此 $E[z_{ij}]$ 正是实例 x_i 由第 j 个正态分布生成的概率:

$$E[z_{ij}] = \frac{p(x=x_i \mid \mu=\mu_j)}{\sum_{n=1}^{2} p(x=x_i \mid \mu=\mu_n)}$$
$$= \frac{e^{-\frac{1}{2\sigma^2}(x_i-\mu_j)^2}}{\sum_{n=1}^{2} e^{-\frac{1}{2\sigma^2}(x_i-\mu_n)^2}}$$

因此,第一步可由将当前值 $\langle\mu_1, \mu_2\rangle$ 和已知的 x_i 代入到上式中实现。

在第二步中,使用第一步中得到的 $E[z_{ij}]$ 来导出一新的极大似然假设 $h'=\langle\mu'_1, \mu'_2\rangle$。如后面将讨论到的,这时的极大似然假设为:

$$\mu_j \leftarrow \frac{\sum_{i=1}^{m} E[z_{ij}]x_i}{\sum_{i=1}^{m} E[z_{ij}]}$$

注意,此表达式类似于式(6.28)中的样本均值,它用于从单个正态分布中估计 μ。新的表达式只是对 μ_j 的加权样本均值,每个实例由第 j 个正态分布产生的期望值 $E[z_{ij}]$ 来权衡。

上面估计 k 个正态分布均值的算法描述了EM方法的要点:即当前的假设用于估计未知变量,而这些变量的期望值再被用于改进假设。可以证明,在此算法第一次循环中,EM算法能使似然 $P(D|h)$ 增加,除非 $P(D|h)$ 已达到局部最大。因此该算法收敛到对于 $\langle\mu_1, \mu_2\rangle$ 的一个局部最大似然假设。

6.12.2 EM算法的一般表述

上面的EM算法针对的是估计混合正态分布均值的问题。更为一般的情况是:EM算法可用于许多问题框架,其中需要估计一组描述基准概率分布的参数 θ,只给定了由此分布产生的全部数据中能观察到的一部分。在上面的二均值问题中,感兴趣的参数为 $\theta=\langle\mu_1, \mu_2\rangle$,而全部数据为三元组 $\langle x_i, z_{i1}, z_{i2}\rangle$,而只有 x_i 可观察到。一般令 $X=\langle x_1, \ldots, x_m\rangle$ 代表在同样的实例中未观察到的数据,并令 $Y=X\cup Z$ 代表全体数据。我们注意到未观察到的 Z 可被看作一个随机变量,它的概率分布依赖于未知参数 θ 和已知数据 X。与此类似,Y 是一个随机变量,因为它是由随机变量 Z 来定义的。在本节的后续部分,将描述EM算法的一般形式。使用 h 来代表参数 θ 的假设值,而 h' 代表在EM算法的每次迭代中修改的假设。

EM算法通过搜寻使 $E[\ln P(Y|h')]$ 最大的 h' 来寻找极大似然假设 h'。此期望值是在 Y 所遵循的概率分布上计算,此分布由未知参数 θ 确定。考虑此表达式究竟意味了什么。首先,$P(Y|h')$ 是给定假设 h' 下全部数据 Y 的似然度。其合理性在于我们要寻找一个 h' 使该量的某函数值最大化。其次,使该量的对数 $\ln P(Y|h')$ 最大化也使 $P(Y|h')$ 最大化,如已经

介绍过的那样。第三,引入期望值 $E[\ln P(Y|h')]$是因为全部数据 Y 本身也是一个随机变量。已知全部数据 Y 是观察到的 X 和未观察到的 Z 的合并,我们必须在未观察到的 Z 的可能值上取平均并以相应的概率为权值。换言之,要在随机变量 Y 遵循的概率分布上取期望值 $E[\ln P(Y|h')]$。该分布由完全已知的 X 值加上 Z 服从的分布来确定。

Y 遵从的概率分布是什么呢? 一般来说不知道此分布,因为它是由待估计的 θ 参数确定的。然而,EM 算法使用其当前的假设 h 代替实际参数 θ,以估计 Y 的分布。现定义一个函数 $Q(h'|h)$,它将 $E[\ln P(Y|h')]$作为 h'的一个函数给出,在 $\theta=h$ 和全部数据 Y 的观察到的部分 X 的假定之下。

$$Q(h'|h)=E[\ln p(Y|h')|h,X]$$

将 Q 函数写成 $Q(h'|h)$是为了表示其定义是在当前假设 h 等于 θ 的假定下。在 EM 算法的一般形式里,它重复以下两个步骤直至收敛。

步骤 1: 估计(E)步骤:使用当前假设 h 和观察到的数据 X 来估计 Y 上的概率分布以计算 $Q(h'|h)$。

$$Q(h'|h)\leftarrow E[\ln P(Y|h')|h,X]$$

步骤 2: 最大化(M)步骤:将假设 h 替换为使 Q 函数最大化的假设 h':

$$h\leftarrow \underset{h'}{\operatorname{argmax}} Q(h'|h)$$

当函数 Q 连续时,EM 算法收敛到似然函数 $P(Y|h')$的一个不动点。若此似然函数有单个的最大值时,EM 算法可以收敛到这个对 h'的全局的极大似然估计。否则,它只保证收敛到一个局部最大值。因此,EM 与其他最优化方法有同样的局限性,如第 4 章讨论的梯度下降、线搜索和共轭梯度等。

6.12.3 k 均值算法的推导

为说明一般的 EM 算法,我们用它来推导第 6.12.1 节中估计 k 个正态分布混合均值的算法。如上所讨论,k 均值算法是为了估计 k 个正态分布的均值 $\theta=\langle\mu_1,\ ...,\ \mu_k\rangle$。已有的数据为观察到的 $X=\{\langle x_i\rangle\}$,这里的隐藏变量 $Z=\{\langle z_{i1},\ ...,\ z_{ik}\rangle\}$表示 k 个正态分布中哪一个用于生成 x_i。

要应用 EM 算法,必须推导出可用于 k 均值问题的表达式 $Q(h'|h)$。首先推导出 $\ln p(Y|h')$的表达式。注意,每个实例 $y_i=\langle x_i,\ z_{i1},\ ...z_{ik}\rangle$的概率 $p(y_i|h')$可被写作:

$$p(y_i\mid h')=p(x_i,z_{i1},\ldots,z_{ik}\mid h')=\frac{1}{\sqrt{2\pi\sigma^2}}e^{-\frac{1}{2\sigma^2}\sum_{j=1}^{k}z_{ij}(x_i-\mu'_j)^2}$$

要验证此式,必须注意只有一个 z_{ij} 值为 1,其他的为 0。因此,该式给出了由所选的正态分布生成的 x_i 的概率分布。已知单个实例的分布 $p(y_i|h')$,所有 m 个实例的概率的对数 $\ln P(Y|h')$为:

$$\begin{aligned}\ln P(Y\mid h')&=\ln\prod_{i=1}^{m}p(y_i\mid h')\\&=\sum_{i=1}^{m}\ln p(y_i\mid h')\\&=\sum_{i=1}^{m}\left(\ln\frac{1}{\sqrt{2\pi\sigma^2}}-\frac{1}{2\sigma^2}\sum_{j=1}^{k}z_{ij}(x_i-\mu'_j)^2\right)\end{aligned}$$

最后，必须在 Y 所遵从的概率分布上，也就是 Y 的未被观察到的部分 z_{ij} 遵从的概率分布上，计算此 $\ln P(Y|h')$ 的均值。注意，上面 $\ln P(Y|h')$ 的表达式为这些 z_{ij} 的线性函数。一般情况下，对 z 的任意线性函数 $f(z)$ 来说，下面的等式成立：

$$E[f(z)] = f(E[z])$$

根据此等式，可得：

$$E[\ln P(Y \mid h')] = E\left[\sum_{i=1}^{m}\left(\ln \frac{1}{\sqrt{2\pi\sigma^2}} - \frac{1}{2\sigma^2}\sum_{j=1}^{k} z_{ij}(x_i - \mu'_j)^2\right)\right]$$

$$= \sum_{i=1}^{m}\left(\ln \frac{1}{\sqrt{2\pi\sigma^2}} - \frac{1}{2\sigma^2}\sum_{j=1}^{k} E[z_{ij}](x_i - \mu'_j)^2\right)$$

概括地说，k-均值问题中函数 $Q(h'|h)$ 为：

$$Q(h' \mid h) = \sum_{i=1}^{m}\left(\ln \frac{1}{\sqrt{2\pi\sigma^2}} - \frac{1}{2\sigma^2}\sum_{j=1}^{k} E[z_{ij}](x_i - \mu'_j)^2\right)$$

其中，$h' = \langle \mu'_1, \ldots, \mu'_k \rangle$，而 $E[z_{ij}]$ 基于当前假设 h 和观察到的数据 X 计算得出。如前所讨论：

$$E[z_{ij}] = \frac{e^{-\frac{1}{2\sigma^2}(x_i - \mu_j)^2}}{\sum_{n=1}^{k} e^{-\frac{1}{2\sigma^2}(x_i - \mu_n)^2}} \tag{6.29}$$

因此，EM 算法的第 1 步是(估计步)基于估计的 $E[z_{ij}]$ 项定义了 Q 函数。第 2 步(最大化步)接着寻找使此 Q 函数最大的值 $\mu'_1, \ldots, \mu'_k$。在当前例子中：

$$\underset{h'}{\operatorname{argmax}}\, Q(h' \mid h) = \underset{h'}{\operatorname{argmax}} \sum_{i=1}^{m}\left(\ln \frac{1}{\sqrt{2\pi\sigma^2}} - \frac{1}{2\sigma^2}\sum_{j=1}^{k} E[z_{ij}](x_i - \mu'_j)^2\right)$$

$$= \underset{h'}{\operatorname{argmin}} \sum_{i=1}^{m}\sum_{j=1}^{k} E[z_{ij}](x_i - \mu'_j)^2 \tag{6.30}$$

因此，这里的极大似然假设使平方误差的加权和最小化了，其中每个实例 x_i 对误差的贡献 μ'_j 权为 $E[z_{ij}]$。由等式(6.30)给出的量是通过将每个 μ'_j 设为加权样本均值来最小化。

$$\mu_j \leftarrow \frac{\sum_{i=1}^{m} E[z_{ij}]x_i}{\sum_{i=1}^{m} E[z_{ij}]} \tag{6.31}$$

式(6.29)和式(6.31)定义了第 6.12.1 节中定义的 k 均值算法中的两个步骤。

6.13 小结和补充读物

本章的要点包括：

- 概率学习方法利用(并且要求)关于不同假设的先验概率以及在给定假设时观察到不同数据的概率的知识。贝叶斯方法则提供了概率学习方法的基础。贝叶斯方法还可基于这些先验和数据观察假定，赋予每个候选假设一个后验概率。
- 贝叶斯方法可用于确定在给定数据时最可能的假设——极大后验概率(MAP)假设。它比其他的假设更可能成为最优假设。
- 贝叶斯最优分类器将所有假设的预测结合起来，并用后验概率加权，以计算对新实例的最可能分类。
- 朴素贝叶斯分类器是在许多实际应用问题中很有效的一种贝叶斯学习方法。它之所以被称为是朴素的(naive)是因为它的简化假定:属性值在给定实例的分类时条件独立。当该假定成立时,朴素贝叶斯分类器可输出 MAP 分类。即使此假定不成立,在学习分类文本的情况下,朴素贝叶斯分类通常也是很有效的。贝叶斯信念网为属性的子集上的一组条件独立性假定提供了更强的表达能力。

- 贝叶斯推理框架可对其他不直接应用贝叶斯公式的学习方法的分析提供理论基础。例如,在特定条件下学习一个对应于极大似然假设的实值目标函数时,它可使误差平方最小化。
- 最小描述长度准则建议选取这样的假设,它使假设的描述长度和给定假设下数据的描述长度的和最小化。贝叶斯公式和信息论中的基本结论可提供此准则的根据。
- 在许多实际的学习问题中,某些相关的实例变量是不可观察到的。EM 算法提供了一个很通用的方法,当存在隐藏变量时进行学习。该算法开始于一个任意的初始假设。然后迭代地计算隐藏变量的期望值(假定当前假设是正确的),再重新计算极大似然假设(假定隐藏变量等于第 1 步中得到的期望值)。这一过程收敛到一个局部的极大似然假设以及隐藏变量的估计值。

在概率和统计方面有许多很好的介绍性文章,如 Casella & Berger (1990)。几本快速参考类书籍(如 Maisel 1971, Speigel 1991)也对机器学习相关的概率和统计理论提供了很好的阐述。

对贝叶斯分类器和最小平方误差分类器的基本介绍由 Duda & Hart (1973)给出, Domigos & Pazzani(1996)分析了在什么条件下朴素贝叶斯方法可输出最优的分类,即使其独立性假定不成立时(关键在于在什么条件下即使相关联的后验概率估计不正确也可输出最优分类)。

Cestnik (1990)讨论了使用 m-估计来估计概率。

将不同贝叶斯方法与决策树等其他算法进行比较的实验结果可在 Michie et al.(1994)中找到。Chauvin & Rumelhart (1995)提供了基于反向传播算法的神经网络的贝叶斯分析。

对最小描述长度准则的讨论可参考 Rissanen (1983, 1989)。Quinlan & Rivest(1989)描述了其使用以避免决策树的过度拟合。

习题

6.1 再次考虑 6.2.1 节中应用贝叶斯规则的例子。假定医生决定对该病人做第二次化验测试,而且化验结果也为正。根据这两次测试, *cancer* 和 $\neg$ *cancer* 的后验概率是多少? 假定两个测试是相互独立的。

6.2 在 6.2.1 节的例子中,为计算癌症的后验概率,通过将 $P(+|cancer)\cdot P(cancer)$ 和 $P(+|\neg cancer)\cdot P(\neg cancer)$ 归一化使它们的和为 1。使用贝叶斯公式和全概率公式(见表 6-1)证明该方法是正确的(即这样的归一化可以得到 $P(cancer|+)$ 的正确值)。

6.3 考虑下面的概率学习算法 *FindG*,它输出一个极大一般化的一致假设(例如,变型空间的某个极大一般成员)。

(a) 给出 $P(h)$ 和 $P(D|h)$ 的分布,以使 *FindG* 保证输出 MAP 假设。

(b) 给出 $P(h)$ 和 $P(D|h)$ 的分布,以使 *FindG* 不能保证输出 MAP 假设。

(c) 给出 $P(h)$ 和 $P(D|h)$ 的分布,以使 *FindG* 保证输出 ML 假设但不是 MAP 假设。

6.4 在 6.3 节中的概念学习分析中,假定实例序列 $\langle x_1 ... x_m \rangle$ 是固定的。因此,在推导

$P(D|h)$表达式时只需考虑考察到目标值序列$\langle d_1 \ldots d_m \rangle$的概率。考虑更一般的情况，即实例顺序不固定，但是它们是从实例空间 X 上定义的某概率分布上独立抽取的。数据 D 现在必须被描述为一组序偶$\{\langle x_i, d_i \rangle\}$，而 $P(D|h)$必须能反映遇到特定实例 x_i 的概率以及目标值 d_i 的概率。证明在此一般框架中式(6.5)仍然成立。提示：参考 6.5 节中的分析。

6.5 考虑将最小描述长度准则应用到一个假设空间 H，它包含至多 n 个布尔属性的合取(如：$Sunny \wedge Warm$)。假定每个假设的编码为简单地将假设中出现的属性列举出来，其中为了编码任意一个 n 布尔属性所需位数为 $\log_2 n$。设想给定假设下样例编码方式为：若样例与假设一致编码需 0 位，否则用 $\log_2 m$ 位(表示 m 个样例中哪些被误分类了——正确的分类可由该假设预测的值的否定得到)。

(a) 按照最小描述长度准则，写出要被最小化的量的表达式。

(b) 是否可能建立一组训练数据，使存在一个一致假设，但 MDL 选择了一个较不一致的假设。如果是这样，给出这样的训练集，否则解释为什么。

(c) 给出 $P(h)$和 $P(D|h)$的概率分布以使上面的 MDL 算法输出 MAP 假设。

6.6 考虑第 6.9.1 节中 *PlayTennis* 问题的朴素贝叶斯分类器，用贝叶斯信念网画出其中使用的条件独立性假定。给出与结点 *Wind* 相关联的条件概率表。

参考文献

Buntine W. L. (1994). Operations for learning with graphical models. *Journal of Artificial Intelligence Research*, 2, 159–225. http://www.cs.washington.edu/research/jair/home.html.

Casella, G., & Berger, R. L. (1990). *Statistical inference*. Pacific Grove, CA: Wadsworth & Brooks/Cole.

Cestnik, B. (1990). Estimating probabilities: A crucial task in machine learning. *Proceedings of the Ninth European Conference on Artificial Intelligence* (pp. 147–149). London: Pitman.

Chauvin, Y., & Rumelhart, D. (1995). *Backpropagation: Theory, architectures, and applications*, (edited collection). Hillsdale, NJ: Lawrence Erlbaum Assoc.

Cheeseman, P., Kelly, J., Self, M., Stutz, J., Taylor, W., & Freeman, D. (1988). AutoClass: A bayesian classification system. *Proceedings of AAAI 1988* (pp. 607–611).

Cooper, G. (1990). Computational complexity of probabilistic inference using Bayesian belief networks (research note). *Artificial Intelligence*, 42, 393–405.

Cooper, G., & Herskovits, E. (1992). A Bayesian method for the induction of probabilistic networks from data. *Machine Learning*, 9, 309–347.

Dagum, P., & Luby, M. (1993). Approximating probabilistic reasoning in Bayesian belief networks is NP-hard. *Artificial Intelligence*, 60(1), 141–153.

Dempster, A. P., Laird, N. M., & Rubin, D. B. (1977). Maximum likelihood from incomplete data via the EM algorithm. *Journal of the Royal Statistical Society*, Series B, 39(1), 1–38.

Domingos, P., & Pazzani, M. (1996). Beyond independence: Conditions for the optimality of the simple Bayesian classifier. *Proceedings of the 13th International Conference on Machine Learning* (pp. 105–112).

Duda, R. O., & Hart, P. E. (1973). *Pattern classification and scene analysis*. New York: John Wiley & Sons.

Haussler, D., Kearns, M., and Schapire, R. E. (1994). Bounds on the sample complexity of Bayesian learning using information theory and the VC dimension. *Machine Learning*, 14, pg. 83.

Hearst, M., & Hirsh, H. (Eds.) (1996). Papers from the AAAI Spring Symposium on Machine Learning in Information Access, Stanford, March 25–27. http://www.parc.xerox.com/istl/projects/mlia/

Heckerman, D., Geiger, D., & Chickering, D. (1995) Learning Bayesian networks: The combination of knowledge and statistical data. *Machine Learning*, 20, 197. Kluwer Academic Publishers.

Jensen, F. V. (1996). *An introduction to Bayesian networks*. New York: Springer Verlag.

Joachims, T. (1996). *A probabilistic analysis of the Rocchio algorithm with TFIDF for text categorization*, (Computer Science Technical Report CMU-CS-96-118). Carnegie Mellon University.

Lang, K. (1995). Newsweeder: Learning to filter netnews. In Prieditis and Russell (Eds.), *Proceedings of the 12th International Conference on Machine Learning* (pp. 331–339). San Francisco: Morgan Kaufmann Publishers.

Lewis, D. (1991). *Representation and learning in information retrieval*, (Ph.D. thesis), (COINS Technical Report 91-93). Dept. of Computer and Information Science, University of Massachusetts.

Madigan, D., & Rafferty, A. (1994). Model selection and accounting for model uncertainty in graphical models using Occam's window. *Journal of the American Statistical Association*, 89, 1535–1546.

Maisel, L. (1971). *Probability, statistics, and random processes*. Simon and Schuster Tech Outlines. New York: Simon and Schuster.

Mehta, M., Rissanen, J., & Agrawal, R. (1995). MDL-based decision tree pruning. In U. M. Fayyard and R. Uthurusamy (Eds.), *Proceedings of the First International Conference on Knowledge Discovery and Data Mining*. Menlo Park, CA: AAAI Press.

Michie, D., Spiegelhalter, D. J., & Taylor, C. C. (1994). *Machine learning, neural and statistical classification*, (edited collection). New York: Ellis Horwood.

Opper, M., & Haussler, D. (1991). Generalization performance of Bayes optimal prediction algorithm for learning a perception.*Physical Review Letters*, 66, 2677–2681.

Pearl, J. (1988). *Probabilistic reasoning in intelligent systems: Networks of plausible inference*. San Mateo, CA: Morgan-Kaufmann.

Pradham, M., & Dagum, P. (1996). Optimal Monte Carlo estimation of belief network inference. In *Proceedings of the Conference on Uncertainty in Artificial Intelligence* (pp. 446–453).

Quinlan, J. R., & Rivest, R. (1989). Inferring decision trees using the minimum description length principle. *Information and Computation*, 80, 227–248.

Rabiner, L. R. (1989). A tutorial on hidden Markov models and selected applications in speech recognition. *Proceedings of the IEEE*, 77(2), 257–286.

Rissanen, J. (1983). A universal prior for integers and estimation by minimum description length. *The Annals of Statistics*, 11(2), 416–431.

Rissanen, J.; (1989). *Stochastic complexity in statistical inquiry*. New Jersey: World Scientific Pub.

Rissanen, J. (1991). *Information theory and neural nets*. IBM Research Report RJ 8438 (76446), IBM Thomas J. Watson Research Center, Yorktown Heights, NY.

Rocchio, J. (1971). Relevance feedback in information retrieval. In *The SMART retrieval system: Experiments in automatic document processing*, (Chap. 14, pp. 313–323). Englewood Cliffs, NJ: Prentice-Hall.

Russell, S., & Norvig, P. (1995). *Artificial intelligence: A modern approach*. Englewood Cliffs, NJ: Prentice-Hall.

Russell, S., Binder, J., Koller, D., & Kanazawa, K. (1995). Local learning in probabilistic networks with hidden variables. *Proceedings of the 14th International Joint Conference on Artificial Intelligence*, Montreal. San Francisco: Morgan Kaufmann.

Salton, G. (1991). Developments in automatic text retrieval. *Science*, 253, 974–979.

Shannon, C. E., & Weaver, W. (1949). *The mathematical theory of communication*. Urbana: University of Illinois Press.

Speigel, M. R. (1991). *Theory and problems of probability and statistics*. Schaum's Outline Series. New York: McGraw Hill.

Spirtes, P., Glymour, C., & Scheines, R. (1993). *Causation, prediction, and search*. New York: Springer Verlag. http://hss.cmu.edu/html/departments/philosophy/TETRAD.BOOK/book.html

第7章 计算学习理论

本章从理论上刻画了若干类型的机器学习问题中的困难和若干类型的机器学习算法的能力。该理论致力于回答如下的问题:“在什么样的条件下成功的学习是可能的?”和“在什么条件下某个特定的学习算法可保证成功运行?”。为了分析学习算法,这里考虑了两种框架。在可能近似正确(PAC)的框架下,我们确定了若干假设类别,判断它们能否从多项式数量的训练样例中学习得到。我们还定义了一个对假设空间的自然度量,由它可以界定归纳学习所需的训练样例数目。在出错界限(mistake bound)框架下,我们考查了一个学习器在确定正确假设前可能产生的训练错误数量。

7.1 简介

在研究机器学习过程中,很自然地想知道学习器(机器的或非机器的)应遵循什么样的规则。是否可能独立于学习算法确定学习问题中固有的难度?能否知道为保证成功的学习有多少训练是必要的或充足的?如果学习器被允许向施教者提出查询,而不是观察训练集的随机样本,会对所需样例数目有怎样的影响?能否刻画出学习器在学到目标函数前会有多少次出错?能否刻画出一类学习问题中固有的计算复杂度?

虽然对所有这些问题的一般回答还未知,但是不完整的学习计算理论已经开始出现。本章阐述了该理论中的一些关键结论,并提供了在特定问题下一些问题的答案。这里我们着重讨论只给定目标函数的训练样例和候选假设空间的条件下,对该未知的目标函数的归纳学习问题。在这样的框架下,主要要解决的问题如:需要多少训练样例才足以成功地学习到目标函数以及学习器在达到目标前会出多少次错。后面将对这些问题提出定量的上下界,这基于学习问题的如下属性:

- 学习器所考虑的假设空间的大小和复杂度
- 目标概念须近似到怎样的精度
- 学习器输出成功的假设的可能性
- 训练样例提供给学习器的方式

本章的大部分将不会着重于单独的学习算法,而是在较宽广的学习算法类别中刻画所考虑的假设空间以及训练样例的提供方式等。我们的目标是为了回答以下的问题:

- 样本复杂度(Sample complexity):学习器要收敛到成功假设(以较高的概率),需要多少训练样例?
- 计算复杂度(Computational complexity):学习器要收敛到成功假设(以较高的概率)需要多大的计算量?
- 出错界限(Mistake bound):在成功收敛到一个假设前,学习器对训练样例的错误分类有多少次?

注意,为了解决这些问题需要许多特殊的条件设定。例如,有许多方法来指定对于学习器什么是"成功的"。一种可能的判断方法是:学习器是否输出等于目标概念的假设。另一种方法是:只要求输出的假设与目标概念在多数时间内意见一致,或是学习器通常会输出这样的假设。与此类似,还必须指定学习器是如何获得训练样例的。可以指定训练样例由一个施教者给出,或由学习器自己实验获得,或按照某过程随机地生成而不受学习器的控制。可以预料,对上述问题的回答依赖于我们所考虑的特定框架或学习模型。

本章的后续内容安排如下:7.2 节介绍可能近似正确(PAC)学习框架。7.3 节在此 PAC 框架下分析了几种学习算法的样本复杂度和计算复杂度。7.4 节介绍了假设空间复杂度的一个重要度量标准,称为 VC 维,并且将 PAC 分析扩展到假设空间无限的情况。7.5 节介绍了出错界限模型,并提供了前面章节中几个学习算法出错数量的界限。最后,介绍了加权多数算法,它是一个结合多个学习算法来产生合并的预测的实用算法,还介绍了该算法的理论出错界限。

7.2 可能学习近似正确假设

本节我们考虑学习问题的一种特殊框架,称为*可能近似正确*(probably approximately correct, PAC)学习模型。首先我们指定 PAC 学习模型适用的问题,然后分析在此 PAC 模型下学习不同类别的目标函数需要多少训练样例和多大的计算量。为简明起见,这里的讨论将限制在学习布尔值概念,且训练数据是无噪声的。然而,许多结论可扩展到更一般的情形,如学习实值目标函数(比如,Natarajan 1991),或从某种有噪声数据中进行学习(例如,见 Laird 1988, Kearns & Vazirani 1994)。

7.2.1 问题框架

同前面的章节一样,令 X 代表所有实例的集合,目标函数在其上定义。例如,X 可表示所有人的集合,每个人描述为属性 *age*(*young* 或 *old*)和 *height* (*short* 或 *tall*)。令 C 代表学习器要学习的目标概念集合。C 中每个目标概念 c 对应于 X 的某个子集或一个等效的布尔函数 $c:X\rightarrow\{0,1\}$。例如,C 中一个目标函数 c 为概念:"是滑雪的人"。若 x 是 c 的正例,则 $c(x)=1$;若 x 为反例,则 $c(x)=0$。

假定实例按照某概率分布 $\mathscr{D}$ 从 X 中随机产生。例如 $\mathscr{D}$ 可以是从某体育用品商店走出来的人这样一个实例分布。一般,$\mathscr{D}$ 可为任何分布,而且它对学习器是未知的。对于 $\mathscr{D}$,所要求的是它的稳定性,即该分布不会随时间变化。训练样例的生成按照 $\mathscr{D}$ 分布随机抽取实例 x,然后 x 及其目标值 $c(x)$ 被提供给学习器。

学习器 L 在学习目标概念时考虑可能假设的集合 H。例如,H 可为所有能由属性 *age* 和 *height* 的合取表示的假设集合。在观察了一系列关于目标概念 c 的训练样例后,L 必须从 H 中输出某假设 h,它是对 c 的估计。为公平起见,我们通过 h 在从 X 中抽取的新实例上的性能来评估 L 是否成功。抽取过程按照分布 $\mathscr{D}$,即与产生训练数据相同的概率分布。

在此框架下,我们感兴趣的是刻画不同学习器 L 的性能,这些学习器使用不同假设空间 H,并学习不同类别的 C 中的目标概念。由于我们要求 L 足够一般,以至可以从 C 中学到任何目标概念而不管训练样例的分布如何。所以,我们经常会对 C 中所有可能的目标概念和所有可能的实例分布 $\mathscr{D}$ 进行最差情况的分析。

7.2.2　假设的错误率

为了描述学习器输出的假设 h 对真实目标概念的逼近程度，首先要定义假设 h 对应于目标概念 c 和实例分布 $\mathscr{D}$ 的真实错误率(true error)。非形式的描述是：h 的真实错误率为应用 h 到将来按分布 $\mathscr{D}$ 抽取的实例时的期望的错误率。实际上第 5 章已经定义了 h 的真实错误率。为方便起见，这里重述一下该定义，使用 c 表示布尔目标函数。

定义：假设 h 的关于目标概念 c 和分布 $\mathscr{D}$ 的**真实错误率**(true error)为 h 误分类根据 $\mathscr{D}$ 随机抽取的实例的概率。

$$error_{\mathscr{D}}(h) \equiv \Pr_{x \in \mathscr{D}}[c(x) \neq h(x)]$$

这里，符号 $\Pr_{x \in \mathscr{D}}$ 代表在实例分布 $\mathscr{D}$ 上的概率。

图 7-1 显示了该错误率的定义。概念 c 和 h 被表示为 X 中标为正例的实例集合。h 关于 c 的错误率为随机选取的实例落入 h 和 c 不一致的区间(即它们的集合差)的概率。注意，错误率定义在整个实例分布之上，而不只是训练样例上，因为它是在实际应用此假设 h 到后续实例上时会遇到的真实错误率。

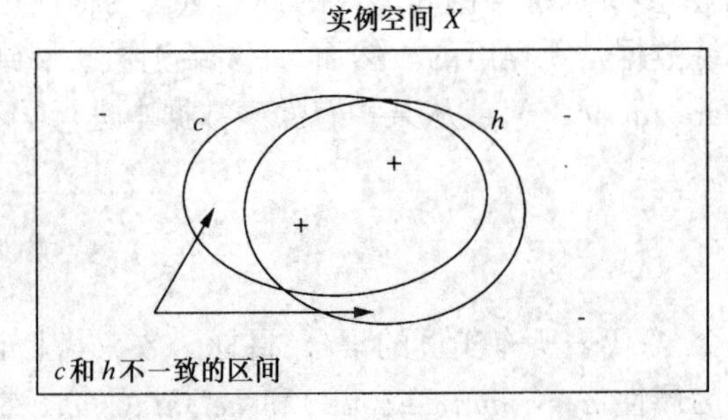

关于 c 的 h 的错误率为一个随机抽取的实例落入 h 和 c 对它的分类不一致的区间的概率。+ 和 - 点表示正反训练例。注意，h 关于 c 有一个非零的错误率，尽管迄今为止 h 和 c 在所有 5 个训练样例上都一致。

图 7-1　关于目标概念 c 假设 h 的错误率

注意，此错误率紧密地依赖于未知的概率分布 $\mathscr{D}$。例如，如果 $\mathscr{D}$ 是一个均匀的概率分布，它对 X 中每个实例都赋予相同的概率，那么图 7-1 中假设的错误率为 h 和 c 不一致的空间在全部实例空间中的比例。然而，如果 $\mathscr{D}$ 恰好把 h 和 c 不一致区间中的实例赋予了很高的概率，相同的 h 和 c 将造成更高的错误率。极端情况下，若 $\mathscr{D}$ 对满足 $h(x)=c(x)$ 的所有实例赋予零概率，图 7-1 中 h 的错误率将为 1，而不论 h 和 c 在多少实例上分类一致。

最后，注意 h 关于 c 的错误率不能直接由学习器观察到。L 只能观察到在训练样例上 h 的性能，它也只能在此基础上选择其假设输出。我们将使用术语训练错误率(training error)来指代训练样例中被 h 误分类的样例所占比例，以区分上面定义的真实错误率。这里关于学习复杂度的分析多数围绕着这样的问题："h 的观察到的训练错误率对真实错误率 $error_{\mathscr{D}}(h)$ 产生不正确估计的可能性有多大？"。

注意，此问题与第 5 章考虑的问题之间有密切联系。回忆在第 5 章中定义了 h 关于样例集合 S 的样本错误率 (sample error)为样例集合 S 中被 h 误分类的样例所占比例。上面定义的训练错误率就是当 S 为训练样例集合时的样本错误率。在第 5 章中，我们在数据样本 S 独立于 h 抽取的前提下，确定样本错误率对估计真实错误率产生误导的概率。然而当 S 是训练数据集合时，学到的假设则依赖于 S。因此，本章将给出这一重要的特殊情形下的分析。

7.2.3 PAC 可学习性

我们的目标是刻画出这样的目标概念，它们能够从合理数量的随机抽取训练样例中通过合理的计算量可靠地学习到。

对于可学习性怎样进行表述呢？一种可能的选择是描述为了学习到使 $error_{\mathscr{D}}(h)=0$ 的假设 h，所需的训练样例数。遗憾的是，这样的选择是不可行的，原因有两个：首先，除非对 X 中每个可能的实例都提供训练样例（一个不实际的假定），否则会有多个假设与训练样例一致，而且学习器无法保证选择到目标概念。其次，由于训练样例是随机抽取的，总有一个非 0 的概率使得学习器面临的训练样例有误导性（例如，虽然我们经常可见到不同身高的滑雪者，但在某一天中也存在这样的机会，所有训练样例都刚好是 2 米高）。

为解决这两个困难，我们用两种方法弱化了对学习器的要求。首先，我们不要求学习器输出零错误率假设，而只要求其错误率被限定在某常数 ε 的范围内，ε 可为任意小。其次，不再要求学习器对所有的随机抽取样例序列都能成功，只要求其失败的概率被限定在某个常数 δ 的范围内，δ 也可取任意小。简而言之，我们只要求学习器可能学习到一个近似正确的假设，因此得到了该术语“可能近似正确学习”或 PAC 学习。

考虑某一可能的目标概念的类别 C 和使用假设空间 H 的学习器 L。非形式地说，对 C 中任意目标概念 c，若在观察到合理数目的训练样例并执行了合理的计算量后，L 以概率 $(1-\delta)$ 输出一个 $error_{\mathscr{D}}(h)<\varepsilon$ 的假设 h，则我们称概念类别 C 是可以被使用 H 的 L 所 PAC 学习的。更精确的定义如下：

定义：考虑定义在长度为 n 的实例集合 X 上的一概念类别 C，学习器 L 使用假设空间 H。当对所有 $c\in C$，X 上的分布 $\mathscr{D}$，ε 满足 $0<\varepsilon<1/2$ 以及 δ 满足 $0<\delta<1/2$ 时，学习器 L 将以至少 $1-\delta$ 的概率输出一假设 $h\in H$，使 $error_{\mathscr{D}}(h)\leqslant\varepsilon$，这时称 C 是使用 H 的 L **可 PAC 学习**的。所使用的时间为 $1/\varepsilon$、$1/\delta$、n 以及 $size(c)$ 的多项式函数。

这里的定义要求 L 满足两个条件。首先，L 必须以任意高概率 $(1-\delta)$ 输出一个错误率任意低 (ε) 的假设。其次，学习过程必须是高效的，其时间最多以多项式方式增长，多项式中 $1/\varepsilon$ 和 $1/\delta$ 定义了对输出假设要求的强度，n 和 $size(c)$ 则定义了实例空间 X 和概念类别 C 中固有的复杂度。这里，n 为 X 中实例的长度。例如，如果实例为 k 个布尔值的合取，那么 $n=k$。$size(c)$ 为假定对 C 采用某种表示方法时，C 中的概念 c 的编码长度。例如，若 C 中的概念为至多 k 个布尔特征的合取，每个概念通过列出合取式中的特征编号来描述，那么 $size(c)$ 为实际用来描述 c 的布尔特征数量。

这里对 PAC 学习的定义看上去只关心学习所需的计算资源，而在实践中，通常更关心所需的训练样例数。然而这两者是紧密相关的：如果 L 对每个训练样例需要某最小处理时间，那么为了使 c 是 L 可 PAC 学习的，L 必须从多项式数量的训练样例中进行学习。实际上，为显示某目标概念类别 C 是可 PAC 学习的，一个典型的途径是证明 C 中每个目标概念可以从多项式数量的训练样例中学习到，而后证明每样例处理时间也限制于多项式级。

在继续讨论以前,必须指出隐含在 PAC 可学习性定义中的一个严格的限制。该定义隐含假定了学习器的假设空间 H 包含一个假设,它与 C 中每个目标概念可有任意小的误差。这一点来源于上面定义中要求学习器误差界限 ε 任意接近于 0 时也能成功运行。当然,如果预先不知道 C,将很难保证这一点(对于一个从图像中识别出人脸的程序来说,C 是什么呢?),除非 H 取为 X 的幂集。如第 2 章指出的,这样一个无偏的 H 将不会从合理数量的训练样例中泛化。不过,基于 PAC 学习模型的结论,对于领会不同学习问题的相对复杂度以及泛化精度随着训练样例而提高的比率十分有益。更进一步,第 7.3.1 节中将解除这一严格假定,以考虑学习器不预先假定目标概念形式的情况。

7.3 有限假设空间的样本复杂度

如上所述,PAC 可学习性很大程度上由所需的训练样例数确定。随着问题规模的增长所带来的所需训练样例的增长称为该学习问题的*样本复杂度*(sample complexity),它是通常最感兴趣的特性。原因在于,在多数实际问题中,最限制学习器成功的因素是有限的可用训练数据。

这里将样本复杂度的讨论限定于一类非常广泛的学习器,称为*一致学习器*(consistent learner)。一个学习器是*一致的*(consistent),当它只要在可能时都输出能完美拟合训练数据的假设。由于我们通常更喜欢能与训练数据拟合程度更高的假设,因此要求学习算法具有一致性是合理的。注意,在前面章节中讨论的很多学习器(包括第 2 章中的所有学习算法)都是一致学习器。

是否能独立于一特定的算法,推导出任意一致学习器所需训练样例数的界限呢?回答是肯定的。为进行该推导,需要回顾一下第 2 章定义的变型空间。在那里变型空间 $VS_{H,D}$ 被定义为能正确分类训练样例 D 的所有假设 $h \in H$ 的集合:

$$VS_{H,D} = \{h \in H \mid (\forall \langle x, c(x) \rangle \in D) \quad (h(x) = c(x))\}$$

变型空间的重要意义在于,*每个一致学习器都输出一个属于变型空间的假设*,而不论有怎样的实例空间 X、假设空间 H 或训练数据 D。原因很简单,由变型空间的定义,$VS_{H,D}$ 包含 H 中所有的一致假设。因此,*为界定任意一致学习器所需的样例数量,只需要界定为保证变型空间中没有不可接受假设所需的样例数量*。下面的定义精确地描述了这一条件(见 Haussler 1988):

定义:考虑一假设空间 H,目标概念 c,实例分布 $\mathcal{D}$ 以及 c 的一组训练样例 D。当 $VS_{H,D}$ 中每个假设 h 关于 c 和 $\mathcal{D}$ 错误率小于 ε 时,变型空间被称为关于 c 和 $\mathcal{D}$ 是 **ε-详尽**(ε-exhausted)的。

$$(\forall h \in VS_{H,D}) error_{\mathcal{D}}(h) < \varepsilon$$

该定义在图 7-2 中示出。ε-详尽的变型空间表示与训练样例一致的所有假设(即那些有 0 训练错误率的假设)的真实错误率恰好都小于 ε。当然,从学习器的角度看,所能知道的只是这些假设能同等地拟合训练数据,它们都有零训练错误率。只有知道确切的目标概念的观察者才能确定变型空间是否为 ε-详尽的。令人惊讶的是,即使不知道确切的目标概念或训练样例抽取的分布,一种概率方法可在给定数目的训练样例之后界定变型空间为 ε-详尽的概率。Haussler (1988)以下面的定理形式提供了这样的界定方法。

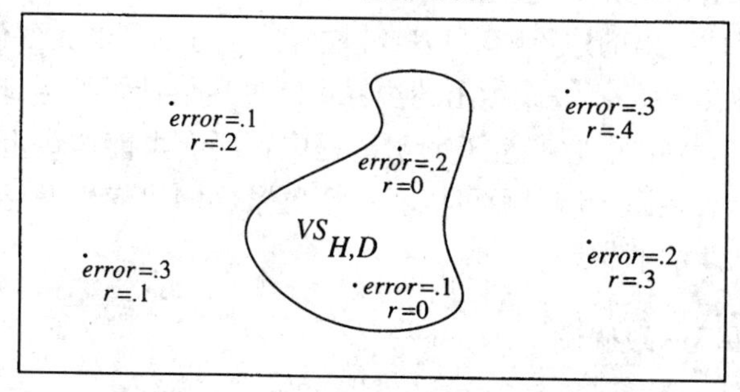

变型空间 $VS_{H,D}$为假设$h\in H$的子集,其中的假设都有零训练错误率(在图中表示为 $r=0$)。当然真实错误率 $error_{\mathscr{D}}(h)$(图中表示为 $error$)可能非0,即使该假设在所有训练数据中错误为0。当变型空间中所有假设 h 都满足 $error_{\mathscr{D}}(h)<\varepsilon$ 时,变型空间才是 ε-详尽的。

图 7-2　使变型空间详尽化

定理 7.1:变型空间的 ε-详尽化 (ε-exhausting the version space)　若假设空间 H 有限,且 D 为目标概念 c 的 $m\geqslant 1$ 个独立随机抽取的样例序列,那么对于任意 $0\leqslant\varepsilon\leqslant 1$,变型空间 $VS_{H,D}$不是 ε - 详尽(关于 c)的概率小于或等于:

$$|H|e^{-\varepsilon m}$$

证明:令 $h_1,h_2,\cdots h_k$ 为 H 中关于 c 的真实错误率大于 ε 的所有假设。当且仅当 k 个假设中至少有一个恰好与所有 m 个独立随机抽取样例一致时,不能使变型空间 ε - 详尽化。任何一个真实错误率大于 ε 的假设,它与一个随机抽取样例一致的概率最多为$(1-\varepsilon)$。因此,该假设与 m 个独立抽取样例都一致的概率最多为$(1-\varepsilon)^m$。由于已知有 k 个假设错误率大于ε,那么至少有一个假设与所有 m 个训练样例都一致的概率最多为:

$$k(1-\varepsilon)^m$$

并且因为 $k\leqslant|H|$,上式最多为$|H|(1-\varepsilon)^m$。最后,使用一个通用不等式:当 $0\leqslant\varepsilon\leqslant 1$ 则$(1-\varepsilon)\leqslant e^{-\varepsilon}$,因此:

$$k(1-\varepsilon)^m\leqslant|H|(1-\varepsilon)^m\leqslant|H|e^{-\varepsilon m}$$

定理得证。

刚才基于训练样例的数目 m、允许的错误率 ε 和 H 的大小,得到了变型空间不是 ε-详尽的概率的上界。换言之,它对于使用假设空间 H 的任意学习器界定了 m 个训练样例未能将所有“坏”的假设(即错误率大于 ε 的假设)剔除出去的概率。

可以用这一结论来确定为了减少此“未剔除”概率到一希望的程度 δ 所需的训练样例数。由:

$$|H|e^{-\varepsilon m}\leqslant\delta \tag{7.1}$$

从中解出 m,可得:

$$m\geqslant\frac{1}{\varepsilon}(\ln|H|+\ln(1/\delta)) \tag{7.2}$$

概括地说,式(7.2)中的不等式提供了训练样例数目的一般边界,该数目的样例足以在所期望的值 δ 和 ε 程度下,使任何一致学习器成功地学习到 H 中的任意目标概念。训练样例的数目 m 足以保证任意一致假设是可能(可能性为 $1-\delta$)近似(错误率为 ε)正确的。注意,m 随着 $1/\varepsilon$ 线性增长,并随 $1/\delta$ 对数增长。它还随着假设空间 H 的规模对数增长。

注意,上面的界限有可能是过高的估计。例如,虽然未能详尽化变型空间的概率必须在区间[0, 1]内,然而此定理给出的边界随着$|H|$对数增长。对于足够大的假设空间,该边界很容易超过1。因此,式(7.2)中的不等式给出的边界可能过高估计了所需训练样例的数量。此边界的脆弱性主要来源于$|H|$项,它产生于证明过程中在所有可能假设上计算那些不可接受的假设的概率和。实际上,在许多情况下可以有一个更紧凑的边界以及能够覆盖无限大的假设空间的边界,这是第7.4节的主题。

7.3.1 不可知学习和不一致假设

式(7.2)的重要性在于,它告诉我们有多少训练样例才足以保证(以概率$1-\delta$)H中每个有零训练错误率的假设的真实错误率最多为ε。遗憾的是,如果H不包含目标概念c,那么并不总能找到一个零错误率假设。这时,最多能要求学习器输出的假设在训练样例上有最小的错误率。如果学习器不假定目标概念可在H中表示,而只简单地寻找具有最小训练错误率的假设,这样的学习器称为*不可知*学习器,因为它不预先认定$C \subseteq H$。

虽然式(7.2)基于的假定是学习器输出一零错误率假设,在更一般的情形下学习器考虑到了有非零训练错误率的假设时,仍能找到一个简单的边界。精确地表述如下,令D代表学习器可观察到的特定训练样例集合,而与此不同的$\mathscr{D}$代表在整个实例集合上的概率分布。令$error_D(h)$代表假设h的训练错误率。确切地说,$error_D(h)$定义为D中被h误分类的训练样例所占比例,注意$error_D(h)$是在特定训练数据样本D上的,它与真实错误率$error_{\mathscr{D}}(h)$不同,后者是定义在整个概率分布$\mathscr{D}$上的。现在令h_{best}代表H中有最小训练错误率的假设。多少训练样例才足以(以较高的概率)保证其真实错误率$error_{\mathscr{D}}(h_{best})$不会多于$\varepsilon + error_D(h_{best})$呢?注意上一节讨论的问题只是现在这种情况的特例,其中$error_D(h_{best})$恰好为0。

该问题的回答(见习题7.3)使用类似于定理7.1的证明方法。这里有必要引入一般的Hoeffding边界(有时又称为附加Chernoff边界)。Hoeffding边界刻画的是某事件的真实概率及其m个独立试验中观察到的频率之间的差异。更精确地讲,这些边界应用于m个不同的Bernoulli试验(例如,m次抛掷一硬币,该硬币以某概率显示为正面)。这种情况非常类似于第5章考虑的假设错误率估计问题:即硬币显示为正面的概率对应到一个随机抽取实例被假设误分类的概率。m次独立的硬币抛掷对应m个独立抽取的实例。m次实验出现正面的频率对应于m个实例中误分类的频率。

Hoeffding边界表明,当训练错误率$error_D(H)$在包含m个随机抽取样例的集合D上测量时,则:

$$\Pr[error_{\mathscr{D}}(h) > error_D(h) + \varepsilon] \leqslant e^{-2m\varepsilon^2}$$

它给出了一个概率边界,说明任意选择的假设训练错误率不能代表真实情况。为保证L寻找到的最佳的假设的错误率有以上的边界,我们必须考虑这$|H|$个假设中任一个有较大错误率的概率:

$$\Pr[(\exists h \in H)(error_{\mathscr{D}}(h) > error_D(h) + \varepsilon)] \leqslant |H| e^{-2m\varepsilon^2}$$

如果将此概率称为δ,并且问多少个训练样例m才足以使δ维持在一渴望得到的值内,可得下式:

$$m \geqslant \frac{1}{2\varepsilon^2}(\ln|H| + \ln(1/\delta)) \tag{7.3}$$

这是式(7.2)的一般化情形,适用于当最佳假设可能有非零训练错误率时,学习器仍能选择到最佳假设 $h \in H$ 的情形。注意 m 依赖于 H 和 $1/\delta$ 的对数,如在式(7.2)中一样。然而在这个受限较少的情形下,m 随 $1/\varepsilon$ 的平方增长,而不是 $1/\varepsilon$ 的线性增长。

7.3.2 布尔文字的合取是 PAC 可学习的

现在我们有了一个训练样例数目的边界,以表示该数目为多少时才足以可能近似学习到目标概念。然后就可用它来确定某些特定概念类别的样本复杂度和 PAC 可学习性。

考虑目标概念类 C,它由布尔文字的合取表示。布尔文字(boolean literal)是任意的布尔变量(如,Old),或它的否定(如,$\neg\ Old$)。因此,布尔文字的合取形式可能为"$Old \wedge \neg Tall$"。C 是否为可 PAC 学习的呢? 可以证明,回答是肯定的。证明过程首先显示任意一致学习器只需要多项式级的数目的训练样例以学习到 C 中任意 c,然后得到一特定算法能对每训练样例使用多项式的时间。

考虑任意学习器 L,它使用的假设空间 H 等于 C。我们可以用式(7.2)计算出足以保证(以概率 $1-\delta$)输出一最大错误率为 ε 的假设所需的随机训练样例数目是 m。为达到此目标,只需要确定假设空间的规模 $|H|$。

若假设空间 H 定义为 n 个布尔文字的合取,则假设空间 $|H|$ 的大小为 3^n。原因在于,任一给定的假设中每个变量可有三种可能:该变量作为文字包含在假设中;该变量的否定作为文字包含在假设中;或假设中不包含该变量。由于有 n 个这样的变量,所以共有 3^n 个不同的假设。

将 $|H| = 3^n$ 代入到式(7.2)中,得到以下关于 n 布尔文字合取学习问题的样本复杂度:

$$m \geqslant \frac{1}{\varepsilon}(n\ln 3 + \ln(1/\delta)) \tag{7.4}$$

若一个一致学习器要学习的目标概念可由至多 10 个布尔文字来描述,那么可有 95% 的概率它将学习到一个错误率小于 0.1 的假设,而且所需的训练样例数量 $m = \frac{1}{0.1}(10\ln 3 + \ln(1/0.05)) = 140$。

注意,m 按文字数量 n 和 $1/\varepsilon$ 成线性增长,并按 $1/\delta$ 对数增长。总的运算量是多少呢? 这当然依赖于特定的学习算法。然而,只要学习算法的每个训练样例计算量不超过多项式级,并且不超过训练样例数目的多项式级,那么整体的运算也为多项式级。

在布尔文字的学习中,一个能够符合该要求的算法已经在第 2 章介绍了。这就是 FIND-S 算法,它增量地计算与训练样例一致的最特殊假设。对每个新的正例,该算法计算了当前假设和新样例间共享的文字的交集,使用的时间也按 n 线性增长。因此,FIND-S 算法可能近似正确(PAC)学习一类带否定的 n 个布尔文字的合取概念。

定理 7.2: 布尔合取式的 PAC 可学习性 布尔文字合取的类 C 是用 FIND-S 算法(使用 $H = C$)PAC 可学习的。

证明:式(7.4)显示了该概念类的样本复杂度是 n、$1/\delta$ 和 $1/\varepsilon$ 的多项式级,而且独立于 $size(c)$。为增量地处理每个训练样例,FIND-S 算法要求的运算量根据 n 线性增长,并独立于 $1/\delta$,$1/\varepsilon$ 和 $size(c)$。因此,这一概念类别是 FIND-S 算法 PAC 可学习的。

7.3.3 其他概念类别的 PAC 可学习性

如前所示,在学习给定类 C 中的目标概念时,式(7.2)为界定其样本复杂度提供了一般的基础。上例将其应用到布尔文字的合取这样的类别中。它还可用于证明许多其他概念有多项式级的样本复杂度(例如,见习题 7.2)。

1. 无偏学习器

并非所有概念类别都有如式(7.2)那样的多项式级样本复杂度边界。例如,考虑一无偏概念类 C,它包含与 X 相关的所有可教授概念。该集合 C 对应于 X 的幂集,即 X 的所有子集的集合,共包含 $|C| = 2^{|X|}$ 个概念。若 X 中的实例定义为 n 个布尔值特征,将有 $|X| = 2^n$ 个不同实例,因此有 $|C| = 2^{|X|} = 2^{2^n}$ 个不同概念。当然为学习这样的无偏概念类,学习器本身也必须使用一无偏的假设空间 $H = C$。将 $|H| = 2^{2^n}$ 代入到式(7.2)中,得到为学习对应于 X 的无偏概念类的样本复杂度。

$$m \geqslant \frac{1}{\varepsilon}(2^n \ln 2 + \ln(1/\delta)) \tag{7.5}$$

这样,该无偏的目标概念类在 PAC 模型下有指数级的样本复杂度。虽然式(7.2)和式(7.5)不是紧凑的上界,实际上可证明该无偏概念类的样本复杂度确实为 n 的指数级。

2. K 项 DNF 和 K-CNF 概念

存在这种可能,即某概念类有多项式级的样本复杂度,但不能够在多项式时间内被学习到。一个有趣的例子是概念类 C 为 k 项析取范式(k 项 DNF)的形式。k 项 DNF 表达式形式为 $T_1 \vee T_2 \vee \cdots\cdots \vee T_k$,其中每一 T_i 项为 n 个布尔属性和它们的否定的合取。假定 $H = C$,很容易证明 $|H|$ 最多为 3^{nk}(因为有 k 个项,每项可有 3^n 个可能值)。注意 3^{nk} 过高估计了 $|H|$,因为它重复计算了 $T_i = T_j$ 以及 T_i 比 T_j 更一般的情形。此上界仍然可用于获得样本复杂度的上界,将其代入到式(7.2)中:

$$m \geqslant \frac{1}{\varepsilon}(nk \ln 3 + \ln(1/\delta)) \tag{7.6}$$

它表示 k 项 DNF 的样本复杂度为 $1/\delta$、$1/\varepsilon$、n 和 k 的多项式级。虽然样本复杂度是多项式级的,计算复杂度却不是多项式级的,因为该算法等效于其他已知的不能在多项式时间内解决的问题(除非 $RP = NP$)。因此,虽然 k 项 DNF 有多项式级的样本复杂度,它对于使用 $H = C$ 的学习器没有多项式级的计算复杂度。

关于 k 项 DNF 的令人吃惊的事实在于,虽然它不是 PAC 可学习的,却存在一个更大的概念类是 PAC 可学习的。这个更大的概念类有每样例的多项式级时间复杂度,同时有多项式级的样本复杂度。这一更大的类为 k-CNF 表达式:任意长度的合取式 $T_1 \wedge T_2 \wedge \cdots\cdots \wedge T_j$,其中每个 T_i 为最多 k 个布尔变量的析取。很容易证明 k-CNF 包含了 k 项 DNF,因为任意 k 项 DNF 可以很容易地重写为 k-CNF 表达式(反之却不然)。虽然 k-CNF 比 k 项 DNF 表达力更强,但它有多项式级样本复杂度和多项式级时间复杂度。因此,概念类 k 项 DNF 是使用 $H = k$-CNF 的一个有效算法可 PAC 学习的。见 Kearns & Vazirani(1994)中更详细的讨论。

7.4 无限假设空间的样本复杂度

在上一节中我们证明了 PAC 学习的样本复杂度随假设空间对数增长。虽然式(7.2)是一个很有用的不等式,但以 $|H|$ 项来刻画样本复杂度有两个缺点。首先,它可能导致非常弱的边界(回忆一下对于大的 $|H|$ 在 δ 上的边界可能超出 1 很多)。其次,对于无限假设空间的情形,式(7.2)根本无法应用。

这里我们考虑 H 的复杂度的另一种度量,称为 H 的 Vapnik-Chervonenkis 维度(简称 VC 维或 $VC(H)$)。可以看到,使用 $VC(H)$ 代替 $|H|$ 也可以得到样本复杂度的边界。在许多情形下,基于 $VC(H)$ 的样本复杂度会比式(7.2)得到的更紧凑。另外,这些边界可以刻画许多无限假设空间的样本复杂度,而且可证明相当紧凑。

7.4.1 打散一个实例集合

VC 维衡量假设空间复杂度的方法不是用不同假设的数量 $|H|$,而是用 X 中能被 H 彻底区分的不同实例的数量。

为精确地描述这一点,首先定义对一个实例集合的*打散*(shattering)操作。考虑实例的某子集 $S \subseteq X$。例如,图 7-3 显示了 X 中一个包含 3 个实例的子集。H 中的每个 h 导致 S 中的某个划分(dichotomy),即 h 将 S 分割为两个子集 $\{x \in S \mid h(x)=1\}$ 以及 $\{x \in S \mid h(x)=0\}$。给定某实例集合 S,有 $2^{|S|}$ 种可能的划分,虽然其中的一些不能由 H 来表达。当 S 的每个可能的划分可由 H 中的某假设来表达时,我们称 H 打散 S。

定义:一实例集 S 被假设空间 H **打散**(shatter),当且仅当对 S 的每个划分,存在 H 中的某假设与此划分一致。

图 7-3 显示了一包含 3 个实例的集合 S 被假设空间划分的结果。注意这 3 个实例的 2^3 种划分中每一个都可由某假设覆盖。

注意,如果一实例集合没有被假设空间打散,那么必然存在某概念(划分)可被定义在实例集之上,但不能由假设空间表示。因此,H 的这种打散实例集合的能力是其表示这些实例上定义的目标概念的能力的度量。

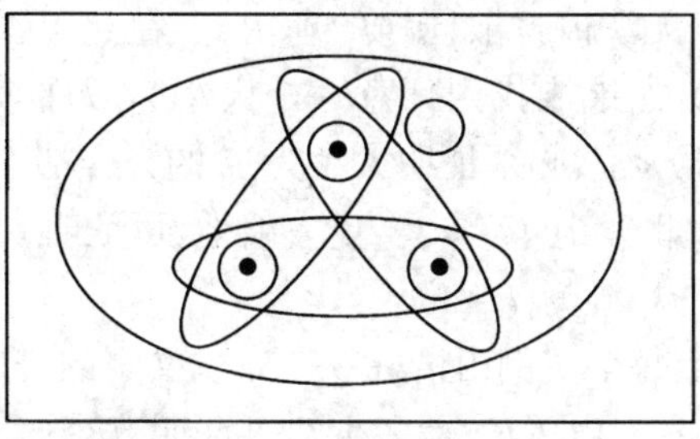

实例空间 X

对每种可能的实例划分,存在一个对应的假设。

图 7-3　被 8 个假设拆散的包含 3 实例的集合

7.4.2 Vapnik-Chervonenkis 维度

打散一实例集合的能力与假设空间的归纳偏置紧密相关。回忆第 2 章中一个无偏的假设空间是能够表示定义在实例空间 X 上每个可能概念(划分)的假设空间。简短地讲,一个无偏假设空间能够打散实例空间。那么如果 H 不能打散 X,但它可打散 X 的某个大的子集 S 会怎样？直觉上可以说被打散的 X 的子集越大,H 的表示能力越强。H 的 VC 维正是这样一种度量标准。

定义:定义在实例空间 X 上的假设空间 H 的 Vapnik-Chervonenkis **维**,或 $VC(H)$,是可被 H 打散的 X 的最大有限子集的大小。如果 X 的任意有限大的子集可被 H 打散,则 $VC(H)\equiv\infty$。

注意,对于任意有限的 H, $VC(H)\leqslant\log_2|H|$。为证明这一点,假定 $VC(H)=d$。那么 H 需要 2^d 个不同假设来打散 d 个实例。因此 $2^d\leqslant|H|$,所以 $d=VC(H)\leqslant\log_2|H|$。

举例

为了获得 $VC(H)$的直观感觉,考虑下面一些假设空间的例子。首先,假定实例空间 X 为实数集合 $X=\mathscr{R}$(例如,描述人的身高 *height*),而且 H 为实数轴上的区间的集合。换言之,H 中的假设形式为$a<x<b$,其中 a、b 为任意实数。它的 $VC(H)$是多少？为回答这一问题,必须找到能被 H 打散的 X 的最大子集。考虑一特定的子集,包含两个不同实例,如 $S=\{3.1, 5.7\}$。这个 S 能被 H 打散吗？回答是肯定的。例如,以下四个假设$(1<x<2)$,$(1<x<4)$,$(4<x<7)$和$(1<x<7)$就可做到这一点。它们表示了 S 上的四种划分,即不包含任何实例,只包含实例中的一个以及两个实例。因为我们找到了一个大小为 2 的集合,它可被 H 打散,所以 H 的 VC 维至少为 2。大小为 3 的集合是否可被打散？考虑一集合 $S=\{x_0, x_1, x_2\}$包含 3 个任意实例。为了不失一般性,可假定 $x_0<x_1<x_2$。显然,此集合不能被打散,因为包含 x_0 和 x_2 但不包含 x_1 的划分将不能由单个的闭区间来表示。因此,S 中没有大小为 3 的子集可被打散,因此 $VC(H)=2$。注意,这里 H 是无限的,但 $VC(H)$有限。

下面考虑的实例集合 S 对应 x、y 平面上的点(见图 7-4)。令 H 为此平面内所有线性决策面的集合。换言之,H 对应有双输入的单个感知器单元的假设空间(见第 4 章中对感知器的讨论)。H 的 VC 维是多少？很容易可看出该平面内任意两个不同点可被 H 打散,这是因为我们可以找到 4 个线性表面,它们包含没有点、两点中的任一点或两点。3 个点的集合会怎么样？只要 3 个点不共线,就可以找到 2^3 个线性表面来打散它们。当然 3 个共线的点无法被打散(与前例中实轴上 3 个点无法被打散同样的理由)。在此 VC 维是多少？2 还是 3？至少应该是 3。VC 维的定义表示,如果能找到任意一个大小为 d 的实例集合,它可被打散,那么 $VC(H)\geqslant d$。为证明 $VC(H)<d$,必须证明大小为 d 的集合都不能被打散。在此例中,大小为 4 的集合都不能被打散,因此 $VC(H)=3$。更一般地,可证明,在 r 维空间中(如,有 r 个输入的感知器),线性决策面的 VC 维为 $r+1$。

最后一个例子,假定 X 上每个实例由恰好 3 个布尔文字的合取表示,而且假定 H 中每个假设由至多 3 个布尔文字描述。$VC(H)$是多少？可证明这个值至少为 3。将每个实例表示为一 3 位字串,对应每个实例的三个文字 l_1、l_2 和 l_3。考虑下面 3 个实例集合:

$instance_1$: 100

$instance_2$: 010

$instance_3$：001

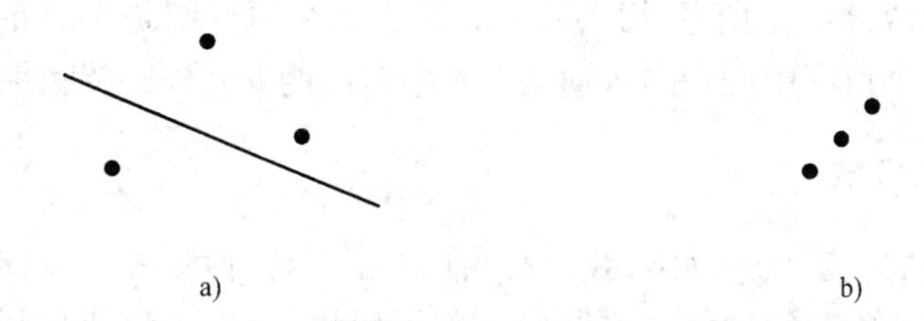

a)一个 3 点集合可被线性决策面拆散　b)一个 3 点集合不能被拆散。

图 7-4　在 x,y 平面中线性决策面的 VC 维为 3

这三个实例的集合可被 H 打散，因为可对如下任意所希望的划分建立一假设：如果该划分要排除 $instance_i$，就将文字 $\neg\ l_i$ 加入到假设中。例如，要包含 $instance_2$，且排除 $instance_1$ 和 $instance_3$。那么可使用假设 $\neg\ l_1 \wedge \neg\ l_3$。此讨论可很容易地扩展到特征数为 n 的情况。这样，n 个布尔文字合取的 VC 维至少为 n。实际上也确实为 n，实际的证明比较困难，因为它需要说明 $n+1$ 个实例的集合不可能被打散。

7.4.3　样本复杂度和 VC 维

前面考虑了“有多少随机抽取训练样例才足以可能近似正确(PAC)地学习到 C 中任意目标概念”这个问题(即需要多少样例足以以 $1-\delta$ 的概率 ε - 详尽变型空间?)。使用 $VC(H)$ 作为 H 复杂度的度量，就有可能推导出该问题的另一种解答，类似于前面式(7.2)中的边界。新导出的边界(见 Blumer et al. 1989)为：

$$m \geqslant \frac{1}{\varepsilon}(4\log_2(2/\delta) + 8\,VC(H)\log_2(13/\varepsilon)) \tag{7.7}$$

正如式(7.2)中的边界一样，所需训练样例的数目 m 以 $1/\delta$ 的对数增长。但该边界现在以 $1/\varepsilon$ 的对数乘以线性增长，而不只是线性。特别要指出，前面边界中的 $\ln|H|$ 项被替换为另一种假设空间复杂度的度量，即 $VC(H)$(而 $VC(H) \leqslant \log_2|H|$)。

对应于任意希望的 ε 和 δ，式(7.7)对于足以可能近似学习到 C 中任意目标概念所需的训练样例给出了一个上界。还可能得到一个下界，正如下面定理所概括的(见 Ehrenfeucht et al. 1989)。

定理 7.3：样本复杂度下界　考虑任意概念类 C，且 $VC(C) \geqslant 2$，任意学习器 L，以及任意 $0 < \varepsilon < 1/8$，$0 < \delta < 1/100$。存在一个分布 $\mathscr{D}$ 以及 C 中一个目标概念，当 L 观察到的样例数目小于下式时：

$$\max\left[\frac{1}{\varepsilon}\log(1/\delta), \frac{VC(C)-1}{32\varepsilon}\right]$$

L 将以至少 δ 的概率输出一假设 h，使 $error_{\mathscr{D}}(h) > \varepsilon$。

该定理说明，若训练样例的数目太少，那么没有学习器能够以 PAC 模型学习到任意非平凡的 C 中每个目标概念。因此，该定理提供了成功的学习所必要的训练样例的数目的下界，它是对于前面上界给出的保证充足的数量的上界的一个补充。注意，该下界是由概念类 C 的复杂度确定的,而前面的上界由 H 确定,为什么?[1]

该下界说明式(7.7)给出的上界相当紧凑。因为两个边界都是 $1/\delta$ 的对数和 $VC(H)$ 的线性数量级。在这两个边界中惟一的区别是上界中多出的 $\log(1/\varepsilon)$ 依赖性。

7.4.4 神经网络的 VC 维

对于第 4 章讨论的人工神经网络,我们有兴趣考虑怎样计算一个互联单元网络的 VC 维,如由反向传播过程训练的前馈网络。本节给出了一般性的结论,以计算分层无环网络的 VC 维。这一 VC 维可被用于界定训练样例的数量,该数达到多大才足以按照希望的 ε 和 δ 值近似可能正确地学习到一个前馈网络。本节在第一次阅读时可忽略掉,而不失连续性。

考虑一个由单元组成的网络 G,它形成一个分层有向无环图。*有向无环图*是弧带有方向(如,单元有输入和输出)但不存在有向环的图。*分层图*中的节点可被划分为层,这样所有第 l 层出来的有向边进入到第 $l+1$ 层节点。第 4 章介绍的分层前馈网络就是这样的分层有向无环图的例子。

可以看出,这样的网络的 VC 维的界定可以基于其图的结构和构造该图的基本单元的 VC 维。为形象化地描述,首先定义一些术语。令 n 为网络 G 的输入数目,并且假定只有 1 个输出结点。令 G 的每个内部单元 N_i(即每个非输入节点)有最多 r 个输入,并实现一布尔函数 $c_i:\mathscr{R}^r\rightarrow\{0,1\}$ 形成一函数类 C。例如,若内部节点为感知器,那么 C 为定义在 $\mathscr{R}^r$ 上的线性阈值函数类。

现在可定义 C 的 G-合成(G-composition)为,网络 G 能实现的所有函数的类,其中 G 中的独立单元都取类 C 中的函数。简单地说,C 的 G-合成是可由网络 G 表示的假设空间。

下面的定理界定了 C 的 G-合成的基于 C 的 VC 维和 G 的结构的 VC 维。

> **定理 7.4: 分层有向无环网络的 VC 维**　(见 Kearns & Vazirani 1994)令 G 为一分层有向无环图,有 n 个输入节点和 $s\geqslant 2$ 个内部节点,每个可有至少 r 个输入。令 C 为 VC 维为 d 的 $\mathscr{R}^r$ 上的概念类,对应于可由每个内部节点 s 描述的函数集合。令 C_G 为 C 的 G 合成,对应于可由 G 表示的函数集合。那么 $VC(C_G)\leqslant 2ds\log(es)$,其中 e 为自然对数底。

注意,这一网络 G 的 VC 维边界随单个单元的 VC 维 d 线性增长,并随 s(即网络中阈值单元的数目)的对数乘线性增长。

假定要考虑的分层有向无环网络中单个节点都是感知器。回忆第 4 章中提到的,r 输入感知器使用线性决策面来表示 $\mathscr{R}^r$ 上的布尔函数。如前面指出的那样,在 $\mathscr{R}^r$ 上的线性决策面的 VC 维为 $r+1$。因此,单独的 r 输入感知器 VC 维为 $r+1$。可使用这一结果及上面的定理来计算包含 s 个 r 输入感知器的分层无环网络的 VC 维边界,如下:

$$\mathrm{VC}(C_G^{perceptrons})\leqslant 2(r+1)s\log(es)$$

现在可以计算足够的训练样例数目 m 的边界,以确保在误差 ε 范围内(以至少 $1-\delta$ 的概率)学习到来自 $C_G^{perceptrons}$ 的目标概念。将上面网络 VC 维的表达式代入到式(7.7),可有:

[1] 如果我们在下界中用 H 代替 C,当 $H\subset C$ 时会得到 m 的一个更紧凑的界限。

$$m \geq \frac{1}{\varepsilon}(4\log(2/\delta) + 8VC(H)\log(13/\varepsilon))$$
$$\geq \frac{1}{\varepsilon}(4\log(2/\delta) + 16(r+1)s\log(es)\log(13/\varepsilon)) \quad (7.8)$$

正如感知器网络例子所示,上面的定理的作用在于,它提供了一个一般性方法,基于网络结构和单个单元的 VC 维界定分层无环单元网络的 VC 维。不过,上面的结果不能直接应用于反向传播的网络,原因有两个。首先,此结果应用于感知器网络,而不是 sigmoid 单元网络,后者是反向传播算法应用的范围。然而,注意到 sigmoid 单元的 VC 维至少会与感知器单元的 VC 维一样大,因为通过使用足够的权值,sigmoid 单元可以任意精度逼近感知器。因此,上面的 m 边界至少会与 sigmoid 单元组成的分层无环网络中的一样大。上述结论的第二个不足在于,它不能处理反向传播中的训练过程,即开始以约等于 0 的权值,然后反复地更新该权值,直到找到一可接受的假设。因此,反向传播带有交叉验证终止判据,它产生一个更偏好小权值网络的归纳偏置。这一归纳偏置,降低了有效的 VC 维,是上面的分析所不能涵盖的。

7.5 学习的出错界限模型

除了 PAC 学习模型以外,计算学习理论还考虑了多种不同的问题框架。已经研究的学习问题框架中不同之处在于训练样例的生成方式(被动观察学习样例还是主动提出查询),数据中的噪声(有噪声数据还是无差错数据),成功学习的定义(是必须学到正确的目标概念,还是有一定的可能性和近似性),学习器所做的假定(实例的分布情况以及是否 $C \subseteq H$)和评估学习器的度量标准(训练样例数量、出错数量、计算时间)。

本节将考虑机器学习的出错界限模型,其中学习器的评估标准是它在收敛到正确假设前总的出错数。同在 PAC 问题框架中一样,这里假定学习器接收到一系列的训练样例。然而,这里我们希望每接受到一个样例 x,学习器必须先预测目标值 $c(x)$,之后再由施教者给出正确的目标值。这里考虑的问题是:"在学习器学习到目标概念前,它的预测会有多少次出错"。这一问题在实际环境下十分重要,其中学习过程与系统运行同时进行,而不是经过一段离线的训练过程。例如,如果系统要学着预测哪些信用卡购物可被允许,哪些有欺诈行为,必须基于在使用中搜集的数据,然后我们就要在其收敛到正确目标函数前使其出错的数目最小化。这里出错的总数可能比训练样例的总数更重要。

这种出错界限学习问题可以在许多特殊的背景中进行研究。例如,我们可以计算学习器在 PAC 学习到目标概念前出错的次数。在下面的例子中,我们只考虑在学习器确切学到目标概念前出错的次数。其中,确切学到目标概念意味着 $(\forall x)h(x) = c(x)$。

7.5.1 FIND-S 算法的出错界限

再一次考虑假设空间 H 包含至多 n 个布尔文字($l_1 \cdots l_n$ 或它们的否定)的合取的情况(例如:$Rich \wedge \neg Handsome$)。回忆第 2 章中的 FIND-S 算法,它增量地计算与训练样例一致的极大特殊假设。对假设空间 H 的 FIND-S 算法的一个简单实现如下:

FIND-S:

- 将 h 初始化为最特殊假设 $l_1 \wedge \neg l_1 \wedge l_2 \wedge \neg l_2 \ldots l_n \wedge \neg l_n$
- 对每个正例 x

● 从 h 中移去任何不满足 x 的文字

● 输出假设 h

如果 $C \subseteq H$ 且训练数据无噪声,FIND-S 极限时收敛到一个无差错的假设。FIND-S 开始于最特殊的假设(它将每个实例分为反例),然后增量地泛化该假设,以覆盖观察到的正例。对于这里使用的假设表示,泛化过程由删除不被满足的文字操作构成。

是否可以计算出一个边界,以描述 FIND-S 在确切学到目标概念 c 前全部的出错次数?回答是肯定的。为证明之,首先注意:如果 $c \in H$,那么 FIND-S 永远不会将一反例错误地划分为正例。原因为当前假设 h 总比目标概念 c 更特殊。我们只需要计算将正例划分为反例的出错次数。在 FIND-S 确切得到 c 前,这样的出错有多少次呢?考虑 FIND-S 算法遇到的第一个正例。学习器当然会在分类这个样例时出错,因为它的初始假设将全部实例都分为反例。然而,结果将是初始假设中 $2n$ 个项中半数将被删去,只留下 n 个项。对每个后续的被当前假设误分类的正例,剩余的 n 个项中至少有一项必须从假设中删去。因此,出错的总数至多为 $n+1$。该出错次数是最坏情况下所需的次数,对应于学习最一般的目标概念:$(\forall x)c(x)=1$,并且实例序列也是最坏情况下,即每次出错只能移去一个文字。

7.5.2 HALVING 算法的出错界限

第二个例子考虑一个算法,它的执行过程是维护一个变型空间并在遇到新样例时精化该变型空间。第 2 章的候选消除算法和列表后消除算法都是这样的算法。本节我们推导这样的学习器针对任意有限假设空间 H 最坏情况下出错数量的边界,并再次假定目标概念能被确切学习到。

为分析学习过程中出错的数量,必须首先精确指定学习器对每个新实例 x 会作出怎样的预测。假定该预测是从当前变型空间的所有假设中取多数票得来的。如果变型空间中多数假设将新实例划分为正例,那么该预测由学习器输出,否则输出反例的预测。

这种将变型空间学习和用多数票来进行后续预测结合起来的算法通常被称为 HALVING 算法。对任意有限 H,HALVING 算法在确切学习到目标概念前出错的最大次数是多少?注意,“确切”地学习到目标概念等于说要到达一个状态,变型空间中只包含一个假设(如往常那样假定目标概念 c 在 H 中)。

为推导该出错界限,注意 HALVING 算法只在当前变型空间的多数假设不能正确分类新样例时出错。在这种情况下,一旦正确分类结果提供给学习器后,变型空间至少可减小到它的一半大小(即只有投少数票的假设被保留)。由于每次出错将变型空间至少减小一半,而且初始变型空间包含 $|H|$ 个成员,所以变型空间到只包含一个成员前出错次数最大为 $\log_2|H|$。实际上可证明该边界为 $\lfloor \log_2|H| \rfloor$。例如,考虑 $|H|=7$ 的情况。第一个出错可将 $|H|$ 减小到最多为 3,第二次出错就可将其减小到 1。

注意 $\lfloor \log_2|h| \rfloor$ 为最坏情况下的边界,并且有可能 HALVING 算法不出任何差错就确切学习到目标概念。因为即使多数票结果是正确的,算法仍将移去那些不正确的、少数票假设。若此情况在整个训练过程中发生,那么变型空间可在不出差错的情况下减小到单个成员。

对 HALVING 算法的一个有趣的扩展是允许假设以不同的权值进行投票。第 6 章描述了贝叶斯最优分类器,它就在假设中进行加权投票。在贝叶斯最优分类器中,为每个假设赋予的权值为其描述目标概念的估计后验概率(给定训练数据下)。本节的后面将描述另一个基于加权投票的算法,称为加权多数算法。

7.5.3 最优出错界限

上面的分析给出了两个特定算法:FIND-S和候选消除算法在最坏情况下的出错界限。一个很有趣的问题是:对于任意概念类 C,假定 $H=C$,最优的出错边界是什么?最优出错边界是指在所有可能的学习算法中,最坏情况下出错边界中最小的那一个。更精确地说,对任意学习算法 A 和任意目标概念 c,令 $M_A(c)$ 代表 A 为了确切学到 c,在所有可能训练样例序列中出错的最大值。现在对于任意非空概念类 C,令 $M_A(C)\equiv\max_{c\in C}M_A(c)$。注意上面我们证明了当 C 是至多 n 个布尔文字描述的概念类时,$M_{Find-S}(C)=n+1$。同时,对任意概念类 C,我们有 $M_{Halving}(C)\leqslant\log_2(|C|)$。

下面定义概念类 C 的最优出错边界。

定义:令 C 为任意非空概念类。C 的**最优出错界限**(optimal mistake bound)定义为 $Opt(C)$ 是所有可能学习算法 A 中 $M_A(C)$ 的最小值。

$$Opt(C)\equiv\min_{A\in\text{学习算法}}M_A(C)$$

用非形式的语言来讲,该定义表明 $Opt(C)$ 是 C 中最难的那个目标概念使用最不利的训练样例序列用最好的算法时的出错次数。Littlestone(1987)证明对任意概念类 C,在 C 的最优出错边界、HALVING算法边界和 C 的 VC 维之间存在一个有趣的联系,如下:

$$VC(C)\leqslant Opt(C)\leqslant M_{Halving}(C)\leqslant\log_2(|C|)$$

更进一步,存在这样的概念类使上面的4个量恰好相等。这样的概念类其中之一是任意有限集合的幂集 C_P。在此情况下,$VC(C_P)=|X|=\log_2(|C_P|)$,因此所有这4个量相等。Littlestone(1987)提供了其他概念类的例子,其中 $VC(C)$ 严格小于 $Opt(C)$,$Opt(C)$ 严格小于 $M_{Halving}(C)$。

7.5.4 加权多数算法

本节讨论HALVING算法的更一般的形式,称为加权多数(WEIGHTED-MAJORITY)算法。加权多数算法通过在一预测算法池中进行加权投票来作出预测,并通过改变每个预测算法的权来学习。这些预测算法可被看作是 H 中的不同假设,或被看作本身随时间变化的不同学习算法。对于这些预测算法,所需要的只是在给定一个实例时预测目标概念的值。加权多数算法的一个有趣属性是它可以处理不一致的训练数据。这是因为它不会消除掉与样例不一致的假设,而只是降低其权。它的第二个有趣属性是:要计算此算法的出错数量边界,可以用预测算法池中最好的那个算法的出错数量。

加权多数算法一开始将每个预测算法赋以权1,然后考虑训练样例。只要一个预测算法误分类新训练样例,它的权被乘以某个系数 β,$0\leqslant\beta<1$。加权多数算法的确切定义见表7-1。注意,如果 $\beta=0$,那么加权多数算法等于HALVING算法。另一方面,如果为 β 选择其他的值,没有一个预测算法会被完全去除。如果一算法误分类一个样例,它在将来会占较少的票数比例。

表 7-1 加权多数算法

a_i 代表算法池 A 中第 i 个预测算法，w_i 代表与 a_i 相关联的权值

- 对所有 i，初始化 $w_i \leftarrow 1$
- 对每个训练样例 $\langle x, c(x) \rangle$ 做：
  - 初始化 q_0 和 q_1 为 0
  - 对每个预测算法 a_i
    - 如果 $a_i(x)=0$，那么 $q_0 \leftarrow q_0 + w_i$
      如果 $a_i(x)=1$，那么 $q_1 \leftarrow q_1 + w_i$
  - 如果 $q_1 > q_0$，那么预测 $c(x)=1$
    如果 $q_0 > q_1$，那么预测 $c(x)=0$
    如果 $q_1 = q_0$，那么对 $c(x)$ 随机预测 0 或 1
  - 对 A 中每个预测算法 a_i 做：
    如果 $a_i(x) \neq c(x)$，那么 $w_i \leftarrow \beta w_i$

现在证明，加权多数算法的出错数量边界可以由投票池中最佳预测算法的出错数来表示。

定理 7.5：加权多数算法的相对误差界限 令 D 为任意的训练样例序列，令 A 为任意 n 个预测算法的集合，令 k 为 A 中任意算法对样例序列 D 的出错次数的最小值。那么使用 $\beta=1/2$ 的加权多数算法在 D 上出错次数最多为：

$$2.4(k + \log_2 n)$$

证明：对定理的证明可通过比较最佳预测算法的最终权和所有算法的权之和。令 a_j 代表 A 中一算法，并且它出错的次数为最优的 k 次。与 a_j 相联系的权 w_j 将为 $(1/2)^k$，因为它的初始权为 1 并在每次出错时乘以 1/2。现在考虑 A 中所有 n 个算法的权的和 $W=\sum_{i=1}^{n} w_i$，W 初始为 n。对加权多数算法的每次出错，W 被减小为最多 $\frac{3}{4}W$。其原因是加权投票占有多数的算法最少拥有整个权 W 的一半值，而这一部分将被乘以因子 1/2。令 M 代表加权多数算法对训练序列 D 的总出错次数，那么最终的总权 W 最多为 $n\left(\frac{3}{4}\right)^M$。因为最终的权 w_j 不会比最终总权大，因此有：

$$\left(\frac{1}{2}\right)^k \leqslant n\left(\frac{3}{4}\right)^M$$

重新安排各项得到：

$$M \leqslant \frac{(k + \log_2 n)}{-\log_2\left(\frac{3}{4}\right)} \leqslant 2.4(k + \log_2 n)$$

定理得证。

概括地说，上面的定理说明加权多数算法的出错数量不会大于算法池中最佳算法出错数量，加上一个随着算法池大小对数增长的项，再乘以一常数因子。

该定理由 Littlestone & Warmuth(1991)进一步一般化，证明了对任意 $0 \leqslant \beta < 1$，上述边界为：

$$\frac{k\log_2 \frac{1}{\beta} + \log_2 n}{\log_2 \frac{2}{1+\beta}}$$

7.6 小结和补充读物

本章的要点包括：

- 可能近似正确模型(PAC)针对的算法从某概念类 C 中学习目标概念，使用按一个未知但固定的概念分布中随机抽取的训练样例。它要求学习器可能(以至少 $[1-\delta]$ 的概率)学习到一近似正确(错误率小于 ε)的假设，而计算量和训练样例数都只随着 $1/\delta$、$1/\varepsilon$、实例长度和目标概念长度的多项式级线性增长。
- 在 PAC 学习模型的框架下，任何使用有限假设空间 H(其中 $C \subseteq H$)的一致学习器，将以概率 $(1-\delta)$ 输出一个目标概念中误差在 ε 范围内的假设，所需随机抽取训练样例数目为 m，且 m 满足：

$$m \geqslant \frac{1}{\varepsilon}(\ln(1/\delta) + \ln|H|)$$

　该式给出了 PAC 模型下成功地学习所需的训练样例数目的边界。

- PAC 学习模型的一个有约束的假定是，学习器预先知道某受限的概念类 C，它包含要学习的目标概念。相反，不可知学习(agnostic learning)考虑更一般的问题框架，其中学习器不假定目标概念所在的类别。学习器只从训练数据中输出 H 中有最小误差率(可能非 0)的假设。在这个受限较少的不可知学习模型中，学习保证以概率 $(1-\delta)$ 从 H 中最可能的假设中输出错误率小于 ε 的假设，要观察的随机抽取训练样例数目 m 满足：

$$m \geqslant \frac{1}{2\varepsilon^2}(\ln(1/\delta) + \ln|H|)$$

- 成功地学习所需的训练样例数目很强烈地受到学习器所考虑的假设空间复杂度的影响。对于假设空间 H 复杂度的一个有用的度量是 VC 维 $VC(H)$。$VC(H)$ 是可被 H 打散(以所有可能方式分割)的最大实例子集的大小。
- 在 PAC 模型下以 $VC(H)$ 表示的足以导致成功学习的训练样例数目的上界为：

$$m \geqslant \frac{1}{\varepsilon}(4\log_2(2/\delta) + 8VC(H)\log_2(13/\varepsilon))$$

　下界为：

$$m \geqslant \max\left[\frac{1}{\varepsilon}\log(1/\delta), \ \frac{VC(C)-1}{32\varepsilon}\right]$$

- 另一种学习模式称为出错界限模式，它用于分析一个学习器在确切学习到目标概念之前会产生的误分类次数。例如，HALVING 算法在学习到 H 中的任意目标概念前会有至多 $\lfloor \log_2|H| \rfloor$ 次出错。对任意概念类 C，最坏情况下最佳算法将有 $Opt(C)$ 次出错，其中：

$$VC(C) \leqslant Opt(C) \leqslant \log_2(|C|)$$

- 加权多数算法结合了多个预测算法的加权投票来分类新的实例。它基于这些预测算法在样例序列中的出错来学习每个算法的权值。有趣的是，加权多数算法产生的错误界限可用算法池中最佳预测算法的出错数来计算。

计算学习理论中许多早期的工作针对的问题是：在给定一个不定长的训练样例序例时，学习器是否能在极限时确定目标概念。在极限模型下的确定方法由 Gold (1967)给出。关于此领域的一个好的综述见（Angluin 1992）。Vapnik (1982)详细考查了一致收敛（uniform convergence)的问题,而密切相关的 PAC 学习模型由 Valiant (1984)提出。本章中 ε-详尽变型空间的讨论基于 Haussler (1988)的阐述。在 PAC 模型下的一组有用的结论可在 Bluer et al. (1989)中找到。Kearns & Vazirani (1994)提供了计算学习理论中许多结论的一个优秀的阐述。此领域一些早期的文章包括 Anthsny & Biggs (1992)和 Natarajan (1991)。

目前,计算学习理论的研究覆盖了许许多多的学习模型和学习算法。许多这方面的研究可以在计算学习理论(COLT)的年度会议的论文集中找到。期刊《机器学习》(*Machine Learning*)中一些特殊的栏目也涉及这一主题。

习题

7.1　考虑训练一个两输入感知器。给出训练样例数目的上界,以 90% 的置信度保证学习到的感知器的真实错误率不超过 5%。这一边界是否实际?

7.2　考虑概念类 C 的形式为$(a \leqslant x \leqslant b) \wedge (c \leqslant y \leqslant d)$,其中 a,b,c,d 为(0, 99)间的整数。注意,该类中的每个概念对应一个矩形,它的边界是 x,y 平面的一部分上的整数值。提示:给定一个该平面上的区间,其边界为点(0, 0)和$(n-1,\ n-1)$。在此区间内不同的实边界矩形的数量为$\left(\frac{n(n+1)}{2}\right)^2$。

(a) 给出随机抽取训练样例的数量的上界,使之足以保证对 C 中任意目标概念 c,任一使用 $H=C$ 的学习器将以 95% 的概率输出一个错误率最多为 0.15 的假设。

(b) 现假定矩形边界 a,b,c,d 取实数值。重新回答第一个问题。

7.3　在本章中我们推导了训练样例数量的表达式,使足以保证每个假设的真实错误率不会比观察到的训练错误率 $error_D(h)$加上 ε 还差。特别是我们使用了 Hoeffding 界限来推导式(7.3)。试推导训练样例数目的另一表达式,使足以保证每个假设的真实错误率不会差于$(1+\gamma)error_D(h)$。推导的过程可使用下面通用的 Chernoff 界限。

Chernoff 界限:假定 $X_1,\cdots,X_m$ 为 m 个独立硬币投掷(Bernonlli 实验)的输出,其中每次实验正面的概率为 $\Pr[X_i=1]=p$,而反面概率 $\Pr[X_i=0]=1-p$。定义 $S=X_1+X_2+\cdots+X_m$ 为这 m 次实验输出的和。S/m 的期望值为$E[S/m]=p$。Chernoff 界限描述了 S/m 以某因子$0\leqslant\gamma\leqslant1$不同于 p 的概率:

$$\Pr[S/m > (1+\gamma)p] \leqslant e^{-mp\gamma^2/3}$$

$$\Pr[S/m < (1-\gamma)p] \leqslant e^{-mp\gamma^2/2}$$

7.4　考虑一个学习问题,其中 $X=\mathscr{R}$为实数集合,并且 $C=H$ 为实数上的区间集合,$H=\{(a<x<b) \mid a,b\in\mathscr{R}\}$。若一假设与此目标概念的 m 个样例一致,那么其错误率至少为 ε 的概率是多少?使用 VC 维解决此问题。是否能找到另一种方法基于最基本的原理而不用 VC 维来解决此问题?

7.5　考虑对应 x,y 平面上所有点的实例空间 X,给出下列假设空间的 VC 维:

(a) $H_r=x,y$ 平面上所有矩形的集合。即 $H=\{((a<x<b)\wedge(c<y<d)) \mid a,b,c,d\in\mathscr{R}\}$

(b) $H_c=x,y$ 平面的圆。在圆内的点被分类为正例。

(c) $H_t = x, y$ 平面内的三角形。在三角形内的点被分类为正例。

7.6 写出习题 7.5 中对 H_r 的一个一致学习器。随机生成一组不同的目标概念,对应平面上不同的矩形。为每一个目标概念随机生成样例,其中的实例分布为矩形$\langle 0, 0\rangle$到$\langle 100, 100\rangle$内的均匀分布。在图上画出对应训练样例数目的 m 的泛化错误率。在同一图上画出 $\delta = 0.95$ 时 ε 和 m 之间理论上的关系曲线。该理论是否与实验相符合?

7.7 考虑假设类 H_{rd2}为 n 个布尔变量上的"规则的且深度为 2 的决策树"。这样的决策树是指深度为 2(即有四个叶结点,与根的矩离都为 2),且根的左子结点和右子结点要求包含同样的变量。例如,下面的树为 H_{rd2}中的一个实例。

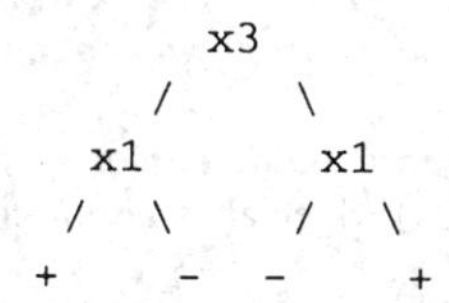

(a) 以 n 的函数形式表示出 H_{rd2}中有多少语法不同的树。

(b) 给出 PAC 模型下所需的样例数目上界,使学习到 H_{rd2}错误率为 ε,置信度为 δ。

(c) 考虑下面的对 H_{rd2}类的加权多数算法。开始,H_{rd2}中所有假设初始权值都为 1。每次遇到新样例,要基于 H_{rd2}中所有假设的加权投票进行预测。然后,不是消除掉不一致的树,而是将它们的权值以因子 2 进行削减。此过程最多会有多少次出错? 以 H_{rd2}中最佳树的出错数和 n 来表示。

7.8 本题主要考虑本章中的 PAC 分析和第 5 章讨论的假设评估之间的联系。考虑一个学习任务,其中实例都由 n 个布尔变量描述(如:$x_1 \wedge \overline{x}_2 \wedge x_3 \cdots \overline{x}_n$)并且其抽取按照某固定但未知的概率分布 $\mathscr{D}$。目标概念已知可由布尔属性或它们的否定的合取来表示(如 $x_2 \wedge \overline{x}_5$),并且学习算法使用该概念类作为它的假设空间 H。一个一致学习器被给予 100 个按 $\mathscr{D}$抽取的训练样例。它从 H 中输出一个假设 h,是与所有 100 个样例一致的(即在这些训练样例上 h 的错误率为 0)。

(a) 我们感兴趣的是 h 的真实错误率,即将来按 $\mathscr{D}$抽取的实例被误分类的概率。基于上面的信息,能否给出一个区间,使真实错误率落入其中的概率至少为 95%? 如果能,请描述该区间并简述理由。否则,解释困难所在。

(b) 现在抽取 100 个新的实例,抽取按照分布 $\mathscr{D}$并相互独立。结果发现 h 将 100 个新样例中的 30 个误分类了。能否给出一个区间使真实错误率落入其中概率约为 95%? (在这里忽略以前对训练数据的性能。)如果能够,请描述该区间并简述理由。否则解释困难所在。

(c) 即使 h 能够完善地分类训练样例,它仍然把新样例的 30% 误分类了。判断这种情况是对较大的 n 还是较小的 n 更有可能出现。用一句话说明你的理由。

参考文献

Angluin, D. (1992). Computational learning theory: Survey and selected bibliography. *Proceedings of the Twenty-Fourth Annual ACM Symposium on Theory of Computing* (pp. 351–369). ACM Press.

Angluin, D., Frazier, M., & Pitt, L. (1992). Learning conjunctions of horn clauses. *Machine Learning*, 9, 147–164.

Anthony, M., & Biggs, N. (1992). *Computational learning theory: An introduction*. Cambridge, England: Cambridge University Press.

Blumer, A., Ehrenfeucht, A., Haussler, D., & Warmuth, M. (1989). Learnability and the Vapnik-Chervonenkis dimension. *Journal of the ACM*, 36(4) (October), 929–965.

Ehrenfeucht, A., Haussler, D., Kearns, M., & Valiant, L. (1989). A general lower bound on the number of examples needed for learning. *Information and Computation*, 82, 247–261.

Gold, E. M. (1967). Language identification in the limit. *Information and Control*, 10, 447–474.

Goldman, S. (Ed.). (1995). Special issue on computational learning theory. *Machine Learning*, 18(2/3), February.

Haussler, D. (1988). Quantifying inductive bias: AI learning algorithms and Valiant's learning framework. *Artificial Intelligence*, 36, 177–221.

Kearns, M. J., & Vazirani, U. V. (1994). *An introduction to computational learning theory*. Cambridge, MA: MIT Press.

Laird, P. (1988). *Learning from good and bad data*. Dordrecht: Kluwer Academic Publishers.

Li, M., & Valiant, L. G. (Eds.). (1994). Special issue on computational learning theory. *Machine Learning*, 14(1).

Littlestone, N. (1987). Learning quickly when irrelevant attributes abound: A new linear-threshold algorithm. *Machine Learning*, 2, 285–318.

Littlestone, N., & Warmuth, M. (1991). *The weighted majority algorithm* (Technical report UCSC-CRL-91-28). Univ. of California Santa Cruz, Computer Engineering and Information Sciences Dept., Santa Cruz, CA.

Littlestone, N., & Warmuth, M. (1994). The weighted majority algorithm. *Information and Computation* (108), 212–261.

Pitt, L. (Ed.). (1990). Special issue on computational learning theory. *Machine Learning*, 5(2).

Natarajan, B. K. (1991). *Machine learning: A theoretical approach*. San Mateo, CA: Morgan Kaufmann.

Valiant, L. (1984). A theory of the learnable. *Communications of the ACM*, 27(11), 1134–1142.

Vapnik, V. N. (1982). *Estimation of dependences based on empirical data*. New York: Springer-Verlag.

Vapnik, V. N., & Chervonenkis, A. (1971). On the uniform convergence of relative frequencies of events to their probabilities. *Theory of Probability and Its Applications*, 16, 264–280.

第8章　基于实例的学习

已知一系列的训练样例，很多学习方法为目标函数建立起明确的一般化描述。但与此不同，基于实例的学习方法只是简单地把训练样例存储起来。从这些实例中泛化的工作被推迟到必须分类新的实例时。每当学习器遇到一个新的查询实例，它分析这个新实例与以前存储的实例的关系，并据此把一个目标函数值赋给新实例。基于实例的学习方法包括最近邻(nearest neighbor)法和局部加权回归(locally weighted regression)法，它们都假定实例可以被表示为欧氏空间中的点。基于实例的学习方法还包括基于案例的推理(case-based reasoning)，它对实例采用更复杂的符号表示。基于实例的学习方法有时被称为消极(lazy)学习法，因为它们把处理工作延迟到必须分类新的实例时。这种延迟的或消极的学习方法有一个关键的优点，即它们不是在整个实例空间上一次性地估计目标函数，而是针对每个待分类新实例作出局部的和相异的估计。

8.1　简介

基于实例的学习方法中，最近邻法和局部加权回归法用于逼近实值或离散目标函数，它们在概念上都很简明。对于这些算法，学习过程只是简单地存储已知的训练数据。当遇到新的查询实例时，一系列相似的实例被从存储器中取出，并用来分类新的查询实例。这些方法与其他章讨论的方法相比，一个关键的差异是：基于实例的方法可以为不同的待分类查询实例建立不同的目标函数逼近。事实上，很多技术只建立目标函数的局部逼近，将其应用于与新查询实例邻近的实例，而从不建立在整个实例空间上都表现良好的逼近。当目标函数很复杂但却可用不太复杂的局部逼近描述时，这样做有显著的优势。

基于实例的方法也可以使用更复杂的符号表示法来描述实例。在基于案例的学习中，实例即以这种方式表示，而且也按照这种方式来确定邻近实例。基于案例的推理已经被应用到很多任务中，比如，在咨询台上存储和复用过去的经验；根据以前的法律案件进行推理；通过复用以前求解的问题的相关部分来解决复杂的调度问题。

基于实例方法的一个不足是，分类新实例的开销可能很大。这是因为几乎所有的计算都发生在分类时，而不是在第一次遇到训练样例时。所以，如何有效地索引训练样例，以减少查询时所需的计算是一个重要的实践问题。此类方法的第二个不足是(尤其对于最近邻法)，当从存储器中检索相似的训练样例时，它们一般考虑实例的所有属性。如果目标概念仅依赖于很多属性中的几个时，那么真正最"相似"的实例之间很可能相距甚远。

在下一节我们将介绍 k-近邻(k-NEAREST NEIGHBOR)算法以及这个广泛应用的方法的几个变体。在此之后我们将讨论局部加权回归法，它是一种建立目标函数的局部逼近的学习方法，这种方法可以被看作 k-近邻算法的一般形式。然后我们描述径向基函数(radial basis function)网络，这种网络为基于实例的学习算法和神经网络学习算法提供了一个有趣的桥梁。再下一节讨论基于案例的推理，一种使用符号表示和基于知识的推理(knowledge-based inference)

的方法。这一节包括了一个基于案例的推理应用实例，用于解决工程设计问题。最后，我们讨论了本章讲述的消极学习方法和本书其他各章的积极(eager)学习方法间的差异。

8.2 k-近邻算法

基于实例的学习方法中最基本的是 k-近邻算法。这个算法假定所有的实例对应于 n 维空间 $\mathscr{R}^n$ 中的点。一个实例的最近邻是根据标准欧氏距离定义的。更精确地讲，把任意的实例 x 表示为下面的特征向量：

$$\langle a_1(x), a_2(x), \ldots a_n(x) \rangle$$

其中，$a_r(x)$表示实例 x 的第 r 个属性值。那么两个实例 x_i 和 x_j 间的距离定义为 $d(x_i, x_j)$，其中：

$$d(x_i, x_j) \equiv \sqrt{\sum_{r=1}^{n} (a_r(x_i) - a_r(x_j))^2}$$

在最近邻学习中，目标函数值可以是离散值也可以是实值。我们先考虑学习以下形式的离散目标函数 $f:\mathscr{R}^n \rightarrow V$。其中 V 是有限集合 $\{v_1, \ldots v_s\}$。表 8-1 给出了逼近离散目标函数的 k-近邻算法。正如表中所指出的，这个算法的返回值 $\hat{f}(x_q)$为对 $f(x_q)$的估计，它就是距离 x_q 最近的 k 个训练样例中最普遍的 f 值。如果我们选择 $k=1$，那么"1-近邻算法"就把 $f(x_i)$ 赋给 $\hat{f}(x_q)$，其中 x_i 是最靠近 x_q 的训练实例。对于较大的 k 值，这个算法返回前 k 个最靠近的训练实例中最普遍的值。

表 8-1　逼近离散值函数 $f:\mathscr{R}^n \rightarrow V$ 的 k-近邻算法

训练算法：

- 对于每个训练样例$\langle x, f(x)\rangle$，把这个样例加入列表 *training_examples*

分类算法：

- 给定一个要分类的查询实例 x_q
  - 在 *training_examples* 中选出最靠近 x_q 的 k 个实例，并用 $x_1 \ldots x_k$ 表示
  - 返回

$$\hat{f}(x_q) \leftarrow \underset{v \in V}{\operatorname{argmax}} \sum_{i=1}^{k} \delta(v, f(x_i))$$

其中，如果 $a=b$ 那么 $\delta(a, b)=1$，否则 $\delta(a, b)=0$

图 8-1 图解了一种简单情况下的 k-近邻算法，在这里实例是二维空间中的点，目标函数具有布尔值。正反训练样例用"+"和"-"分别表示。图中也画出了一个查询点 x_q。注意在这幅图中，1-近邻算法把 x_q 分类为正例，然而 5-近邻算法把 x_q 分类为反例。

k-近邻算法隐含考虑的假设空间 H 的特性是什么呢？注意，k-近邻算法从来不形成关于目标函数 f 的明确的一般假设 $\hat{f}$。它仅在需要时计算每个新查询实例的分类。然而，我们依然可以问：隐含的一般函数是什么？或者说，如果保持训练样例不变并用 X 中的每个可能实例查询算法，会得到什么样的分类？图 8-1 中的右图画出了 1-近邻算法在整个实例空间上导致的决策面形状。决策面是围绕每个训练样例的凸多边形的合并。对于每个训练样例，多边形指出了一个查询点集合，它的分类完全由相应训练样例决定。在这个多边形外的查询点更接近其他的训

练样例。这种类型的图经常被称为这个训练样例集合的 Voronoi 图㊀(*Voronoi diagram*)。

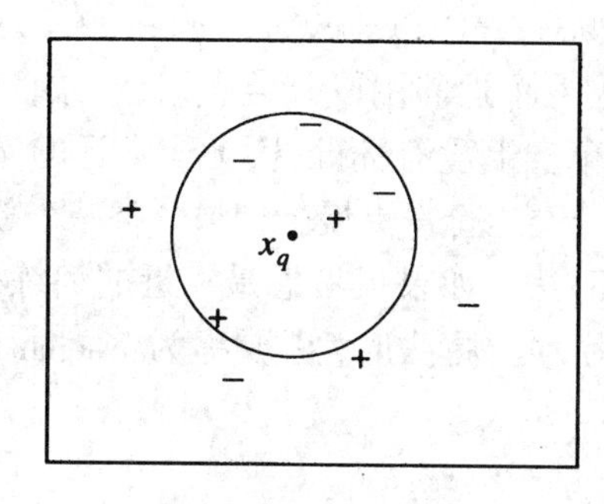

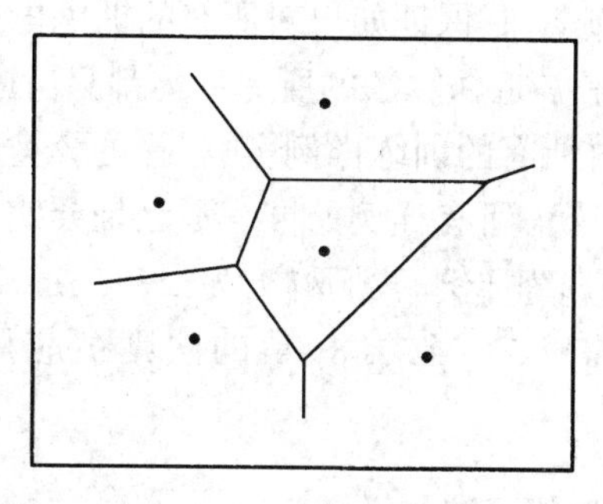

左图画出了一系列的正反训练样例和一个要分类的查询实例 x_q。1 – 近邻算法把 x_q 分类为正例,然而 5 – 近邻算法把 x_q 分类为反例。右图是对于一个典型的训练样例集合 1 – 近邻算法导致的决策面。围绕每个训练样例的凸多边形表示最靠近这个点的实例空间(即这个空间中的实例会被 1 – 近邻算法赋予该训练样例所属的分类)。

图 8-1　k-近邻算法

对前面的 k-近邻算法作简单的修改后,它就可被用于逼近连续值的目标函数。为了实现这一点,我们让算法计算 k 个最接近样例的平均值,而不是计算其中的最普遍的值。更精确地讲,为了逼近一个实值目标函数 $f:\mathscr{R}^n\to\mathscr{R}$,我们只要把算法中的公式替换为:

$$\hat{f}(x_q)\leftarrow\frac{\sum_{i=1}^{k}f(x_i)}{k}\tag{8.1}$$

8.2.1　距离加权最近邻算法

对 k-近邻算法的一个明显的改进是对 k 个近邻的贡献加权,根据它们相对查询点 x_q 的距离,将较大的权值赋给较近的近邻。例如,在表 8-1 逼近离散目标函数的算法中,我们可以根据每个近邻与 x_q 的距离平方的倒数加权这个近邻的"选举权"。方法是通过用下式取代表 8-1算法中的公式来实现:

$$\hat{f}(x_q)\leftarrow\underset{v\in V}{\operatorname{argmax}}\sum_{i=1}^{k}w_i\delta(v,f(x_i))\tag{8.2}$$

其中:

$$w_i\equiv\frac{1}{d(x_q,x_i)^2}\tag{8.3}$$

为了处理查询点 x_q 恰好匹配某个训练样例 x_i,从而导致分母 $d(x_q,x_i)^2$ 为 0 的情况,我们令这种情况下的 $\hat{f}(x_q)$等于 $f(x_i)$。如果有多个这样的训练样例,我们使用它们中占多数的分类。

我们也可以用类似的方式对实值目标函数进行距离加权,只要用下式替换表 8-1 中的公式:

$$\hat{f}(x_q)\leftarrow\frac{\sum_{i=1}^{k}w_if(x_i)}{\sum_{i=1}^{k}w_i}\tag{8.4}$$

㊀ 又称梯森多边形(Thiessen Polygons),可以理解为对空间的一种分割方式,一个梯森多边形内的任一点到本梯森多变形中心点的距离都小于到其他梯森多边形中心点的距离。

其中，w_i 的定义与式(8.3)中相同。注意式(8.4)中的分母是一个常量，它将不同权值的贡献归一化(例如，它保证如果对所有的训练样例 $x_i, f(x_i) = c$，那么 $\hat{f}(x_q) \leftarrow c$)。

注意，以上 k-近邻算法的所有变体都只考虑 k 个近邻用以分类查询点。如果使用按距离加权，那么允许所有的训练样例影响 x_q 的分类事实上没有坏处，因为非常远的实例对 $\hat{f}(x_q)$ 的影响很小。考虑所有样例的惟一不足是会使分类运行得更慢。如果分类一个新的查询实例时考虑所有的训练样例，我们称它为*全局*(global)法。如果仅考虑最靠近的训练样例，我们称它为*局部*(local)法。当式(8.4)的法则被应用为全局法时，它被称为 Shepard 法(Shepard 1968)。

8.2.2　对 k-近邻算法的说明

按距离加权的 k-近邻算法是一种非常有效的归纳推理方法。它对训练数据中的噪声有很好的健壮性，而且当给定足够大的训练集合时也非常有效。注意，通过取 k 个近邻的加权平均，可以消除孤立的噪声样例的影响。

k-近邻算法的归纳偏置是什么呢？通过分析图 8-1 中的示例，可以很容易地理解这种算法分类新查询实例的根据。它的归纳偏置对应于假定：一个实例的分类 x_q 与在欧氏空间中它附近的实例的分类相似。

应用 k-近邻算法的一个实践问题是，实例间的距离是根据实例的所有属性(也就是包含实例的欧氏空间的所有坐标轴)计算的。这与那些只选择全部实例属性的一个子集的方法不同，例如决策树学习系统。为了理解这种策略的影响，考虑把 k-近邻算法应用到这样一个问题：每个实例由 20 个属性描述，但在这些属性中仅有 2 个与它的分类有关。在这种情况下，这两个相关属性的值一致的实例可能在这个 20 维的实例空间中相距很远。结果，依赖这 20 个属性的相似性度量会误导 k-近邻算法的分类。近邻间的距离会被大量的不相关属性所支配。这种由于存在很多不相关属性所导致的难题，有时被称为*维度灾难*(curse of dimensionality)。最近邻方法对这个问题特别敏感。

解决该问题的一个有趣的方法是，当计算两个实例间的距离时，对每个属性加权。这相当于按比例缩放欧氏空间中的坐标轴，缩短对应于不太相关的属性的坐标轴，拉长对应于更相关的属性的坐标轴。每个坐标轴应伸展的数量可以通过交叉验证的方法自动决定。具体做法如下，首先，假定使用因子 z_j 伸展(乘)第 j 个根坐标轴，选择 z_j 的各个值 $z_1 \cdots z_n$ 以使学习算法的真实分类错误率最小化。其次，这个真实错误率可以使用交叉验证来估计。所以，一种算法是随机选取现有数据的一个子集作为训练样例，然后决定 $z_1 \cdots z_n$ 的值使剩余样例的分类错误率最小化。通过多次重复这个处理过程，可以使加权因子的估计更加准确。这种伸展坐标轴以优化 k-近邻算法的过程，提供了一种抑制无关属性影响的机制。

另外一种更强有力的方法是从实例空间中完全消除最不相关的属性。这等效于设置某个缩放因子 z_j 为 0。Moore & Lee(1994)讨论了有效的交叉验证方法，为 k-近邻算法选择相关的属性子集。确切地讲，他们探索了基于“留一法”(leave-one-out)的交叉验证，在这种方法中，m 个训练实例的集合以各种可能方式被分成 $m-1$ 个实例的训练集合和 1 个实例的测试集合。这种方法在 k-近邻算法中是容易实现的，因为每一次重新定义训练集时不需要额外的训练工作。注意，上面的两种方法都可以被看作以某个常量因子伸展坐标轴。另外一种可选的做法是使用一个在实例空间上变化的值伸展坐标轴。这样增加了算法重新定义距离度量的自由度，然而也增加了过度拟合的风险。所以，局部伸展坐标轴的方法是不太常见的。

应用 k-近邻算法的另外一个实践问题是如何建立高效的索引。因为这个算法推迟所有的处理，直到接收到一个新的查询，所以处理每个新查询可能需要大量的计算。目前已经开发了很多方法用来对存储的训练样例进行索引，以便在增加一定存储开销情况下更高效地确定最近邻。一种索引方法是 *kd*-tree（Bentley 1975；Friedman et al. 1977），它把实例存储在树的叶结点内，邻近的实例存储在同一个或附近的结点内。通过测试新查询 x_q 的选定属性，树的内部结点把查询 x_q 排列到相关的叶结点。

8.2.3　术语注解

在关于最近邻法和局部加权回归法的很多文献中，使用了一些来自统计模式识别领域的术语。在阅读这些文献时，了解下列术语是很有帮助的：

- *回归*（Regression）的含义是逼近一个实数值的目标函数。
- *残差*（Residual）是逼近目标函数时的误差 $\hat{f}(x)-f(x)$。
- *核函数*（Kernel function）是一个距离函数，它用来决定每个训练样例的权值。换句话说，核函数就是使 $w_i=K(d(x_i,\ x_q))$ 的函数 K。

8.3　局部加权回归

前一节描述的最近邻方法可以被看作在单一的查询点 $x=x_q$ 上逼近目标函数 $f(x)$。局部加权回归是这种方法的推广。它在环绕 x_q 的局部区域内为目标函数 f 建立明确的逼近。局部加权回归使用附近的或距离加权的训练样例来形成这种对 f 的局部逼近。例如，我们可以使用线性函数、二次函数、多层神经网络或者其他函数形式在环绕 x_q 的邻域内逼近目标函数。“局部加权回归”名称中，之所以叫“*局部*”是因为目标函数的逼近仅仅根据查询点附近的数据；之所以叫“*加权*”是因为每一个训练样例的贡献是由它与查询点间的距离加权的；之所以叫“*回归*”是因为统计学习界广泛使用这个术语来表示逼近实数值函数的问题。

给定一个新的查询实例 x_q，局部加权回归的一般方法是建立一个逼近 $\hat{f}$，使 $\hat{f}$ 拟合环绕 x_q 的邻域内的训练样例。然后用这个逼近来计算 $\hat{f}(x_q)$ 的值，也就是为查询实例估计的目标值输出。然后 $\hat{f}$ 的描述被删除，因为对于每一个独立的查询实例都会计算不同的局部逼近。

8.3.1　局部加权线性回归

下面，我们先考虑局部加权回归的一种情况，即使用如下形式的线性函数来逼近 x_q 邻域的目标函数 f：

$$\hat{f}(x)=w_0+w_1a_1(x)+\cdots+w_na_n(x)$$

和前面一样，$a_i(x)$ 表示实例 x 的第 i 个属性值。

回忆第 4 章中我们讨论的梯度下降方法，在拟合以上形式的线性函数到给定的训练集合时，它被用来找到使误差最小化的系数 $w_0\cdots w_n$。在那一章中我们感兴趣的是目标函数的全局逼近。所以当时我们推导出的权值选择方法是使训练集合 D 上的误差平方和最小化，即：

$$E\equiv\frac{1}{2}\sum_{x\in D}(f(x)-\hat{f}(x))^2 \tag{8.5}$$

根据这个误差定义，我们得出了以下梯度下降训练法则：

$$\Delta w_j = \eta \sum_{x \in D} (f(x) - \hat{f}(x)) a_j(x) \tag{8.6}$$

其中，η 是一个常数，称为学习速率。而且这个法则已经被重新表示，修改了其中第 4 章中的记号以匹配当前的记号(也就是，$t \rightarrow f(x)$，$o \rightarrow \hat{f}(x)$，$x_j \rightarrow a_j(x)$)。

我们应该如何修改这个过程来推导出局部逼近呢？简单的方法是重新定义误差准则 E 以着重于拟合局部训练样例。下面给出了三种可能的误差准则。注意，我们把误差写为 $E(x_q)$，目的是为了强调目前的误差被定义为查询点 x_q 的函数。

1) 只对在 k 个近邻上的误差平方最小化：

$$E_1(x_q) \equiv \frac{1}{2} \sum_{x \in x_q \text{的}k\text{个近邻}} (f(x) - \hat{f}(x))^2$$

2) 使整个训练样例集合 D 上的误差平方最小化，但对每个训练样例加权，权值为关于相距 x_q 距离的某个递减函数 K：

$$E_2(x_q) \equiv \frac{1}{2} \sum_{x \in D} (f(x) - \hat{f}(x))^2 K(d(x_q, x))$$

3) 综合 1 和 2：

$$E_3(x_q) \equiv \frac{1}{2} \sum_{x \in x_q \text{的}k\text{个近邻}} (f(x) - \hat{f}(x))^2 K(d(x_q, x))$$

准则 2 或许是最令人满意的，因为它允许每个训练样例都对 x_q 的分类产生影响。然而这种方法所需的计算量随着训练样例数量线性增长。准则 3 很好地近似了准则 2，并且具有如下优点：计算开销独立于训练样例总数，而仅依赖于所考虑的最近邻数 k。

如果使用上面的准则 3，并使用与第 4 章相同的推理方式重新推导梯度下降法则，可以得到以下训练法则(见习题 8.1)：

$$\Delta w_i = \eta \sum_{x \in x_q \text{的}k\text{个近邻}} K(d(x_q, x))(f(x) - \hat{f}(x)) a_j(x) \tag{8.7}$$

注意，这个新的法则和式(8.6)给出的法则的差异是：实例 x 对权值更新的贡献现在乘上了一个距离惩罚项 $K(d(x_q, x))$，并且仅对 k 个最邻近的训练实例的误差求和。事实上，如果要使一个线性函数拟合固定的训练样例集合，那么有一些比梯度下降更高效的方法，它们直接求解所需要的系数 $w_0 \cdots w_n$。Atkeson et al.(1997a)和 Bishop(1995)调查了几个这样的方法。

8.3.2　局部加权回归的说明

上面我们考虑了使用一个线性函数在查询实例 x_q 的邻域内逼近 f。在局部加权回归的文献中，在对训练样例距离加权方面，包含大量的可选方法，还包含大量的目标函数局部逼近方法。大多数情况下，通过一个常量、线性函数或二次函数来局部逼近目标函数，更复杂的函数形式不太常见，原因是：(1)对每个查询实例用更复杂的函数来拟合，其代价十分高昂；(2)在足够小的实例空间子域上，使用这些简单的近似已能相当好地模拟目标函数。

8.4　径向基函数

另一种函数逼近的方法是使用径向基函数(radial basis function)，这种方法与距离加权回归和人工神经网络都有着紧密联系(Powell 1987；Broomhead & Lowe 1988；Moody & Darken

1989)。在这种方法中,待学习的假设是一个以下形式的函数:

$$\hat{f}(x) = w_0 + \sum_{u=1}^{k} w_u K_u(d(x_u, x)) \tag{8.8}$$

其中,每个 x_u 是 X 中一个实例,核函数 $K_u(d(x_u, x))$被定义为随距离 $d(x_u, x)$的增大而减小。这里的 k 是用户提供的常量,用来指定要包含的核函数的数量。尽管 $\hat{f}(x)$是对 $f(x)$的全局逼近,但来自每个 $K_u(d(x_u, x))$ 项的贡献被局部化到点 x_u 附近的区域。一种很常见的做法是选择每个核函数 $K_u(d(x_u, x))$为高斯函数(Gaussian function)(见表 5-4),高斯函数的中心点为 x_u,方差是 σ_u^2。

$$K_u(d(x_u, x)) = e^{-\frac{1}{2\sigma_u^2}d^2(x_u, x)}$$

下面我们来集中讨论这个常见的高斯核函数。根据 Hartman et al.(1990)所指出的,式(8.8)这样的函数形式能够以任意小的误差逼近任何函数,只要以上高斯核的数量 k 足够大,并且可以分别指定每个核的宽度 σ^2。

式(8.8)给出的函数可以被看作是描述了一个两层的网络,第一层计算不同的 $K_u(d(x_u, x))$,第二层计算第一层单元值的线性组合。图 8-2 画出了一个径向基函数(RBF)网络的例子。

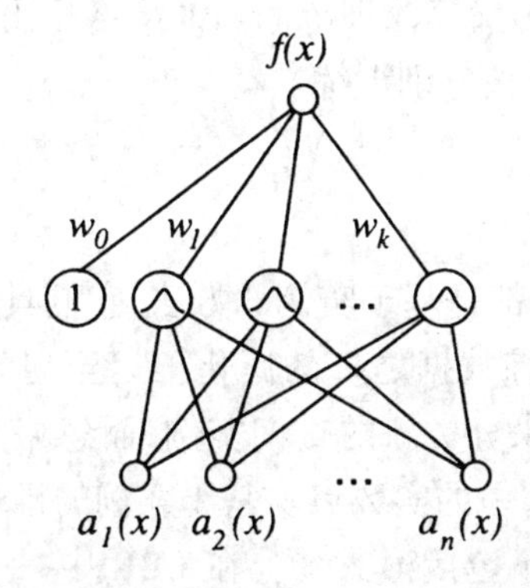

每个隐藏单元产生一个激发(activation),它由以某个实例 x_u 为中心的高斯函数决定。所以,除非 x 靠近 x_u,否则它的激发接近于 0。输出单元产生的输出是隐藏单元激发的线性组合。尽管这里画出的网络仅有一个输出,但是也可以包含多个输出。

图 8-2　径向基函数网络

给定了目标函数的训练样例集合,一般分两个阶段来训练 RBF 网络。首先,决定隐藏单元的数量 k,并通过选取定义核函数 $K_u(d(x_u, x))$的 x_u 和σ_u^2 值定义每个隐藏单元。其次,使用式(8.5)给出的全局误差准则来训练权值 w_u,使网络拟合训练数据程度最大化。因为核函数在第二阶段是保持不变的,所以线性权值 w_u 可以被非常高效地训练得到。

人们已经提出了几种方法来选取适当的隐藏单元或者说核函数的数量。第一种方法是为每一个训练样例$\langle x_i, f(x_i)\rangle$分配一个高斯核函数,此高斯核函数的中心点被设为 x_i。所有高斯函数的宽度 σ^2 可被赋予同样的值。通过这种方法,RBF 网络学习目标函数的全局逼近,其中每个训练样例$\langle x_i, f(x_i)\rangle$都只在 x_i 的邻域内影响 $\hat{f}$ 的值。这样选择核函数的一个优点是它允许 RBF 网络精确地拟合训练数据。也就是说,对于任意 m 个训练样例集合,合并 m 个高斯核函数的权值 $w_0 \cdots w_m$ 可以被设置为使得对于每一个训练样例$\langle x_i, f(x_i)\rangle$都满足

$\hat{f}(x_i)=f(x_i)$。

第二种方法是选取一组数量少于训练样例数量的核函数。这种方法可以比第一种方法更有效,特别是在训练样例的数量巨大的时候。核函数被分布在整个实例空间 X 上,它们的中心之间有均匀的间隔。或者也可以非均匀地分布核函数中心,特别是在实例本身在 X 上非均匀分布的时候。在后一种情况下,可以随机选取训练样例的一个子集作为核函数的中心,从而对实例的基准分布进行采样。或者,我们可以标识出实例的原始聚类(prototypical cluster),然后以每个聚类为中心加入一个核函数。这种方式的核函数布置可以通过非监督的聚类算法来实现,其中把训练实例(不包含目标值)拟合到混合高斯。第 6.12.1 节讨论的 EM 算法提供了一种从 k 个高斯函数的混合中选择均值,以最佳拟合观测到实例的方法。在 EM 算法中,均值的选取方法是:对给定的 k 个估计的均值,使观测到实例 x_i 的概率最大化。注意,在无监督的聚类方法中,实例的目标函数值 $f(x_i)$不参与核函数中心的计算。目标函数值 $f(x_i)$的惟一作用是决定输出层的权值 w_u。

总而言之,用多个局部核函数的线性组合表示的径向基函数网络提供了一种目标函数的全局逼近。仅当输入 x 落入某个核函数的中心和宽度所定义的区域内时,这个核函数的值才是不可忽略的。因此,RBF 网络可以被看作目标函数的多个局部逼近的平滑线性组合。RBF 网络的一个重要优点是,与反向传播算法训练的前馈网络相比,它的训练更加高效。这是因为 RBF 网络的输入层和输出层可以被分别训练。

8.5 基于案例的推理

k-近邻算法和局部加权回归都是基于实例的方法,它们具有三个共同的关键特性。第一,它们是消极学习方法,都把在训练数据之外的泛化推迟至遇到一个新的查询实例时才进行。第二,它们通过分析相似的实例来分类新的查询实例,而忽略与查询极其不同的实例。第三,它们把实例表示为 n 维欧氏空间中的实数点。基于案例的推理(case-based reasoning, CBR)这种学习范型基于前两个原则,但不包括第 3 个。在 CBR 中,一般使用更丰富的符号描述来表示实例;相应地,用来检索实例的方法也更加复杂。CBR 已被应用于解决很多问题,比如,根据数据库中以前存储的设计图纸,来进行机械设备的总体设计(Sycara et al. 1992);根据以前的裁决来对新的法律案件进行推理(Ashley 1990);通过对以前的相似问题的解决方案的复用或合并,来解决规划和调度问题(Veloso 1992)。

作为以后讨论的基础,让我们考虑基于案例的推理系统的一个例子。CADET 系统(Sycara et al. 1992)采用基于案例的推理来辅助简单机械设备(例如,水龙头)的总体设计。它使用一个数据库,其中包含大约 75 个以前的设计或设计片断,来推荐符合新的设计规格的总体设计。内存中每一个实例是通过它的结构和定性的功能来表示的。与此相应,新的设计问题通过所要求的功能和结构来表示。图 8-3 画出了这个问题。图的上半部分显示了一个典型的存储案例,被称为 T 型接头管。它的功能被表示为输入和输出点的流量和温度间的定性关系。在右侧的功能描述中,标有"+"的箭头表明箭头头部的变量随着箭头尾部的变量上升。例如,输出流量 Q_3 随着输入流量 Q_1 增长。类似地,"-"标记表明箭头头部的变量随着箭头尾部的变量下降。这幅图的下半部分画出了一个新的设计问题,它通过新设计中所要求的功能来描述。这个功能描绘了一种水龙头的行为特征。这里 Q_c 指进入水龙头的冷水流量,Q_h

指热水的输入流量，Q_m 指流出水龙头的单一混合流量。与此类似，T_c、T_h 和 T_m 分别指热水、冷水和混合水流的温度。变量 C_t 表示输入到水龙头的温度控制信号，C_f 表示对水流的控制信号。注意，所要求的功能描述中指出，这些控制信号 C_t 和 C_f 用来影响水流 Q_c 和 Q_h，从而间接影响水龙头的输出流量 Q_m 和温度 T_m。

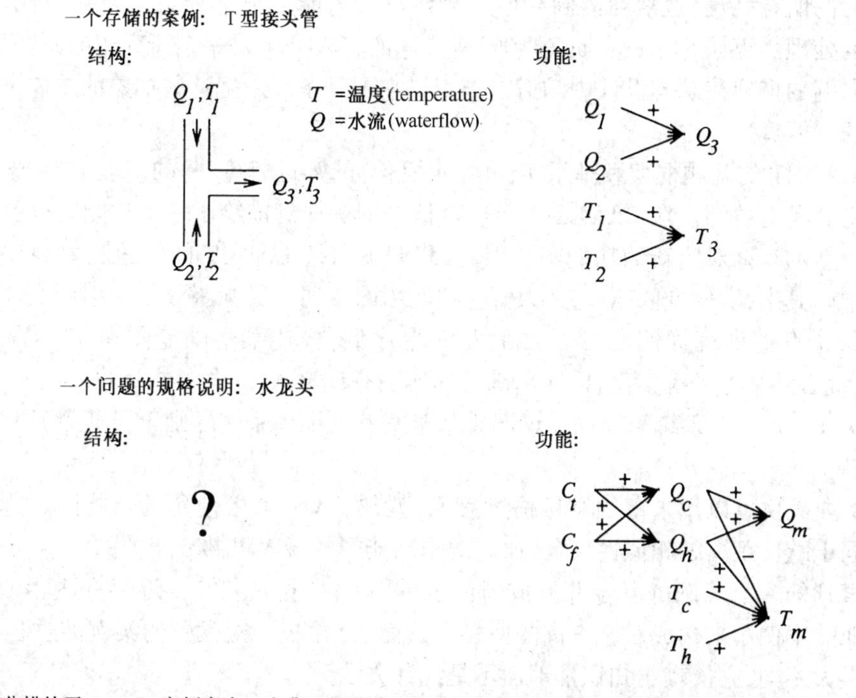

上半部分描绘了 CADET 案例库中一个典型的设计片断。它的功能是通过 T 型接头变量间的定性依赖关系图表示的(在正文中具体描述)。下半部分显示了一个典型的设计问题。

图 8-3 存储的案例和新问题

给定新设计问题的功能说明，CADET 从它的案例库中搜索存储的案例，使它的功能描述和新设计问题相匹配。如果发现了一个精确的匹配，表明某个存储案例精确实现了所要求的功能，那么可以返回这个案例作为新设计问题的建议方案。如果没有发现精确的匹配，CADET 可能找到匹配所需功能的不同子图的案例。例如，在图 8-3 中，T 型接头的功能匹配了水龙头功能图的一个子图。更一般地讲，CADET 在两个功能图间搜索同构子图（isomorphisms subgraph），以发现一个案例的某部分，使它匹配设计规格说明的相应部分。此外，系统可以加工原始的功能说明图，产生等价的子图以匹配更多的案例。它使用关于物理感应的一般知识来创建这样的加工过的功能图。例如，利用一种重写规则可以把以下感应：

$$A \xrightarrow{+} B$$

重写为：

$$A \xrightarrow{+} x \xrightarrow{+} B$$

这个重写规则可以被解释为：如果 B 随 A 上升，那么一定可以找到某个 x，满足 B 随 x 上升而且 x 随 A 上升。这里，x 是一个全称量化的变量，它在功能图与这个案例库匹配时被限定。事实上，图 8-3 中的水龙头的功能图就是应用这个重写规则从原来的功能说明中加工得到的。

通过检索匹配不同子图的多个案例，有时可以拼接得到整个设计。一般来说，从多个检索到的案例产生最终方案的过程可以很复杂。为了合并存储案例中检索到的部分，可能需要从头设计系统的各个部分，也可能需要回溯以前的设计子目标，从而丢弃前面检索到的案例。CADET 合并和自适应已检索到案例并形成最终设计的能力很有限，它主要依赖用户来做自适应阶段的处理。正如 Sycara et al.(1992)所描述的，CADET 是一个研究用的原型系统，用来探索基于案例的推理在总体设计中的潜在作用。它不具备用来把这些抽象的总体设计提炼成最终设计的分析算法。

对于 CADET 的问题框架和基于实例的方法(例如，k-近邻算法)的一般框架，分析它们之间的对应之处是有益的。在 CADET 中每个存储的训练样例描绘了一个功能图以及实现该功能的结构。新的查询对应新的功能图。因此，我们可以把 CADET 的问题映射到标准的学习问题定义中。其中，实例空间 X 定义为所有功能图的空间。目标函数 f 映射到实现这些功能的结构。每个存储训练样例$\langle x, f(x)\rangle$是一个序偶，描述某个功能图 x 和实现 x 的结构 $f(x)$。系统必须学习训练案例，以输出满足功能图查询输入 x_q 的结构$f(x_q)$。

上面关于 CADET 系统简要描述说明了基于案例的推理系统区别于 k-近邻这样的方法的若干一般特征：

- 实例或案例可以用丰富的符号描述表示，就像 CADET 中使用的功能图。这可能需要不同于欧氏距离的相似性度量，比如两个功能图的最大可共享子图的大小。
- 检索到的多个案例可以合并形成新问题的解决方案。这与 k-近邻方法相似——多个相似的案例用来构成对新查询的回答。然而，合并多个检索到的案例的过程与 k-近邻有很大不同，它依赖于知识推理而不是统计方法。
- 案例检索、基于知识的推理和问题求解间是紧密耦合在一起的。例如 CADET 系统在尝试找到匹配的案例过程中，它使用有关物理感应的一般知识重写了功能图。人们已经开发出很多其他的系统，这些系统更加完整地把基于案例的推理集成到基于搜索的问题求解系统中。ANAPRON(Golding & Rosenbloom 1991)和 PRODIGY/ANALOGY(Veloso 1992)是这样的两个例子。

概括地讲，基于案例的推理是一种基于实例的学习方法，在这种方法中，实例(案例)可以是丰富的关系的描述。而且在该方法中，为了解决当前查询，案例检索和合并过程可能依赖于知识推理和搜索密集的问题求解方法。目前关于基于案例的推理研究的一个课题是，改进索引案例的方法。这里的中心问题是句法相似度量(例如，功能图之间的子图同构)仅能近似地指出特定案例与特定问题的相关度。当 CBR 系统试图复用检索到的案例时，它可能遇到句法相似度量中没有捕捉到的难点。例如，在 CADET 中，检索到的多个设计片断可能彼此不兼容，使得它们无法被合并到一个统一的最终设计中。一般当这种情况发生时，CBR 系统可回溯搜索另外的案例以适应现有的案例，或者求助于其他的问题求解方法。重要的是，当检测到这样的难点时，它们也提供了用来改进相似性度量(或等价的，案例库索引结构)的训练数据。确切地讲，如果根据相似性度量检索到了一个案例，但在进一步的分析中发现这个案例与当前的设计是无关的，那么这个相似性度量会被改进，以便对于以后的类似查询拒绝这个案例。

8.6 对消极学习和积极学习的评论

在这一章中我们考虑了三种*消极学习*(lazy learning)方法:k-近邻算法、局部加权回归和基于案例的推理。之所以称这些方法是消极的,是因为它们延迟了如何从训练数据中泛化的决策,直到遇到一个新的查询案例时才进行。本章讨论了一种*积极学习*方法:学习径向基函数网络的方法。之所以称这种方法是积极的,是因为它在见到新的查询之前就做好了泛化的工作——在训练时提交了定义其目标函数逼近的网络结构和权值。根据同样的理解,本书其他章节讨论的所有其他算法都是积极学习算法(例如,反向传播算法、C4.5)。

在算法能力方面,消极方法和积极方法有重要差异吗?我们先区分两种差异:计算时间的差异和对新查询的分类差异。在计算时间方面,消极方法和积极方法显然有差异。例如,消极方法在训练时一般需要较少的计算,但在预测新查询的目标值时需要更多的计算时间。

更基本的问题是,在归纳偏置方面消极和积极方法是否有实质性的差异呢?在这方面两种方法的关键差异是:

- 消极方法在决定如何从训练数据 D 中泛化时考虑查询实例 x_q。
- 积极方法不能做到这一点,因为在见到查询实例 x_q 前,它们已经选取了对目标函数的(全局)逼近。

这个区别会影响学习器的泛化精度吗?如果要求消极的和积极的学习器采用同一个假设空间 H,那么答案是肯定的。为了说明这一点,考虑由线性函数组成的假设空间。前面讨论的局部加权回归算法是基于这样的假设空间的消极学习方法。对于每个新查询 x_q,它根据 x_q 附近的训练样例选择一个新的假设从训练数据中泛化。相反,一个使用同样的线性函数假设空间的积极学习器必须在见到查询之前选择对目标函数的逼近。所以积极学习器必须提交单个的线性函数假设,以覆盖整个实例空间和所有未来的查询。消极学习方法有效地使用了更丰富的假设空间,因为它使用很多不同的局部线性函数来形成对目标函数的隐含的全局逼近。注意,其他的一些学习器和假设空间也符合同样的情况。例如反向传播算法的消极版本,可以对每个独立的查询点学习不同的神经网络。这与第 4 章讨论的反向传播算法的积极版本形成对照。

上面一段的核心观点是,消极的学习器可以通过很多局部逼近的组合(隐含地)表示目标函数,然而积极的学习器必须在训练时提交单个的全局逼近。因此积极学习和消极学习之间的差异意味着对目标函数的全局逼近和局部逼近的差异。

使用多个局部逼近的积极方法,可以产生与消极方法的局部逼近同样的效果吗?径向基函数网络可以被看作是对这个目标的尝试。RBF 学习方法是在训练时提交目标函数全局逼近的积极方法。然而,一个 RBF 网络把这个全局函数表示为多个局部核函数的线性组合。不过,因为 RBF 学习方法必须在知道查询点之前提交假设,所以它们创建的局部逼近不能达到像消极学习方法中那样特别针对查询点。然而,RBF 网络是从以训练样例为中心的局部逼近中被"积极"建立的,或者说是以训练样例的聚类为中心,不是以未知的未来查询点为中心。

总而言之,消极学习方法可以对于每一个查询实例选择不同的假设(或目标函数的局部逼近)。使用同样假设空间的积极方法是更加受限制的,因为它们必须提交一个覆盖整个实例空间的单一假设。当然,积极的方法可以使用合并了多个局部逼近的假设空间,就像 RBF 网络一样。然而,即使是这些合并的局部逼近,也不能使积极方法完全具有消极方法那种针对未知查询作出假设的能力。

8.7　小结和补充读物

本章的要点包括:

- 基于实例的学习方法不同于其他的函数逼近方法,因为它们推迟处理训练样例,直到必须分类一个新查询实例时才进行。因此,它们不必形成一个明确的假设来定义整个实例空间上的完整目标函数。相反,它们可以对每个查询实例形成一个不同的目标函数局部逼近。
- 基于实例的方法的优点包括:通过一系列不太复杂的局部逼近来模拟复杂目标函数却不会损失训练样例中蕴含的任何信息(因为样例本身被直接地存储起来)。主要的实践问题包括:分类新实例的效率(所有的处理都在查询期进行而不是事先准备好);难以选择用来检索相关实例的合适的距离度量(特别是当实例是用复杂的符号表示描述的时候);无关特征对距离度量的负作用。
- k-近邻是用来逼近实数值或离散值目标函数的基于实例算法,它假定实例对应于 n 维欧氏空间中的点。一个新查询的目标函数值是根据 k 个与其最近的训练样例的值估计得到的。
- 局部加权回归法是 k-近邻方法的推广,在这种方法中,为每个查询实例建立一个明确的目标函数的局部逼近。目标函数的局部逼近可以基于像常数、线性函数或二次函数这样的大量的函数形式,也可以基于空间局部化的核函数。
- 径向基函数(RBF)网络是一类由空间局部化核函数构成的人工神经网络。它可被看作是基于实例的方法(每个核函数的影响是被局部化的)和神经网络方法(在训练期形成了对目标函数的全局逼近,而不是在查询期形成的局部逼近)的混合。径向基函数网络已被成功地应用到很多课题,比如视觉场景分析(interpreting visual scenes),其中假定空间局部的影响是很合理的。
- 基于案例的推理也是一种基于实例的学习方法,但这种方法使用复杂的逻辑描述而不是欧氏空间中的点来表示实例。给定实例的符号描述,人们已经提出了大量的方法用于把训练样例映射成新实例的目标函数值。基于案例的推理方法已经应用到很多实际问题中,比如,模拟法律推理以及在复杂的生产和运输规划问题中引导搜索。

k-近邻算法是机器学习中被分析得最透彻的算法之一,部分原因是由于它出现的较早,另外也由于它的简明性。Cover & Hart(1967)提出了早期的理论结果,Duda & Hart(1973)提供了一个很好的概观。Bishop(1995)讨论了 k-近邻算法以及它与概率密度估计的关系。Atkeson et al.(1997)对局部加权回归方法给出了一个非常好的纵览。Atkeson et al.(1997b)调查了这些方法在机器人控制方面的应用。

Bishop(1995)提供了一个对径向基函数的全面讨论,其他论述由 Powell(1987)和 Poggio & Girosi(1990)给出。本书的第6.12小节讨论了EM算法和它在选择混合高斯均值方面的应用。

Kolodner(1993)提供了对基于案例的推理的一般介绍。以下文献给出了其他的一些关于近来的研究成果的纵览和汇集:Aamodt et al.(1994),Aha et al.(1991),Haton et al.(1995),Riesbeck & Schank(1989),Schank et al.(1994),Veloso and Aamodt(1995),Watson(1995),

Wess et al.(1994)。

习题

8.1 为公式(8.7)中的目标函数的一个距离加权局部线性逼近推导梯度下降法则。

8.2 思考以下为解决局部加权回归中的距离度量的另一种方法。如下建立一个虚拟的训练样例集合 D':对于原始训练数据集合 D 中的每一个训练样例 $\langle x, f(x) \rangle$,在 D' 中创建出一定数量(可能是分数)的 $\langle x, f(x) \rangle$ 的拷贝,其中拷贝的数量是 $K(d(x_q, x))$。现在训练一个线性逼近来最小化以下误差准则:

$$E_4 \equiv \frac{1}{2}\sum_{x \in D'}(f(x) - \hat{f}(x))^2$$

这里的想法是,对靠近查询实例的训练样例产生较多的拷贝,距离远的拷贝较少。推导出这个误差准则的梯度下降法则。把这个法则表示成在 D 的成员上的求和,而不是在 D' 的成员上求和,并把它与式(8.6)和式(8.7)中的法则进行比较。

8.3 决策树学习算法 ID3(见第 3 章)是积极的学习方法,试提出这种算法的一个消极版本。与本来的积极算法相比,你的这个消极算法有什么优点和缺点?

参考文献

Aamodt, A., & Plazas, E. (1994). Case-based reasoning: Foundational issues, methodological variations, and system approaches. *AI Communications*, 7(1), 39–52.

Aha, D., & Kibler, D. (1989). Noise-tolerant instance-based learning algorithms. *Proceedings of the IJCAI-89* (794–799).

Aha, D., Kibler, D., & Albert, M. (1991). Instance-based learning algorithms. *Machine Learning*, 6, 37–66.

Ashley, K. D. (1990). *Modeling legal argument: Reasoning with cases and hypotheticals*. Cambridge, MA: MIT Press.

Atkeson, C. G., Schaal, S. A., & Moore, A. W. (1997a). Locally weighted learning. *AI Review*, (to appear).

Atkeson, C. G., Moore, A. W., & Schaal, S. A. (1997b). Locally weighted learning for control. *AI Review*, (to appear).

Bareiss, E. R., Porter, B., & Weir, C. C. (1988). PROTOS: An exemplar-based learning apprentice. *International Journal of Man-Machine Studies*, 29, 549–561.

Bentley, J. L. (1975). Multidimensional binary search trees used for associative searching. *Communications of the ACM*, 18(9), 509–517.

Bishop, C. M. (1995). *Neural networks for pattern recognition*. Oxford, England: Oxford University Press.

Bisio, R., & Malabocchia, F. (1995). Cost estimation of software projects through case-based reasoning. In M. Veloso and A. Aamodt (Eds.), *Lecture Notes in Artificial Intelligence* (pp. 11–22). Berlin: Springer-Verlag.

Broomhead, D. S., & Lowe, D. (1988). Multivariable functional interpolation and adaptive networks. *Complex Systems*, 2, 321–355.

Cover, T., & Hart, P. (1967). Nearest neighbor pattern classification. *IEEE Transactions on Information Theory*, 13, 21–27.

Duda, R., & Hart, P. (1973). *Pattern classification and scene analysis*. New York: John Wiley & Sons.

Franke, R. (1982). Scattered data interpolation: Tests of some methods. *Mathematics of Computation*, 38, 181–200.

Friedman, J., Bentley, J., & Finkel, R. (1977). An algorithm for finding best matches in logarithmic expected time. *ACM Transactions on Mathematical Software*, 3(3), 209–226.

Golding, A., & Rosenbloom, P. (1991). Improving rule-based systems through case-based reasoning. *Proceedings of the Ninth National Conference on Artificial Intelligence* (pp. 22–27). Cambridge: AAAI Press/The MIT Press.

Hartman, E. J., Keller, J. D., & Kowalski, J. M. (1990). Layered neural networks with Gaussian hidden units as universal approximations. *Neural Computation*, 2(2), 210–215.

Haton, J.-P., Keane, M., & Manago, M. (Eds.). (1995). *Advances in case-based reasoning: Second European workshop*. Berlin: Springer-Verlag.

Kolodner, J. L. (1993). *Case-Based Reasoning*. San Francisco: Morgan Kaufmann.

Moody, J. E., & Darken, C. J. (1989). Fast learning in networks of locally-tuned processing units. *Neural Computation*, 1(2), 281–294.

Moore, A. W., & Lee, M. S. (1994). Efficient algorithms for minimizing cross validation error. *Proceedings of the 11th International Conference on Machine Learning*. San Francisco: Morgan Kaufmann.

Poggio, T., & Girosi, F. (1990). Networks for approximation and learning. *Proceedings of the IEEE*, 78(9), 1481–1497.

Powell, M. J. D. (1987). Radial basis functions for multivariable interpolation: A review. In Mason, J., & Cox, M. (Eds.). *Algorithms for approximation* (pp. 143–167). Oxford: Clarendon Press.

Riesbeck, C., & Schank, R. (1989). *Inside case-based reasoning*. Hillsdale, NJ: Lawrence Erlbaum.

Schank, R. (1982). *Dynamic Memory*. Cambridge, England: Cambridge University Press.

Schank, R., Riesbeck, C., & Kass, A. (1994). *Inside case-based explanation*. Hillsdale, NJ: Lawrence Erlbaum.

Shepard, D. (1968). A two-dimensional interpolation function for irregularly spaced data. *Proceedings of the 23rd National Conference of the ACM* (pp. 517–523).

Stanfill, C., & Waltz, D. (1986). Toward memory-based reasoning. *Communications of the ACM*, 29(12), 1213–1228.

Sycara, K., Guttal, R., Koning, J., Narasimhan, S., & Navinchandra, D. (1992). CADET: A case-based synthesis tool for engineering design. *International Journal of Expert Systems*, 4(2), 157–188.

Veloso, M. M. (1992). *Planning and learning by analogical reasoning*. Berlin: Springer-Verlag.

Veloso, M. M., & Aamodt, A. (Eds.). (1995). *Case-based reasoning research and development*. Lecture Notes in Artificial Intelligence. Berlin: Springer-Verlag.

Watson, I. (Ed.). (1995). *Progress in case-based reasoning: First United Kingdom workshop*. Berlin: Springer-Verlag.

Wess, S., Althoff, K., & Richter, M. (Eds.). (1994). *Topics in case-based reasoning*. Berlin: Springer-Verlag.

第9章 遗传算法

遗传算法是一种大致基于模拟进化的学习方法，其中的假设常被描述为二进制位串，位串的含义依赖于具体的应用。然而，假设也可以被描述为符号表达式甚至是计算机程序。搜索合适的假设是从若干初始假设的群体或集合开始的。当前群体的成员通过模仿生物进化的方式来产生下一代群体，比如说随机变异（mutation）和交叉（crossover）。每一步，根据给定的适应度评估当前群体中的假设，而后使用概率方法选出适应度最高的假设作为产生下一代的种子。遗传算法已被成功地应用到多种学习任务和最优化问题中。例如，遗传算法已被用于学习机器人控制的规则集以及优化人工神经网络的拓扑结构和学习参数。这一章既覆盖了用位串描述假设的遗传算法（genetic algorithms），也覆盖了用计算机程序描述假设的遗传编程（genetic programming）。

9.1 动机

遗传算法（GA）是一种受生物进化启发的学习方法。它不再是从一般到特殊或从简单到复杂地搜索假设，而是通过变异和重组当前已知的最好假设来生成后续的假设。每一步，更新被称为当前群体（population）的一组假设，方法是通过使用目前适应度最高的假设的后代替代群体的某个部分。这个过程形成了假设的生成并测试（generate-and-test）柱状搜索（beam-search），其中若干个最佳当前假设的变体最有可能在下一步被考虑。GA 的普及和发展得益于以下因素：

- 在生物系统中，进化被认为是一种成功的自适应方法，且具有很好的健壮性。
- GA 搜索的假设空间中，假设的各个部分相互作用，每一部分对总的假设适应度的影响难以建模。
- 遗传算法易于并行化，且可降低由于使用超强计算机硬件所带来的昂贵费用。

这一章描述了遗传算法，举例演示了它的用法，分析了它搜索的假设空间的特性。本章也描述了它的一个变体，称为遗传编程。在这种方法中，整个计算机程序向着某个适应度准则进化。遗传算法和遗传编程是进化计算（evolutionary computation）领域中的两种普遍方法。在本章的最后一节我们将接触一些研究生物进化的课题，包括鲍德温效应（Baldwin effect），它描述了个体的学习能力与整个群体进化速度之间的相互作用。

9.2 遗传算法

GA 研究的问题是搜索候选假设空间并确定最佳的假设。在 GA 中，“最佳假设”被定义为是使*适应度*（fitness）最优的假设，适应度是为当前问题预先定义的数字度量。例如，如果学习任务是在给定一个未知函数的输入输出训练样例后逼近这个函数，那么适应度可被定义为假设在训练数据上的精度。如果任务是学习下国际象棋的策略，那么适应度可被定义为该个体在当前群体中与其他个体对弈的获胜率。

尽管遗传算法的不同实现在细节上有所不同,但它们都具有以下的共同结构:算法迭代更新一个假设池,这个假设池称为群体。在每一次迭代中,根据适应度函数评估群体中的所有成员,然后从当前群体中用概率方法选取适应度最高的个体产生新一代群体。在这些被选中的个体中,一部分保持原样地进入下一代群体,其他的被用作产生后代个体的基础,其中应用像交叉和变异这样的遗传方法。

表 9-1 描述了遗传算法原型。算法的输入包括:用来排序候选假设的适应度函数;定义算法终止时适应度的阈值;要维持的群体大小;决定如何产生后继群体的参数,即每一代群体中被淘汰的比例和变异率。

表 9-1　遗传算法原型

GA(*Fitness*, *Fitness_threshold*, p, r, m)

Fitness:适应度评分函数,为给定假设赋予一个评估分数

Fitness_threshold:指定终止判据的阈值

p:群体中包含的假设数量

r:每一步中通过交叉取代群体成员的比例

m:变异率

- 初始化群体:$P \leftarrow$随机产生的 p 个假设
- 评估:对于 P 中的每一个 h,计算 $Fitness(h)$
- 当$[\max_h Fitness(h)] < Fitness_threshold$,做:

产生新的一代 P_S:

1. 选择:用概率方法选择 P 的$(1-r)p$ 个成员加入 P_S。从 P 中选择假设 h_i 的概率 $\Pr(h_i)$用下面公式计算:

$$\Pr(h_i) = \frac{Fitness(h_i)}{\sum_{j=1}^{p} Fitness(h_j)}$$

2. 交叉:根据上面给出的 $\Pr(h_i)$,从 P 中按概率选择 $r \cdot p/2$ 对假设。对于每对假设 $<h_1, h_2>$,应用交叉算子产生两个后代。把所有的后代加入 P_S
3. 变异:使用均匀的概率从 P_S 中选择 $m\%$ 的成员。对于选出的每个成员,在它的表示中随机选择一个位取反
4. 更新:$P \leftarrow P_S$
5. 评估:对于 P 中的每个 h 计算 $Fitness(h)$

- 从 P 中返回适应度最高的假设

注:算法中维持一个包含 p 个假设的群体。在每一次迭代中,后继群体 P_S 通过根据假设的适应度用概率方法选择个体和加入新假设形成。新假设通过两种方法得到:一种是对最高适应度假设用交叉算子;另一种是通过创建部分假设的单点变异来产生新一代。重复这个迭代过程,直到发现适应度足够好的假设。典型的交叉和变异算子定义在后面的表格中。

在这个算法的每一次迭代中,基于当前的群体产生新一代假设。首先,从当前的群体中选择一定数量的假设包含在下一代中。这些假设是用概率方法选择的,其中选择假设 h_i 的概率是通过下式计算的:

$$\Pr(h_i) = \frac{Fitness(h_i)}{\sum_{j=1}^{p} Fitness(h_j)} \tag{9.1}$$

因此,一个假设被选择的概率与它自己的适应度成正比,与当前群体中其他竞争假设的适应度成反比。

在当前这一代的成员已被选入下一代群体后,使用一种交叉操作产生其他的成员。交叉操作将在下一节被具体定义,它从当前代中取两个双亲假设,并通过重新组合双亲的各部分产生两个后代假设。双亲假设是从当前群体中按概率选出的,也使用公式(9.1)的概率函数。在通过这种交叉操作产生新的成员后,新一代群体已经包含了所需数量的成员,接下来,从这些成员中随机选出一定比例 m 的成员并进行随机变异。

因此,这种 GA 算法执行一种随机的、并行柱状的搜索,根据适应度函数发现好的假设。下面的小节将更详尽地描述这个算法中使用的假设表示和遗传算子。

9.2.1 表示假设

GA 中假设经常被表示为二进制位串,这便于用变异和交叉遗传算子来操作。用这样的位串表示的假设可能非常复杂。例如,if-then 规则就可以很容易地用这种方式表示,做法是选择规则的一种编码,其中为每个规则的前件和后件分配特定的子串。Holland(1986)、Grefenstette(1988)、DeJong et al.(1993)中描述了 GA 系统中这种规则表示的例子。

为了说明如何把 if-then 规则编码成位串,首先考虑怎样使用位串描述单个属性的值约束。例如考虑属性 *Outlook*,它的值可以取以下 3 个值中的任一个:*Sunny*、*Overcast* 或 *Rain*。表示 *Outlook* 约束的一个明显的方法是,使用一个长度为 3 的位串,每位对应一个可能值。若某位为 1,表示这个属性可以取对应的值。例如,串 010 表示 *Outlook* 必须取第二个值的约束,或者说 *Outlook* = *Overcast*。与此类似,串 011 表示更一般的约束,*Outlook* 可以取两个可能值,或者说($Outlook = Overcast \vee Rain$)。注意,111 表示最一般的约束,表明我们不管这个属性取哪个值。

有了表示单个属性约束的方法,那么对多个属性约束的合取可以很容易地表示为对应位串的连接。例如,考虑第二个属性 *Wind*,它可以取两个值 *Strong* 或 *Weak*。那么像下面的规则前件:

$$(Outlook = Overcast \vee Rain) \wedge (Wind = Strong)$$

可被表示为长度为 5 的位串:

Outlook	*Wind*
011	10

规则的后件(例如,*PlayTennis* = *yes*)可以用相似的方式表示。于是,整个规则表示可以通过把描述规则前件和后件的位串连接起来。例如下面的规则:

IF *Wind* = *Strong* THEN *PlayTennis* = *yes*

将被表示为以下的位串:

Outlook	*Wind*	*PlayTennis*
111	10	10

其中,前三位描述了对 *Outlook* 的"不关心"约束,接下来两位描述了对 *Wind* 的约束,最后两位描述了规则的后件(这里假定 *PlayTennis* 可以取两个值 *Yes* 或 *No*)。注意,表示规则的位串对假设空间中的每个属性有一个子串,即使该属性不被规则的前件所约束。这样得到了

一个固定长度的规则位串表示，其中特定位置的子串描述对特定属性的约束。有了单个规则的表示方法，我们可以简单地把单个规则的位串表示连接起来表示规则集。

在为某个假设空间设计位串编码时，有必要让每个句法合法的位串表示一个有意义的假设。比如，若使用上一段的规则编码方式，那么位串 111 10 11 表示了一个规则，它的后件不约束目标属性 *PlayTennis*。如果要避免考虑这个假设，可以采用不同的编码方式（例如，仅分配一个位给后件 *PlayTennis*，表示它的值是 *Yes* 或 *No*），或改变遗传算子以明确避免建立这样的位串，或干脆把很低的适应度赋给这样的串。

在一些 GA 中，假设是用符号描述来表示的，而不是用位串。例如，在第 9.5 节中，我们讨论了一个把假设编码为计算机程序的遗传算法。

9.2.2 遗传算子

在 GA 中通过一系列算子（operator）来决定后代，算子对当前群体中选定的成员进行重组和变异。表 9-1 中列出了用来操作位串的典型 GA 算子。这些算子是生物进化中的遗传过程的理想化形式。最常见的两个算子是*交叉*（crossover）和*变异*（mutation）。

*交叉算子*从两个双亲串中通过复制选定位产生两个新的后代。每个后代的第 i 位是从它的某个双亲的第 i 位复制来的。至于双亲中的哪一个在第 i 位起作用，这是由另外一个称为*交叉掩码*（crossover mask）的位串决定的。下面演示一下这个过程，考虑表 9-2 中最上边的*单点*（single-point）*交叉算子*。先考虑其中上面一个后代。这个后代从第一个双亲中取前 5 位，其余的 6 位来自第二个双亲，因为交叉掩码 11111000000 为每个位指定这些选择。第二个后代使用同样的交叉掩码，但交换了双亲的角色。所以，它包含了第一个后代没有用过的位。在单点交叉中，交叉掩码总是这样组成的，它以连续的 n 个 1 开始，后面跟随必要个数的 0 直至结束。这样的结果是后代中前 n 位来自第一个双亲，余下的位来自第二个双亲。每次应用单点交叉算子时，交叉点 n 是随机选取的，然后再产生交叉掩码并应用。

在*两点交叉*（two-point crossover）中，后代的产生通过把一个双亲串的中间片段替换第二个双亲串的中间片段。换句话讲，交叉掩码以 n_0 个 0 开始，后面跟随 n_1 个 1，再跟随必要数量的 0 结束。每次应用两点交叉算子时，通过随机选取两个整数 n_0 和 n_1 来产生掩码。例如，在表 9-2 显示的例子中，是使用 $n_0 = 2$ 和 $n_1 = 5$ 的掩码来产生后代的。和上面一样，通过转换两个双亲的角色来产生这两个后代。

均匀交叉（uniform crossover）合并了从两个双亲以均匀概率抽取的位，如表 9-2 所示。在这种情况下，产生一个随机的位串作为交叉掩码，每一位的选取都是随机的并且独立于其他位。

除了通过组合双亲的各部分产生后代的重组算子，另一种类型的算子从单一的双亲产生后代。确切地讲，*变异算子*用于对位串产生随机的小变化，方法是选取一个位，然后取反。变异经常是在应用了交叉之后进行的，像表 9-1 中的原型算法那样。

一些 GA 系统应用了其他的算子，特别是一些专门针对系统中特定假设表示的算子。例如，Grefenstette et al.（1991）描述了学习机器人控制规则集的系统。它除了使用变异和交叉算子，还使用了一个使规则特化的算子。Janikow（1993）描述了学习规则集的系统。它使用了多种直接泛化和特化规则的算子（例如，直接把一个属性条件替换为“不关心”）。

表 9-2 遗传算法常见算子

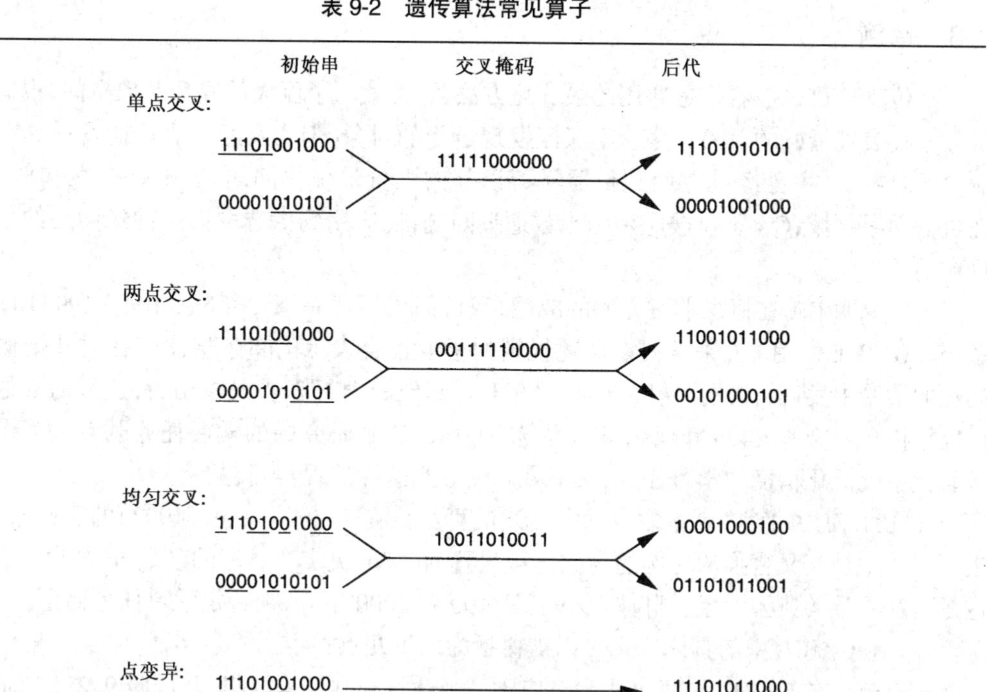

注:这些算子形成用位串表示的假设后代。交叉算子从两个双亲中产生两个后代,使用交叉掩码来决定哪一个双亲作用于相应的位。变异从单一的双亲中产生单一的后代,通过随机选取一位并取反。

9.2.3 适应度函数和假设选择

适应度函数定义了候选假设的排序准则,并且是以概率方法选择下一代群体的准则。如果任务是学习分类的规则,那么适应度函数中会有一项用来评价每个规则对训练样例集合的分类精度。适应度函数中也可能包含其他的准则,例如,规则的复杂度和一般性(generality)。一般讲,当位串被解释为复杂的过程时(例如,当位串表示一系列规则,这些规则要被链接在一起控制一个机器人设备),适应度函数可以测量生成的过程总体性能,而不是单个规则的性能。

在表 9-1 中显示的 GA 原型中,选择某假设的概率是通过这个假设的适应度与当前群体中其他成员的适应度的比值得到的,如公式(9.1)所示。这种方法有时被称为适应度比例选择(fitness proportionate selection),或称为轮盘赌[㊀]选择(roulette wheel selection)。人们也提出了其他使用适应度来选择假设的方法。例如,锦标赛选择(tournament selection)。它先从当前群体中随机选取两个假设,再按照事先定义的概率 p 选择适应度较高的假设,按照概率 $1-p$ 选择适应度较低的假设。锦标赛选择常常比适应度比例法得到更加多样化的群体(Goldberg and Deb 1991)。在另一种被称为排序选择(rank selection)的方法中,当前群体中的假设先按适应度排序,某假设的概率与这个假设在排序列表中的位置成比例,而不是与它的适应度成比例。

㊀ 轮盘赌是指一种赌博者打赌转盘上旋转的小球将停止于盘上哪一个槽内的游戏,这里的含义是概率大的假设占据盘上较大的扇区,因而被选中的机会较大。

9.3 举例

遗传算法可以被看作是通用的最优化方法，它搜索一个巨大的候选对象空间，根据适应度函数查找表现最好的对象。尽管不保证发现最优的对象，但GA经常成功地发现具有较高适应度的对象。GA已经被应用到机器学习以外的大量最优化问题，像电路布线和任务调度。在机器学习领域，GA不仅被应用到函数逼近问题，还应用到像选取人工神经网络的拓扑结构这样的任务。

为了说明GA在概念学习方面的应用，我们简要概述一下DeJong et al.(1993)的GABIL系统。GABIL使用GA来学习以命题规则的析取集合表示的布尔概念。在对几个概念学习问题的实验中发现，在泛化精度方面GABIL与其他的学习算法大体相当，这里的其他算法包括决策树学习算法C4.5和规则学习系统AQ14。这个研究中的学习任务既有人为设计的用来研究系统泛化精度的学习任务，又有乳腺癌诊断这样的现实问题。

GABIL使用的算法就是表9-1中描述的算法。在DeJong et al.(1993)的实验报告中，决定了父代中被交叉替换的比例的参数 r 被设置为0.06，决定变异率的参数 m 被设置为0.001。这是这些参数的典型设置。群体大小 p 从100到1000不等，视特定学习任务而定。

GA在GABIL中的具体应用可以被概括为以下几点：

- *表示*　在GABIL中每个假设对应于一个命题规则的析取集，并按照9.2.1节描述的方法编码。确切地讲，规则前件的假设空间由对一个固定的属性集的约束的合取组成，就像前面描述的那样。为了表示规则集，单个规则的位串表示被连接起来。例如，考虑这样一个假设空间，其中规则的前件是对两个布尔属性 a_1 和 a_2 的约束的合取。规则的后件是用单个的位描述的，表示目标属性 c 的预测值。于是，由两个规则组成的假设如下：

$$\text{IF} \quad a_1 = T \wedge a_2 = F \quad \text{THEN} \quad c = T; \quad \text{IF} \quad a_2 = T \quad \text{THEN} \quad c = F$$

将被表示为串：

a_1	a_2	c	a_1	a_2	c
10	01	1	11	10	0

注意，位串的长度随着假设中规则的数量增长。由于位串长度的可变性，需要对交叉算子作少许修改，这将在下面描述。

- *遗传算子*　GABIL使用表9-2中的标准变异算子，随机选取一个位，并用它的反码替代这一位。GABIL使用的交叉算子是表9-2描述的两点交叉算子的一个相当标准的扩展。确切地讲，为了适应编码规则集的位串的长度可变性，并且限制系统以使交叉仅发生在位串的相似片段间，采取了下面的办法。首先，在第一个双亲串上随机选取两个交叉点，它们之间划分出了一个位串片段。由于位串表示的是一个规则集，我们可以标记出其中每个规则的边界。这个位串片段可能跨越若干个规则边界。然后，令 d_1 表示片段的最左一位到它左侧第一个规则边界的距离。d_2 表示片段的最右一位到它左侧第一个规则边界的距离。接下来，在第二个双亲上随机选取交叉点，要求选择的交叉点具有同样的 d_1 和 d_2 值。例如，如果两个双亲串是：

	a_1	a_2	c	a_1	a_2	c
h_1:	10	01	1	11	10	0

和

$$\begin{array}{lcccccc} & a_1 & a_2 & c & a_1 & a_2 & c \\ h_2: & 01 & 11 & 0 & 10 & 01 & 0 \end{array}$$

并且为第一个双亲选取交叉点位置是第1和第8位，如下所示：

$$\begin{array}{lcccccc} & a_1 & a_2 & c & a_1 & a_2 & c \\ h_1: & 1[0 & 01 & 1 & 11 & 1]0 & 0 \end{array}$$

其中，“[”和“]”表示交叉点，那么 $d_1 = 1$ 并且 $d_2 = 3$。所以，允许选取的第二个双亲交叉点的位置有〈1, 3〉、〈1, 8〉和〈6, 8〉。如果恰巧选取了〈1,3〉：

$$\begin{array}{lcccccc} & a_1 & a_2 & c & a_1 & a_2 & c \\ h_2: & 0[1 & 1]1 & 0 & 10 & 01 & 0 \end{array}$$

那么结果生成的两个后代是：

$$\begin{array}{lccc} & a_1 & a_2 & c \\ h_3: & 11 & 10 & 0 \end{array}$$

和

$$\begin{array}{lccccccccc} & a_1 & a_2 & c & a_1 & a_2 & c & a_1 & a_2 & c \\ h_4: & 00 & 01 & 1 & 11 & 11 & 0 & 10 & 01 & 0 \end{array}$$

如此例所示，这种交叉方法中后代可以包含与双亲不同数量的规则，同时保证了按这种方式产生的位串表示良定义的(well-defined)规则集。

- 适应度函数 每个规则集的适应度是根据它在训练数据上的分类精度计算的。确切地讲，度量适应度的函数是：

$$Fitness(h) = (correct(h))^2$$

其中，$correct(h)$是假设 h 分类所有训练样例的正确率。

在比较 GABIL 和像 C4.5 和 ID5R 这样的决策树学习算法以及规则学习算法 AQ14 的实验中，根据对不同学习任务的测试，DeJong et al.(1993)报告了这些系统具有大体相当的性能。例如，对人为设计的12个问题，GABIL 达到了92.1%的平均泛化精度，而其他系统的性能在91.2%～96.6%之间。

扩展

DeJong et al.(1993)中也探索了对 GABIL 基本设计的两个有趣的扩展。在一组实验中，他们研究了另外两个新的遗传算子，这两个算子受到了很多符号学习方法中常见的泛化算子的启发。第一个算子为 *AddAlternative*，它泛化对某个特定属性的约束，方法是把这个属性对应的子串中的一个0改为1。例如，如果一个属性的约束使用串10010表示，那么这个算子可能把它改为10110。这个算子在每一代群体中对选定的成员按照0.01的概率应用。第二个算子为 *DropCondition*，它采用一种更加极端的泛化措施，把一个特定属性的所有位都替换为1。这个算子相当于通过完全撤销属性约束来泛化规则，它按照概率0.60在每一代中应用。DeJong et al.(1993)中报告了这个改进的系统对于上面所说的人为设计任务达到了95.2%的平均泛化精度，而基本的 GA 为92.1%。

在上面的实验中，两个算子对每一代群体中的每个假设是以同样的概率应用的。在另一个实验中,对假设的位串表示进行了扩展,使其包含另外两位以决定是否可以对该假设应用这两个算子。在这个扩展的表示中,一个典型的规则集假设的位串为:

$$\begin{array}{cccccccc} a_1 & a_2 & c & a_1 & a_2 & c & AA & DC \\ 01 & 11 & 0 & 10 & 01 & 0 & 1 & 0 \end{array}$$

其中,最后的两位表示在这种情况下可以对该串应用 *AddAlternative* 算子,而不可以应用 *DropCondition* 算子。这两个新的位定义了部分的 GA 搜索策略,而且它们本身也和串中的其他位一起被同样的交叉和变异算子修改和进化。DeJong et al.(1993)报告了这种方法的结果优劣参半(也就是对某些问题提高了性能,对其他问题降低了性能),它描述了 GA 在原则上是如何使搜索假设的方法进化的。

9.4　假设空间搜索

如上所示,GA 采用一种随机化的柱状搜索来寻找最大适应度的假设。这种搜索与本书中已考虑的其他学习方法的搜索完全不同。例如,比较 GA 使用的搜索空间和神经网络反向传播算法使用的搜索空间:在反向传播算法中,梯度下降搜索从一个假设平滑移动到一个非常相似的新假设。与此不同,GA 搜索的移动可能非常突然,使用和双亲根本不同的后代替换双亲假设。注意,GA 搜索因此不太可能像梯度下降方法那样具有陷入局部最小值的问题。

在一些 GA 应用中,一个实践上的难题是拥挤(crowding)问题。拥挤是这样一种现象,群体中某个体适应度大大高于其他个体,因此它迅速繁殖,以至于此个体和与它相似的个体占据了群体的绝大部分。拥挤的不良影响是降低了群体的多样性(diversity),从而减慢了 GA 的进一步进化。人们已经探索了若干降低拥挤的策略。第一种方法是修改选择函数,使用像锦标赛选择或排序选择这样的准则取代适应度比例轮盘赌选择。第二种方法是"适应度共享"(fitness sharing),其中根据群体中与某个体相似的个体数量,减小该个体的适应度。第三种方法是对可重组生成后代的个体种类进行限制。例如,通过只允许最相似的个体重组,可以在群体中促成相似的个体聚类,或多个亚种(subspecies)。一种相关的方法是按空间分布个体,并且仅允许相邻的个体重组。这些技术很多都受到了生物进化的启示。

群体进化和模式理论

不妨思考一个有趣的问题:是否能用数学的方法刻画 GA 中群体随时间进化的过程?Holland(1975)的模式原理(schema theorem)提供了一种刻画方法。它基于描述位串集合的模式(schema 或 pattern)。精确地讲,一个模式是由若干 0、1 和 * 组成的任意串。"*"表示一个不关心的位。例如模式 0*10 表示的位串集合中只包含 0010 和 0110。

单个位串可以被看作与它匹配的每个模式的代表。例如,位串 0010 可以被认为是 2^4 个相异模式的代表,例如 00**,0*10,**** 等。类似地,一个位串的群体可以被看作是位串所代表的模式的集合以及与每个模式关联的个体数量。

模式理论根据每个模式的实例数量来刻画 GA 中群体的进化。令 $m(s, t)$表示群体中的模式 s 在时间 t(也就是在第 t 代期间)的实例数量。模式理论根据 $m(s, t)$和模式、群体及 GA 参数的其他属性来描述 $m(s, t+1)$的期望值。

GA 中群体的进化依赖于几个步骤,即选择步、重组步和变异步。先从只考虑选择步的影响开始。使用 $f(h)$表示位串个体 h 的适应度,并用 $\bar{f}(t)$表示在时间 t 群体中所有个体的平均适应度。设 n 为群体中个体的总数量。使用 $h \in s \cap p_t$ 表示个体 h 既是模式 s 的一个代表,又是时间 t 群体的一个成员。最后,令 $\hat{u}(s, t)$表示在时间 t 群体中模式 s 的实例的平均适应度。

我们感兴趣的是 $m(s, t+1)$的期望值,用 $E[m(s, t+1)]$来表示。可以使用公式(9.1)中给出的概率分布来计算 $E[m(s, t+1)]$,并使用目前的符号把它重新表示成如下形式:

$$\Pr(h) = \frac{f(h)}{\sum_{i=1}^{n} f(h_i)}$$

$$= \frac{f(h)}{n\bar{f}(t)}$$

现在如果根据这个概率分布选择新群体的一个成员,那么选到模式 s 的一个代表的概率是:

$$\Pr(h \in s) = \sum_{h \in s \cap p_t} \frac{f(h)}{n\bar{f}(t)}$$

$$= \frac{\hat{u}(s,t)}{n\bar{f}(t)} m(s,t) \tag{9.2}$$

上面的第二步根据以下的定义得到:

$$\hat{u}(s,t) = \frac{\sum_{h \in s \cap p_t} f(h)}{m(s,t)}$$

公式(9.2)给出了 GA 选择的一个假设是模式 s 的实例的概率。所以,对于产生整个新一代的 n 次独立选择步,得到的 s 的实例的期望数量就是这个概率的 n 倍。

$$E[m(s, t+1)] = \frac{\hat{u}(s,t)}{\bar{f}(t)} m(s, t) \tag{9.3}$$

公式(9.3)表明,在 $t+1$ 代中模式 s 的实例期望数量与这个模式的实例在时间 t 内的平均适应度 $\hat{u}(s, t)$成正比,并与时间 t 中群体的所有成员的平均适应度$\bar{f}(t)$成反比。因此,我们可以期望,在后继的各代中高于平均适应度的模式出现频率会升高。如果把 GA 看作在对个体空间进行显式搜索的同时,对可能模式空间进行着虚拟的并行搜索,那么公式(9.3)指出适应度高的模式的影响力会随着时间增加。

然而上面的分析仅考虑 GA 中选择步的影响,所以也应该考虑交叉和变异步的影响。模式理论仅考虑这些算子可能造成的负面影响(例如,独立于 $\hat{u}(s,t)$,随机变异可能降低 s 的代表数量),并且仅考虑单点交叉的情况。所以完整的模式理论给出了模式 s 的期望频率的下界,如下所示:

$$E[m(s,t+1)] \geqslant \frac{\hat{u}(s,t)}{\bar{f}(t)} m(s,t)\left(1 - p_c \frac{d(s)}{l-1}\right)(1 - p_m)^{o(s)} \tag{9.4}$$

这里,p_c 是对任意个体应用单点交叉算子的概率,p_m 是对任意个体的任意位使用变异算子进行变异的概率。$o(s)$是模式 s 中确定位的个数,0 和 1 是确定的位,* 不是。$d(s)$是模式 s 中最左边的确定位和最右边的确定位间的距离。最后,l 是在群体中个体位串长度。注意,公式(9.4)中的最左一项与公式(9.3)是一样的,这一项描述了选择步的影响。中间一项描述了单点交叉算子的影响。特别值得注意的是,这一项描述了代表 s 的任意个体在应用了交叉

算子后还代表 s 的概率。最右一项描述了代表模式 s 的任意个体在应用了变异算子后还代表 s 的概率。单点交叉和变异的影响随着模式中确定位的数量 $o(s)$ 和确定位间的距离 $d(s)$ 增长。因此,模式理论可以被粗略地解释为:适应度越高的模式的影响力越大,尤其是包含较少数量的确定位(也就是包含大量的 *)的模式和这些确定位在位串中彼此靠近的模式。

对 GA 中的群体进化过程,模式理论可能是被引用得最多的刻画方式。它不完备的一面是无法考虑交叉和变异的(大概的)正面影响。最近人们已经提出了很多新的理论分析,包括基于马尔可夫链模型(Markov chain model)和统计力学模型(statistical mechanics models)的分析,可以参见 Whitley & Vose(1995)和 Mitchell(1996)。

9.5 遗传编程

遗传编程(genetic programming,GP)是进化计算的一种形式,其中进化群体中的个体是计算机程序而不是位串。Koza(1992)描述了基本的遗传编程方法并且给出了很多简单的可以被 GP 成功学习的程序。

9.5.1 程序表示

GP 操作的程序一般被表示为程序的解析(parse)树。每个函数调用被表示为树的一个节点,函数的参数通过它的子结点给出。例如,图 9-1 画出了函数 $\sin(x)+\sqrt{x^2+y}$ 的树表示。为了应用遗传编程到某个特定的领域,用户必须定义待考虑的原子函数(primitive functions)(例如,sin、cos、开方、+ 、- 、指数)以及端点(terminals)(例如,x、y 以及常数)。接下来,遗传编程算法使用进化搜索来探索这些使用原子描述的程序的巨大空间。

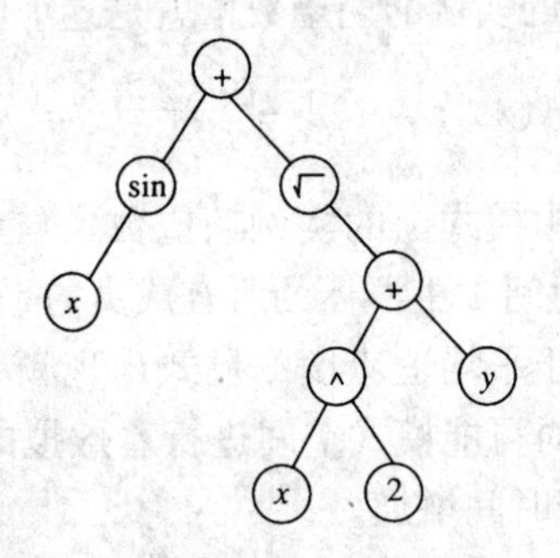

所有程序都可以用它们的解析树来表示。

图 9-1　遗传编程中的程序树表示

与在遗传算法中一样,原型的遗传编程算法维护由多个个体(在这里是程序树)组成的群体。在每一步迭代中,它使用选择、交叉和变异产生新一代个体。群体中某个体程序的适应度一般通过在训练数据上执行这个程序来决定。交叉操作是这样进行的:在一个双亲程序中随机选择一个子树,然后用另一个双亲的子树替代这个子树。图 9-2 演示了一个典型的交叉操作。

Koza(1992)描述了应用 GP 到多个任务的实验。在他的实验中,根据适应度概率选择当前群体的 10% 不加改变的保留到下一代。再根据适应度概率从当前群体中选择程序对,应用交叉操作产生新一代的其余部分。在这个实验系列中没有使用变异算子。

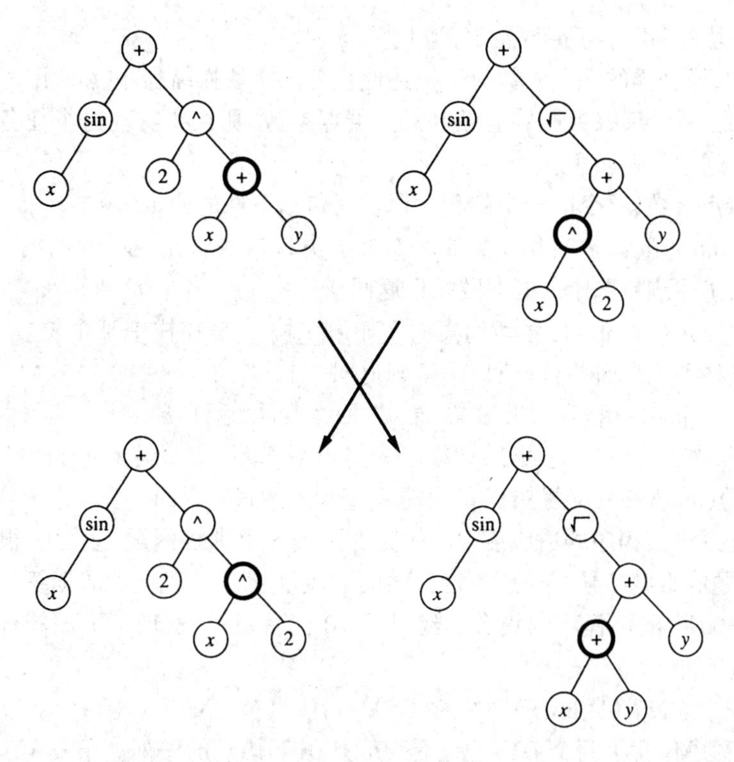

双亲程序树显示在上方,孩子树在下方。交叉点(上边加粗显示的节点)是随机选取的。然后以这些交叉点为根的子树互换以产生孩子树。

图 9-2 对两个双亲程序树进行交叉操作

9.5.2 举例

Koza(1992)给出了一个示例,这个示例要求学习堆砌图 9-3 所示的字块的算法。这个任务是开发一个通用的算法来把字块堆叠成单个栈(stack),拼出单词"universal",无论这些字块初始的结构如何。可执行的动作是每次只允许移动一个字块。确切地讲,在栈中最上面的字块可以被移到桌面上,或者桌面上的字块可以被移动到栈顶。

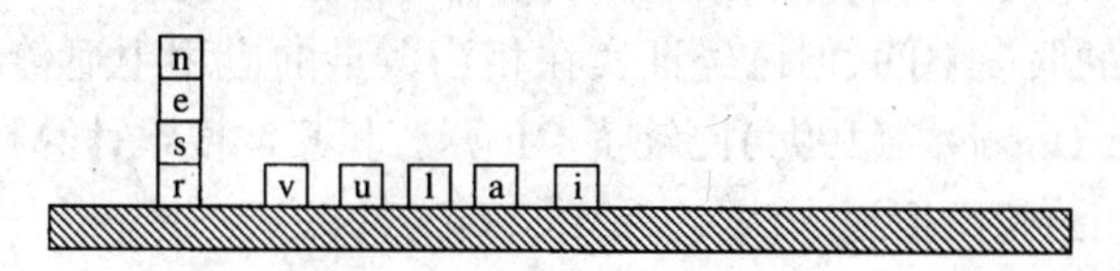

遗传编程的任务是发现一个程序,可以把有任意初始结构的字块变换成一个栈拼出单词"universal"。提供了166 种初始结构来评估候选程序的适应度(摘自 Koza 1992)。

图 9-3 字块堆叠问题

在大多数 GP 应用中,问题表示方法的选择对于顺利地解决问题起着非常重要的作用。在 Koza 的设计中,用以组成程序的原子函数包含下面的三个端点参数:

- CS(current stack):当前栈,指栈顶字块的名字,在没有当前栈时为 F。
- TB(top correct block):最顶的正确字块,指该字块和它以下的字块均为正确顺序的字块。
- NN(next necessary):下一个所需字块,指为了拼成单词"universal",栈内紧邻 TB 之上的所需字块的名字,当不再需要字块时为 F。

可以看出,选择这样的端点参数对于描述此任务的字块操纵程序提供了一种自然的表示。相反,设想如果把每个字块的 x、y 坐标定义为端点参数,那么要实现这个任务相对要困难得多。

除了这些端点参数,这个应用中的程序语言还包括下面的原子函数:

- (MS x)(move to stack):移动到栈。如果子块 x 在桌面上,这个操作把 x 移动到栈顶并且返回 T;否则,它什么也不做并且返回 F。
- (MT x)(move to table):移动到桌面。如果字块 x 是在栈中某个位置,这个操作把栈顶的字块移动到桌面并且返回 T;否则返回 F。
- (EQ x y)(equal):相等,如果 x 等于 y 返回 T;否则返回 F。
- (NOT x):如果 $x = F$ 返回 T,如果 $x = T$ 返回 F。
- (DU x y)(do until):反复执行表达式 x 直到表达式 y 返回 T。

为了评估任意给定程序的适应度,Koza 提供了 166 个训练问题,表示了很多种不同的初始字块结构,问题的难度各异。任意给定程序的适应度就是它解决了的训练问题的数量。群体被初始化为 300 个随机程序的集合。经过了 10 代后,系统发现了下面的程序解决了所有 166 个问题。

(EQ (DU (MT CS) (NOT CS)) (DU (MS NN) (NOT NN)))

注意,这个程序包含了两个 DU(也就是"Do Until")语句的序列。第一个 DU 语句循环地把当前的栈顶字块移动到桌面直到把栈移空。第二个"Do Until"语句循环地把下一个所需字块从桌面移动到栈顶。这里最外层的 EQ 表达式起到的作用是提供一个合法的句法来排列这两个"Do Until"循环。

多少有些令人惊奇,仅仅经过了几代,这个 GP 就发现了能解决所有 166 个训练问题的程序。系统的这个能力很大程度上依赖于提供的基本参数和原子函数以及用来评估适应度的训练样例集合。

9.5.3 遗传编程说明

正如上面的例子所演示的,遗传编程把遗传算法扩展到对完整的计算机程序的进化。尽管它必须要搜索巨大的假设空间,但已经证实在相当数量的应用中遗传编程产生了令人着迷的结果。O'Reilly and Oppacher(1994)比较了 GP 算法和其他搜索计算机程序空间的算法,例如,爬山法(hill climbing)和模拟退火法(simulated annealing)。

当然,上面的 GP 算法例子是相当简单的,Koza et al.(1996)概括了 GP 算法在一些更复杂的任务中的应用。例如,设计电子滤波电路和分类蛋白质分子片段。滤波电路设计问题提供了一个相当复杂的问题。这里,程序的进化是从简单的固定种子电路转变为最终的电路设计。GP 算法中组建程序的原子函数通过插入或删除电路零件和导线连接来编辑这个种子电路。每个程序的适应度是这样计算的:先模拟这个电路的输出(使用 SPICE 电路仿真器),然后看这个电路与期望的设计的适应度的差距。精确地讲,适应度分值是对于 101 个不同的输入频率,计算实际电路输出和期望电路输出间误差量的和。在这个例子中,维护的群体大小是 640 000,选择产生 10%的后代群体,交叉产生 89%,变异产生 1%,系统是在一台 64 节点的并行处理机上执行的。在最初的随机产生的群体中,电路是如此的不合理以至于 98%的电路行为无法被 SPICE 仿真器仿真。在第一代之后无法仿真的电路的百分比下降到 84.9%,第二代后下降到 75.0%,后来各代中平均下降到 9.6%。在初始群体中,电路最好的适应度分值是 159。与此相比,20 代后分值是 39,137 代后分值是 0.8。137 代后的最佳电路达到的性能与要求的非常相近。

在大多数情况下,表示方法的选择和适应度函数的选择对遗传编程的性能是至关重要的。由于这个原因,目前研究的一个活跃领域是自动发现和合并子程序,改善最初的原子函数集合,从而允许系统动态地改变用以构建个体的原子。例如,可以参见 Koza(1994)。

9.6 进化和学习模型

在很多自然系统中,生物个体在它们一生当中都在学习如何更好地适应环境。同时,生物和社会过程允许它们的物种在一个包含很多代的时期内适应环境。关于进化系统的一个有趣问题是:"单一个体生命期间的学习与整个物种较长时期内由进化促成的学习,它们的关系是什么?"。

9.6.1 拉马克进化

科学家拉马克(Lamarck)在 19 世纪末提出,多代的进化直接受到个别生物体在它们生命期间的经验的影响。确切地讲,他提出个别生物体的经验直接影响其后代的遗传结构:如果个体在生命期内学会了避开某种有毒食物,它便能把这种特征遗传给它的后代。这是一个很吸引人的猜想,因为比起忽略个体经验的"生成并测试"(generate-and-test)过程(如在 GA 和 GP 中),它可能获得更高效的进化过程。尽管这个理论很有吸引力,但目前的科学证据与拉马克模型彻底冲突。目前被接受的观点是,个体的遗传结构事实上不受它的双亲的生存经验的影响。尽管这是明显的生物学上的事实,但近来的计算机研究已经表明,拉马克过程有时可以提高计算机遗传算法的效率(参见 Grefenstette 1991, Ackley & Littman 1994, Hart & Belew 1995)。

9.6.2 鲍德温效应

尽管拉马克进化模型没有被生物进化过程所接受,人们已经提出了其他的机制,通过这些机制个体学习可以改变进化过程。其中一种被称为鲍德温效应(Baldwin effect),是根据最先提出这种思想的 J. M. Baldwin(1896)的作者名字命名的。鲍德温效应基于以下现象:

- 如果一个物种在一个变化的环境中进化,那么进化的压力会支持有学习能力的个体。例如,如果在进化环境中出现了一个新的捕食者,那么能学会避开捕食者的个体会比不能学会此能力的个体更成功。在效果上,这种学习的能力可以使个体在其生命期间执行一种小的局部搜索,以最大化它的适应度。相反,不学习的个体的适应度完全取决于它的遗传结构,会处于相对的劣势。
- 那些能够学习很多特性(trait)的个体,会较少地依赖于遗传代码来硬性地规定其自身的特性。结果,这些个体可以依赖个体学习克服遗传代码中的"丢失的"或"并非最优的"特性,从而支持更加多样化的基因池(gene pool)。接下来,这个更加多样化的基因池可以促进适应性更快速地进化。因此,个体的学习能力具有间接加速整个群体进化适应的作用。

例如,设想某个物种的环境中发生了新变化,比如出现一个新的捕食者。这样的变化会有利于能学会避开捕食者的个体。随着群体中自我提高的个体的比例的增长,群体会支持更加多样化的基因池,允许进化过程(即使是非拉马克的"生成并测试"过程)适应得更快。接下来,这种加速的适应可以使标准的进化过程更快地进化出一种遗传特征(非学到的特征)来避开捕食者(例如,一种对捕食者的本能惧怕)。因此鲍德温效应提供了一种间接的机制,使个体的学习可以正面影响进化速度。通过提高物种的生存力和遗传多样性,个体学习会加快进化进程,从而增加这个物种进化出更好地适应新环境的遗传特性的机会。

人们一直努力开发研究鲍德温效应的计算模型。例如,Hinton & Nowlan(1987)对一个简单神经网络的群体进行试验,在一个网络个体的"生命期" 间,它的一些权值是固定的,而其他的权是可以被训练的。这个个体的遗传结构决定了哪些权值是可以被训练的,那些是固定的。在实验中,当不允许个体学习时,群体不能随着实践提高它的适应度。然而,当允许个体学习时,群体迅速地提高它的适应度。在群体进化初期的各代中,具有很多可训练权值的个体占据较大的比例。但随着进化的进行,群体向着遗传给定权值和较少依赖个体学习权值的方向进化,正确的固定权值的数量趋于增长。Belew(1990)、Harvey(1993)和 French & Messinger(1994)报告了对鲍德温效应的其他计算性研究。Mitchell(1996)给出关于这个主题的精彩综述。《进化计算》(*Evolutionary Computation*)杂志的一期特刊(Turney et al. 1997)包含了几篇有关鲍德温效应的文章。

9.7　并行遗传算法

GA 很自然地适合并行实现,而且已经探索出了很多并行化的方法。*粗粒度*(coarse grain)并行方法把群体细分成相对独立的个体群,称为*类属*(deme)。然后为每个类属分配一个不同的计算节点,在每个节点进行标准的 GA 搜索。类属之间的通信和交叉发生的频率与类属内的通信和交叉相比较低。类属之间的交换通过*迁移*(migration)来进行,也就是某些个体从一个类属复制或交换到其他的类属。这个过程模拟了以下的生物进化方式,即自然界中异体受精可能发生在分离的物种子群体之间。这种方法的一个好处是它减少了非并行 GA 经常碰到的拥挤问题,在非并行算法中,由于过早出现支配整个群体的基因型,使系统陷入局部最优。Tanese(1989)和 Cohoon et al.(1987)描述了粗粒度并行 GA 算法的例子。

相对于粗粒度并行实现,*细粒度*(fine-grained)实现一般给群体中的每个个体分配一个处理器,然后相邻的个体间发生重组。人们已经提出了几个相邻模型,从平面网格到超环结构。Spiessens & Manderick(1991)描述了这样的系统的例子。Stender(1993)中有关于并行 GA 算法的论文集。

9.8　小结和补充读物

本章的要点包括:

- 遗传算法(GA)进行一种随机化的并行爬山搜索来发现使预先定义的适应度函数最优的假设。
- GA 所采取的搜索是基于对生物进化的模拟。GA 维护一个由竞争假设组成的多样化群体。在每一次迭代中,选出群体中适应度最高的成员来产生后代,替代群体中适应度最差的成员。假设常被编码成位串,可以通过交叉算子组合,位串上也可能发生随机变异。

- GA 阐明了如何把学习过程看成最优化过程的一个特例。具体来说,学习任务就是根据预先定义的适应度函数发现最优的假设。这表明其他的最优化技术,例如模拟退火法,也可以应用到机器学习问题。
- GA 已经被普遍应用到机器学习外的最优化问题中,例如,设计优化问题。当把 GA 应用到学习任务时,它特别适合假设很复杂的任务(例如,假设是机器人控制的规则集或计算机程序)和最优化的目标是假设的间接函数的任务(例如,要求得到的规则集可以成功地控制机器人)。
- 遗传编程是遗传算法的变体,在遗传编程中,被操作的假设是计算机程序而不是位串。交叉和变异操作被推广以应用于程序而不是位串。人们已经演示了遗传编程学习针对某些任务的程序,比如模拟机器人控制(Koza 1992)和识别视觉场景(visual scenes)中的物体(Teller and Veloso 1994)。

在计算机科学发展的早期,人们就开始探索基于进化的计算方法(例如,Box 1957 和 Bledsoe 1961)。20 世纪 60 年代提出了几个不同的进化方法,后来又被进一步研究。Rechenberg(1965,1973)开发的进化策略用来优化工程设计中的数字参数,Schwefel(1975,1977,1995)和其他一些人继续研究了这种策略。Folgel & Owens & Walsh(1966)开发了进化编程,作为进化有限状态机的一种方法。大量的研究者继续探索了这种方法(例如,Fogel & Atmar 1993)。Holland(1962,1975)提出的遗传算法包含了维护由个体组成的大群体的概念,并且强调在这样的系统中交叉是一个关键的操作。Koza(1992)介绍了遗传编程,把遗传算法的搜索策略应用到由计算机程序组成的假设中。随着计算机硬件不断地变得更快和更便宜,人们对进化方法的兴趣也不断增长。

K. DeJong 和他的学生在 Pittsburgh 大学开发了(参见 Smith 1980)使用 GA 学习规则集的方法。在这种方法中,每个规则集是竞争假设组成的群体的一个成员,就像本章讨论的 GABIL 系统中的一样。Holland 和他的学生(Holland 1986)在 Michigan 大学开发了不同的方法,其中每个规则是群体的一个成员,而群体本身是一个规则集。Wright (1977)从生物学角度分析了变异、繁殖、交叉繁殖和进化选择的作用。

Mitchell (1996) 和 Goldberg (1989) 是讨论遗传算法的两本教材。Forrest (1993) 概括了 GA 中的技术问题,Goldberg(1994)概括了最近的几个应用。Koza(1992)关于遗传编程的专著是对遗传算法扩展到操作计算机程序的标准参考书。发表新成果的主要会议是遗传算法国际会议(ICGA)。其他相关的会议包括自适应行为仿真会议(CSAB)、人工神经网络和遗传算法国际会议(ICANNGA)以及 IEEE 进化计算国际会议(ICEC)。目前也有遗传编程方面的年会(Koza et al. 1996b)。《进化计算杂志》(*Evolutionary Computation Journal*)是这个领域最新研究成果的一个来源。《机器学习》(*Machine Learning*)杂志的一些特刊也是针对 GA 的。

习题

9.1 为第 3 章中描述的 *PlayTennis* 问题设计一个遗传算法,学习合取的分类规则。精确地描述出其中假设的位串编码和一组交叉算子。

9.2 实现习题 9.1 中的简单 GA。用不同的群体大小 p、每一代中被淘汰的比例 r 和变异率 m 进行试验。

9.3 把 GP 发现的程序(在第 9.5.2 节中描述)重新表示为树。将树的两个拷贝作为两个双亲,在其上应用 GP 的交叉算子。说明其中交叉算子的操作过程。

9.4 考虑把 GA 应用到为人工神经网络(特别是与反向传播算法训练的网络一致的前馈网络,见第 4 章)寻找一组合适的权值。考虑一个 3×2×1 的分层前馈网络。描述一种把网络权值编码成位串的方法并描述一套适当的交叉算子。提示:不要在位串上允许所有可能的交叉操作。指出在训练网络权值方面,使用 GA 与反向传播算法相比的一个优点和一个缺点。

参考文献

Ackley, D., & Littman, M. (1994). A case for Lamarckian evolution. In C. Langton (Ed.), *Artificial life III*. Reading, MA: Addison Wesley.

Back, T. (1996). *Evolutionary algorithms in theory and practice*. Oxford, England: Oxford University Press.

Baldwin, J. M. (1896). A new factor in evolution. *American Naturalist*, 3, 441–451, 536–553. http://www.santafe.edu/sfi/publications/Bookinfo/baldwin.html

Belew, R. (1990). Evolution, learning, and culture: Computational metaphors for adaptive algorithms. *Complex Systems*, 4, 11–49.

Belew, R. K., & Mitchell, M. (Eds.). (1996). *Adaptive individuals in evolving populations: Models and algorithms*. Reading, MA: Addison-Wesley.

Bledsoe, W. (1961). The use of biological concepts in the analytical study of systems. *Proceedings of the ORSA-TIMS National Meeting*, San Francisco.

Booker, L. B., Goldberg, D. E., & Holland, J. H. (1989). Classifier systems and genetic algorithms. *Artificial Intelligence*, 40, 235–282.

Box, G. (1957). Evolutionary operation: A method for increasing industrial productivity. *Journal of the Royal Statistical Society*, 6(2), 81–101.

Cohoon, J. P., Hegde, S. U., Martin, W. N., & Richards, D. (1987). Punctuated equilibria: A parallel genetic algorithm. *Proceedings of the Second International Conference on Genetic Algorithms* (pp. 148–154).

DeJong, K. A. (1975). *An analysis of behavior of a class of genetic adaptive systems* (Ph.D. dissertation). University of Michigan.

DeJong, K. A., Spears, W. M., & Gordon, D. F. (1993). Using genetic algorithms for concept learning. *Machine Learning*, 13, 161–188.

Folgel, L. J., Owens, A. J., & Walsh, M. J. (1966). *Artificial intelligence through simulated evolution*. New York: John Wiley & Sons.

Fogel, L. J., & Atmar, W. (Eds.). (1993). *Proceedings of the Second Annual Conference on Evolutionary Programming*. Evolutionary Programming Society.

Forrest, S. (1993). Genetic algorithms: Principles of natural selection applied to computation. *Science*, 261, 872–878.

French, R., & Messinger A. (1994). Genes, phenes, and the Baldwin effect: Learning and evolution in a simulated population. In R. Brooks and P. Maes (Eds.), *Artificial Life IV*. Cambridge, MA: MIT Press.

Goldberg, D. (1989). *Genetic algorithms in search, optimization, and machine learning*. Reading, MA: Addison-Wesley.

Goldberg, D. (1994). Genetic and evolutionary algorithms come of age. *Communications of the ACM*, 37(3), 113–119.

Green, D. P., & Smith, S. F. (1993). Competition based induction of decision models from examples. *Machine Learning*, 13, 229–257.

Grefenstette, J. J. (1988). Credit assignment in rule discovery systems based on genetic algorithms. *Machine Learning*, 3, 225–245.

Grefenstette, J. J. (1991). Lamarckian learning in multi-agent environments. In R. Belew and L. Booker (Eds.), *Proceedings of the Fourth International Conference on Genetic Algorithms*. San Mateo, CA: Morgan Kaufmann.

Hart, W., & Belew, R. (1995). Optimization with genetic algorithm hybrids that use local search. In R. Below and M. Mitchell (Eds.), *Adaptive individuals in evolving populations: Models and algorithms*. Reading, MA: Addison-Wesley.

Harvey, I. (1993). The puzzle of the persistent question marks: A case study of genetic drift. In Forrest (Ed.), *Proceedings of the Fifth International Conference on Genetic Algorithms*. San Mateo, CA: Morgan Kaufmann.

Hinton, G. E., & Nowlan, S. J. (1987). How learning can guide evolution. *Complex Systems*, 1, 495–502.

Holland, J. H. (1962). Outline for a logical theory of adaptive systems. *Journal of the Association for Computing Machinery*, 3, 297–314.

Holland, J. H. (1975). *Adaptation in natural and artificial systems*. University of Michigan Press (reprinted in 1992 by MIT Press, Cambridge, MA).

Holland, J. H. (1986). Escaping brittleness: The possibilities of general-purpose learning algorithms applied to parallel rule-based systems. In R. Michalski, J. Carbonell, & T. Mitchell (Eds.), *Machine learning: An artificial intelligence approach* (Vol. 2). San Mateo, CA: Morgan Kaufmann.

Holland, J. H. (1989). Searching nonlinear functions for high values. *Applied Mathematics and Computation*, 32, 255–274.

Janikow, C. Z. (1993). A knowledge-intensive GA for supervised learning. *Machine Learning*, 13, 189–228.

Koza, J. (1992). *Genetic programming: On the programming of computers by means of natural selection*. Cambridge, MA: MIT Press.

Koza, J. R. (1994). *Genetic Programming II: Automatic discovery of reusable programs*. Cambridge, MA: The MIT Press.

Koza, J. R., Bennett III, F. H., Andre, D., & Keane, M. A. (1996). Four problems for which a computer program evolved by genetic programming is competitive with human performance. *Proceedings of the 1996 IEEE International Conference on Evolutionary Computation* (pp. 1–10). IEEE Press.

Koza, J. R., Goldberg, D. E., Fogel, D. B., & Riolo, R. L. (Eds.). (1996b). *Genetic programming 1996: Proceedings of the First Annual Conference*. Cambridge, MA: MIT Press.

Machine Learning: Special Issue on Genetic Algorithms (1988) 3:2–3, October.

Machine Learning: Special Issue on Genetic Algorithms (1990) 5:4, October.

Machine Learning: Special Issue on Genetic Algorithms (1993) 13:2,3, November.

Mitchell, M. (1996). *An introduction to genetic algorithms*. Cambridge, MA: MIT Press.

O'Reilly, U-M., & Oppacher, R. (1994). Program search with a hierarchical variable length representation: Genetic programming, simulated annealing, and hill climbing. In Y. Davidor et al. (Eds.), *Parallel problem solving from nature—PPSN III* (Vol. 866) (Lecture notes in computer science). Springer-Verlag.

Rechenberg, I. (1965). *Cybernetic solution path of an experimental problem*. Ministry of aviation, Royal Aircraft Establishment, U.K.

Rechenberg, I. (1973). *Evolutionsstrategie: Optimierung technischer systeme nach prinzipien der biolgischen evolution*. Stuttgart: Frommann-Holzboog.

Schwefel, H. P. (1975). *Evolutionsstrategie und numerische optimierung* (Ph.D. thesis). Technical University of Berlin.

Schwefel, H. P. (1977). *Numerische optimierung von computer-modellen mittels der evolutionsstrategie*. Basel: Birkhauser.

Schwefel, H. P. (1995). *Evolution and optimum seeking*. New York: John Wiley & Sons.

Spiessens, P., & Manderick, B. (1991). A massively parallel genetic algorithm: Implementation and first analysis. *Proceedings of the 4th International Conference on Genetic Algorithms* (pp. 279–286).

Smith, S. (1980). *A learning system based on genetic adaptive algorithms* (Ph.D. dissertation). Computer Science, University of Pittsburgh.

Stender, J. (Ed.) (1993). *Parallel genetic algorithms*. Amsterdam: IOS Publishing.

Tanese, R. (1989). Distributed genetic algorithms. *Proceedings of the 3rd International Conference on Genetic Algorithms* (pp. 434–439).

Teller, A., & Veloso, M. (1994). PADO: A new learning architecture for object recognition. In K. Ikeuchi & M. Veloso (Eds.), *Symbolic visual learning* (pp. 81–116). Oxford, England: Oxford Univ. Press.

Turney, P. D. (1995). Cost-sensitive classification: Empirical evaluation of a hybrid genetic decision tree induction algorithm. *Journal of AI Research*, 2, 369–409. http://www.cs.washington.edu/research/jair/home.html.

Turney, P. D., Whitley, D., & Anderson, R. (1997). *Evolutionary Computation*. Special issue: The Baldwin effect, 4(3). Cambridge, MA: MIT Press. http://www-mitpress.mit.edu/jrnls-catalog/evolution-abstracts/evol.html.

Whitley, L. D., & Vose, M. D. (Eds.). (1995). *Foundations of genetic algorithms 3*. Morgan Kaufmann.

Wright, S. (1977). *Evolution and the genetics of populations*. Vol. 4: *Variability within and among Natural Populations*. Chicago: University of Chicago Press.

Zbignlew, M. (1992). *Genetic algorithms + data structures = evolution programs*. Berlin: Springer-Verlag.

第10章 学习规则集合

对学习到的假设,最具有表征力的和最能为人类所理解的表示方法之一为 if-then 规则的集合。本章探索了若干能学习这样的规则集合的算法。其中最重要的一种是学习包含变量的规则集合,或称为一阶 Horn 子句集合。由于一阶 Horn 子句集合可被解释为逻辑编程语言 PROLOG 中的程序,学习的过程经常被称为归纳逻辑编程(ILP)。本章考察了多种学习规则集合的途径,其中一种途径基于机器定理证明器中演绎算子的逆转。

10.1 简介

在许多情况下,有必要学习一个由若干 if-then 规则共同定义的目标函数。如第 3 章所示,学习规则集合的一种办法是首先学习决策树,然后将此树转换为一等价的规则集合。另一种方法是在第 9 章介绍的遗传算法,它用位串编码每个规则集合,然后用遗传搜索算子来探索整个假设空间。本章我们讨论一组不同的算法,它直接学习规则集合,这组算法与前面的算法相比有两点关键的不同。首先,它们可学习包含变量的一阶规则集合,这一点很重要,因为一阶子句的表达能力比命题规则要强得多。其次,这里讨论的算法使用序列覆盖算法,一次学习一个规则,以递增的方式形成最终的规则集合。

作为一阶规则集合的例子,考虑以下两个规则,它们共同描述了目标概念 *Ancestor*。这里我们使用谓词 $Parent(x,y)$来表示 y 是 x 的父亲或母亲,而谓词 $Ancestor(x,y)$表示 y 是 x 的任意代的祖先。

IF $Parent(x,y)$ THEN $Ancestor(x,y)$

IF $Parent(x,z) \land Ancestor(z,y)$ THEN $Ancestor(x,y)$

注意,以上两个规则很紧凑地描述了一个递归函数,它很难用决策树或其他的命题的方法来表示。为说明一阶规则强大的表示能力,可以考虑通用的编程语言 PROLOG。在 PROLOG 中,程序是一阶规则的集合,如上所示(这种形式的规则也被称为 Horn 子句)。实际上,如果稍稍修改上面两个规则的语法,就可以得到一个合法的 PROLOG 程序,它用来计算 *Ancestor* 关系。因此,一个可以学习这种规则集合的通用算法,可被看作是从样例中自动推导出 PROLOG 程序的算法。本章介绍了在给定适当的训练样例集合时,能够学习这种规则的学习算法。

实践中基于一阶表示的学习系统已成功地应用于各种问题,如在质谱仪中学习哪一个化学药品能粘合碎片 (Buchanan 1976, Lindsay 1980),学习哪一个化学亚结构会产生诱导有机体突变的放射性物质(一个关于致癌物质的属性)(Srinivasan et al. 1994),以及学习有限单元网以分析物理结构中的应力(Dolsak & Muggleton 1992)。在每个应用中,假设的表示必须包含关系断言,它可由一阶表示来简单地表达,却很难用命题表示来描述。

在本章中,我们先介绍能够学习命题规则集的算法,即不含变量的规则。在这种框架中,搜寻假设空间学习析取规则集合的算法较易理解。然后,我们考虑了将这些算法扩展到一阶规则。接下来讨论了归纳逻辑的两种通用途径以及归纳和演绎推理的基本关系。

10.2 序列覆盖算法

这里考虑的一组算法,其学习规则集的策略为:学习一个规则,移去它覆盖的数据,再重复这一过程。这样的算法被称为*序列覆盖*(sequential covering)算法。假设我们已有一个子程序 LEARN-ONE-RULE,它的输入为一组正例和反例,然后输出单个规则,它能够覆盖许多正例而覆盖很少的反例。我们要求这一输出的规则有较高的精确度,但不必有较高的覆盖度。较高的精确度说明它所做出的预测应为正确的。可接受较低的覆盖度,表示它不必对每个训练样例都做出预测。

有了这样一个学习单个规则的 LEARN-ONE-RULE 子程序,要学习规则集,一个明显的方法是在所有可用训练样例上执行 LEARN-ONE-RULE,再移去由其学到的规则覆盖的正例,然后在剩余的训练样例上执行,学习第二个规则。该过程可重复若干次,直到最后学习到析取规则集。它们共同覆盖正例,覆盖程度达到所希望的比例。算法被称为*序列覆盖*算法是因为它按次序学习到一组规则,它们共同覆盖了全部正例。最终的规则集可被排序,这样分类新实例时可先应用精度最高的规则。序列覆盖算法的一个原型在表 10-1 中陈述。

表 10-1　学习析取的规则集的序列覆盖算法

SEQUENTIAL-COVERING(*Target_attribute*, *Attributes*, *Examples*, *Threshold*)
- *Learned_rules*←{}
- *Rule*←LEARN-ONE-RULE(*Target_attribute*, *Attributes*, *Examples*)
- 当PERFORMANCE(*Rule*, *Examples*) > *Threshold*,做:
  - *Learned_rules*←*Learned_rules* + *Rule*
  - *Examples*←*Examples*-{被 *Rule* 正确分类的样例}
  - *Rule*←LEARN-ONE-RULE(*Target_attribute*, *Attributes*, *Examples*)
- *Learned_rules*←按照在 *Examples* 上的 PERFORMANCE 排序的 *Learned_rules*
- 返回 *Learned_rules*

注:LEARN-ONE-RULE 必须返回单个能覆盖某些 *Examples* 的规则。PERFORMANCE 是用户提供的子程序,以评估规则的质量。当算法再也不能学习到一个性能超过给定阈值 *Threshold* 的规则时,终止该算法。

序列覆盖算法是广泛使用的学习析取规则集算法的其中之一。它将学习析取规则集的问题化简为一系列更简单的问题,每个子问题只需学习单个合取规则。由于它执行的是一种贪婪搜索,形成序列化的规则且没有回溯,所以它不能保证找到能覆盖样例的最小的或最佳的规则。

如何设计 LEARN-ONE-RULE 程序以达到序列覆盖算法的要求呢?我们需要一个算法能够形成较高精度的规则,但不必覆盖所有的正例。在本节中展示了各种算法,并描述了它们在学术研究上已探索的主要差别。本节只考虑命题规则,后面的节中将讨论如何把这些算法扩展到一阶 Horn 子句。

10.2.1 一般到特殊的柱状搜索

实现 LEARN-ONE-RULE 的一个有效途径是将假设空间搜索过程设计为与 ID3 算法中相似的方式,但在每一步只沿着最有希望的分支进行。如图 10-1 所示的搜索树,搜索开始于最一般的规则前件(即能匹配所有实例的空测试),然后加入那些在训练样例上性能改进最大的属性测试。一旦该测试被加入,重复该过程,贪婪地加入第二个属性测试,依次类推。如 ID3 那样,该过程通过贪婪地增加新的属性测试来获得假设,直到该假设的性能到达一个可接受的程度。与 ID3 不同的是,此 LEARN-ONE-RULE 的实现在每一步沿着单个分支——即产生最佳性能的属性 - 值对,而不是用增长子树的办法覆盖所选属性的所有可能值。

这种实现 LEARN-ONE-RULE 的途径执行的是对可能存在的规则的一般到特殊搜索,以得到一个有较高精度但不一定完全覆盖数据的规则。如在决策树学习中那样,有许多方法可以定义选择“最佳”分支的度量标准。与在 ID3 中类似,我们可定义最佳分支,它覆盖的样例有最低的熵(见式(3.3))。

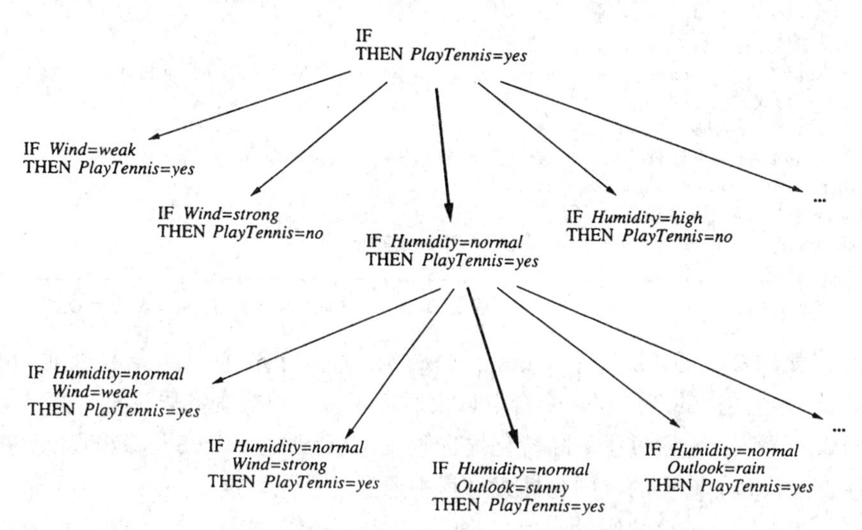

每一步,最佳规则的前件被以各种可能方式特化。规则后件是由满足前件的样例所决定的。该图显示的是宽度为 1 的柱状搜索。

图 10-1　LEARN-ONE-RULE 从一般到特殊过程中的规则前件搜索

上面推荐的一般到特殊的搜索是不带回溯的贪婪深度优先搜索。如其他贪婪搜索一样,它所带来的危险是每一步可能做出次优的选择。为减小这种风险,可将此算法扩展为一种柱状搜索(beam search),即每一步算法保留 k 个最佳候选的列表,在每一搜索步对这 k 个最佳候选生成分支(特化),并且结果集再被削减至 k 个最可能成员。柱状搜索跟踪当前最高分值假设的最有希望的替代者,以使每一步中它们的所有后继都被考虑到。该一般到特殊柱状搜索用于 CN2 程序,它由 Clark & Niblett(1989)提出。该算法在表 10-2 中描述。

表 10-2　LEARN-ONE-RULE 的一种实现是一般到特殊柱状搜索

LEARN-ONE-RULE(*Target _ attribute*, *Attributes*, *Examples*, k)

返回一个覆盖若干样例的规则。实施一般到特殊贪婪柱状搜索以得到最佳规则,由 PERFORMANCE 度量来引导

- 初始化 *Best _ hypothesis* 为最一般的假设 ∅
- 初始化 *Candidate _ hypotheses* 为集合{*Best _ hypothesis*}
- 当 *Candidate _ hypotheses* 不空,做以下操作:
  1. 生成紧邻更特殊的候选假设
     - *All _ constraints*←所有形式为($a = v$)的约束集合,其中 a 为 *Attributes* 的成员,而 v 为出现在当前 *Examples* 集合中的 a 值
     - *New _ candidate _ hypotheses*←

(续)

对 *Candidate _hypotheses* 中每个 h,
对 *All _constraints* 中每个 c
- 通过加入约束 c 创建一个 h 的特化式
- 从 *New _candidate _hypotheses* 中移去任意重复的、不一致的或非极大特殊化的假设

2. 更新 *Best _hypothesis*
   - 对 *New _candidate _hypotheses* 中所有 h 做以下操作:
     - 如果(PERFORMANCE(h, *Examples*, *Target _attribute*)
       > PERFORMANCE(*Best _hypothesis*, *Examples*, *Target _attribute*))
       则 *Best _hypothesis* ← h
3. 更新 *Candidate _hypotheses*
   - *Candidate _hypotheses* ← *New _candidate _hypotheses* 中 k 个最佳成员,按照 PERFORMANCE 度量

- 返回一个如下形式的规则:
  "如果 *Best _hypothesis*,则 *prediction*"
  其中 *prediction* 为在与 *Best _hypothesis* 匹配的 *Examples* 中最频繁的 *Target _attribute* 值

PERFORMANCE(h, *Examples*, *Target _attribute*)
- *h _examples* ← 与 h 匹配的 *Examples* 子集
- 返回 -*Entropy*(*h _examples*),其中 *Entropy* 是关于 *Target _attribute* 的熵

注:当前假设的边缘表示为变量 *Candidate _hypotheses*。该算法与 Clark & Niblett(1989)描述的 CN2 程序相类似。

下面是对表 10-2 中的 LEARN-ONE-RULE 算法的说明。首先,注意在算法主循环中考虑的每个假设是属性-值约束的合取。每个合取假设对应于待学习规则的候选前件集合,它由其覆盖的样例的熵来评估。搜索过程不断特化候选假设,直到到达一个极大特殊假设,它包含所有可用的属性。由该算法输出的规则为搜索过程中遇到的性能最佳(PERFORMANCE 最大)的规则——不一定是搜索最终产生的假设。规则的后件输出只在算法的最后一步产生,在其前件(表示为变量 *Best _hypothesis*)确定之后,算法构造出的规则后件用于预测在规则前件所能覆盖的样例中最常见的目标属性值。最后还应注意,尽管使用了柱状搜索以减小风险,贪婪搜索仍可能产生次优的规则。即使这样,序列覆盖算法仍能学到一组规则,它们共同覆盖训练样例,因为它对剩余的未覆盖样例重复调用了 LEARN-ONE-RULE。

10.2.2 几种变型

序列覆盖算法以及 LEARN-ONE-RULE 算法可学习 if-then 规则集以覆盖训练样例。该途径有许多变型。比如,某些情况下可能希望程序只学习覆盖正例的规则,并且对该规则没有覆盖的实例"默认"地赋予其反例分类。比如,这种方法适用于学习目标概念"可能怀有双胞胎的孕妇"。在这种情况下,正例在整个群体中所占比例很小,所以规则集如果只标定正例的类别,而对所有其他样例默认分类为反例,规则集会更为简洁易懂。这一方法对应于 PROLOG 中的"失败否定"策略,其中不能证明为真的表达式都默认为假。为了学习这样的只预测单个目标值的规则,需要修改 LEARN-ONE-RULE 算法以接受附加的输入变量,指定感兴趣的目标值。一般到特殊柱状搜索像以前一样处理,只要修改评估假设的 PERFORMANCE 子程序。注意,PERFORMANCE 定义为负熵已不再适用于这一新的设定,因为它把只覆盖反例的假设赋予了最大分值,与只覆盖正例的假设一样。这种情况下使用该假设覆盖正例比例的度量标准则更为适合。

算法的另一变型是一组称为 AQ 的算法(Michalsk 1969, Michalski et al. 1986),它比上面基于 CN2 算法的讨论更早。如 CN2 一样,AQ 学习析取规则集来覆盖目标函数。然而,AQ 与上面给出的算法有以下不同:首先,AQ 的覆盖算法与序列覆盖算法不同,因为它明确地寻

找覆盖特定目标值的规则，然后，对每个目标值学习一个析取规则集。其次，AQ 算法学习单个规则的方法也不同于 Learn-one-rule。当它对每个规则执行一般到特殊柱状搜索时，它围绕单个正例来进行搜索。确切地说，它在搜索中只考虑被该正例满足的属性，以得到逐渐特殊的假设。每次学一个新规则时，它从那些未覆盖的样例中也选择一个新的正例，作为种子以指引新析取项的搜索。

10.3　学习规则集：小结

上面讨论的序列覆盖算法和第 3 章中的决策树学习算法提供了几种学习规则集的方法。本节考虑这些规则学习算法设计中的关键思想。

第一，*序列覆盖算法*每次学习一个规则，移去覆盖的样例后在剩余样例上重复这一过程。相反，如 ID3 那样的决策树算法使用单个搜索过程来搜索可接受的决策树，每一步并行学习整个析取项的集合。因此，我们也可将 ID3 这样的算法称为*并行覆盖算法*。对应于 CN2 这样的序列覆盖算法，哪一种算法比较好？答案关键在于搜索中最基本步骤之间的差别。ID3 在每一搜索步中根据它对数据产生的*划分*选择不同的属性。相反，CN2 选择的是不同的*属性-值*对，方法是通过比较它们覆盖的数据子集。要看出这种差别的意义所在，需要比较两种算法为学习到相同的规则集合所做出的不同选择的次数。为了学习到 n 个规则的集合，每个规则前件包含 k 个属性值测试，序列覆盖算法需要执行 $n \cdot k$ 次基本搜索步，为每个规则的每个前件做独立的选择，而并行覆盖算法的独立选择次数远远少于它，因为在决策树中每个决策结点的选择都对应了与该结点相关联的多个规则的前件选择。换言之，如果决策结点测试一个有 m 种可能值的属性，每次决策结点的选择都对应了对 m 个相应的规则中每个规则的前件选择（见习题 10.1）。这样，序列覆盖算法（如 CN2）做出的独立选择次数高于 ID3 那样的并行覆盖算法。但哪一种算法更好呢？其解答依赖于有多少训练数据是可用的。如果数据非常丰富，那么它可以支持序列覆盖算法所要求的较大数量的独立选择。然而若数据较缺乏，对于不同规则前件的决策“共享”则更有效。另一考虑在于特定的任务中是否希望不同的规则测试相同的属性。在并行覆盖决策树学习算法中会出现这样的情况，在序列覆盖算法中则不存在。

第二个相异之处在于 Learn-one-rule 搜索的方向。在上面描述的算法中，搜索是*从一般到特殊*的。其他已讨论的算法（如第 2 章中的 Find-S）是*从特殊到一般*的。在此情况下，从一般到特殊搜索的一个优点在于只有一个极大一般假设可作为搜索起始点，而在多数假设空间中有很多特殊假设（如对每个实例有一个假设）。因为有许多极大特殊假设，就不能确定选择哪一个作为搜索的开始点。执行从特殊到一般搜索的一个称为 Golem（Muggleton & Feng 1990）的程序解决此问题的方法是随机选择多个正例，以此为初始来进行搜索。在多个随机选择中的最佳假设作为最后结果。

第三个要考虑的是 Learn-one-rule 是为一个*生成再测试*（generate then test）搜索，范围为所有合法的假设，如我们推荐的实现中那样；还是一个*样例驱动*（example-driven）搜索，以使训练样例个体约束假设的生成。样例驱动搜索算法包括第 2 章的 Find-S、候选消除、AQ 算法以及本章后面要讨论的 Cigol 算法。在这些算法中，对假设的生成或修正是由单独的训练样例驱动的，而且结果是一个已修正的假设，使对此单个样例的性能得到改善。这不同于表 10-2 中 Learn-one-rule 算法的生成再测试搜索，其中后续的假设的生成只基于假设表示的语法。在这些候选假设生成之后再分析训练数据，然后基于这些假设在全部样例上的性能来进行选择。生成再测试的一个重要优点是搜索中每一步的选择都基于在许多样例上的假设性能，因此噪声数据的影响被最小化。相反，样例驱动算法基于单个的样例改进假设，它更容易被一些噪声训练样例影响，因此对训练数据中差错的健壮性较差。

第四，是否需要对规则进行后修剪以及怎样后修剪。如在决策树学习中一样，LEARN-ONE-RULE 也有可能形成在训练数据上性能很好的规则，但在以后的数据中很差的规则。解决的办法也是在得到每个规则后进行后修剪。确切地讲，可以移去某些前件，只要能提高不同于训练样例的用于后修剪的样例集合上的性能，对于后修剪更详细的讨论见前面的内容。

最后要考虑的是指引 LEARN-ONE-RULE 的搜索方向的规则性能（PERFORMANCE）的定义。目前存在各种不同的评价函数，常用的评估函数包括：

- 相对频率（relative frequency）：令 n 代表规则所匹配的样例数目，令 n_c 代表其中它能正确分类的数目。规则性能的相对频率估计为：

$$\frac{n_c}{n}$$

  相对频率被用于在 AQ 程序中评估规则。

- 精度的 m-估计（m-estimate of accuracy）：该精度估计偏向于规则所期望的默认精度。它在数据比较缺乏且规则必须在很少的样例上评估时常用。令 n 和 n_c 如上定义，令 p 为从整个数据集中随机抽取的样例与该规则赋予的分类相同的先验概率（例如，如果 100 个样例中有 12 个与该规则的预测值相同，那么 $p=0.12$）。最后，令 m 为权，或称对此先验概率 p 进行加权的等效样例数目。对规则精度的 m-估计为：

$$\frac{n_c + mp}{n + m}$$

  注意，如果 m 被设为 0，则 m-估计变为上面的相对频率估计。当 m 上升时，需要更多的样例来克服这个预先假定的精度 p。m-估计度量由 Cestnik & Bratko（1991）提出，它已被用于某些版本的 CN2 算法中。它也被用于第 6.9.1 节讨论的朴素贝叶斯分类器。

- 熵（entropy）：这是在表 10-2 中使用的 PERFORMANCE 子程序中使用的度量。令 S 为匹配规则前件的样例集合。熵衡量的是该样例集合中目标函数的均一性。这里使用熵的负值，以使较佳的规则拥有较高的分值：

$$-Entropy(S) = \sum_{i=1}^{c} p_i \log_2 p_i$$

  其中，c 为目标函数可取的不同值数量，p_i 为 S 中目标函数取第 i 个值的样例所占比例。与统计意义测试相结合，熵度量用于 CN2 算法（Clark & Niblett 1989），它也是许多决策树学习算法中信息增益度量的基础。

10.4　学习一阶规则

前面讨论的算法针对学习命题规则集（即无变量的规则）。本节中将考虑带有变量的规则，确切地讲为一阶 Horn 子句。之所以考虑这样的规则，是因为它们比命题规则更有表征能力。一阶规则的归纳学习通常被称为*归纳逻辑编程*（Inductive Logic Programming，ILP），因为这一过程可看作从样例中自动推论出 PROLOG 程序。PROLOG 是一个通用的图灵机等价的编程语言,其中程序被表示为一组 Horn 子句。

10.4.1　一阶 Horn 子句

为说明一阶表示比命题(无变量)表示的优越之处,考虑一个学习任务,目标概念很简单,即 $Daughter(x, y)$,定义在所有的人 x 和 y 上。$Daughter(x, y)$的值在 x 是 y 的女儿时为真,否则为假。假定每个人被描述为属性 *Name*、*Mother*、*Father*、*Male* 和 *Female*。因此每个训练样例将包含用这些属性描述的两个人以及目标属性 *Daughter* 的值。例如,下面的正例,其中 *Sharon* 为 *Bob* 的女儿。

$\langle Name_1 = Sharon,\quad Mother_1 = Louise,\quad Father_1 = Bob,$

$Male_1 = False,\quad Female_1 = True,$

$Name_2 = Bob,\quad Mother_2 = Nora,\quad Father_2 = Victor,$

$Male_2 = True,\quad Female_2 = False,\quad Daughter_{1,2} = True\rangle$

其中,每个属性名上的下标是为了区分这两个人。现在,如果搜集许多这样的目标概念 $Daughter_{1,2}$的训练样例,并将它们提供给一个命题规则学习器,如 CN2 和 C4.5,结果将为一组非常特殊的规则,如:

IF　$(Father_1 = Bob) \wedge (Name_2 = Bob) \wedge (Female_1 = True)$

THEN　$Daughter_{1,2} = True$

虽然这个规则是正确的,但它过于特殊了,因此它对今后的分类几乎毫无用处。问题在于,命题表示方法不能够描述属性值之间的实质关系。与此不同,使用一阶表示的程序将学到下面的一般规则:

IF　$Father(y, x) \wedge Female(y)$,　THEN $Daughter(x, y)$

其中,x 和 y 为变量,它们可指代任何人。

一阶 Horn 子句还可指定前件中的变量不出现在后件中的规则。例如,对 *GrandDaughter* 的规则为:

IF　$Father(y, z) \wedge Mother(z, x) \wedge Female(y)$

THEN　$GrandDaughter(x, y)$

注意该规则中的变量 z,它指代 y 的父亲,在规则后件中没有出现。当一个变量只在前件中出现时,假定它是被存在量化(existentially quantified)的,即只要存在该变量的一个约束能满足对应的文字,那么规则前件就满足。

还可能在规则的后件和前件中使用相同的谓词描述递归的规则。如本章开头的两个规则提供了概念 $Ancestor(x, y)$的递归定义。以下将描述的 ILP 学习方法已可以学习几种简单的递归函数,包括上面的 *Ancestor* 函数以及其他一些函数,如对列表中元素进行排序;从列表中移去一特定元素;拼接两个列表。

10.4.2　术语

在继续介绍学习 Horn 子句集的算法之前,先介绍一些形式逻辑中的基本术语。所有的表达式由常量(如,*Bob*, *Louise*)、变量(如 x, y)、谓词符号(如 *Married*, *Greater_Than*)以及函数符号(如,*age*)组成。谓词和函数的区别在于谓词只能取值真或假,而函数的取值可为任意常量。这里使用小写符号表示函数,大写符号表示谓词。

对于这些符号,可构造如下表达式:项(term)是任意常量、任意变量或应用到任意项上的任意函数(如,*Bob*, *x*, *age*(*Bob*)等)。一个文字(literal)是应用到项上的任意谓词或其否定。如 *Married*(*Bob*, *Louise*), ¬ *Greater_Than*(*age*(*Sue*),20)等。如果文字包含否定符号(¬),将其称为负文字(negative literal),否则为正文字(positive literal)。

子句(clause)是多个文字的任意析取,其中所有的变量假定是全称量化的。Horn 子句(Horn clause)为包含至多一个正文字的子句,例如:

$$H \vee \neg L_1 \vee \cdots \neg L_n$$

其中 H 为文字,而 $\neg L_1 \cdots \neg L_n$ 为负文字。由于等式 $(B \vee \neg A) = (B \leftarrow A)$ 和 $\neg(A \wedge B) = (\neg A \vee \neg B)$,上面的 Horn 子句可被写为如下形式:

$$H \leftarrow (L_1 \wedge \cdots \wedge L_n)$$

它与我们前面的规则等价,按照 if-then 的写法如下:

$$\text{IF } L_1 \wedge \cdots \wedge L_n, \text{ THEN } H$$

无论写法如何,Horn 子句的前件 $L_1 \wedge \cdots \wedge L_n$ 被称为子句体(body)或者子句先行词(antecedents)。文字 H 后件称为子句头(head)或子句推论(consequent)。为参考方便,这些定义以及本章后将介绍的概念在表 10-3 中列出。

表 10-3 一阶逻辑中的基本定义

- 每个良构的表达式由常量(如 *Mary*、23 或 *Joe*)、变量(如 *x*)、谓词(如在 *Female*(*Mary*)中的 *Female*)和函数(如在 *age*(*Mary*)中的 *age*)组成
- 项(term)为任意常量、任意变量或任意应用到项集合上的函数。例如,*Mary*, *x*, *age*(*Mary*), *age*(*x*)
- 文字(literal)是应用到项集合上的任意谓词或其否定。例如,*Female*(*Mary*), ¬ *Female*(*x*), *Greater_than*(*age*(*Mary*), 20)
- 基本文字(ground literal)是不包含任何变量的文字(如,¬ *Female*(*Joe*))
- 负文字(negative literal)是包含否定谓词的文字(如,¬ *Female*(*Joe*))
- 正文字(positive literal)是不包含否定符号的文字(如,*Female*(*Joe*))
- 子句(clause)是多个文字的析取式,$M_1 \vee \ldots M_n$,其中的所有变量是全称量化的
- Horn 子句是一个如下形式的表达式:

  $$H \leftarrow (L_1 \wedge \cdots \wedge L_n)$$

  其中 H, $L_1 \cdots L_n$ 为正文字。H 被称为 Horn 子句的头(head)或推论(consequent)。文字合取式 $L_1 \wedge L_2 \wedge \cdots \wedge L_n$ 被称为 Horn 子句的体(body)或者先行词(antecedents)
- 对任意文字 A 和 B,表达式 $(A \leftarrow B)$ 等价于 $(A \vee \neg B)$,而表达式 $\neg(A \wedge B)$ 等价于 $(\neg A \vee \neg B)$。因此,一个 Horn 子句可被等效地写为下面的析取式:

  $$H \vee \neg L_1 \vee \cdots \vee \neg L_n$$
- 置换(substitution)是一个将某些变量替换为某些项的函数。例如,置换 $\{x/3, y/z\}$ 把变量 x 替换为项 3 并且把变量 y 替换为项 z。给定一个置换 θ 和一文字 L,我们使用 $L\theta$ 代表应用置换 θ 到 L 得到的结果
- 两个文字 L_1 和 L_2 的合一置换(unifying substitution)为任一置换 θ,使得 $L_1\theta = L_2\theta$

10.5 学习一阶规则集:FOIL

有许多算法已被提出用于学习一阶规则或 Horn 子句。本节中将介绍 FOIL 程序(Quinlan 1990),它使用的方法非常类似于前面介绍的序列覆盖和 LEARN-ONE-RULE 算法。实际上,

FOIL 是这些较早的算法在一阶表示上的自然扩展。形式化地讲，由 FOIL 学习的假设为一阶规则集，其中的规则类似于 Horn 子句，但有两个不同：首先，由 FOIL 学习的规则比一般的 Horn 子句更受限，因为文字不允许包含函数符号（这减小了假设空间搜索的复杂度）。其次，FOIL 规则比 Horn 子句更有表征力，因为规则体中的文字也可为负文字。FOIL 已被应用于多种问题领域。例如，它已用于学习快速排序算法 QUICKSORT 的递归定义，以及学习从合法棋盘状态中区分出非法状态。

FOIL 算法在表 10-4 中列出。注意外层循环对应于前面描述的序列覆盖算法。它每次学习一个新规则，然后将此规则覆盖的正例移去，再学习下一规则。算法的内层循环是前面的 LEARN-ONE-RULE 的另一种形式，它已被扩展以适合处理一阶规则。还要注意 FOIL 和前面算法的一些微小的不同。确切地讲，FOIL 只搜寻那些预测目标文字何时为 *True* 的规则，而前面的算法既搜寻预测何时为 *True* 的规则，也搜寻预测何时为 *False* 的规则。FOIL 还应用了一个简单的爬山搜索，而不是柱状搜索（即它执行的搜索等价于宽度为 1 的柱状搜索）。

表 10-4　基本的 FOIL 算法

FOIL(*Target_predicate*, *Predicates*, *Examples*)
- *Pos*← *Examples* 中 *Target_predicate* 为 *True* 的成员
- *Neg*← *Examples* 中 *Target_predicate* 为 *False* 的成员
- *Learned_rules*←{}
- 当 *Pos* 不空，做以下操作：
  学习 *NewRule*
  - *NewRule*←没有前件的谓词 *Target_predicate* 规则
  - *NewRuleNeg*← *Neg*
  - 当 *NewRuleNeg* 不空，做以下操作：
    增加新文字以特化 *NewRule*
    - *Candidate_literals*←对 *NewRule* 生成候选新文字，基于 *Predicates*
    - *Best_literal*← $\underset{L \in Candidate\_literals}{\operatorname{argmax}}$ *Foil_Gain*(*L*, *NewRule*)
    - 把 *Best_literal* 加入到 *NewRule* 的前件
    - *NewRuleNeg*← *NewRuleNeg* 中满足 *NewRule* 前件的子集
  - *Learned_rules*← *Learned_rules* + *NewRule*
  - *Pos*← *Pos* − {被 *NewRule* 覆盖的 *Pos* 成员}
- 返回 *Learned_rules*

注：表中给出了生成候选文字 *Candidate_literals* 的方法和 FOIL 增益 *Foil_Gain* 的定义。该基本算法可稍做修改以更好地处理有噪声数据，正如文中所描述的。

为理解由 FOIL 执行的假设空间搜索，最好将其看作是层次化的。FOIL 外层循环中每次将加入一条新的规则到其析取式假设 *Learned_rules* 中去。每个新规则的效果是通过加入一个析取项泛化当前的析取假设（即增加其分类为正例的实例数）。在这一层次上看，这是假设空间的特殊到一般的搜索过程，它开始于最特殊的空析取式，在假设足够一般以至覆盖所有正例时终止。FOIL 的内层循环执行的是细粒度较高的搜索，以确定每个新规则的确切定义。该内层循环在另一假设空间中搜索，它包含文字的合取，以找到一个合取式形成新规则的前件。在这个假设空间中，它执行的是一般到特殊的爬山搜索，开始于最一般的前件（空前件），然后增加文字以使规则特化直到其避开所有的反例。

在 FOIL 和前面的序列覆盖和 LEARN-ONE-RULE 算法之间有两个最实质的不同，它来源于此算法对一阶规则处理的需求。这些不同在于：

1）在学习每个新规则的一般到特殊搜索中，FOIL 使用了不同的细节步骤来生成规则的候选特化式。这一不同是为了处理规则前件中含有的变量。

2）FOIL 使用的性能度量 *Foil _ Gain* 不同于表 10-2 中的熵度量。这是为了区分规则变量的不同约束，以及由于 FOIL 只搜寻覆盖正例的规则。

下面两节将更详细地考虑这两个不同之处。

10.5.1　FOIL 中的候选特化式的生成

为了生成当前规则的候选特化式，FOIL 生成多个不同的新文字，每个可被单独地加到规则前件中。更精确地讲，假定当前规则为：

$$P(x_1,\ x_2,\ \cdots,\ x_k) \leftarrow L_1 \cdots L_n$$

其中，$L_1 \cdots L_n$ 为当前规则前件中的文字，而 $P(x_1,\ x_2,\ \cdots x_k)$ 为规则头（或后件）。FOIL 生成该规则的候选特化式的方法是考虑符合下列形式的新文字 L_{n+1}：

- $Q(v_1, \ldots, v_r)$，其中 Q 为在 *Predicates* 中出现的任意谓词名，并且 v_i 既可为新变量，也可为规则中已有的变量。v_i 中至少一个变量必须是当前规则中已有的。
- $Equal(x_j,\ x_k)$，其中 x_j 和 x_k 为规则中已有的变量。
- 上述两种文字的否定。

为说明这一点，考虑待学习的规则是预测目标文字 $GrandDaughter(x, y)$，其中描述样例的其他谓词包括 *Father* 和 *Female*。FOIL 中的一般到特殊搜索开始于最一般的规则：

$$GrandDaughter(x,\ y) \leftarrow$$

它断言对任意 x 和 y，*GrandDaughter* 都为真。为特化这一初始规则，上面的过程生成下列文字作为将添加到规则前件中的候选文字：$Equal(x, y)$、$Female(x)$、$Female(y)$、$Father(x, y)$、$Father(y, x)$、$Father(x, z)$、$Father(z, x)$、$Father(y, z)$、$Father(z, y)$ 以及这些文字的否定（例如：$\neg Equal(x, y)$）。注意，这里 z 是一新变量，而 x 和 y 是当前规则中已有的。

现在假定在上述文字中 FOIL 贪婪地选择了 $Father(y,\ z)$ 作为最有希望的文字，得到一个较特殊的规则：

$$GrandDaughter\ (x,\ y) \leftarrow Father(y, z)$$

在生成为进一步特化该规则的候选文字时，FOIL 要考虑的文字除上一步所有文字之外，还要加上 $Female(z)$、$Equal(z, x)$、$Equal(z, y)$、$Father(z, w)$、$Father(w, z)$ 以及它们的否定。之所以加上这些文字是因为前一步变量 z 被加到规则中，所以 FOIL 要考虑增加另一个新变量 w。

如果 FOIL 这时选择了 $Father\ (z, x)$，然后在下一循环选择了文字 $Female(y)$，将得到下面的规则。它只覆盖正例，因此，终止了进一步搜索该规则的特化式的过程：

$$GrandDaughter(x,\ y) \leftarrow Father(y,\ z) \wedge Father(z, x) \wedge Female(y)$$

这时，FOIL 将会移去被该新规则覆盖的所有样例。如果还有未覆盖的正例，算法将开始下一个一般到特殊搜索以获得新的规则。

10.5.2　引导 FOIL 的搜索

要在每一步中从候选文字中选择最有希望的文字，FOIL 在训练数据上测量规则的性能。在此过程中，它考虑当前规则中每个变量的可能的约束。为说明这一过程，再次考虑学习目标

文字 *GrandDaughter*(x , y)的规则集的例子。假定训练数据包含下列的简单的断言集合,其中使用约定的 $P(x,y)$可被读作"x 的 P 是 y"。

GrandDaughter(*Victor*, *Sharon*) *Father*(*Sharon*, *Bob*)　*Father*(*Tom*, *Bob*)
Female(*Sharon*)　　*Father*(*Bob*, *Victor*)

对这个封闭的世界还要作一假定,即任何涉及到谓词 *GrandDaughter*、*Father*、*Female* 及常量 *Victor*、*Sharon*、*Bob* 和 *Tom* 的文字,若它们没有在上面列出,则被假定为 *False*(如,我们可以隐含地断言 ¬*GrandDaughter*(*Tom*, *Bob*), ¬*GrandDaughter*(*Victor*, *Victor*)等)。

为选择当前规则的最佳特化式,FOIL 考虑规则变量约束到训练样例中各常量的每种不同的方式。例如,在初始步,规则为:

$$GrandDaughter(x,y) \leftarrow$$

规则变量没有被任何前件约束,因此可以约束到四个常量 *Victor*、*Sharon*、*Bob* 和 *Tom* 的任意组合。这里使用记号{ x/*Bob*, y/*Sharon* }代表特定的变量约束,即将每个变量映射到一个常量的置换。4 个常量对此初始规则可产生 16 种可能的约束。而约束{ x/*Victor*, y/*Sharon* }对应的是正例约束,因为训练数据中包含断言 *GrandDaughter*(*Victor*, *Sharon*)。在此例中,其他 15 种规则允许的约束(例如,约束{ x/*Bob*, y/*Tom* })组成了规则的否定论据,因为训练数据中没有它们相应的断言。

每一阶段,规则的评估基于这些正例和反例变量约束,而我们倾向于选择的是拥有较多正例约束而较少反例约束的规则。当新文字加入到规则中,约束的集合将改变。注意,当一个文字加入后,它引入了一个新变量,那么规则的约束长度将增长(例如,若 *Father*(y, z)加入到上述规则,那么初始的约束{ x/*Victor*, y/*Sharon* }将变为更长的{ x/*Victor*, y/*Sharon*, z/*Bob* })。还要注意,如果新变量可约束到多个不同的常量,那么与扩展后规则相匹配的约束的数目将大于与原始规则匹配的数目。

FOIL 使用评估函数以估计增加新文字的效用,它基于加入新文字前后的正例和反例的约束数目。更精确地讲,考虑某规则 R 和一个可能被加到 R 的规则体的候选文字 L。令 R' 为加入文字 L 到规则 R 后生成的规则。*Foil_Gain*(L, R)的值定义为:

$$Foil\_Gain(L,R) \equiv t\left(\log_2 \frac{p_1}{p_1+n_1} - \log_2 \frac{p_0}{p_0+n_0}\right) \tag{10.1}$$

其中,p_0 为规则 R 的正例约束数目,n_0 为 R 的反例约束数目,p_1 是规则 R'的正例约束数,n_1 为规则 R'的反例约束数目。最后,t 是在加入文字 L 到 R 后仍旧能覆盖的规则 R 的正例约束数目。当加入 L 引入了一个新变量到 R 中时,只要在 R'的约束中的某些约束扩展了原始的约束,它们仍然能被覆盖。

该 *Foil_Gain* 函数可以用信息论来简单地解释。按照信息论的理论,$-\log_2 \frac{p_0}{p_0+n_0}$是为了对规则 R 能覆盖的任意正例约束编码所需的最小位数。与此相似,$-\log_2 \frac{p_1}{p_1+n_1}$是对规则 R'能覆盖的任意正例约束编码的最小位数。由于 t 是 R 能覆盖的正例约束中仍保留在 R'中的约束,*Foil_Gain*(L, R)可被看作:为了编码 R 的所有正例约束的分类所需的全部位数由于 L 带来的减少。

10.5.3 学习递归规则集

在上面的讨论中,我们忽略了加入到规则体中的子句为目标谓词本身(即在规则头中出现的谓词)的可能性。然而,如果在 *Predicates* 的输入列表中包含目标谓词,FOIL 在生成候选文字时必须考虑它。这允许它产生递归的规则——即在规则头和规则体中使用相同的谓词。例如,回忆 *Ancestor* 关系的递归定义表示如下:

IF $Parent(x,y)$ THEN $Ancestor(x,y)$

IF $Parent(x,z) \wedge Ancestor(z,y)$ THEN $Ancestor(x,y)$

给定适当的训练样例集,这两个规则的学习可按照类似于上面 *GrandDaughter* 的步骤。注意,只要 *Ancestor* 包含在 *Predicates* 列表中,后者决定了在生成新文字时要考虑的谓词,上面第二个规则就包含在 FOIL 的每次搜索中。当然该特定规则是否能被学习取决于这些特定的子句在 FOIL 的贪婪搜索渐进特殊的规则中能否比其他候选评分更高。Cameron-Jones & Quinlan(1993)讨论了几个例子,其中 FOIL 能成功地发现递归的规则集。他们还讨论了可能产生的重要问题,比如如何避免在学习规则集中产生无限递归。

10.5.4 FOIL 小结

概括地说,FOIL 扩展了 CN2 的序列覆盖算法,处理类似于 Horn 子句的一阶规则学习问题。为学习这样的规则,FOIL 执行一般到特殊搜索,每步增加一个新的文字到规则前件中。新的文字可为规则前件或后件中已有的变量,或者为新变量。它在每一步中使用式(10.1)中的 *Foil_Gain* 函数在候选新文字中进行选择。如果新文字可指向目标谓词,那么原则上,FOIL 可学习到递归规则集。虽然这产生了另一复杂性,即避免规则集的无限递归,但 FOIL 已在某些情况下成功地用于学习递归规则集。

在训练数据无噪声的情况下,FOIL 可持续地增加新文字到规则中,直到它不覆盖任何反例为止。为处理有噪声数据,搜索的终止需要在规则精度、覆盖度和复杂性之间做出折中。FOIL 使用最小描述长度的方法终止规则增长,新的文字只在它们的描述长度短于它们所解释的数据的描述长度时才被加入。该策略的细节由 Quinlan(1990)给出。另外,FOIL 对每个学到的规则进行后修剪,使用与第 3 章决策树中相同的规则后修剪策略。

10.6 作为逆演绎的归纳

归纳逻辑编程有另一种完全不同的途径,它基于一个简单的事实:即归纳是演绎的逆过程。一般来说,机器学习涉及的是如何建立能解释观察数据的理论。给定某些数据 D 和一些不完整的背景知识 B,学习过程可被描述为生成一个假设 h,它与 B 一起解释了 D。更精确地讲,假定如通常那样训练数据 D 为训练样例的集合,每个样例形式为$\langle x_i, f(x_i)\rangle$。这里 x_i 代表第 i 个训练实例,而 $f(x_i)$代表它的目标值。那么学习过程就是为了发现一个假设 h,使每个训练实例 x_i 的分类 $f(x_i)$从假设 h、x_i 的描述及系统知道的任意背景知识 B 中演绎派生。

$$(\forall \langle x_i, f(x_i)\rangle \in D)(B \wedge h \wedge x_i) \vdash f(x_i) \qquad (10.2)$$

表达式 $X \vdash Y$ 读作"Y 从 X 中演绎派生",或者为"X 涵蕴(entail) Y"。式(10.2)描述了学习到的假设 h 必须满足的约束,即对每个训练实例 x_i,目标分类 $f(x_i)$必须从 B、h 和 x_i 中演绎派生。

考虑一个例子，其中待学习的目标概念是"两个人$\langle u, v\rangle$中 u 的孩子是 v"，它表示了谓词 $Child(u, v)$。假定给出了单个正例 $Child(Bob, Sharon)$，其中实例描述为文字 $Male(Bob)$，$Female(Sharon)$和 $Father(Sharon, Bob)$。进一步假定有背景知识 $Parent(u, v) \leftarrow Father(u, v)$。可将此情形按式(10.2)描述如下：

x_i:　　$Male(Bob)$, $Female(Sharon)$, $Father(Sharon, Bob)$

$f(x_i)$:　　$Child(Bob, Sharon)$

B:　　$Parent(u, v) \leftarrow Father(u, v)$

在此情况下，许多假设中满足约束$(B \wedge h \wedge x_i) \vdash f(x_i)$的两个假设为：

h_1: $Child(u, v) \leftarrow Father(v, u)$

h_2: $Child(u, v) \leftarrow Parent(v, u)$

注意，目标文字 $Child(Bob, Sharon)$是由 $h_1 \wedge x_i$涵蕴，不需要背景知识 B。然而对于假设 h_2，情况有些不同。目标 $Child(Bob, Sharon)$是从 $B \wedge h_2 \wedge x_i$ 中派生，而不是单独的 $h_2 \wedge x_i$ 中派生。该例说明了背景知识的作用，即针对给定的训练数据扩展可接受的假设集合。它还说明新的谓词(如，$Parent$)怎样引入到假设(如，h_2)中，即使此谓词不在原来的实例 x_i 描述中。这一基于背景知识扩展谓词集合的过程，通常称为*建设性归纳*(constructive induction)。

式(10.2)的意义在于它把学习问题置于演绎推理和形式逻辑的框架之下。对于命题逻辑和一阶逻辑，有一些已理解得很好的算法可自动演绎。有趣的是，有可能利用演绎推理的逆过程，以使归纳泛化的过程自动化。对"归纳可由反转的演绎实现"这一观点的洞悉首先来自 19 世纪的经济学家 W.S.Jevons，他写到：

> 归纳实际上是演绎的逆操作，而且不能想像其中一个没有时，另一个会存在。因此不存在哪一个更重要的问题。谁会问加法和减法中哪一个是比较重要的数学操作呢？同时，一个操作和它的逆操作之间，难度有很大的差异；……必须承认，归纳分析在难度和复杂度方面都远远大于任何演绎问题……(Jevons 1874)

本章的剩余部分将探讨这种把归纳看成逆演绎的观点。我们在这里所感兴趣的是一般问题是设计一个*逆涵蕴算子*(inverse entailment operator)。一个逆涵蕴算子 $O(B, D)$使用训练数据 $D = \{ < x_i, f(x_i) > \}$和背景知识 B 作为输入，并且输出一个假设 h 满足式(10.2)。

$$O(B, D) = h \quad \text{其中}(\forall \langle x_i, f(x_i)\rangle \in D)(B \wedge h \wedge x_i) \vdash f(x_i)$$

当然会有很多不同的假设 h 满足$(\forall \langle x_i, f(x_i)\rangle \in D)(B \wedge h \wedge x_i) \vdash f(x_i)$。在 ILP 中选择假设的常用启发式规则依赖最小描述长度准则(见 6.6 节)。

将学习任务形式化为寻找一个假设 h 使其满足$(\forall \langle x_i, f(x_i)\rangle \in D)(B \wedge h \wedge x_i) \vdash f(x_i)$，有许多有吸引力的特点：

- 这种公式包含了一种普遍的学习定义方法，即寻找某个一般概念，它与给定的训练样例相拟合。其中训练样例对应没有背景知识 B 时的特殊情况。
- 此公式通过引入背景知识 B，可以对一个假设何时可被称作"拟合"训练数据进行更充分的定义。至此为止，我们一直都仅仅基于假设和数据的描述来确定一假设(如，神经网络)是否拟合数据，而不依赖于学习的任务领域。相反，这种形式允许领域特定的背景信息 B 成为"拟合"定义的一部分。确切地讲，h 只在 $f(x_i)$从 $B \wedge h \wedge x_i$ 中演绎派生时，拟合训练样例$\langle x_i, f(x_i)\rangle$。
- 通过引入背景知识 B，该公式要求学习算法使用这一背景信息来引导 h 的搜索，而不是只搜索语法上合法的假设空间。下面章节中描述的逆归结过程就以这种形式使用了背景知识。

同时,按照这种公式的归纳逻辑编程遇到了几个实践上的困难。

- 对$(\forall\langle x_i,f(x_i)\rangle\in D)(B\wedge h\wedge x_i)\vdash f(x_i)$的要求实质上不能处理有噪声数据。问题在于,该表达式不允许在观察到实例 x_i 和其目标值$f(x_i)$中出现差错的可能性。这样的差错可能产生对 h 的不一致约束。遗憾的是,多数形式逻辑框架完全没有能力在给定不一致断言时区分出真和假来。
- 一阶逻辑语言的表征力太强,而且满足$(\forall\langle x_i,f(x_i)\rangle\in D)(B\wedge h\wedge x_i)\vdash f(x_i)$的假设数量太多,以至于假设空间的搜索在一般情形下难以执行。许多近期的工作已寻求受限形式的一阶表达式或其他二阶表达式,目的是改进假设空间搜索的易处理性。
- 尽管直觉上背景知识可有助于限制假设的搜索,在多数 ILP 系统中(包括所有本章讨论的),假设空间搜索的复杂度会随着背景知识的增加而增高(然而,第 11 章和第 12 章中一些算法使用背景知识来减小而不是增加样本复杂度)。

下一节讨论一个很普遍的逆涵蕴算子,它通过反向的演绎推理规则来构造假设。

10.7　逆归结

自动演绎的一般方法是用 Robinson(1965)提出的*归结规则*(resolution rule)。归结规则是一阶逻辑中一个合理且完备的演绎推理规则。因此,可以想到这样的问题:是否可以通过反转归结规则来形成逆涵蕴算子。回答是肯定的,而且正是这个算子形成了 CIGOL 程序的基础。(Muggleton & Buntine 1988)。

介绍归结规则最容易的方法是以命题表示的形式,它可以被扩展到一阶表示中。令 L 为任意一个命题文字,并令 P 和 R 为任意命题子句。归结规则为:

$$\frac{\begin{array}{ccc}P & \vee & L\\ \neg L & \vee & R\end{array}}{\begin{array}{ccc}P & \vee & R\end{array}}$$

它可理解为:给定线上的两个子句,得到线下的子句。直觉上归结规则是理所当然的。给定两个断言 $P\vee L$ 和$\neg L\vee R$,显然 L 或$\neg L$ 中必有一个为假。因此,P 或 R 中必有一个为真。因此结论 $P\vee R$ 肯定是满足的。

命题归结算子的一般形式在表 10-5 中描述。给定两个子句 C_1 和 C_2,归结算子首先确定文字 L 是否以正文字形式出现在一个子句中,并以负文字形式出现在另一子句中。然后得到如上公式中的结论。例如,图 10-2 左侧的归结算子。给定子句 C_1 和 C_2,第一步确定文字 $L=\neg\ KnowMaterial$,它在 C_1 中出现,而它的负文字$\neg(\neg KnowMaterial)=KnowMaterial$ 在 C_2 中出现。所以结论是一子句,其形式为文字 $C_1-\{L\}=PassExam$ 和 $C_2-\{\neg L\}=\neg Study$ 的联合。举另一个例子,应用归结规则到子句 $C_1=A\vee B\vee C\vee\neg D$ 和 $C_2=\neg B\vee E\vee F$ 得到结果为子句$A\vee C\vee\neg D\vee E\vee F$。

表 10-5　归结算子(命题形式)

1. 给定初始子句 C_1 和 C_2,从子句 C_1 中寻找一个文字 L,并且$\neg\ L$ 出现在 C_2 中
2. 通过合并 C_1 和 C_2 中的除了 L 和$\neg L$ 外的所有文字,形成归结式 C。更精确地,出现在结果 C 中的文字集合为:

（续）

$$C = (C_1 - \{L\}) \cup (C_2 - \{\neg L\})$$

其中，∪表示集合并，“-”表示集合差

注：给定子句 C_1 和 C_2。归结算子构造出一子句 C 使 $C_1 \wedge C_2 \vdash C$。

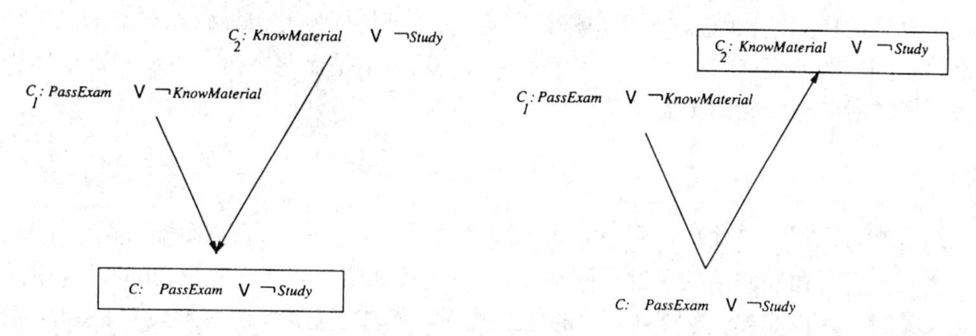

左边为应用归结规则（演绎的）从给定子句 C_1 和 C_2 中推理出子句 C。右边为其逆过程的应用（归纳的），从 C 和 C_1 中推论出 C_2。

图 10-2　归结和逆归结的例子

很容易用归结算子的逆转来形成一执行归纳推理的逆涵蕴算子 $O(C, C_1)$。一般来说，逆涵蕴算子必须在给定归结式 C 和一初始子句 C_1 时推导出另一初始子句 C_2。考虑一个例子，给定归结式 $C = A \vee B$ 且初始子句 $C_1 = B \vee D$。如何推导出子句 C_2 以使 $C_1 \wedge C_2 \vdash C$？首先，注意由归结算子的定义，任意出现在 C 中但不在 C_1 中的文字必须已在 C_2 中出现。在这个例子中，它表示 C_2 必须包含文字 A。其次，在 C_1 中出现但不在 C 中的文字必为归结规则移去了的文字，因此它的负文字必须在 C_2 中。在此例中，它表示 C_2 必须包含文字 $\neg D$。因此 $C_2 = A \vee \neg D$。读者可以很容易地验证，应用归结规则到 C_1 和 C_2 确实产生了所希望的归结式 C。

注意在上例中 C_2 有另一种可能的解。确切地讲，C_2 可以是更特殊的子句 $A \vee \neg D \vee B$。此解与第一个解的不同在于 C_2 中包含了一个 C_1 中出现的文字。从中可得到的一般论点在于，逆归结是不确定的，即可能有多个子句 C_2 使 C_1 和 C_2 产生归结式 C。在其中进行选择的一个启发式方法为偏好更短的子句，与此相应的是：假定 C_2 与 C_1 没有共同的文字。如果引入这种对短子句的偏好，对逆归结过程的一般描述见表 10-6。

表 10-6　逆归结算子（命题形式）

1. 给定初始子句 C_1 和 C，寻找一个文字 L，它出现在子句 C_1 中但不出现在 C 中
2. 通过包含下列的文字，形成第二个子句 C_2：

$$C_2 = (C - (C_1 - \{L\})) \cup \{\neg L\}$$

注：给定两子句 C 和 C_1，它计算出 C_2 使 $C_1 \wedge C_2 \vdash C$。

我们可以基于如逆归结这样的逆涵蕴算子开发出规则学习算法来。确切地讲，学习算法可使用逆涵蕴来构造出假设，此假设与背景知识一起涵蕴训练数据。一种策略是使用序列覆盖算法，循环地以这种方法学习 Horn 子句集。在每次循环中，算法选择没有被以前学习到的

子句覆盖的一个训练样例$\langle x_i, f(x_i)\rangle$。然后应用归结规则来生成满足$(B \wedge h_i \wedge x_i) \vdash f(x_i)$的候选假设 h_i,其中 B 为背景知识加上以前循环中学到的任意子句。注意,这是一个样例驱动的搜索,因为每个候选假设的建立是为了覆盖一特定样例。当然如果存在多个候选假设,那么在其中选择的策略是选取在其他样例上也有最高精度的假设。CIGOL 程序使用了结合这种序列覆盖算法的逆归结,通过它与用户进行交互,获得训练样例并引导它在可能的归纳推理步骤的巨大空间中的搜索。然而 CIGOL 使用了一阶表示而不是命题表示。下面我们描述为处理一阶表示所需对归结规则的扩展。

10.7.1 一阶归结

归结规则可以很容易地扩展到一阶表示。如命题逻辑中一样,它需要输入两个子句,输出第三个子句。它与命题归结的关键不同在于,这一过程如今要基于合一(unifying)置换操作。

定义置换(substitution)为变量到项的任意映射。例如,置换 $\theta = \{x/Bob,\ y/z\}$ 表示变量 x 替换为项 Bob,而变量 y 替换为项 z。使用符号 $W\theta$ 代表应用到一置换 θ 到某表达式 W 的结果。例如,若 L 是文字 $Father(x,\ Bill)$,且 θ 为上述的置换,则 $L\theta = Father(Bob,\ Bill)$。

如果 $L_1\theta = L_2\theta$,则称 θ 为两文字 L_1 和 L_2 的合一置换(unifying substitution)。例如,若 $L_1 = Father(x, y)$, $L_2 = Father(Bill,\ z)$,且 $\theta = \{x/Bill,\ z/y\}$,那么 θ 是 L_1 和 L_2 的合一置换,因为 $L_1\theta = L_2\theta = Father(Bill,\ y)$。合一置换的意义是:在归结的命题形式中,两子句 C_1 和 C_2 的归结式的获得是通过确定 C_1 中的子句 L 且 $\neg L$ 在 C_2 中。在一阶归结中,它推广为从子句 C_1 中寻找一文字 L_1 和在 C_2 中寻找文字 L_2,使得可找到对于 L_1 和 $\neg L_2$ 的某合一置换 θ(即,使 $L_1\theta = \neg L_2\theta$)。归结规则然后按下面的等式建立归结式 C:

$$C = (C_1 - \{L_1\})\theta \cup (C_2 - \{L_2\})\theta \tag{10.3}$$

归结规则的一般描述见表 10-7。为说明它,假定 $C_1 = White(x) \leftarrow Swan(x)$ 及 $C_2 = Swan(Fred)$。为应用归结规则,首先将 C_1 等价地表示为子句的形式 $C_1 = White(x) \vee \neg Swan(x)$。然后可应用归结规则。第一步,先找到 C_1 中的文字 $L_1 = \neg Swan(x)$和 C_2 中的文字 $L_2 = Swan(Fred)$。如果选择合一置换 $\theta = \{x/Fred\}$,则两个子句满足 $L_1\theta = \neg L_2\theta = \neg Swan(Fred)$。因此,结论 C 为$(C_1 - \{L_1\})\theta = White(Fred)$和$(C_2 - \{L_2\})\theta = \emptyset$,即 $C = White(Fred)$。

表 10-7 归结规则(一阶形式)

1. 寻找 C_1 中的文字 L_1, C_2 中的文字 L_2,以及置换 θ,使得 $L_1\theta = \neg L_2\theta$
2. 通过包含 $C_1\theta$ 和 $C_2\theta$ 中除了 $L_1\theta$ 和 $\neg L_2\theta$ 以外的文字,形成归结式 C。更精确地讲,出现在结论 C 中的文字集合为:

$$C = (C_1 - \{L_1\})\theta \cup (C_2 - \{L_2\})\theta$$

10.7.2 逆归结:一阶情况

我们可以用分析法推导出逆归结算子,方法是通过对定义归结规则的式(10.3)进行代数操作。首先,注意式(10.3)中的合一置换 θ 可被惟一地分解为 θ_1 和 θ_2,其中 $\theta = \theta_1\theta_2$, θ_1 包含涉及子句 C_1 中变量的所有置换,而 θ_2 包含涉及 C_2 中变量的所有置换。该分解的合理性在于 C_1 和 C_2 总是开始于不同的变量名(因为它们是不同的全称量化陈述)。使用 θ 的这种分解,可将式(10.3)重新表达为:

$$C=(C_1-\{L_1\})\theta_1\cup(C_2-\{L_2\})\theta_2$$

记住，这里的减号“-”代表集合差。现在如果限制逆归结算子为推理出的 C_2 中没有与 C_1 共同的文字(表示偏好最短的 C_2 子句)，那么可将上式写为：

$$C-(C_1-\{L_1\})\theta_1=(C_2-\{L_2\})\theta_2$$

最后可使用归结规则的定义 $L_2=\neg L_1\theta_1\theta_2^{-1}$，解出 C_2 来得到：

逆归结：

$$C_2=(C-(C_1-\{L_1\})\theta_1)\theta_2^{-1}\cup\{\neg L_1\theta_1\theta_2^{-1}\} \tag{10.4}$$

式(10.4)给出了一阶逻辑的逆归结规则。如在命题形式中，此逆涵蕴算子是非确定性的。确切地讲，在应用它的过程中，一般可找到待归结的子句 C_1 和置换 θ_1 和 θ_2 的多种选择。每一组选择都产生一个不同的 C_2 解。

图10-3显示了此逆归结规则应用在一个简单例子上的多个步骤。在图中，我们希望根据给定的训练数据 $D=GrandChild(Bob, Shannon)$ 和背景信息 $B=\{Father(Shannon, Tom), Father(Tom, Bob)\}$ 学习到目标谓词 $GrandChild(y,x)$ 的规则。考虑图10-3中逆归结树的最下面一步。这里，我们设置结论 C 为训练样例 $GrandChild(Bob, Shannon)$，并且从背景信息中选择子句 $C_1=Father(Shannon, Tom)$。为应用逆归结算子，对于文字 L_1 只有一种选择，称为 $Father(Shannon, Tom)$。假定我们选择逆置换 $\theta_1^{-1}=\{\}$ 且 $\theta_2^{-1}=\{Shannon/x\}$。在此情况下，得到的子句 C_2 为子句 $(C-(C_1-\{L_1\})\theta_1)\theta_2^{-1}=(C\theta_1)\theta_2^{-1}=GrandChild(Box,x)$ 和子句 $\{\neg L_1\theta_1\theta_2^{-1}\}=\neg Father(x, Tom)$ 的联合。因此结果为子句 $GrandChild(Bob,x)\vee\neg Father(x, Tom)$，或等价的子句 $GrandChild(Bob,x)\leftarrow Father(x, Tom)$。注意这个一般规则与 C_1 一起涵蕴了训练样例 $GrandChild(Bob, Shannon)$。

以相似的方式，推理得到的子句可作为第二个归结步中的结论 C，如图10-3所示。在这两步中的每一步中都可能有多个输出，这取决于对置换的选择(见习题10.7)。在图10-3的例子中，特定的选择产生了直觉上可满足的最终子句 $GrandChild(y,x)\leftarrow Father(x,z)\wedge Father(z,y)$。

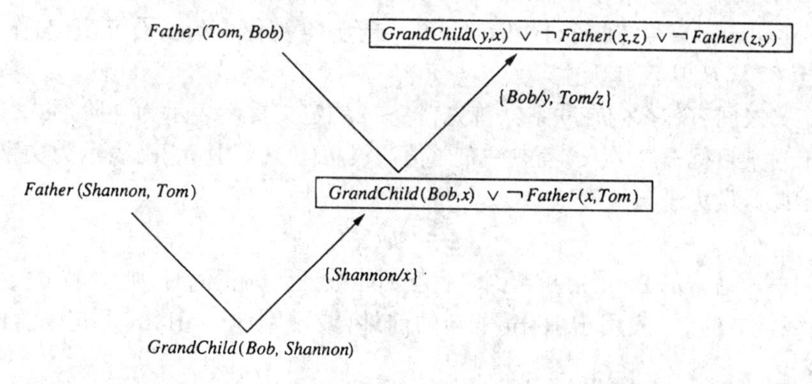

其中带方框的子句为推理步的结果。在每一步，C 是位于底部的子句，C_1 是左边的子句，C_2 是右边带方框的子句。在这两个推理步中，θ_1 都是空置换，而 θ_2^{-1} 置换显示在 C_2 下方。注意最终的结论(最右上角的带方框子句)是Horn子句 $GrandChild(y, x)\leftarrow Father(x, z)\wedge Father(z, y)$ 的另一种形式。

图10-3 多步逆归结

10.7.3　逆归结小结

概括地讲,逆归结提供了一种一般的途径以自动产生满足约束$(B \wedge h \wedge x_i) \vdash f(x_i)$的假设 h。这是通过逆转式(10.3)给出的一般归结规则得到的。从此归结规则中解出子句 C_2,式(10.4)中的逆归结规则很容易推导出。

给定一组开始子句,可通过重复应用此逆归结规则生成多个假设。注意,逆归结规则具有一个优点,它只生成满足$(B \wedge h \wedge x_i) \vdash f(x_i)$的假设。相反,FOIL 的生成再测试(generate_and_test)搜索在每一搜索步生成多个假设,包括一些不满足此约束的。然后 FOIL 通过考虑数据 D 来在这些假设中做出选择。由于这一差异,我们可期望基于逆归结的搜索更有针对性且更有效。然而实际未必如此。一个原因是逆归结算子在任意一步生成它的假设时,只能考虑可用数据中的一小部分。而 FOIL 考虑所有的可用数据,在其按语法生成的假设中进行选择。使用逆涵蕴和使用生成再测试两种搜索策略的差别仍是一个研究主题。Srinivasan 等(1995)提供了对这两种方法的实验性比较。

10.7.4　泛化、θ-包容和涵蕴

前一节指出了归纳和逆涵蕴之间的联系。由于以前着重于讲述在假设搜索中的一般到特殊序,那么有必要研究 *more_general_than* 关系和逆涵蕴之间的联系。为说明这种关系,考虑如下的定义:

- *more_general_than*:第 2 章中的 *more_general_than_or_equal_to* 关系($\geq_g$)定义为:给定两布尔值函数 $h_j(x)$和 $h_k(x)$,我们称 $h_j \geq_g h_k$ 当且仅当$(\forall x) h_k(x) \rightarrow h_j(x)$。此 $\geq_g$ 关系被用于许多学习算法中以引导假设空间的搜索。
- θ-包容(θ-subsumption):考虑两个子句 C_j 和 C_k,它们的形式都是 $H \vee L_1 \vee \ldots \vee L_n$,其中 H 为一正文字,而 L_i 为任意文字。称子句 C_j θ-包容子句 C_k,当且仅当存在一个置换使 $C_j\theta \subseteq C_k$(这里我们将任意子句 C 描述为其析取式中各文字的集合)。该定义见 Plotkin(1970)。
- 涵蕴(entailment):考虑两个子句 C_j 和 C_k,子句 C_j 被称为涵蕴子句 C_k(写作 $C_j \vdash C_k$)当且仅当 C_k 从 C_j 中演绎派生。

这三个定义之间有什么内在联系?首先,将$\geq_g$ 的定义重新表示为一阶形式,如另两个定义一样。如果对某目标概念 $c(x)$考虑一布尔值假设 $h(x)$,其中 $h(x)$表示为文字的合取,那么可重新表示此假设为子句:

$$c(x) \leftarrow h(x)$$

这里我们遵循通常的 PROLOG 解释,即 x 若不能被证明为正例时,则 x 被分类为反例。因此,可看出前面定义的$\geq_g$ 应用于 Horn 子句的前件(或规则体)。Horn 子句隐含的后件为目标概念 $c(x)$。

$\geq_g$ 定义和θ-包容定义之间的关系是什么?注意,如果 $h_1 \geq_g h_2$,则子句 $C_1: c(x) \leftarrow h_1(x)$是 θ-包容子句 $C_2: c(x) \leftarrow h_2(x)$。更进一步,即使在子句有不同的头部时,θ-包容也可成立。例如,下面的情形中子句 A θ-包容子句 B:

$$A: Mother(x, y) \leftarrow Father(x, z) \wedge Spouse(z, y)$$

$$B: Mother(x, Louise) \leftarrow Father(x, Bob) \wedge Spouse(Bob, y) \wedge Female(x)$$

因为如果选择 $\theta=\{y/Louise,\ z/Bob\}$则 $A\theta \subseteq B$。这里的关键区别在于$\geq_g$隐含假定了两个子句的头部是相同的,而 θ-包容可在子句头部不同时成立。

最后,θ-包容是涵蕴的一种特殊形式。即,如果子句A θ-包容子句B,则 $A \vdash B$。然而,我们可找到这样的 A 和B,使 $A \vdash B$ 但A 并不θ-包容B。例如下面两个子句:

A: $Elephant(father\_of(x)) \leftarrow Elephant(x)$

B: $Elephant(father\_of(father\_of(y))) \leftarrow Elephant(y)$

其中,$father_of(x)$为一函数,代表 x 的父亲。注意虽然 B 可由 A 得到证明,却不存在置换 θ 使 $A\theta$-包容B。

如这些例子所示,前面对 *more_general_than* 的定义是θ-包容的一种特殊情况,而 θ-包容又是涵蕴的特殊情况。因此,通过泛化和特化假设来搜索假设空间比用一般的逆涵蕴算子来搜索更为局限。遗憾的是,逆涵蕴这种最一般的形式可产生无法处理的搜索。然后中间的θ-包容的定义提供了位于 *more_general_than* 和涵蕴之间的一种概念。

10.7.5 PROGOL

虽然对于生成候选假设,逆归结是一种很吸引人的方法。在实践中它很容易导致候选假设的组合爆炸。另一种途径是只使用逆涵蕴来生成一个最特殊假设,它与背景信息一起涵蕴观察的数据。然后,这个最特殊假设可用于确定假设空间的一般到特殊搜索边界,与 FOIL 中使用的搜索一样,但多了一个限制:只考虑比此边界更一般的假设。该方法被用于 PROGOL 系统,它的算法可概述如下:

1) 用户指定使用一个受限的一阶表示语言为假设空间 H。这些限制用"模态声明"(mode declaration)来描述,它允许用户指定要考虑的谓词和函数符号,以及它们的参考类型和格式。
2) PROGOL 使用序列覆盖法来从 H 中学习一组覆盖数据的表达式。对于每个还没被这些学到的表达式覆盖的样例$\langle x_i, f(x_i)\rangle$,它首先寻找 H 中最特殊的假设h_i,使$(B \wedge h_i \wedge x_i) \vdash f(x_i)$。更精确地讲,它先找到能通过应用 k 次归结规则涵蕴$f(x_i)$的假设,在其中计算出最特殊的假设,从而近似得到 h_i。
3) 然后 PROGOL 在这个由最一般假设和第 2 步中得到的特殊边界 h_i 所界定的假设空间中执行了一般到特殊搜索。在此假设集合中,它寻找有最小描述长度(由文字的数量度量)的假设。该部分的搜索是由像 A^* 那样的启发式规则引导的,它的修剪操作可在没有修剪掉最短假设的风险下进行。

PROGOL 算法的细节见 Muggleton(1992,1995)。

10.8 小结和补充读物

本章的要点包括:

- 序列覆盖算法学习析取的规则集,方法是先学习单个精确的规则,然后移去被此规则覆盖的正例,再在剩余样例上重复这一过程。它提供了一个学习规则集的有效的贪婪算法,可作为由顶向下的决策树学习算法(如 ID3)的替代算法。决策树算法可被看作并行覆盖,与序列覆盖相对应。
- 在序列覆盖算法中,已研究了多种方法以学习单个的规则。这些方法的不同在于它们考查规则前件空间的策略不同。一个很流行的、在 CN2 程序中使用的方法是执行一般到特殊的柱状搜索，渐进地生成并测试更特殊的规则，直到找到一个足够精确的规则。其他的方法从特殊到一般进行假设搜索，使用样例驱动而不是生成并测试，并且应用了不同的统计量度的规则精度来指引搜索。

- 一阶规则集(即包含变量的规则)提供了一种表征能力很强的表示。例如，编程语言 PROLOG 使用一阶 Horn 子句序列来表示一般的程序。因此，学习一阶 Horn 子句的问题也常被称为归纳逻辑编程的问题。
- 学习一阶规则集的方法是将 CN2 中的序列覆盖算法由命题形式扩展到一阶表示。该方法在 FOIL 程序中例示，它可学习包括简单递归规则集在内的一阶规则集。
- 学习一阶规则的另一方法基于一个发现：即归纳是演绎的逆转。换言之，归纳的问题是寻找一个假设 h 满足下面的约束。

$$(\forall \langle x_i, f(x_i) \rangle \in D)(B \wedge h \wedge x_i) \vdash f(x_i)$$

其中，B 是一般背景信息，$x_1 \ldots x_n$ 是训练数据 D 中实例的描述，而 $f(x_1) \ldots f(x_n)$ 为训练实例的目标值。

- 一些程序遵循了归纳是演绎的逆转的观点，通过运用熟知的演绎推理的逆算子来搜索假设。例如 CIGOL 使用的逆归结是归结算子的逆转，而归结是普遍用于机器定理证明的一种推理规则。PROGOL 结合了逆涵蕴策略和一般到特殊策略来搜索假设空间。

学习关系描述早期的工作包括 Winston(1970)著名的程序，它学习如 "arch"这样的概念的网络式描述。Banerji (1964, 1969)的工作和 Michalski 的 AQ 算法系列工作(如，Michalski 1969, Michalski et al. 1986)是最早将逻辑表示用于学习问题的研究之一。Plotkin(1970)的 θ-包容定义较早地对归纳和演绎之间的关系进行了形式化。Vere(1975)也研究了学习的逻辑表示问题，且 Buchanan(1976)的 META-DENDRAL 程序可学习分子结构中可在质谱仪中被分割的部分的关系描述。该程序成功地发现了一些有用的规则，它们在化学学术领域被公布。Mitchell(1979)的候选消除变型空间算法被应用于同样的化学结构的关系描述。

随着 20 世纪 80 年代中期 PROLOG 语言的普及，研究人员开始深入研究 Horn 子句表示的关系描述。较早的学习 Horn 子句的工作包括 Shapiro (1983)的 MIS 和 Sammut & Banerji (1986)的 MARVIN。这里讨论的 Quinlan(1990)的 FOIL 算法出现后，很快随之产生了多个应用一阶规则的一般到特殊搜索的算法，包括 mFOIL(Dzeroski 1991)、FOCL(Pazzani et al. 1991)、CLAUDIEN(De Raedt & Bruynooghe 1993)和 MARKUS(Grobelnik 1992)。FOCL 算法在第 12 章中描述。

学习 Horn 子句的另一条研究路线是通过逆涵蕴，它由 Muggleton & Buntine(1988)提出，其基础是 Sammut & Banerji(1986)和 Muggleton(1987)中类似的想法。此路线上最近的工作着重于研究不同的搜索策略和限制假设空间以使学习过程更易于处理的方法。例如，Kietz & Wrobel(1992)使用在其 RDT 程序中规则模式来限制学习过程中可考虑的表达式的形式。Muggleton & Feng(1992)讨论了将一阶表示限制为 ij-determinate 文字。Cohen(1994)讨论了 GRENDEL 程序，它接受一个显式的语言描述输入，以描述子句体，从而允许用户显式地约束假设空间。

Lavrac & Dzeroski(1994)提供了归纳逻辑编程的一个可读性很强的教材。近期其他有用的专题报考和文集包括(Bergadano & Gunetti 1995, Morik et al. 1993, Muggleton 1992,

1995b)。Wrobel(1996)的综述也提供了该领域的一个好材料。Bratko & Muggleton (1995)概述了近期 ILP 在一些重要问题上的应用。一系列的 ILP 方面的年度专题讨论会也是近期研究论文的很好来源(如,De Raedt 1996)。

习题

10.1　考虑一个如 CN2 那样的序列覆盖算法和一个如 ID3 那样的并行覆盖算法。两个算法都被用于学习一目标概念,它定义在由 n 个布尔属性合取表示的实例上。如果 ID3 学习到深度为 d 的平衡决策树,它将包含 $2^d - 1$ 个不同的决策结点,而且在建立其输出假设时做出 $2^d - 1$ 次不同选择。如果该树被重新表示为一个析取规则集,可形成多少规则?每个规则拥有多少前件?一个*序列覆盖*算法为学习到同样的规则集需做出多少次不同的选择?如果给定相同的训练数据,哪一个系统你认为更容易出现过度拟合?

10.2　改进表 10-2 的 LEARN-ONE-RULE 算法,使它能学习前件中包含实数属性阈值的规则(如 $temprature > 42$)。指出新的算法可从表 10-2 中做哪些修改得到。提示:考虑在决策树中这是怎样完成的。

10.3　改进表 10-2 的 LEARN-ONE-RULE 算法,使它能学习的规则的前件中可包含类似于 $nationality \in \{Canadian, Brazilian\}$ 的约束,即离散值属性可取某指定集合中任意值。修改后的程序应探索包含所有这样子集的假设空间。指出新的算法可从表 10-2 中做哪些修改得到。

10.4　考虑实现 LEARN-ONE-RULE 搜索假设空间时可选的策略,确切地讲,考虑下列搜索过程属性:

(a) 生成并测试 vs.数据驱动

(b) 一般到特殊 vs.特殊到一般

(c) 序列覆盖 vs.并行覆盖

讨论表 10-1 和 10-2 中算法中所做选择的好处。对于搜索策略中的这三种属性,讨论选择另一方案时的影响(正面的和负面的)。

10.5　应用命题形式的逆归结到子句 $C = A \vee B, C_1 = A \vee B \vee G$。给出 C_2 的至少两种可能结果。

10.6　应用逆归结到子句 $C = R(B, x) \vee P(x, A)$和 $C_1 = S(B, y) \vee R(z, x)$。给出 C_2 的至少四种可能结果。这里 A 和 B 为常量,x 和 y 为变量。

10.7　考虑图 10-3 中最下面的逆归结步。若给定置换 θ_1 和 θ_2 的不同选择,推导出至少两种可能产生的不同输出。如果用子句 $Father(Tom, Bob)$替换了 $Father(Shannon, Tom)$,推导出此逆归结步的一个结果。

10.8　考虑本章中归纳问题的定义:

$$(\forall \langle x_i, f(x_i) \rangle \in D)(B \wedge h \wedge x_i) \vdash f(x_i)$$

和前面第 2 章对归纳偏置的定义见式(2.1)之间的联系。其中归纳偏置 B_{bias} 定义为表达式:

$$(\forall x_i \in X)(B_{bias} \wedge D \wedge x_i) \vdash L(x_i, D)$$

其中,$L(x_i, D)$是学习器在从训练数据 D 上学习后赋予新实例 x_i 的分类,而 X 为整个实例空间。注意,第一个表达式是为了描述我们希望学习器输出的假设,而第二个表达式是为了描述学习器从训练数据中泛化的策略。设计一个学习器,其归纳偏置 B_{bias} 等于所提供的背景知识 B。

参考文献

Banerji, R. (1964). A language for the description of concepts. *General Systems*, 9, 135–141.

Banerji, R. (1969). *Theory of problem solving—an approach to artificial intelligence*. New York: American Elsevier Publishing Company.

Bergadano, F., & Gunetti, D. (1995). *Inductive logic programming: From machine learning to software engineering*. Cambridge, Ma: MIT Press.

Bratko, I., & Muggleton, S. (1995). Applications of inductive logic programming. *Communications of the ACM*, 38(11), 65–70.

Buchanan, B. G., Smith, D. H., White, W. C., Gritter, R., Feigenbaum, E. A., Lederberg, J., & Djerassi, C. (1976). Applications of artificial intelligence for chemical inference, XXII: Automatic rule formation in mass spectrometry by means of the meta-DENDRAL program. *Journal of the American Chemical Society*, 98, 6168.

Buntine, W. (1986). Generalised subsumption. *Proceedings of the European Conference on Artificial Intelligence*, London.

Buntine, W. (1988). Generalized subsumption and its applications to induction and redundancy. *Artificial Intelligence*, 36, 149–176.

Cameron-Jones, R., & Quinlan, J. R. (1993). Avoiding pitfalls when learning recursive theories. *Proceedings of the Eighth International Workshop on Machine Learning* (pp 389–393). San Mateo, CA: Morgan Kaufmann.

Cestnik, B., & Bratko, I. (1991). On estimating probabilities in tree pruning. *Proceedings of the European Working Session on Machine Learning* (pp. 138–150). Porto, Portugal.

Clark, P., & Niblett, R. (1989). The CN2 induction algorithm. *Machine Learning*, 3, 261–284.

Cohen, W. (1994). Grammatically biased learning: Learning logic programs using an explicit antecedent description language. *Artificial Intelligence*, 68(2), 303–366.

De Raedt, L. (1992). *Interactive theory revision: An inductive logic programming approach.* London: Academic Press.

De Raedt, L., & Bruynooghe, M. (1993). A theory of clausal discovery. *Proceedings of the Thirteenth International Joint Conference on Artificial Intelligence*. San Mateo, CA: Morgan Kaufmann.

De Raedt, L. (Ed.). (1996). *Advances in inductive logic programming: Proceedings of the Fifth International Workshop on Inductive Logic Programming*. Amsterdam: IOS Press.

Dolsak, B., & Muggleton, S. (1992). The application of inductive logic programming to finite element mesh design. In S. Muggleton (Ed.), *Inductive Logic Programming*. London: Academic Press.

Džeroski, S. (1991). *Handling noise in inductive logic programming* (Master's thesis). Electrical Engineering and Computer Science, University of Ljubljana, Ljubljana, Slovenia.

Flener, P. (1994). *Logic program synthesis from incomplete information.* The Kluwer international series in engineering and computer science. Boston: Kluwer Academic Publishers.

Grobelnik, M. (1992). MARKUS: An optimized model inference system. *Proceedings of the Workshop on Logical Approaches to Machine Learning, Tenth European Conference on AI*, Vienna, Austria.

Jevons, W. S. (1874). *The principles of science: A treatise on logic and scientific method.* London: Macmillam

Kietz, J-u ., &Wrobel, S. (1992). Controlling the Complexity of learning in logic throngh Synactic and task-oriented models. In S. Muggleton (Ed.), *Inductive logic programming*. London: Academic Press.

Lavrač, N., & Džeroski, S. (1994). *Inductive logic programming: Techniques and applications*. Ellis Horwood.

Lindsay, R. K., Buchanan, B. G., Feigenbaum, E. A., & Lederberg, J. (1980). *Applications of artificial intelligence for organic chemistry*. New York: McGraw-Hill.

Michalski, R. S., (1969). On the quasi-minimal solution of the general covering problem. *Proceedings of the First International Symposium on Information Processing* (pp. 125–128). Bled, Yugoslavia.

Michalski, R. S., Mozetic, I., Hong, J., and Lavrac, H. (1986). The multi-purpose incremental learning system AQ15 and its testing application to three medical domains. *Proceedings of the Fifth*

National Conference on AI (pp. 1041–1045). Philadelphia: Morgan-Kaufmann.

Mitchell, T. M. (1979). *Version spaces: An approach to concept learning* (Ph.D. dissertation). Electrical Engineering Dept., Stanford University, Stanford, CA.

Morik, K., Wrobel, S., Kietz, J.-U., & Emde, W. (1993). *Knowledge acquisition and machine learning: Theory, methods, and applications*. London: Academic Press.

Muggleton, S. (1987). DUCE: An oracle based approach to constructive induction. *Proceedings of the International Joint Conference on AI* (pp. 287–292). San Mateo, CA: Morgan Kaufmann.

Muggleton, S. (1995a). Inverse entailment and PROGOL. *New Generation Computing*, 13, 245–286.

Muggleton, S. (1995b). *Foundations of inductive logic programming*. Englewood Cliffs, NJ: Prentice Hall.

Muggleton, S., & Buntine, W. (1988). Machine invention of first-order predicates by inverting resolution. *Proceedings of the Fifth International Machine Learning Conference* (pp. 339–352). Ann Arbor, Michigan: Morgan Kaufmann.

Muggleton, S., & Feng, C. (1990). Efficient induction of logic programs. *Proceedings of the First Conference on Algorithmic Learning Theory*. Ohmsha, Tokyo.

Muggleton, S., & Feng, C. (1992). Efficient induction of logic programs. In Muggleton (Ed.), *Inductive logic programming*. London: Academic Press.

Muggleton, S. (Ed.). (1992). *Inductive logic programming*. London: Academic Press.

Pazzani, M., Brunk, C., & Silverstein, G. (1991). A knowledge-intensive approach to learning relational concepts. *Proceedings of the Eighth International Workshop on Machine Learning* (pp. 432–436). San Francisco: Morgan Kaufmann.

Plotkin, G. D. (1970). A note on inductive generalization. In B. Meltzer & D. Michie (Eds.), *Machine Intelligence 5* (pp. 153–163). Edinburgh University Press.

Plotkin, G. D. (1971). A further note on inductive generalization. In B. Meltzer & D. Michie (Eds.), *Machine Intelligence 6*. New York: Elsevier.

Quinlan, J. R. (1990). Learning logical definitions from relations. *Machine Learning*, 5, 239–266.

Quinlan, J. R. (1991). *Improved estimates for the accuracy of small disjuncts* (Technical Note). *Machine Learning*, 6(1), 93–98. Boston: Kluwer Academic Publishers.

Rivest R. L. (1987). Learning decision lists. *Machine Learning*, 2(3), 229–246.

Robinson, J. A. (1965). A machine-oriented logic based on the resolution principle. *Journal of the ACM*, 12(1), 23–41.

Sammut, C. A. (1981). Concept learning by experiment. *Seventh International Joint Conference on Artificial Intelligence*, Vancouver.

Sammut, C. A., & Banerji, R. B. (1986). Learning concepts by asking questions. In R. S. Michalski, J. G. Carbonell, & T. M. Mitchell (Eds.), *Machine learning: An artificial intelligence approach* (Vol 2, pp. 167–192). Los Altos, California: Morgan Kaufmann.

Shapiro, E. (1983). *Algorithmic program debugging*. Cambridge MA: MIT Press.

Srinivasan, A., Muggleton, S., & King, R. D. (1995). *Comparing the use of background knowledge by inductive logic programming systems* (PRG Technical report PRG-TR-9-95). Oxford University Computing Laboratory.

Srinivasan, A., Muggleton, S., King, R. D., & Sternberg, M. J. E. (1994). Mutagenesis: ILP experiments in a non-determinate biological domain. *Proceedings of the Fourth Inductive Logic Programming Workshop*.

Vere, S. (1975). Induction of concepts in the predicate calculus. *Proceedings of the Fourth International Joint Conference on Artificial Intelligence* (pp. 351–356).

Winston, P. (1970). *Learning structural descriptions from examples* (Ph.D. dissertation) (MIT Technical Report AI-TR-231).

Wrobel, S. (1994). *Concept formation and knowledge revision*. Boston: Kluwer Academic Publishers.

Wrobel, S. (1996). Inductive logic programming. In G. Brewka (Ed)., *Principles of knowledge representation*. Stanford, CA: CSLI Publications.

第11章 分析学习

神经网络和决策树这样的学习方法需要一定数目的训练样例才能达到一定级别的泛化精度。前面章节讨论的理论界限和实验结果反映出了这一事实。分析学习使用先验知识和演绎推理来扩大训练样例提供的信息,因此它不受同样的界限制约。本章考虑了一种称为基于解释的学习(EBL)的分析学习方法。在基于解释的学习中,先验知识用于分析(或者解释)观察到的学习样例是怎样满足目标概念的。然后这个解释被用于区分训练样例中哪些是相关的特征,哪些是不相关的。这样,样例就可基于逻辑推理进行泛化,而不是基于统计推理。基于解释的学习已被成功地用于在各种规划和调度任务中学习搜索控制规则。本章考虑学习器的先验知识正确并且完整时的基于解释的学习。下一章考虑先验知识只是近似正确时,将归纳学习和分析学习结合起来。

11.1 简介

前面章节已考虑了各种归纳法,即通过确定能够经验地区分正例和反例的特征,从观察到的训练样例中泛化。决策树学习、神经网络学习、归纳逻辑编程以及遗传算法是以这种方式操作的归纳学习方法。这些归纳学习器在实践中的一个关键限制是,它们在可用数据不足时性能较差。实际上,如第7章所讨论的,理论分析显示,从给定数目的训练样例中学习时精度存在基本的上下界。

是否能开发出这样的学习方法,它们训练精度上的基本限制不受可用训练数据的数量所制约?答案是肯定的,只要我们能重新考虑一下学习问题的形成。一种办法是使学习算法能接受显式的先验知识,与训练数据一同作为输入。基于解释的学习是这样的一种方法。它使用先验知识来分析或解释每个训练样例,以推理出样例的哪些特征与目标函数相关,哪些不相关。这些解释能使学习器比单独依靠数据进行泛化有更高的精度。如前一章所示,归纳逻辑系统(如,CIGOL)使用先验背景知识来指导学习。然而它们使用背景知识推理出的特征扩大了输入实例的描述,因此增加了待搜索假设空间的复杂度。相反,基于解释的学习使用先验知识来减小待搜索假设空间的复杂度,减小了样本复杂度并提高了学习器的泛化精度。

为理解基于解释的学习的直观意义,考虑下国际象棋的学习任务。确切地讲,假定我们希望程序学习识别棋局位置的重要类别,比如目标概念"黑棋将在两步内失去王后的棋盘状态"。图11-1显示了此目标概念的一个正例。当然,归纳逻辑方法也能用于学习此目标概念。然而,由于棋盘相当复杂(有32个子,可以处在64个方格中),而且此概念所描述的特定模式相当微妙(包含了棋盘上不同子的相对位置),我们需要提供成千上万的类似于图11-1这样的训练样例,才能期望归纳学习到的假设被正确地泛化。

学习下棋任务的有趣之处在于,人类只要少数的训练样例就可学习到这样的目标概念。实际上,多数人在看了图11-1这样一个样例之后就可提出一个目标概念的一般假设,如"黑后和黑王同时被攻击的情况",而不会得到诸如这样的假设(但也同样是一致假设):"四个白兵还在原位的棋盘状态”。人类是怎样从仅仅一个样例中成功泛化的呢？

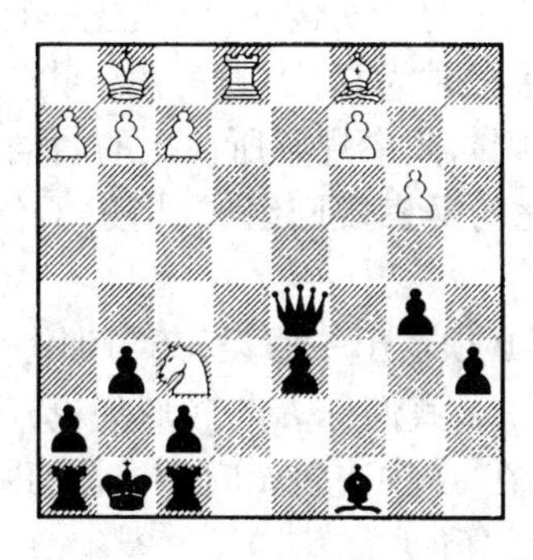

注意白马同时攻击黑王和黑后。黑棋必须移动其王，从而白棋能吃掉黑后。

图 11-1　目标概念“黑棋在两步内失去王后的棋盘状态”的一个正例

答案在于，人类非常依赖合法移动棋子的先验知识来解释或分析训练样例。如果问为什么图 11-1 的训练样例是“黑棋在两步内失去王后”的正例，多数人会给出类似于下面的解释：“因为白马同时攻击黑王和黑后，黑子必须摆脱被将军的境遇，从而让白子吃掉皇后。”该解释的重要性在于它提供了所需的信息，以从训练样例的细节中合理泛化到正确的一般假设。此解释中提到的样例特征（如，白马、黑王、黑后的位置）是与目标概念相关的，并且应该被包含在一般假设中。相反，解释中没有提到的样例特征（如，白棋的兵的状态）可被认为是不相关的细节。

在此下棋例子中，学习器为了建立假设，它需要的先验知识究竟是什么呢？很简单，是下棋的合法规则：即马以及其他子的合法移动、对弈者必须交替移子以及要赢棋必须捉住对方的王。注意，只给定这样的先验知识，在原则上就有可能对任意棋盘状态计算出最优的走法。然而，实践中这样的计算可能极为复杂，而且即使我们人类在掌握了此完整的下棋知识，仍不能达到最优的对弈。因此，在下棋（以及其他搜索密集的问题，如调度和规划）这样的人类学习中，包含了一个很长的发现先验知识的过程，它是由我们在下棋时遇到的特定样例所引导的。

本章描述了能自动建立和学习这样的解释的学习算法。本章的剩余部分将更精确地定义分析学习问题。下一节给出了一个特定的基于解释的学习算法，称为 PROLOG-EBG。后续几节考查了这种算法的一般特性以及它与前面章节中讨论的归纳学习算法之间的联系。最后一节描述了应用基于解释的学习以提高大状态空间搜索的性能。本章我们考虑了一种特殊情况，即生成解释所基于的先验知识是完全正确的，如在下棋例子中人类有正确知识的情形。第 12 章将分析更一般的学习情况，即先验知识只是近似正确的情况。

归纳和分析学习问题

分析和归纳学习问题的重要区别在于，它们设想的学习问题的形式不同：

- 在归纳学习中，学习器被赋予一个假设空间 H，它必须从中选择一个输出假设。还有一个训练样例集合 $D=\{\langle x_1, f(x_1)\rangle, \ldots \langle x_n, f(x_n)\rangle\}$，其中 $f(x_i)$ 为实例 x_i 的目标值。学习器所希望的输出为 H 中与这些训练样例一致的假设 h。
- 在分析学习中，学习器的输入包含与归纳学习同样的假设空间 H 和训练样例 D。学习器还有另一输入：一个领域理论（domain theory）B，它由可用于解释训练样例的背景知识组成。学

习器希望的输出为 H 中的假设 h,它既与训练样例 D 一致,也与领域理论 B 一致。

为说明这一点,在下棋的例子中每个实例 x_i 可描述一特定棋盘状态,$f(x_i)$的值在 x_i 是黑棋在两步内失去王后的棋盘状态时为真,否则为假。我们可如第 10 章那样定义假设空间 H 为 Horn 子句集(即,if-then 规则),其中规则所使用的谓词表示棋盘上特定棋子的位置或相对位置。领域理论 B 可由形式化的下棋规则组成,描述了合法的走棋、对弈者轮流行棋以及捉住对方王时获胜等。

注意,在分析学习中,学习器必须输出一假设,既与训练数据一致又与领域理论一致。当 B 不涵蕴 h 的否定时(即 $B \nvdash \neg h$),我们称 h 与领域理论 B 一致(consistent)。这种附加的一致性约束减少了当数据不能单独在 H 中决定 h 时学习器面临的歧义性。如果领域理论正确,其最后效果就是提高了输出假设的精度。

现详细介绍一下本章后面一直用到的分析学习问题的另一个例子。考虑一个实例空间 X,其中每个实例都是一对物理对象。每对物理对象由谓词 *Color*、*Volume*、*Owner*、*Material*、*Type* 和 *Density* 描述,而两个对象之间的关系用谓词 *On* 描述。在此假设空间中,学习任务是学习目标概念"两个物理对象,一个可被安全地叠放在另一个上",表示为谓词 *SafeToStack*(x, y)。学习此目标概念有实用的价值,例如,一个机器人系统要在一有限空间中存放不同的物理对象。此分析学习的完整定义在表 11-1 中给出。

表 11-1　分析学习问题:*SafeToStack*(x, y)

已知:

- 实例空间 X:每个实例描述了一对对象,描述为谓词 *Type*、*Color*、*Volume*、*Owner*、*Material*、*Density* 和 *On*
- 假设空间 H:每个假设是一组 Horn 子句规则。每个 Horn 子句的头部为一个包含目标谓词 *SafeToStack* 的文字。每个 Horn 子句为文字的合取,这些文字基于描述实例的谓词以及谓词 *LessThan*、*Equal*、*GreaterThan* 和函数 *plus*、*minus* 和 *times*。例如下面的 Horn 子句是假设空间中的一员:

  $SafeToStack(x, y) \leftarrow Volume(x, vx) \wedge Volume(y, vy) \wedge LessThan(vx, vy)$
- 目标概念:*SafeToStack*(x, y)
- 训练样例:下面显示了一个典型的正例 *SafeToStack*$(Obj1, Obj2)$:

  $On(Obj1, Obj2)$　　　　$Owner(Obj1, Fred)$
  $Type(Obj1, Box)$　　　　$Owner(Obj2, Louise)$
  $Type(Obj2, Endtable)$　　$Density(Obj1, 0.3)$
  $Color(Obj1, Red)$　　　　$Material(Obj1, Cardboard)$
  $Color(Obj2, Blue)$　　　$Material(Obj2, Wood)$
  $Volume(Obj1, 2)$
- 领域理论 B:

  $SafeToStack(x, y) \leftarrow \neg Fragile(y)$
  $SafeToStack(x, y) \leftarrow Lighter(x, y)$
  $Lighter(x, y) \leftarrow Weight(x, wx) \wedge Weight(y, wy) \wedge LessThan(wx, wy)$
  $Weight(x, w) \leftarrow Volume(x, v) \wedge Density(x, d) \wedge Equal(w, times(v, d))$
  $Weight(x, 5) \leftarrow Type(x, Endtable)$
  $Fragile(x) \leftarrow Material(x, Glass)$
  ...

求解:

- H 中一个与训练样例和领域理论一致的假设

如表11-1所示，我们选定的假设空间 H 中每个假设为一个一阶 if-then 规则集，或称 Horn 子句（本章中遵循表10-3中列出的一阶 Horn 子句的记号和术语）。例如，表中显示的 Horn 子句假设的样例断言：当 x 的体积 *Volume* 小于（*LessThan*）y 的体积 *Volume* 时（在 Horn 子句中变量 vx 和 vy 分别表示 x 和 y 的体积值），则对象 x 可安全堆叠（*SafeToStack*）在对象 y 上。注意，Horn 子句假设可包含用于描述实例的任意谓词以及几个附加的谓词和函数。表中还显示了一个典型的正例 *SafeToStack*(*obj*1, *obj*2)。

为明确地表达此分析学习问题，还必须提供领域理论，充分解释为什么观察到的正例满足目标概念。在前面的下棋例子里，领域理论为棋子走法的知识，从中我们建立出为什么黑棋会丢后的解释。在当前例子中，领域理论必须很容易解释为什么一个对象可放在另一个之上。表中显示的领域理论包括断言："如果 y 不是易碎的（*Fragile*），可将 x 安全地叠放在 y 上"以及"当 x 的材料（*Material*）是玻璃（*Glass*）时对象 x 是易碎的（*Fragile*）。"如学习到的假设一样，领域理论由一组 Horn 子句描述，它使系统原则上可以加入任何学习到的假设至后续的领域理论中。注意，领域理论包括如 *Lighter* 和 *Fragile* 这样的附加谓词，它们不在训练样例的描述中，但是由更原子的实例属性如 *Material*、*Density* 和 *Volume* 使用领域理论中其他规则推理得出。最后，注意表中显示的领域理论充分证明这里显示的正例满足目标概念 *SafeToStack*。

11.2 用完美的领域理论学习：PROLOG-EBG

如前所述，本章主要考虑的基于解释的学习是在领域理论很完美的情况下的，即领域理论是正确的并且完整的。当领域理论中每个断言都是客观的真实描述时，该领域理论被称为*正确的*。当领域理论覆盖了实例空间中所有正例时，该领域理论被称为*完整的*（对应给定的目标概念和实例空间）。换言之，其完整性说明，每个满足目标概念的实例都可由领域理论证明其满足性。注意，前面对完整性的定义不要求领域理论可证明反例不满足目标概念。然而，如果遵循通常 PROLOG 惯例，不能证明的断言可认定是假。因此该完整性定义可包含全部正例和反例。

读者在此可能会问，对于学习器假定有这样的完美领域理论是否合理？既然学习器有了一个完美的领域理论，还有何必要再去学习？对于此问题可按以下两点回答：

- 首先，某些情形下是有可能提供完美领域理论的。前面的下棋的问题就是这样的一个例子。其中棋子的合法走子形成了一个完美的领域理论，（原则上）可用它来推理最优的下棋策略。进一步讲，虽然很容易写出构成领域理论的棋子合法步子，要写出最优下棋策略仍然很难。在这种情况下，我们更希望将这样的领域理论提供给学习器，并希望学习器形成目标概念的有帮助的描述（如："可能丢后的棋局状态"）。方法是通过对特殊训练样例进行考查和泛化。第11.4节描述了使用完美领域理论的基于解释的学习成功地应用到几个搜索密集的计划和优化问题中，并自动改进性能。
- 第二，在许多情况下不能够假定有完美的领域理论。比如很难为前面这个相对简单的 *SafeToStack* 问题给出完整而正确的领域理论。更实际的方法是假定必须使用基于不完美领域理论的近似合理的解释，而不是基于完美知识做出确切证明。无论怎样，我们可以通过考虑理想情况下的完美领域理论，开始了解在学习中使用解释的目的。第12章将讨论从不完美领域理论中学习。

本节展示了一个称为 PROLOG-EBG 的算法（Kedar-Cabelli & McCarty 1987），用它作为几种基于解释的学习的代表。PROLOG-EBG 是一序列覆盖算法（见第10章）。换言之，它的过程是学习单个 Horn 子句规则,移去此规则覆盖的正例,然后在剩余正例上重复这一过程,直到没有未被覆盖的正例为止。若给定一完整并正确的领域理论,PROLOG-EBG 保证输出一个假设(规则集),它本身是正确的并能覆盖观察到的正例。对任意正例集合,由 PROLOG-EBG 输出的假设包含一组对应于领域理论的目标概念的逻辑充分条件。PROLOG-EBG 是 Mitchell et al.(1986)介绍的 EBG 算法的改进,并且类似于 DeJong & Mooney(1986)描述的 EGGS 算法。PROLOG-EBG 算法在表 11-2中列出。

表 11-2　基于解释的学习算法 PROLOG-EBG

PROLOG-EBG(*TargetConcept*, *TrainingExamples*, *DomainTheory*)
- *LearnedRules*←{}
- *Pos*← *TrainingExamples* 中的正例
- 对 *Pos* 中没有被 *LearnedRules* 覆盖的每个 *PositiveExample*,做以下操作:
  1. 解释
     - *Explanation*←以 *DomainTheory* 表示的解释(证明),说明 *PositiveExample* 满足 *TargetConcept*
  2. 分析
     - *SuffcientConditions*←按照 *Explanation* 能够充分满足 *TargetConcept* 的 *PositiveExample* 的最一般特征集合
  3. 改进
     - *LearnedRules*← *LearnedRules* + *NewHornClause*,其中 *NewHornClause* 形式为:
       TargetConcept←*SufficientConditions*
- 返回 *LearnedRules*

注:对每个还没被学习到的 Horn 子句集(*LearnedRules*)覆盖的正例,建立一个新 Horn 子句。该新的 Horn 子句的创建是通过(1)按领域理论解释训练样例。(2)分析此解释以确定样例的相关特征。(3)建立一新的 Horn 子句,它在该组特征满足时得到目标概念。

运行举例

为说明该算法,再次考虑表 11-1 给出的训练样例和领域理论。表 11-2 列出的 PROLOG-EBG 算法是一序列覆盖算法,它增量地考虑训练数据。对每个新正例,若它还没被一个学到的 Horn 子句覆盖,算法通过下列步骤生成一新的 Horn 子句:(1)解释新的正例;(2)分析该解释以确定一合适的泛化;(3)通过加入一新的 Horn 子句以覆盖该正例以及其他相似实例改进当前假设。下面我们依次考查这三个步骤。

1. 解释训练样例

处理每个新样例的第一步是按照领域理论建立解释,说明该正例如何满足目标概念。当领域理论正确且完整时,此解释构成了训练样例满足目标概念的证明(proof)。如果先验知识不完美,解释中的记号必须被扩展以允许近似的参数,而不是完美的证明。

对当前样例的解释见图 11-2。注意,其中底部的图形代表了表 11-1 中的正例 *SafeToStack*(*Obj*1, *Obj*2)。图中上部为对此样例构造的解释。注意,此解释(或称证明)说明因为 *Obj*1 比 *Obj*2 更轻(*Lighter*),所以 *Obj*1 可以安全堆叠(*SafeToStack*)在 *Obj*2 上。更进一步,知道 *Obj*1 更轻是因为它的重量(*Weight*)可以由其密度(*Density*)和体积(*Volume*)推得,而且 *Obj*2 的 重量(*Weight*)可从茶几(*Endtable*)的默认的重量(*Weight*)值得出。此解释基于的特定 Horn 子句在表 11-1 的领域理论中显示出。注意,此解释只提到了 *Obj*1 和 *Obj*2 的属性中的一小部分(即对应于图中阴影区域的属性)。

虽然对于这里显示的训练样例和领域理论只有一种解释，一般情况下可能有多种解释。因此，这些解释中任意的或所有的都可被使用。每个解释可对训练样例形成不同的泛化，但所有解释都将被给定的领域理论论证。在 PROLOG-EBG 中，解释的生成使用了如 PROLOG 中的反向链式搜索。PROLOG-EBG 如 PROLOG 一样，在它找到第一个有效证明时终止。

解释：

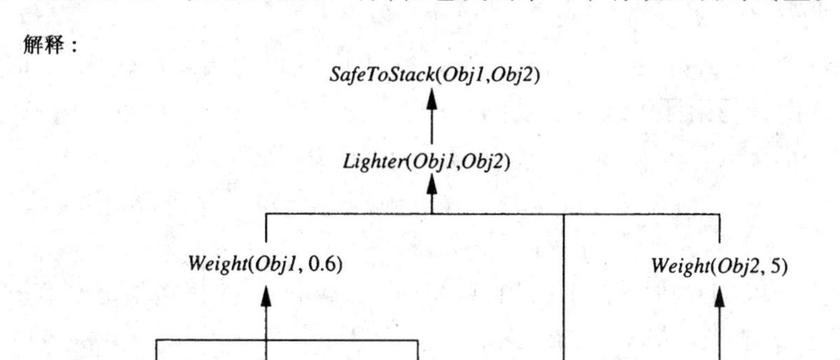

训练样例：

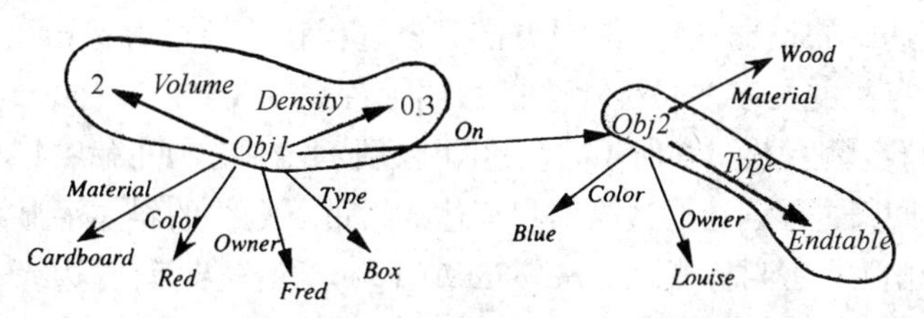

下部的网络以图形绘出了表 11-1 中的训练样例 *SafeToStack*(*Obj*1, *Obj*2)。图上面部分绘出了此样例怎样满足目标概念 *SafeToStack* 的解释。训练样例中的阴影部分表示在解释中用到的样例属性。其他不相关的样例属性将从形成的泛化假设中去掉。

图 11-2　训练样例的解释

2. 分析解释

在泛化训练样例时面临的关键问题是"在当前样例中许多正好为真的特征中，哪一个是在一般情况下与目标概念相关的？"。由学习器构造的解释对此问题做出了直接的回答：正好是那些在解释中提及的特征。例如，图 11-2 的解释包含了 *Obj*1 的 *Density*，但没有它的 *Owner* 属性。因此，*SafeToStack*(x, y)的假设应包含 *Density*(x, 0.3)，而不包含 *Owner*(x, *Fred*)。通过收集图 11-2 中解释的叶结点中提及的特征，并将 *Obj*1 和 *Obj*2 替换为 x 和 y，可形成一个由领域理论论证的一般规则。

$$SafeToStack(x, y) \leftarrow Volume(x, 2) \wedge Density(x, 0.3) \wedge Type(y, Endtable)$$

上面的规则体包含了证明树中每个叶结点，除了"*Equal*(0.6, *times*(2, 0.3))"和"*LessThan*(0.6, 5)"之外。去掉这两个是因为根据定义它们总是被满足的，而与 x 和 y 无关。

连同这个学到的规则，程序还可以提供其论证：对训练样例的解释形成了对此规则正确性的证明。虽然此解释是为了覆盖观察到的训练样例，同样的解释将适用于任何与此一般规则匹配的实例。

上面的规则构成了此训练样例的一个很有意义的泛化，因为它去除了样例的许多与目标概念无关的属性(如，两个对象的 *Color*)，然而通过更仔细地分析解释，可以得到更一般的规则。PROLOG-EBG可计算能由解释论证的最一般的规则,方法是通过计算解释的最弱前像(weakest preimage),定义如下:

定义:结论 C 对应于证明 P 的**最弱前像**(weakest preimage)为最一般的初始断言集合 A,使得 A 按照 P 涵蕴 C。

例如,目标概念 $SafeToStack(x,y)$ 对应表 11-1 中解释的最弱前像由下面规则体给出。它是可由图 11-2 的解释论证的最一般规则:

$$\begin{aligned}SafeToStack(x,\ y) \leftarrow\ & Volume(x,\ vx) \wedge Density(x, dx)\ \wedge \\ & Equal(wx,\ times(vx,\ dx)) \wedge LessThan(wx, 5) \wedge \\ & Type(y,\ Endtable)\end{aligned}$$

注意,这个更一般的规则不要求给出 $Volume$ 和 $Density$ 的特定值,但前一个规则需要。它只是对这些属性的值进行更一般的约束。

PROLOG-EBG 计算目标概念的关于解释的最弱前像的过程,使用的是*回归*(regression)过程(Waldinger 1977)。回归过程针对的是由任意 Horn 子句集表示的领域理论。它的工作方式是在解释中反复地后退,首先对应于解释中最后证明步计算目标概念的最弱前像,然后对应于其前一步计算结果表达式的最弱前像,依次类推。该过程在遍历过解释中所有步骤后终止,得到对应于解释的叶节点上的文字的目标概念的最弱前件。

此回归过程的运行步骤见图 11-3 所示。在此图中,图 11-2 中出现的解释以标准字体(非斜体)重画出。而每一步,由回归过程创建的边缘回归表达式用带下划线的斜体字显示。此过程开始于树的根部,边缘被初始化为一般目标概念 $SafeToStack(x,y)$。第一步,计算边缘表达式对应于解释中最后(最上面的)推理规则的最弱前像。在此情形下规则为 $SafeToStack(x,\ y) \leftarrow Lighter(x,\ y)$,因此得到的最弱前像为 $Lighter(x,y)$。然后,通过此解释中下一个 Horn 子句,该过程继续对此新边缘$\{Lighter(x,\ y)\}$进行回归,得到回归表达式$\{Weight(x,\ wx),\ LessThan(wx,\ wy),\ Weight(y,\ wy)\}$。此式意味着,对于任意的 x 和 y,若 x 的重量 wx 大于 y 的重量 wy,解释成立。此边缘的回归以此一步步的方式退回到解释的叶结点,最终得到树的叶结点上的一组泛化文字。最终的泛化文字集合,如图 11-3 底部所示,形成了最终规则的规则体。

回归过程的核心是,每一步通过领域理论的一条 Horn 子句回归当前边缘表达式的算法。此算法在表 11-3 中描述并举例说明。表中的例子对应于图 11-3 中最底部的回归步。如表中显示的,REGRESS 算法的操作过程是,寻找一个置换使 Horn 子句的头与边缘中的相应文字合一,用规则体替换边缘中的表达式,再应用一个合一置换到整个边缘。

由 PROLOG-EBG 输出的最终 Horn 子句形式如下:子句体被定义为上述过程计算出的最弱前件。子句头为目标概念本身,以及应用到它上的每一回归步中的每个置换(如表 11-3 中的置换 θ_{hl})。应用此置换是为了在创建出的子句头和子句体中保持一致变量名,以及当此解释只应用于目标概念的特殊情况时特化子句头。如前指出的,对于当前的例子,最终规则为:

$$\begin{aligned}SafeToStack(x,\ y) \leftarrow\ & Volume(x,\ vx) \wedge Density(x, dx)\ \wedge \\ & Equal(wx,\ times(vx,\ dx)) \wedge LessThan(wx, 5) \wedge \\ & Type(y,\ Endtable)\end{aligned}$$

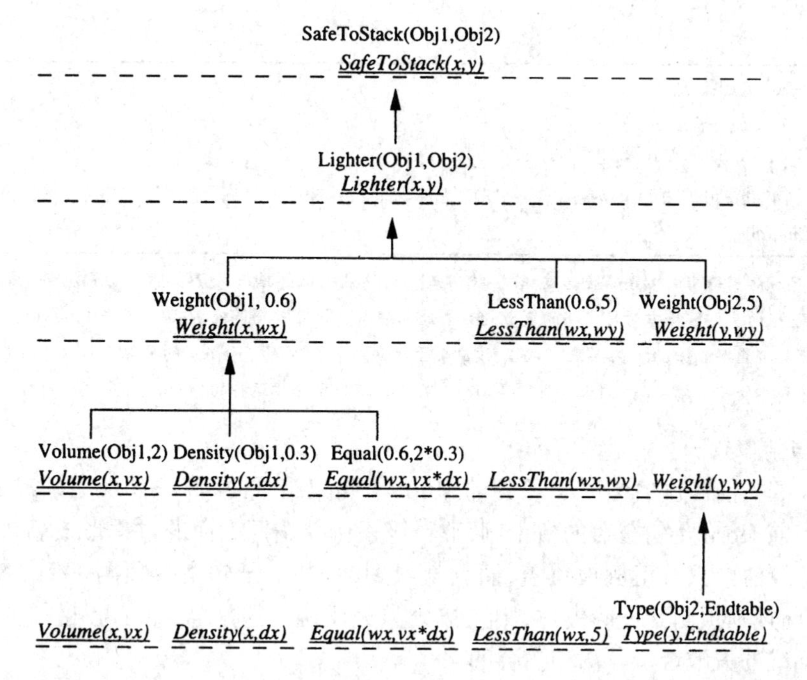

目标概念从解释的根部(结论)开始回归,下降到叶结点。每一步(由虚线表示),当前文字集合边缘(带下划线的斜体)在解释的一个规则上被反向回归。当此过程完成时,结果文字合取构成了对应于解释的目标概念的最弱前像。此最弱前像在图的底部以斜体的文字显示。

图 11-3 计算 *SafeToStack*(*Obj*1, *Obj*2)关于解释的最弱前像

表 11-3 通过一个 Horn 子句回归一组文字的算法

REGRESS(*Frontier*, *Rule*, *Literal*, θ_{hi})

Frontier:通过规则被回归的文字集合

Rule: *Horn* 子句

Literal:在 *Frontier* 中的文字,它由解释中的 *Rule* 推得

θ_{hi}:使 *Rule* 的头与解释中的相应文字合一的置换

返回构成 *Frontier* 的关于 *Rule* 的最弱前像的文字集合

- *head* ← *Rule* 的头
- *body* ← *Rule* 的体
- θ_{hl} ← *head* 与 *Literal* 的最一般合一,使得存在置换 θ_{li} 满足:

$$\theta_{li}(\theta_{hl}(head)) = \theta_{hi}(head)$$

- 返回 $\theta_{hl}(Frontier\text{-}head + body)$

示例(图 11-3 中最下面的回归步):

REGRESS(*Frontier*, *Rule*, *Literal*, θ_{hi}),其中

Frontier = {*Volume*(*x*, *vx*), *Density*(*x*, *dx*), *Equal*(*wx*, *times*(*vx*, *dx*)), *LessThan*(*wx*, *wy*), *Weight*(*y*, *wy*)}

Rule = *Weight*(*z*, 5) ← *Type*(*z*, *Endtable*)

Literal = *Weight*(*y*, *wy*)

θ_{hi} = {*z*/*Obj*2}

（续）

- $head \leftarrow Weight(z, 5)$
- $body \leftarrow Type(z, Endtable)$
- $\theta_{hl} \leftarrow \{z/y, wy/5\}$，其中 $\theta_{li} = \{y/Obj2\}$
- 返回 $\{Volume(x, vx), Density(x, dx), Equal(wx, times(vx, dx)), LessThan(wx, 5), Type(y, Endtable)\}$

注：由边缘(*Frontier*)给出的文字集合通过 *Rule* 被回归。*Literal* 为此解释中由 *Rule* 推理的 *Frontier* 成员。置换 θ_{hi} 给出了从 *Rule* 的头到解释中对应文字的变量约束。此算法首先计算一个能使 *Rule* 的头与 *Literal* 合一的置换 θ_{hl}，其方法是使其与置换 θ_{hi} 一致。然后此置换 θ_{hl} 被应用于建立关于 *Rule* 的 *Frontier* 的前像。算法中符号"+"和"-"表示集合并和集合差。记号 $\{z/y\}$ 表示用 y 置换 z。表中还给出了分步运行的例子。

3. 改进当前假设

每一阶段的当前假设由当时学习到的 Horn 子句集组成。每一阶段，序列覆盖算法选取一个还未被当前 Horn 子句覆盖的新正例，解释该正例并按照上面的过程形成新规则。注意，我们已定义的算法中只有正例被覆盖，而且学习到的 Horn 子句集只预测正例。对于一个新实例，如果当前规则预测其正例失败，则它被分类为反例。这是与 PROLOG 这样的 Horn 子句推理系统中标准的失败否定方法相吻合的。

11.3　对基于解释的学习的说明

如我们在上例中看到的 PROLOG-EBG 对单个训练样例进行详细分析，确定如何最好地从特殊样例泛化到一般 Horn 子句假设。此算法的要点如下：

- PROLOG-EBG 不像归纳的方法，它通过运用先验知识分析单个样例以产生合理的(justified)一般假设。
- 对样例如何满足目标概念的解释，确定了样例的哪些属性是相关的：即在解释中提及的属性。
- 对解释的进一步分析，即回归目标概念以确定其对应解释的最弱前像，可推导出相关特征值的一般约束。
- 每个学习到的 Horn 子句对应于满足目标概念的一个充分条件。学习到的 Horn 子句集覆盖了学习器遇到的正例，以及其他与此共享同样解释的实例。
- 学习到的 Horn 子句的泛化将依赖于领域理论的形式以及训练样例被考虑的序列。
- PROLOG-EBG 隐含假定了领域理论是正确且完整的，如果领域理论不正确或不完整，学到的概念也将不正确。

在基于解释的学习中有一些相关的观点，可有助于理解其能力和限制：

- EBL 作为理论引导的样例泛化(theory-guided generalization of examples)　EBL 使用给定的领域理论以从样例中合理泛化，区分出相关和不相关的样例属性，因此可以避免用于纯归纳推理中的样本复杂度界限。这是一个隐含在上面描述的 PROLOG-BEG 算法中的观点。
- EBL 作为样例引导的理论重建(example-guided reformulation of theories)　PROLOG-EBG 算法被看作是一种重建领域理论到一种可操作形式的方法。确切地讲，重建领域理论是通过创建这样的规则：(a)能从领域理论中演绎派生。(b)在一个推理步内分类观察到的训练样例。这样,学习到的规则可被看作将领域理论重建为一组特殊情况下的规则,它能在一个推理步内对目标概念的实例分类。

- EBL 作为“仅仅”重述学习器已经“知道”的(“just” restating what the learner already “knows”)　在某种程度上,在 *SafeToStack* 例子中的学习器开始于其目标概念的全部知识。也就是说,如果它的初始领域理论充分解释了任何训练样例,那么它也能充分预测其分类。那么学习的意义在哪儿呢？一种回答是,在许多任务中,原则上已知的和实践上可有效计算的之间的区别很大,因此这种“知识重建”为学习的重要形式。例如,在下棋的例子中,对弈的规则构成了一个完美的领域理论,原则上足以进行完美的对弈。即使如此,人们仍然需要大量的经验来学习如何很好地下棋。这正是这样一种情形,(人类的)学习器已经知道了完美的领域理论,而进一步学习只是“简单地”将此知识重建为另一种形式,以用于更有效的指导适当的行为。有同样属性的另一个例子是学习牛顿力学课程:基本的物理定律已被简单地陈述,但学生仍旧需要在学期中花一大部分时间学习这一课程,以拥有更可操作的知识,然后就不需要在最后的考试中用最基本的定律来推导每个问题的解。PROLOG-EBG 执行的就是这种形式的知识重建,它学习到的规则可从可观察的实例特征映射到关于目标概念的分类,方法是使其与基本领域理论一致。使用原始的领域理论可能需要许多推理步和很可观的搜索才能对任意实例分类,而学习到的规则可在一个推理步内分类观察到的实例。

因此,纯粹的 EBL 致力于重建领域理论,产生可单步推理出样例分类的一般规则。这种知识重建的过程有时被称为*知识汇编*(knowledge compilation),表示这种转换是为了增加效率,而不改变系统知识的正确性。

11.3.1　发现新特征

PROLOG-EBG 一个有趣的能力是形成在训练样例的描述中没有显式出现的新特征,但这些特征是在描述训练样例中的一般规则时必需的。这种能力在前一节的分步算法和学到的规则中显示。确切地说,学到的规则断言对 x 的 *Volume* 和 *Density* 的必要约束为其乘积小于 5。实际上,训练样例并不包含此乘积以及它应取的值的描述。此约束是由学习器自动形成的。

注意,此学习到的“特征”类似于由神经网络的隐藏单元表示的特征类型。也就是说,这个特征是可由已有实例属性计算出的、大量潜在的特征之一。和反向传播算法一样,PROLOG-EBG 在其尝试拟合训练数据的过程中,自动形成这样的特征。然而,不像神经网络中使用统计过程从多个训练样例中推导出隐藏单元特征,PROLOG-EBG 应用了一个分析过程基于单个训练样例的分析推导新的特征。上面的例子中 PROLOG-EBG 用分析的方法推导出特征 $Volume \times Density > 5$,它来自用于解释单个训练样例的领域理论的特定实例化。例如,“*Volumn* 和 *Density* 的乘积很重要”这一概念是来自定义 *Weight* 的领域理论规则。该乘积必须小于5的概念来自另外两条领域理论规则,它们断言 *Obj*1 必须比茶几(*EndTable*)更轻(*Lighter*),以及茶几(*Endtable*)的重量(*Weight*)等于 5。因此,正是这些领域理论中的最初项的特定合成和实例化才导致了此新特征的定义。

自动学习有用特征以扩大实例表示的问题是机器学习的一个重要问题。在基于解释的学习中分析推导新特征和在神经网络的隐藏单元中归纳推导新特征提供了两种不同的途径。因此,它们依赖的信息来源不同(一个是在许多样例上的统计规则,另一个是使用领域理论的单个样例分析),有可能结合两种来源探索出新的方法。

11.3.2 演绎学习

纯粹的 Prolog-EBG 是一个演绎的而不是归纳的学习过程。也就是说,通过计算解释的最弱前像,它产生一个可从领域理论 B 中演绎派生的假设 h,而且覆盖训练数据 D。更精确地讲,Prolog-EBG 输出一个假设 h 满足下面的约束:

$$(\forall \langle x_i, f(x_i) \rangle \in D)(h \wedge x_i) \vdash f(x_i) \tag{11.1}$$

$$D \wedge B \vdash h \tag{11.2}$$

其中训练数据 D 由一组训练样例组成,x_i 为第 i 个训练实例,$f(x_i)$为它的目标值(f 为目标函数)。注意,第一个约束只是简单地将机器学习的通常的需求形式化,即假设 h 能对训练数据中每个实例 x_i 正确预测目标值 $f(x_i)$⊖当然一般情况下有多种假设满足这一约束。第二个约束描述了 Prolog-EBL 领域理论的作用:输出假设被进一步约束以使其派生领域理论和数据。第二个约束减少了学习器在必须选择假设时面临的歧义性。因此,领域理论的作用是减少假设空间的有效规模并降低学习的样本复杂度。

使用相似的记号可描述出 Prolog-EBG 所需的领域理论的知识类型。确切地讲,Prolog-EBG 假定领域理论 B 涵蕴训练数据中实例的分类。

$$(\forall \langle x_i, f(x_i) \rangle \in D)(B \wedge x_i) \vdash f(x_i) \tag{11.3}$$

这个对领域理论 B 的约束保证了对每个正例可构造出解释。

将 Prolog-EBG 学习问题和归纳逻辑编程(第 10 章)的学习问题相比较很有意义。第 10 章我们讨论了一般化的归纳学习任务,其中对学习器提供了背景知识 B'。我们使用 B' 而不是 B 来代表 ILP 所使用的背景知识,因为它一般不满足式(11.3)的约束。ILP 是一个归纳学习系统,而 Prolog-EBG 是演绎学习系统。ILP 使用其背景知识 B' 来扩大待考虑的假设集合,而 Prolog-EBG 使用其领域理论 B 来减小可接受假设的集合。如式(10.2)表示的,ILP 系统输出的 h 满足下面的约束:

$$(\forall \langle x_i, f(x_i) \rangle \in D)(B' \wedge h \wedge x_i) \vdash f(x_i)$$

注意,此表达式与 Prolog-EBG 对 h 产生的约束(由式(11.2)和式(11.3)给出)之间的联系。这个在 h 上的 ILP 约束是式(11.1)中约束的弱化形式。ILP 约束只要求$(B' \wedge h \wedge x_i) \vdash f(x_i)$,而 Prolog-EBG 要求更严格的$(h \wedge x_i) \vdash f(x_i)$。还要注意,ILP 中没有对应式(11.2)中 Prolog-EBG 的约束。

11.3.3 基于解释的学习的归纳偏置

回忆第 2 章的叙述,一个学习算法的归纳偏置为一组断言,它们与训练样例一起演绎涵蕴学习器的后续预测。归纳偏置的重要性在于它刻画出学习器是怎样从观察到的训练样例泛化的。

Prolog-EBG 的归纳偏置是什么?在 Prolog-EBG 中,如式(11.2)所描述的,输出的假设 h 从 $D \wedge B$ 中演绎派生。因此领域理论 B 为一组断言,它们与训练样例一起涵蕴输出假设。由于学习器的预测从此假设 h 中派生,似乎 Prolog-EBG 的归纳偏置就是输入学习器中的领

⊖ 这里在涵蕴($\vdash$)的定义中包含了 Prolog 样式的失败否定,因此如果样例不能被证明为正例,则它们被涵蕴为反例。

域理论 B。实际上可以这样认定,除了还需考虑另外一个细节:领域理论可涵蕴多个可选的 Horn 子句集。因此,归纳偏置还需包含 PROLOG-EBG 在这些可选的 Horn 子句集中作出选择的内容。如上面所讲,PROLOG-EBG 使用序列覆盖算法不断形成附加的 Horn 子句直到所有的正例被覆盖。更进一步,每个单独的 Horn 子句是当前训练样例的解释所许可的最一般子句(即最弱前像)。因此在领域理论涵蕴的各 Horn 子句集之中,我们可以将 PROLOG-EBG 的偏置刻画为对极大一般化 Horn 子句的小集合的偏好。实际上 PROLOG-EBG 的贪婪算法只是为寻找极大一般化 Horn 子句的真正最短集合所需的彻底搜索算法的一个启发式的近似。无论怎样,PROLOG-EBG 归纳偏置仍可用这种方式近似刻画。

近似的 PROLOG-EBG 归纳偏置:领域理论 B,加上对极大一般化 Horn 子句的小集合的偏好。

这里最重要的要点在于,PROLOG-EBG 的归纳偏置(即它从训练数据中泛化的策略)在很大程度上由输入的领域理论确定。它与我们所讨论过的多数学习算法完全不同。多数学习算法(如,神经网络、决策树学习)中归纳偏置是学习算法的一个固定属性,一般是由其假设表示的语法所确定的。为什么把归纳偏置作为一个输入参数而不是学习器的固定属性十分重要呢?这是因为,如我们在第2章及其他地方讨论过的,不存在一个全局有效的归纳偏置,而且无偏学习是无用的。因此开发通用学习方法的任何尝试,都至少会允许归纳偏置能够随待解决的学习问题变化。在一个更实践性的层次上,许多学习任务很自然地输入领域特定的知识(如 *SafeToStack* 例子中的有关 *Weight* 的知识)以影响学习器从训练数据中泛化的方法。相反,通过限制假设的语法形式(如,偏好短决策树)来"实现"某适当的偏置性则不太常见。最后,如果考虑一个更大的问题,一个自治 agent 如何随着时间改进它的学习能力,那么最好是有一个算法,它的泛化能力可在其获得更多的领域知识后增强。

11.3.4 知识级的学习

如式(11.2)指出的,由 PROLOG-EBG 输出的假设 h 从领域理论 B 和训练数据 D 中演绎派生。实际上,通过考查 PROLOG-EBG 算法,很容易看出,h 直接从单独的 B 中派生,而与 D 无关。为了理解这一点,我们可以假想有一个称为条目枚举器(LEMMA-ENUMERATOR)的算法。这个算法基于领域理论 B 中的断言简单地枚举能得到目标概念的所有证明树。对每个证明树,LEMMA-ENUMERATOR 用与 PROLOG-EBG 相似的方法计算最弱前像并构造一个 Horn 子句。在 LEMMA-ENUMERATOR 和 PROLOG-EBG 之间惟一的不同是,Lemma-ENUMERATOR 忽略训练数据并枚举出所有的证明树。

注意,LEMMA-ENUMERATOR 输出的是 PROLOG-EBG 输出 Horn 子句的超集。这一事实引发了几个问题。第一,如果它的假设单独从领域理论中派生,那么 PROLOG-EBG 中训练数据有什么作用?答案是,训练样例使 PROLOG-EBG 关注覆盖实际出现的样例分布的生成规则。例如,在原来的下棋例子中,所有可能的条目数很大,而在通常对弈中出现的棋盘状态只是语法上可能出现的棋盘状态的一小部分。因此,程序通过只关注实际上会遇到的训练样例,比尝试枚举棋盘的所有可能条目更可能得到更小的、更相关的规则集。

第二个问题是,PROLOG-EBG 是否能学习到一个超出隐含在领域理论中的知识的假设?换言之,它是否能学习到一个实例的分类,这个实例不能用原始的领域理论进行分类(假定定理证明器有无限的计算资源)?遗憾的是,它不能做到。如果 $B \vdash h$,那么任何由 h 涵蕴的分类也将由 B 涵蕴。这是否是分析学习或演绎学习的固有缺陷?并非如此,如下例所示。

举一个演绎学习的例子，其中学习到的假设 h 可涵蕴 B 不能涵蕴的结论。我们必须创建一个 $B \nvdash h$ 但 $D \wedge B \vdash h$ 的例子（回忆式(11.2)给出的约束）。可以考虑 B 包含这样的断言："若 x 满足目标概念，那么 $g(x)$ 也满足。"单独这个断言不能涵蕴任何实例的分类。然而，一但我们观察到一个正例，它允许演绎泛化到其他未见实例。例如，考虑学习 *PlayTennis* 的目标概念，它描述了 Ross 希望打网球的日子。假如每个日子只被描述为单个属性 *Humidity*，并且领域理论包含单个断言"如果 Ross 喜欢在湿度(*Humidity*)为 x 的日子打网球，那么他也喜欢在湿度小于 x 的日子打网球"，可被形式化地描述为：

$$
\begin{aligned}
(\forall x) \quad & \text{IF} \quad ((PlayTennis = Yes) \leftarrow (Humidity = x)) \\
& \text{THEN} \ ((PlayTennis = Yes) \leftarrow (Humidity \leqslant x))
\end{aligned}
$$

注意，此领域理论不会对 *PlayTennis* 的实例中哪些是正例、哪些是负例涵蕴任何结论。然而，一但学习器观察到一个正例中 $Humidity = 0.3$，领域理论连同此正例一起涵蕴到下面的一般假设 h：

$$(PlayTennis = Yes) \leftarrow (Humidity \leqslant 0.30)$$

概括起来，此例子描述了一种情形，其中 $B \nvdash h$，但 $B \wedge D \vdash h$。这里学到的假设涵蕴的预测不能被单独的领域理论涵蕴。术语"知识级的学习"有时被用于称这种类型的学习，其中学习到的假设涵蕴的预测超出了能被领域理论涵蕴的范围。由断言集合 Y 涵蕴的所有预测的集合常称为 Y 的演绎闭包(deductive closure)。这里的关键区别在于，知识级的学习中 B 的演绎闭包是 $B+h$ 演绎闭包的真子集。

知识级的分析学习的另一个例子是，考虑一种类型的断言，通常称为 determination，有关它的细节见 Russel(1989)以及其他一些研究。Determination 断言，实例的某属性完全取决于某些特定属性，但不必指明这种依赖性的确切性质。例如，考虑学习一个目标概念"说葡萄牙语的人"，并且假定领域理论为单个 determination 断言"某人说的语言由他的国籍决定。"只有这条领域理论，不能够用来分类正例和反例。然而，如果我们观察到"Joe，23 岁，左撇子，巴西人，说葡萄牙语"，那么我们就可以此正例和领域理论中得到："所有的巴西人都说葡萄牙语"。

这些例子都演示了分析学习如何产生不能由领域理论单独涵蕴的假设。其中的输出假设 h 都满足 $D \wedge B \vdash h$，但不满足 $B \vdash h$。在两种情况下，学习器都演绎(deduce)出一个合理的假设，它既不能从领域理论中单独派生，也不能从训练数据中单独派生。

11.4 搜索控制知识的基于解释的学习

从上述可知，PROLOG-EBG 算法的实际能力受领域理论必须正确且完整这一要求限制。能够满足这一要求的学习问题的一个重要类别为通过学习使复杂的搜索程序速度加快。实际上，应用基于解释的学习的最大规模的尝试已经开始解决学习控制搜索的问题，它有时又被称为"加速"学习。例如，像棋类这样的对弈中，对合法搜索操作的定义以及搜索目标的定义提供了学习搜索控制知识的一个完整且正确的领域理论。

如何确切地定义学习搜索控制问题的形式来使用基于解释的学习？考虑一个一般搜索问题，其中 S 为可能搜索状态的集合，O 为合法搜索算子的集合，它将一种搜索状态转换成另一种搜索状态，而且 G 为在 S 上定义的谓词，它表示哪种状态为目的状态。问题一般是寻找一系列的算子，它将任意初始状态 s_i 转化为某最终状态 s_f，使目的谓词 G 得到满足。定义学习问题形式的一种办法是让系统对 O 中每个算子学习一个分立的目标概念。确切地讲，对 O

中每个算子 o，它可尝试学习目标概念“能用 o 导致目的状态的状态集合”。当然究竟选择哪一个作为待学习的目标状态，依赖于必须使用此学习到的知识的问题求解器的内部结构，例如，如果问题求解器是一个 *means-ends* 规划系统，它的工作过程是建立和解决子目的，那么我们希望学习的目标概念可以是“规划状态集合，其中 A 类型的子目标必须在 B 类型子目标之前被解决。”

使用基于解释的学习以改进其搜索的一个系统是 PRODIGY（Carbonell et al. 1990）。PRODIGY 是一个领域无关的规划系统，它接受以状态空间 S 和算子集合 O 定义的问题领域。然后它解决这种形式的问题：“寻找一个算子序列使初始状态 s_i 转换到满足目的谓词 G 的状态。”PRODIGY 使用一个 means-ends 规划器将问题分解为子目标，解决这些子目标，然后合并起来成为整个问题的解。这样，在搜索问题解的过程中 PRODIGY 重复面临这样的问题：“下一步要解决的是哪个子目标?”以及“为解决此子目标要用哪个算子?” Minton(1988)描述了将基于解释的学习集成到 PRODIGY 的过程，方法是定义一组适合于这种不断遇到的控制决策的目标概念。例如，一个目标概念是“子目标 A 必须在子目标 B 之前解决的状态集合。”对这个目标概念，由 PRODIGY 学到的规则在简单的物体堆叠问题中的一个例子为：

IF　　待解决的子目标之一为 $On(x,y)$，并且
　　　待解决的子目标之一为 $On(y,z)$
THEN　在 $On(x,y)$之前解决 $On(y,z)$

为理解此规则，再次考虑图 9-3 中示例的简单的块状物体堆叠问题。在图示的问题中，目的是将物块堆叠成为单词 universal。PRODIGY 将把此问题分解为几个要达到的子目标，包括 $On(U, N)$、$On(N, I)$等。注意上面的规则匹配子目标 $On(U, N)$和 $On(N, I)$，并且建议在解决子问题 $On(U,N)$之前解决 $On(N, I)$。原因是(以及 PRODIGY 用于学习此规则的解释)如果我们以逆序解决这两个子目标将会遇到冲突，从而必须撤销 $On(U, N)$的解以得到另一子目标 $On(N, I)$。PRODIGY 的学习过程首先遇到这样一个冲突，然后自我解释冲突的原因，并创建一个类似于以上的规则。其效果在于 PRODIGY 使用关于可能的子目标冲突的领域无关的知识及关于特定算子的领域特定的知识(如，机器人只能一次举起一个物块)，以学习到有用的领域特定的规划规则，如上面例示的规则。

使用基于解释的学习获取 PRODIGY 的控制知识，已经在不同的问题领域中例示。包括上面简单的物块堆叠问题，以及其他更复杂的调度和规划问题 。Minton(1988)报告了 3 个领域中的实验，其中学习到的控制规则把问题求解的效率提高了 2 到 4 倍。更进一步，这些学到的规则的性能在这 3 个问题中与手写规则有可比性。Minton 也描述了对基本的基于解释学习的若干扩展，它们提高了学习控制知识的效率。方法包括简化学习到的规则以及去除那些收益小于开销的规则。

另一个结合了某种形式的基于解释学习的一般问题求解框架为 SOAR 系统(Laird et al. 1986;Newell 1990)。SOAR 支持范围较宽的问题求解策略，包含了 PRODIGY 的 means-ends 规划策略在内。然而，像 PRODIGY 一样，SOAR 中的学习是通过解释当前的控制策略为什么导致低效。当它遇到一个搜索选择，其中没有一个确定无疑的答案时(如，下一步该应用哪一个算子)，SOAR 思考这个搜索僵局，使用如生成再测试这种弱化的方法来决定正确的行动方向。用来解决这种僵局的推理可被理解为对将来怎样解决类似僵局的解释。SOAR 使用另一种不同的基于解释的学习，称为 chunking，以抽出可应用相同解释的一般条件。SOAR 已被应用于多

数的问题领域,并被提议为人类学习过程中一种心理学上可行的模型(见 Newell 1990)。

PRODIGY 和 SOAR 演示了基于解释的学习方法可被成功应用于不同问题领域来获取搜索控制知识。然而,大多数启发式搜索程序仍然使用类似于第 1 章描述的数值评估函数,而不是由基于解释的学习获取的规则。原因是什么? 实际上有一些重要的实践问题应用了 EBL 学习搜索控制。首先,在许多情况下必须学习的控制规则的数目非常大(如,数千个规则)。当系统学习到改进搜索的越来越多的控制规则时,要花去越来越大的开销,才能在每步中匹配这组规则对应当前搜索状态。注意,这个问题并不只局限于基于解释的学习,它在用增长的规则集表示学到知识的任意系统中都会出现。有效的匹配规则算法可缓和这一问题,但不能完全消除它。Minton(1988)讨论了经验地估计每个规则的计算开销和收益的策略,只在估计的收益超过估计的开销时才学习这些规则,并在某些规则有负效用时删除它们。他描述了如何使用这种*效用分析*来确定哪些应被学习哪些该忘记,很大地增强了 PRODIGY 中基于解释学习的有效性。例如,在一系列机器人的物块堆叠问题中,PRODIGY 遇到了 328 个机会可学习一个新规则,但只利用了其中 69 个,并且最终去除了低效用的规则后剩余 19 个规则。Tambe et al. (1990)和 Doorenbos(1993)讨论了怎样确定规则中匹配开销特别大的类型,并讨论了将这些规则重新表示为更有效的形式和优化规则匹配的算法。Doorenbos(1993)描述了这些方法怎样使 SOAR 在一个问题领域中有效匹配 100 000 条规则,而不会显著增加对每个状态匹配规则的开销。

应用 EBL 以学习搜索控制的第二个问题是,多数情况下即使对希望的目标概念建立解释也很难处理。例如,在棋类问题中我们可能希望学习一个目标概念:"操作 A 导致最优解的状态。"遗憾的是,为证明或解释为什么 A 导致最优解需要解释其他的算法会导致不如 A 的解。这一般需要搜索指数级深度的计算量。Chien(1993)和 Tadepalli(1990)探索了"消极"学习和"增量"学习的方法,其中启发式规则被用于产生部分的、近似的、但易计算的解释。与解释是完美的情况一样,一些规则被从这些不完美的解释中抽取出来。当然这些学到的规则会由于解释的不完整性而不正确。系统通过监视在后续情况下规则的性能来处理此问题。如果规则后来出错,那么原始的解释被增量地完善以覆盖新的情况,并且从此解释中抽取出更好的规则。

为改进基于搜索的问题求解器的效率,许多其他研究工作探索了基于解释的学习的应用(如, Mitchell 1981, Silver 1983, Shavlik 1990, Mahadevan et al. 1993, Gervasio & Dejong 1994; Dejong 1994)。Bennett & Dejong (1996)研究了基于解释学习在机器人规划系统的应用,此系统中描述其世界和行为的领域理论是不完美的。Dietterich & Flann (1995)探索了基于解释学习和增强学习(见第 13 章)的集成。Mitchell & Thrun(1993)描述了将一个基于解释的神经网络学习方法(见第 12 章讨论的 EBNN 算法)应用到增强学习问题中。

11.5 小结和补充读物

本章的要点包括:

- 纯粹的归纳学习方法寻找一个假设以拟合训练数据,与此不同,纯粹的分析学习方法搜寻一个假设拟合学习器的先验知识并覆盖训练样例。人类经常使用先验知识指导新假设的形成。本章考查了纯粹的分析学习方法。下一章介绍归纳-分析学习的结合。
- 基于解释的学习是分析学习的一种形式,其中学习器处理每个新训练样例的方法是:(1)按照领域理论解释该样例中观察到的目标值;(2)分析此解释,确定解释成立的一般条件;(3)改进假设,合并这些一般条件。

- PROLOG-EBG是基于解释的学习算法,它使用一阶Horn子句来表示其领域理论和学到的假设。在PROLOG-EBG中,解释即为PROLOG证明,而从解释中抽取的假设是此证明的最弱前像。作为结果,由PROLOG-EBG输出的假设从其领域理论中演绎派生。
- 如PROLOG-EBG这样的分析学习方法建立有用的中间特征,它是分析单独训练样例的一个副产品。这种生成特征的分析途径补充了如反向传播这样的归纳方法中基于统计方法的中间特征生成(如,隐藏单元特征)。
- 虽然PROLOG-EBG不会产生能扩展其领域理论的演绎闭包的假设,其他演绎学习过程有这个能力。例如,一个包含determination断言(如,"国籍确定语言")的领域理论可被用于与训练数据一起演绎推理超出领域理论的演绎闭包的假设。
- 可应用正确且完整的领域理论的一类重要问题是大的状态空间的搜索问题。如PRODIGY和SOAR这样的系统已显示了基于解释的学习方法的效用,它们自动获取有效的搜索规则以加速后续的问题求解。
- 虽然基于解释的学习方法对人类来说很有用,但纯粹的演绎实现(如,PROLOG-EBG)有一缺点是它输出的假设的正确性只在领域理论正确时才能保证。下一章,我们考查了结合归纳和分析学习方法的途径,从不完美的领域理论和有限训练数据中有效学习。

分析学习方法的根源可追溯到Fikes et al.(1972)早期的工作,它可通过对ABSTRIPS中的算子的分析学习宏算子(macro-operator)。较迟一些的是Soloway(1977)的研究,他在学习中使用明确的先验知识。类似于本章讨论的基于解释的学习方法首先出现于几个20世纪80年代早期开发的系统中,包括DeJong(1981)、Mitchell(1981)、Winston et al.(1983)和Silver(1983)。DeJong & Mooney(1986)和Mitchell et al.(1986)提供了对基于有解释学习方法的一般描述,这些引发了20世纪80年代晚期对这个主题的研究热潮。由依里诺斯大学所做的一系列基于解释的学习的研究由DeJong(1993)描述,其中包括修改解释的结构从循环的和临时的解释中正确泛化。更多最近的研究着重于扩展基于解释的方法使用不完美的领域理论以及结合归纳学习和分析学习(见第12章)。关于目的和先验知识在人类和机器学习中的作用,Ram & Leake(1995)给出了一个综合的叙述,而近期基于解释的学习的概览见DeJong(1997)。

应用完美领域理论的最严肃的尝试是在学习搜索控制的领域或"加速"学习。由Laird et al.(1986)提出的SOAR系统和Carbonell et al.(1990)描述的PRODIGY系统是使用基于解释的学习来学习问题求解的两个最成熟的系统。Rosenbloom & Laird(1986)讨论了SOAR的学习方法(称为"chunking")和其他基于解释学习方法之间的紧密联系。最近,Dietterich & Flann(1995)探索了学习搜索控制的方法,这种方法结合了基于解释的学习和增强学习。

虽然这里的主要目的是研究机器学习算法,但仍需注意到,对人类学习的实验性研究支持了这样一个猜想,即人类的学习是基于解释的。例如,Ahn et al.(1987)和Qin et al.(1992)概述了支持人类应用基于解释的学习过程这一猜想的证据。Wisniewski & Medin(1995)描述了对人类学习的实验性研究,它建议在先验知识和观察数据之间进行丰富的相互作用以影响学习过程。Kotovsky & Baillargeon(1994)描述的实验说明,即使11个月大的婴儿在学习时也是基于其先验知识的。

基于解释的学习中执行的分析类似于PROLOG程序中使用的几类程序优化方法,比如,部分评估(partial evaluation)。Van Harmelen & Bundy (1988)提供了对此关系的讨论。

习题

11.1　考虑学习问题,它的目标概念是“居住在同一房屋内的两个人,”表示为谓词 *HouseMates*(*x*,*y*)。下面为此概念的一个正例:

HouseMates(*Joe*, *Sue*)

Person(*Joe*)	*Person*(*Sue*)
Sex(*Joe*, *Male*)	*Sex*(*Sue*, *Female*)
HairColor(*Joe*, *Black*)	*HairColor*(*Sue*, *Brown*)
Height(*Joe*, *Short*)	*Height*(*Sue*, *Short*)
Nationality(*Joe*, *US*)	*Nationality*(*Sue*, *US*)
Mother(*Joe*, *Mary*)	*Mother*(*Sue*, *Mary*)
Age(*Joe*, 8)	*Age*(*Sue*, 6)

下面的领域理论有助于获取 *HouseMates* 概念:

$HouseMates(x, y) \leftarrow InSameFamily(x, y)$

$HouseMates(x, y) \leftarrow FraternityBrothers(x, y)$

$InSameFamily(x, y) \leftarrow Married(x, y)$

$InSameFamily(x, y) \leftarrow Youngster(x) \wedge Youngster(y) \wedge SameMother(x, y)$

$SameMother(x, y) \leftarrow Mother(x, z) \wedge Mother(y, z)$

$Youngster(x) \leftarrow Age(x, a) \wedge LessThan(a, 10)$

应用 Prolog-EBG 算法到泛化上述实例的任务中,使用上面的领域理论。确切地讲:

(a) 手动执行 Prolog-EBG 算法应用于此问题,也就是说,写出对此实例生成的解释,写出此解释中回归目标概念的结果以及得到的 Horn 子句规则。

(b) 假定目标概念为“与 *Joe* 住在一起的人”而不是“住在一起的两个人。”用上面的相同的形式化的方法写出目标概念。假定训练实例和领域理论与以前相同,Prolog-EBG 对此新目标概念产生的 Horn 子句是什么?

11.2　如第 11.3.1 节指出的, Prolog-EBG 可构造出有用的新特征,这些新特征不是实例的显式特征,但它们是用显式特征定义的,并且有助于描述合适的泛化。这些特征的推导是分析训练样例解释的一个副效应。推导有用特征的另一方法是对多层神经网络使用反向传播算法,其中新特征是基于大量样例的统计属性由隐藏单元学习到的。能否推荐一种方法,可以结合这些分析的和归纳的途径来生成新特征?(警告:这是一个待解决的研究问题)。

参考文献

Ahn, W., Mooney, R. J., Brewer, W. F., & DeJong, G. F. (1987). Schema acquisition from one example: Psychological evidence for explanation-based learning. *Ninth Annual Conference of the Cognitive Science Society* (pp. 50–57). Hillsdale, NJ: Lawrence Erlbaum Associates.

Bennett, S. W., & DeJong, G. F. (1996). Real-world robotics: Learning to plan for robust execution. *Machine Learning*, 23, 121.

Carbonell, J., Knoblock, C., & Minton, S. (1990). Prodigy: An integrated architecture for planning and learning. In K. VanLehn (Ed.), *Architectures for Intelligence*. Hillsdale, NJ: Lawrence Erlbaum Associates.

Chien, S. (1993). NONMON: Learning with recoverable simplifications. In G. DeJong (Ed.), *Investigating explanation-based learning* (pp. 410–434). Boston, MA: Kluwer Academic Publishers.

Davies, T. R., and Russell, S. J. (1987). A logical approach to reasoning by analogy. *Proceedings of the 10th International Joint Conference on Artificial Intelligence* (pp. 264–270). San Mateo, CA: Morgan Kaufmann.

DeJong, G. (1981). Generalizations based on explanations. *Proceedings of the Seventh International Joint Conference on Artificial Intelligence* (pp. 67–70).

DeJong, G., & Mooney, R. (1986). Explanation-based learning: An alternative view. *Machine Learning*, 1(2), 145–176.

DeJong, G. (Ed.). (1993). *Investigating explanation-based learning*. Boston, MA: Kluwer Academic Publishers.

DeJong, G. (1994). Learning to plan in continuous domains. *Artificial Intelligence*, 64(1), 71–141.

DeJong, G. (1997). Explanation-based learning. In A. Tucker (Ed.), *The Computer Science and Engineering Handbook* (pp. 499–520). Boca Raton, FL: CRC Press.

Dietterich, T. G., Flann, N. S. (1995). Explanation-based learning and reinforcement learning: A unified view. *Proceedings of the 12th International Conference on Machine Learning* (pp. 176–184). San Mateo, CA: Morgan Kaufmann.

Doorenbos, R. E. (1993). Matching 100,000 learned rules. *Proceedings of the Eleventh National Conference on Artificial Intelligence* (pp. 290–296). AAAI Press/MIT Press.

Fikes, R., Hart, P., & Nilsson, N. (1972). Learning and executing generalized robot plans. *Artificial Intelligence*, 3(4), 251–288.

Fisher, D., Subramanian, D., & Tadepalli, P. (1992). An overview of current research on knowledge compilation and speedup learning. *Proceedings of the Second International Workshop on Knowledge Compilation and Speedup Learning*.

Flann, N. S., & Dietterich, T. G. (1989). A study of explanation-based methods for inductive learning. *Machine Learning*, 4, 187–226.

Gervasio, M. T., & DeJong, G. F. (1994). An incremental learning approach to completable planning. *Proceedings of the Eleventh International Conference on Machine Learning*, New Brunswick, NJ. San Mateo, CA: Morgan Kaufmann.

van Harmelen, F., & Bundy, A. (1988). Explanation-based generalisation = partial evaluation. *Artificial Intelligence*, 36(3), 401–412.

Kedar-Cabelli, S., & McCarty, T. (1987). Explanation-based generalization as resolution theorem proving. *Proceedings of the Fourth International Workshop on Machine Learning* (pp. 383–389). San Francisco: Morgan Kaufmann.

Kotovsky, L., & Baillargeon, R. (1994). Calibration-based reasoning about collision events in 11-month-old infants. *Cognition*, 51, 107–129.

Laird, J. E., Rosenbloom, P. S., & Newell, A. (1986). Chunking in SOAR: The anatomy of a general learning mechanism. *Machine Learning*, 1, 11.

Mahadevan, S., Mitchell, T., Mostow, D. J., Steinberg, L., & Tadepalli, P. (1993). An apprentice-based approach to knowledge acquisition. In S. Mahadevan, T. Mitchell, D. J. Mostow, L. Steinberg, & P. Tadepalli (Eds.), *Artificial Intelligence*, 64(1), 1–52.

Minton, S. (1988). *Learning search control knowledge: An explanation-based approach*. Boston, MA: Kluwer Academic Publishers.

Minton, S., Carbonell, J., Knoblock, C., Kuokka, D., Etzioni, O., & Gil, Y. (1989). Explanation-based learning: A problem solving perspective. *Artificial Intelligence*, 40, 63–118.

Minton, S. (1990). Quantitative results concerning the utility of explanation-based learning. *Artificial Intelligence*, 42, 363–391.

Mitchell, T. M. (1981). *Toward combining empirical and analytical methods for inferring heuristics* (Technical Report LCSR-TR-27), Rutgers Computer Science Department. (Also reprinted in A. Elithorn & R. Banerji (Eds), *Artificial and Human Intelligence*. North-Holland, 1984.)

Mitchell, T. M. (1983). Learning and problem-solving. *Proceedings of the Eighth International Joint Conference on Artificial Intelligence*. San Francisco: Morgan Kaufmann.

Mitchell, T. M., Keller, R., & Kedar-Cabelli, S. (1986). Explanation-based generalization: A unifying view. *Machine Learning*, 1(1), 47–80.

Mitchell, T. M. (1990). Becoming increasingly reactive. *Proceedings of the Eighth National Conference on Artificial Intelligence*. Menlo Park, CA: AAAI Press.

Mitchell, T. M., & Thrun, S. B. (1993). Explanation-based neural network learning for robot control. In S. Hanson et al. (Eds.), *Advances in neural information processing systems 5* (pp. 287–294). San Mateo, CA: Morgan-Kaufmann Press.

Newell, A. (1990). *Unified theories of cognition*. Cambridge, MA: Harvard University Press.

Qin, Y., Mitchell, T., & Simon, H. (1992). Using explanation-based generalization to simulate human learning from examples and learning by doing. *Proceedings of the Florida AI Research Symposium* (pp. 235–239).

Ram, A., & Leake, D. B. (Eds.). (1995). *Goal-driven learning*. Cambridge, MA: MIT Press.

Rosenbloom, P., & Laird, J. (1986). Mapping explanation-based generalization onto SOAR. *Fifth National Conference on Artificial Intelligence* (pp. 561–567). AAAI Press.

Russell, S. (1989). *The use of knowledge in analogy and induction*. San Francisco: Morgan Kaufmann.

Shavlik, J. W. (1990). Acquiring recursive and iterative concepts with explanation-based learning. *Machine Learning*, 5, 39.

Silver, B. (1983). Learning equation solving methods from worked examples. *Proceedings of the 1983 International Workshop on Machine Learning* (pp. 99–104). CS Department, University of Illinois at Urbana-Champaign.

Silver, B. (1986). Precondition analysis: Learning control information. In R. Michalski et al. (Eds.), *Machine Learning: An AI approach* (pp. 647–670). San Mateo, CA: Morgan Kaufmann.

Soloway, E. (1977). *Knowledge directed learning using multiple levels of description* (Ph.D. thesis). University of Massachusetts, Amherst.

Tadepalli, P. (1990). *Tractable learning and planning in games* (Technical report ML-TR-31) (Ph.D. dissertation). Rutgers University Computer Science Department.

Tambe, M., Newell, A., & Rosenbloom, P. S. (1990). The problem of expensive chunks and its solution by restricting expressiveness. *Machine Learning*, 5(4), 299–348.

Waldinger, R. (1977). Achieving several goals simultaneously. In E. Elcock & D. Michie (Eds.), *Machine Intelligence 8*. London: Ellis Horwood Ltd.

Winston, P., Binford, T., Katz, B., & Lowry, M. (1983). Learning physical descriptions from functional definitions, examples, and precedents. *Proceedings of the National Conference on Artificial Intelligence* (pp. 433–439). San Mateo, CA: Morgan Kaufmann.

Wisniewski, E. J., & Medin, D. L. (1995). Harpoons and long sticks: The interaction of theory and similarity in rule induction. In A. Ram & D. B. Leake (Eds.), *Goal-driven learning* (pp. 177–210). Cambridge, MA: MIT Press.

第 12 章　归纳和分析学习的结合

纯粹的归纳学习方法通过在训练样例中寻找经验化的规律来形成一般假设。纯粹的分析方法使用先验知识演绎推导一般假设。本章考虑将归纳和分析的机制结合起来的方法,获得两者的优点:有先验知识时更高的泛化精度和依赖训练数据克服先验知识的不足。所得到的结合的方法比纯粹的归纳学习方法和纯粹的分析学习方法性能都要高。本章考虑的归纳－分析学习方法同时基于符号表示和人工神经网络表示。

12.1　动机

在前几章已经见到两种类型的机器学习:归纳学习和分析学习。归纳方法如决策树归纳和神经网络反向传播等,它寻找拟合训练数据的一般假设。分析的方法如 PROLOG－EBG,它寻找拟合先验知识的一般假设,同时使它覆盖训练数据。这两种学习类型对假设的论证方法有根本的区别,因此,优缺点互为补充,将它们结合起来有可能得到更强有力的学习方法。

纯粹的分析学习方法优点在于,可用先验知识从较少的数据中更精确地泛化以引导学习,然而当先验知识不正确或不足时,这一方法可能会产生误导。纯粹的归纳方法具有的优点是不需要显式的先验知识,并且主要基于训练数据学习规律。然而,若训练数据不足时它会失败,并且会被其中隐式的归纳偏置所误导,而归纳偏置是从观察数据中泛化所必需的。表12-1 概述了两者的互补的优点和缺陷。本章考虑的问题是怎样将二者结合成一个单独的算法来获得它们各自的优点。

表 12-1　纯粹的分析学习和纯粹归纳学习的比较

	归纳学习	分析学习
目标	拟合数据的假设	拟合领域理论的假设
论证	统计推理	演绎推理
优点	需要很少先验知识	从稀少的数据中学习
缺陷	稀少的数据,不正确的偏置	不完美的领域理论

归纳和分析学习方法之间的不同可从它们对学习到的假设进行的*论证*(justification)性质中看出。由纯粹的分析学习(如,PROLOG－EBG)输出的假设执行的是*逻辑论证*:输出的假设从领域理论和训练数据中演绎派生。纯粹的归纳学习方法(如,反向传播)输出的假设执行的是*统计论证*:输出的假设从统计论据中派生,它说明训练样本足够大,从而能代表样例的基本分布。归纳的统计论证在第 7 章讨论的 PAC 学习中已被清晰地阐明。

由于分析方法提出逻辑论证的假设,而归纳方法提供统计论证的假设,很容易看出将两者结合起来的好处是什么。逻辑论证的强度只相当于它们所基于的假定或先验知识。如果先验知识不正确或不可知,逻辑论证是不可信和无说服力的。统计论证的强度依赖于它们基于的数据和统计假定。当基准分布不可信或数据稀少时,统计论证也是不可信且无力的。简而言之,两种方法针对不同类型的问题时才有效。通过两者的结合,有望开发出更通用的学习方法,可以覆盖较广的学习任务。

图 12-1 概述了学习问题的分布范围,它随着可获得的先验知识和训练数据不同而变化。在一个极端,有大量的训练数据,但没有先验知识。在另一极端,有很强的先验知识,但训练数据很少。多数实际学习问题位于这两个极端之间。例如,通过分析医疗记录的数据库来学习"治疗手段 x 比治疗手段 y 更有效的病症",通常可以从近似的先验知识开始(如,疾病中内在的因果机制的定性模型),比如认定患者的体温比他的姓名更相关。类似地,在分析一个股票市场数据库来学习目标概念"股票值在后 10 个月会翻番的公司"中,如果已有了经济学的大概知识,可以提出公司的总利润比公司标志的颜色更相关。在这两种问题中,我们的先验知识是不完整的,但显然,它有助于区分相关和不相关的特征。

归纳学习 ←————→ 分析学习

丰富的数据　　　　完美的先验知识
无先验知识　　　　稀少的数据

在最左端,没有可用的先验知识,因此需要纯粹的归纳学习方法以及较高的样本复杂度。在最右端,有完美的领域理论,可以使用如 PROLOG－EBG 这样的纯粹分析方法。更多的实际问题位于这两个极端之间。

图 12-1　学习任务的分布范围

本章考虑的问题是:"我们可以设计出怎样的算法,使用近似的先验知识结合可用数据来形成一般假设?"注意,即使在使用纯粹的归纳学习算法时,仍有机会基于特定学习任务的先验知识来选择设计方案。例如,当应用反向传播来解决语音识别这样的问题时,设计者必须选择输入和输出数据的编码方式、在梯度下降中被最小化的误差函数、隐藏单元的数量、网络的拓扑结构、学习速率和冲量等。在做这些选择时,设计者可以将领域特定的知识嵌入到学习算法中。然而结果仍然是纯粹的归纳算法反向传播的一个实现,由设计者针对语音识别任务进行特殊化。我们感兴趣的不在于此,而是一个系统能将先验知识作为*显式的输入*给学习器,训练数据也同样作为显式输入。这样它们仍为通用的算法,但利用了领域的特定知识。简要概括一下,我们感兴趣的是*领域无关算法,这种算法使用显式输入的领域相关的知识*。

对于结合了归纳和分析的各种学习方法,应使用什么样的准则来比较它们呢? 由于学习器一般不能预先知道领域理论和训练数据的质量。我们感兴趣的是能对图 12-1 整个问题系列都可操作的一般方法。这样的学习方法应具有以下的特殊属性:

- 如果没有领域理论,它至少能像纯粹的归纳方法一样有效学习。
- 如果有完美的领域理论,它至少能像纯粹的分析方法一样有效学习。
- 如果领域理论和训练数据都不完美,它应能结合两者的长处,比单纯的归纳或分析方法的性能都要好。
- 它应能处理训练数据中未知程度的差错。
- 它应能处理领域理论中未知程度的差错。

注意,这里列出的期望目标很难达到。例如,处理训练数据中的差错,即使在基于统计的归纳方法中,如果没有某些先验知识和对差错分布的假定,这仍是值得研究的问题。结合归纳和分析学习的方法是当前活跃的研究领域。虽然上面列出的是我们希望算法能达到的美好性质,目前没有算法能以完全一般化的方式满足所有这些约束。

下一节对结合归纳－分析学习的问题作出了更详细的讨论。后面几节描述了 3 种不同的途径,结合近似的先验知识和可用数据来指导学习器搜索合适的假设。每种途径都已在多个问题领域中显示出有超出纯归纳方法的性能。为方便比较,我们使用同一例子来说明这 3 种途径。

12.2　学习的归纳－分析途径

12.2.1　学习问题

总而言之,本章考虑的学习问题为:

已知:

- 一个训练样例集合 D,可能包含差错
- 一个领域理论 B,可能包含差错
- 候选假设的空间 H

求解:

- 一个最好地拟合训练样例和领域理论的假设

"最好地拟合训练样例和领域理论"这句话确切含义是什么?或者说,是否会选择一个拟合数据程度较好而拟合理论较差的假设,或反之?为了更精确起见,需要定义对应数据和对应于领域理论的假设错误率度量,然后用这些错误率来表示这个问题。回忆第 5 章中 $error_D(h)$ 定义为 D 中被 h 误分类的样例所占比例。可定义 h 关于领域理论 B 的错误率 $error_B(h)$ 为,h 与 B 在分类一个随机抽取实例时不一致的概率。接下来就可尝试用这些错误率的形式刻画所希望的输出假设。例如,我们可以要求假设使上述错误率的某种综合度量最小化,如:

$$\underset{h \in H}{\operatorname{argmin}}\, k_D\, error_D(h) + k_B\, error_B(h)$$

虽然粗看起来这很合理,但还不清楚怎样确定 k_D 和 k_B 的值来指定拟合数据和拟合理论两者的相对重要程度。如果有非常差的理论,却有大量可靠数据,最好使 $error_D(h)$ 的权值更大。如果有很好的理论,而数据样本很小且存在大量噪声,把 $error_B(h)$ 的权值增大会得到最好的结果。当然如果学习器预先不知道领域理论和训练数据的质量,它就不清楚该怎样为这两部分错误率加权。

怎样确定先验知识和数据权值的一种解决方法是使用贝叶斯的观点。回忆一下第 6 章,贝叶斯定律描述了怎样计算给定训练数据 D 时假设 h 的后验概率 $P(h|D)$。确切地讲,贝叶斯定律基于观察到的数据 D 以及先验知识计算后验概率,以 $P(h)$、$P(D)$ 和 $P(D|h)$ 的形式表示。因此我们可把 $P(h)$、$P(D)$ 和 $P(D|h)$ 看作是某种形式的背景知识或领域理论,而且可把贝叶斯理论看成一种为领域理论加权的方法,它与观察到的数据 D 一起,赋予 h 的后验概率为 $P(h|D)$。按照贝叶斯的观点,所选择的假设应为后验概率中最大的一个,并且贝叶斯公式提供了为此先验知识和观察到数据的贡献加权的良好方法。遗憾的是,贝叶斯公式隐含假定拥有关于 $P(h)$、$P(D)$ 和 $P(D|h)$ 概率分布的*完美的*知识。当这些量只是近似已知时,单独的贝叶斯公式没有规定如何将其与观察数据结合起来(在此情况下,一种方法是假定有 $P(h)$、$P(D)$ 和 $P(D|h)$ 之上的先验概率分布,然后计算后验概率 $P(h|D)$ 的期望值。然而这要求有 $P(h)$、$P(D)$ 和 $P(D|h)$ 之上的先验分布方面的附加知识,因此并没有真正解决此问题)。

当考虑特定算法时,我们会再次考虑"最佳"拟合假设和数据是什么含义。现在,我们只是简单地说,学习问题是为了使假设在数据和领域理论上的错误率的某种综合度量最小化。

12.2.2 假设空间搜索

如何将领域理论和训练数据最好地结合起来,从而限制可接受假设的搜索呢?这在机器学习中仍是有待研究的问题。本章考察了几种已提出的方法,其中许多要对已讨论过的归纳方法(如,反向传播,FOIL)进行扩展。

为了解可能途径的范围,一种办法是回到前面对学习的看法,即将其看作是一种搜索多个可选假设空间的任务。为了将大多数学习任务刻画为搜索算法,需要定义待搜索的假设空间 H,搜索的开始点为初始假设 h_0,定义单个搜索步的搜索算子集合 O 以及指定搜索目标的判据 G。本章探索了 3 种方法,这 3 种方法用先验知识来改变纯归纳方法执行的搜索。

- **使用先验知识推导出搜索起步的初始假设**:用这种方法,领域理论 B 被用于建立一个与 B 一致的初始假设 h_0。然后以这个初始假设 h_0 为起点应用标准归纳方法。例如,下面描述的 KBANN 系统是按这种方法学习人工神经网络的。它使用先验知识来设计初始网络的互联结构和权值,这样,此初始网络与给定的领域理论完全一致。然后此初始网络假设用反向传播算法和训练数据被归纳地精化。从一个与领域理论一致的假设开始搜索,使得最终输出假设更有可能拟合此理论。
- **使用先验知识来改变假设空间搜索的目标**:在这种方法中,目标判据 G 被修改,以要求输出假设拟合训练样例的同时也拟合领域理论。例如,下面描述的 EBNN 系统以这种方法学习神经网络。神经网络的归纳学习执行梯度下降来使网络在训练数据上的误差平方最小化,而 EBNN 中执行梯度下降来优化另一个判据。这个判据包含一个附加项,它衡量了学习到的网络相对于领域理论的误差。
- **使用先验知识改变可用的搜索步**:在此方法中,领域理论修改了搜索算子集合 O。例如,下面描述的 FOCL 系统以这种方法学习 Horn 子句集。它基于归纳系统 FOIL。FOIL 在可能的 Horn 子句空间上执行贪婪搜索,每步通过加入一个新文字来修正当前假设。FOCL 在修正假设中使用领域理论来扩展可用的文字集合。它允许在单个搜索步中加入多个文字,只要它们能由领域理论保证其正确性。以这种方式,FOCL 在假设空间中移动一步相当于使用原来的算法移动多步。这些"宏移动"(macro-moves)可极大地改变搜索的方向,这样,最终的与数据一致的假设与只使用归纳搜索步时找到的假设不同。

下面几节依次介绍了这几种方法。

12.3 使用先验知识得到初始假设

一种使用先验知识的方法是,将假设初始化为完美拟合领域理论,然后按照需要归纳地精化此初始假设以拟合训练数据。这种方法被用于 KBANN(Knowledge-Based Artificial Neural Network,基于知识的人工神经网络)算法中。在 KBANN 中,首先建立了一个初始的网络。对每个可能实例,网络赋予它的分类等于领域理论赋予的分类。然后应用反向传播算法来调整初始网络,使其拟合训练样例。

很容易看出,该技术的动机在于:如果领域理论是正确的,初始假设将正确分类所有训练样例,而无需再修正。然而,如果初始假设不能完美地分类训练样例,那么它需要被归纳精化,以改进它在训练样例上的拟合度。回忆在纯粹归纳的反向传播算法中,权值一般被初始化为小的随机值。KBANN 背后的直观含义在于,即使领域理论是近似正确的,将网络初始化为拟合领域理论,比初始化为随机权值有更好的近似开端。这应该可以得到泛化精度更高的最终假设。

这种使用领域理论来*初始化假设*的途径已经被许多研究者探索过。包括 Shavlik & Towell (1989)、Towell & Shavlik (1994)、Fu (1989, 1993)和 Pratt (1993a, 1993b)。我们将使用 Shavlik & Towell(1989)描述的 KBANN 算法来例示这一途径。

12.3.1　KBANN 算法

KBANN 运用领域理论来初始化假设。其中假定领域理论用一组命题形式的非递归的 Horn 子句来表示。命题形式 Horn 子句表示它不包含变量。KBANN 的输入和输出如下:

已知:

- 一组训练样例
- 由非递归命题型 Horn 子句组成的领域理论

求解:

- 一个拟合训练样例的被领域理论偏置的人工神经网络

KBANN 算法包含两个阶段,首先它创建一个完美拟合领域理论的人工神经网络,然后使用反向传播算法来精化初始网络以拟合训练样例。算法的细节(包括创建初始网络的算法)在表 12-2 中列出,并将在 12.3.2 节说明。

表 12-2　KBANN 算法

KBANN(*Domain_Theory*, *Training_Examples*)

Domain_Theory: 非递归命题型 Horn 子句集合

Training_Examples: 目标函数的 < *input*, *output* > 对的集合

分析步:创建一个等价于领域理论的初始网络

1. 对每个实例属性创建一个网络输入
2. 对 *Domain_Theory* 的每个 Horn 子句,创建如下的网络单元
   - 连接此单元的输入到此子句的先行词测试的属性
   - 对子句的每个非负先行词,赋予权值 W 给对应的 sigmoid 单元输入
   - 对子句的每个负先行词,赋予权值 $-W$ 给对应的 sigmoid 单元输入
   - 设置此单元的阈值 w_0 为 $-(n-0.5)W$,其中 n 为子句的非负先行词的数目
3. 在网络单元之间增加附加的连接,连接深度为 i 的每个网络单元到深度为 $i+1$ 的所有网络单元的输入层上。赋予这些附加的连接为接近 0 的随机权值

归纳步:精化此初始网络

4. 应用反向传播算法来调整初始网络权值以拟合 *Training_Examples*

注:领域理论被转换为等效的神经网络(步骤 1~3),然后用反向传播算法归纳精化(第 4 步)。W 常量的典型值为 0.4。

12.3.2　举例

为例示 KBANN 的操作,考虑表 12-3 列出的一个简单的学习问题,它取自于 Towell &

Shavlik(1989)并略做改动。这里每个实例代表一物理对象。描述了它的物理材料、它的轻重等等。任务是学习定义在这物理对象上的目标概念 *Cup*。表 12-3 描述了 *Cup* 目标概念的训练样例和领域理论。注意,领域理论中定义 *Cup* 为一个 *Stable*、*Liftable* 以及 *OpenVessel* 的对象。领域理论还把这 3 个属性定义为更基本的属性,即描述了此实例的原子的、可操作的属性。注意领域理论并不是与训练样例完全一致的。例如,领域理论错误地分类第 2 和第 3 个训练样例为反例。不过,领域理论形成了目标概念的有效近似。KBANN 使用领域理论和训练样例一起学习目标概念,可以比单独使用其中一种更精确。

表 12-3　*Cup* 学习任务

领域理论:

$$Cup \leftarrow Stable,\ Liftable,\ OpenVessel$$
$$Stable \leftarrow BottomIsFlat$$
$$Liftable \leftarrow Graspable,\ Light$$
$$Graspable \leftarrow HasHandle$$
$$OpenVessel \leftarrow HasConcavity,\ ConcavityPointsUp$$

训练样例:

	Cups				*Non-Cups*					
BottomIsFlat	√	√	√	√	√	√	√			√
ConcavityPointsUp	√	√	√	√	√		√	√		
Expensive	√		√				√		√	
Fragile	√	√			√	√		√		√
HandleOnTop					√		√			
HandleOnSide	√			√					√	
HasConcavity	√	√	√	√	√		√	√	√	√
HasHandle	√			√	√		√		√	
Light	√	√	√	√	√	√	√		√	
MadeOfCeramic	√				√		√	√		
MadeOfPaper				√					√	
MadeOfStyrofoam		√	√			√				√

注:表中列出了目标概念 *Cup* 的一组近似领域理论和一组训练样例。

在 KBANN 算法的第一阶段(算法中的 1 ~ 3 步),构建了一个与领域理论一致的初始网络。例如,从 *Cup* 的领域理论中构建的网络描绘于图 12-2 中。一般说来,网络的构建是通过对领域理论中每一个 Horn 子句建立一个 sigmoid 单元。KBANN 遵从惯例,sigmoid 输出值大于 0.5 时被解释为真,小于 0.5 则为假。因此每个单元的构建方法为:当对应的 Horn 子句存在时,单元的输出就大于 0.5。对该 Horn 子句的每个先行词,建立其对应的 sigmoid 单元作为输入。然后设置 sigmoid 单元的权值,使其计算得出其输入的逻辑与。确切地讲,对于每个对应于非负先行词的输入,权值被设置为某正常量 W。对每个对应于负先行词的输入,权值设为 $-W$。单元的阈值权 w_0 设为 $-(n-0.5)W$,其中 n 为非负先行词的数目。当单元输入值为 1 或 0 时,这保证了当且仅当所有的子句先行词满足时,输入的加权和加上 w_0 为正(而且此 sigmoid 的输出大于 0.5)。注意,对于 sigmoid 单元,第二层及以后的层中单元输入不一定为 1 或 0,上面的命题无法应用于此。然而如果为 W 选择足够大的值,此 KBANN 算法可以对任意深度的网络进行领域理论编码。Towell & Shavlik(1994)在多数实验中使用 $W=4.0$。

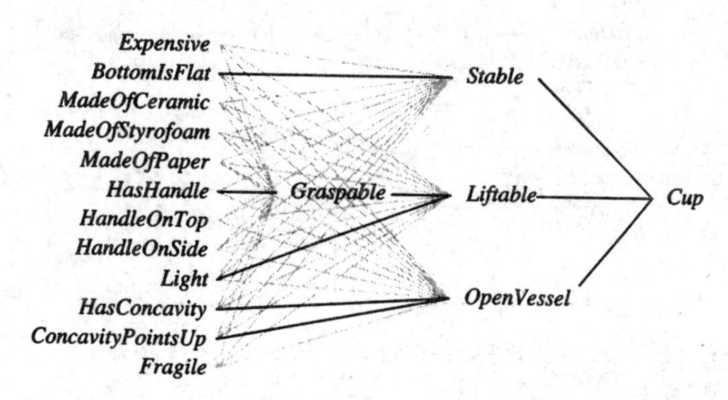

这个网络在 KBANN 算法的第一阶段创建出来,它产生的输出分类等于给定的领域理论中的子句做的分类。粗线表示权值为 W 的连接,对应领域理论中的子句先行词。细线表示权值近似为 0 的连接。

图 12-2　等价于领域理论的神经网络

每个 sigmoid 单元输入被连接到适当的网络输入或另一个 sigmoid 单元的输出,以反映领域理论中对应属性的依赖关系图。最后一步,又附加了许多输入到每个阈值单元,它们的权值设置近似为 0。这些附加连接的作用是允许网络能归纳学习到的内容可超出领域理论中提出的依赖关系。图 12-2 中的粗实线表明权值为 W 的单元输入,而细线表明初始权值约为 0 的连接。很容易验证对于足够大的 W 值,此网络输出值等于领域理论的预测。

KBANN 的第二阶段(表 12-2 中算法的第 4 步)使用训练样例和反向传播算法来精化初始网络权值。当然,如果领域理论和训练样例不包含差错,初始的网络就已经拟合训练数据了。然而在 *Cup* 例子中,领域理论与训练数据不一致,所以此步骤会改变初始网络的权值。得到的训练过的网络显示在图 12-3 中,粗实线表明最大的正权值,粗虚线表明最大负权值,细线表明可忽略的权值。虽然初始网络误分类了表 12-3 中几个训练样例,但图 12-3 中精化的网络能完美地分类所有训练样例。

有必要比较一下最终归纳精化的网络权值和领域理论导出的初始权值。如图 12-3 所示,在归纳步中发现了全新的依赖关系,包括 *Liftable* 单元对 *MadeofStyrofoam* 的依赖关系。必须牢记,虽然标有 *Liftable* 的单元最初由它的 Horn 子句定义,但后来由反向传播修改的权值已经完全改变了此隐藏单元的意义。在网络被训练过后,该单元可能有了与初始的 *Liftable* 记号无关的非常不同的意义。

12.3.3　说明

概括地讲,KBANN 用分析的方式创建了等价于给定领域理论的网络,然后归纳地精化此初始假设以更好地拟合训练数据。在此过程中,它为了改变领域理论和训练数据不一致的情况而修改网络权值。

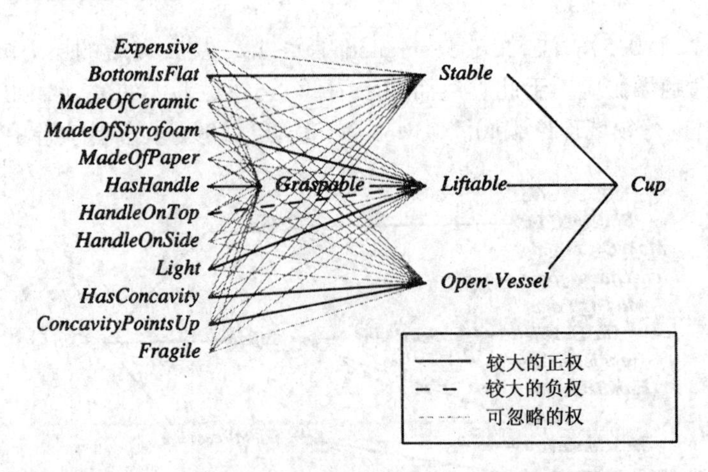

KBANN 使用训练样例来修改从领域理论中导出的网络权值。注意其中新产生的 *Liftable* 对 *MadeOfStyrofoam* 和 *HandleOnTop* 的依赖性。

图 12-3 对初始网络归纳精化后的结果

与纯归纳的反向传播(它开始于随机的权值)相比,KBANN 的好处在于,它在给定近似正确领域理论时,能够比反向传播有更高的泛化精度,特别是在训练数据稀少时。在几种实际系统中,KBANN 和其他初始化假设的途径已显示出优于纯归纳的系统。例如,Towell et al.(1990)描述了将 KBANN 应用于分子遗传问题,任务是学习识别称为激发区域(promoter region)的 DNA 片断,它影响基因的活性。在此实验中,KBANN 的领域理论从一个分析遗传学家那里获取,而激发区域的训练样例中包含 53 个正例和 53 个反例。性能评估使用了"留一法"(leave-one-out),系统运行 106 次。每次循环中 KBANN 用 105 个样例训练,并在剩余的样例上测试。这 106 次实验的结果被积聚起来提供对真实错误率的估计。KBANN 错误率为 4/106,而标准的反向传播错误率为 8/106。KBANN 的一个变种由 Fu(1993)实现,它报告在同样数据上的错误率为 2/106。因此,先验知识在这些实验中很大程度地减小了错误率。此实验的训练数据可以从万维网址 http://www.ics.uci.edu/~mlearn/MLRepository.html 上得到。

Fu(1993)和 Towell et al.(1990)都报告:从最终训练过的网络中抽取的 Horn 子句,可提供一个能更好拟合训练数据的领域理论。虽然有时可能从学习到的网络权值映射回一个精化的 Horn 子句集,但在一般情形下这种作法是有问题的。因为某些权值设置没有直接对应的 Horn 子句。Craven & Shavlik(1994)和 Craven(1996)描述了另外的方法从学习过的网络中抽取符号规则。

为理解 KBANN 的定义,有必要考虑其中的假设搜索与纯归纳的反向传播算法中有什么区别。这两种算法中执行的假设空间搜索在图 12-4 中示意。如其中显示的,关键区别在于执行权值调节所基于的初始假设。在有多个假设(权值向量)能拟合数据的情况下(这种情况在训练数据稀少时更可能出现),KBANN 更有可能收敛到这样的假设,它从训练数据中的泛化与领域理论的预测更相似。另一方面,反向传播收敛到的特定假设更可能是小权值的假设,它大致对应于在训练样例间平滑插值的泛化偏置。简要地说,KBANN 使用一个领域特定的理论来偏置泛化,而反向传播算法使用一个领域无关的语法偏置(偏向于小的权值)。注意,在此概述中我们忽略了搜索中局部极小值的影响。

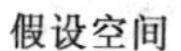

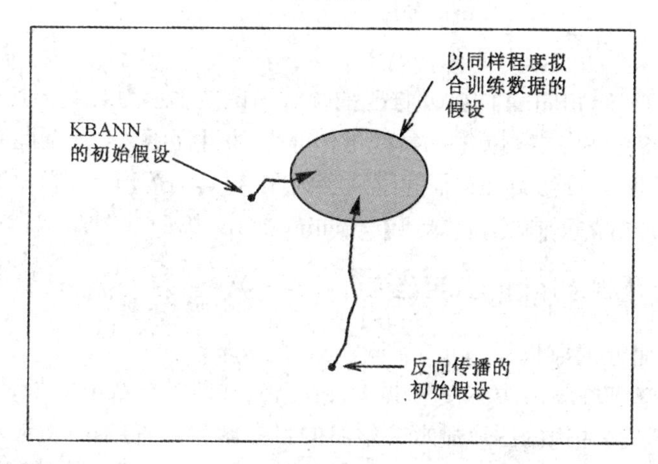

KBANN初始化网络使其拟合领域理论，而反向传播将网络初始化为随机小权值。然后它们使用相同的梯度下降规则反复精化权值。当找到多个能拟合训练数据的假设时（如阴影区域所示），KBANN和反向传播法可能找到不一样的假设，因为它们的起点不同。

图12-4　KBANN中的假设空间搜索

KBANN的局限性之一是，它只能使用命题领域理论，即无变量的Horn子句集。如果给予很不精确的领域理论，KBANN也可能被误导，从而其泛化精度变得低于反向传播。不过，KBANN和相关算法确实在若干实际问题中很有用。

KBANN是结合分析和归纳学习的初始化假设途径中的一种。这一途径的其他例子包括Fu(1993)，Gallant(1988)，Bradshaw et al.(1989)，Yang & Bhargava(1990)，Lacher et al.(1991)。这些途径不同之处在于建立初始假设的实际使用的技术、权值调整的反向传播的应用以及从精化的网络中抽取符号描述的方法。Pratt(1993a，1993b)描述的一个初始化假设途径中，先验知识是通过先前对相关任务学习到的神经网络来提供的。训练贝叶斯网的值的方法（见6.11节）也可被看作是用先验知识来初始化假设。这里先验知识对应于一组条件独立性假定，它确定了贝叶斯网的图结构，然后其条件概率表从训练数据中归纳得到。

12.4　使用先验知识改变搜索目标

上面的途径由一个完美拟合领域理论的假设开始梯度下降搜索，然后在需要时改变此假设以最大程度地拟合训练数据。使用先验知识的另一方法是将它合并到梯度下降中需最小化的误差判据，这样网络需要拟合的是训练数据和领域理论的组合函数。确切地讲，我们考虑的先验知识的形式是目标函数的某种已知的导出式。一些类型的先验知识可以很自然地用此形式表示。例如，在训练一个神经网络以识别手写字符时，我们可以指定目标函数的某种导数，以表示这种先验知识："字符的确认独立于图像的微小平移和旋转。"

下面描述的TANGENTPROP算法训练神经网络，使其同时拟合训练值和训练导数。12.4.4节说明了怎样用类似于12.3节使用的*Cup*例子中的方法从领域理论中获得这些训练导数。确切地讲，它讨论了EBNN算法怎样构造单独样例的解释，以抽取出训练导数来供TANGENTPROP使用。TANGENTPROP和EBNN已在多个领域中显示出优于纯归纳方法的性能，包括字符和物体识别以及机器人感知和控制任务中。

12.4.1 TANGENTPROP 算法

TANGENTPROP (Simard et al. 1992)接受的领域知识被表示为对应于其输入变换的目标函数的导数。考虑一个学习任务,包含一个实例空间 X 和目标函数 f。至此我们所作的假定中每个训练样例形式为 $\langle x_i, f(x_i)\rangle$,它描述了某实例 x_i 和其训练值 $f(x_i)$。TANGENTPROP 算法还假定提供了目标函数的不同的训练导数(training derivative)。例如,如果每个实例 x_i 描述为一个实数,那么每个训练样例形式可能为 $\langle x_i, f(x_i), \left.\frac{\partial f(x)}{\partial x}\right|_{x_i}\rangle$。这里 $\left.\frac{\partial f(x)}{\partial x}\right|_{x_i}$ 表示目标函数在点 $x = x_i$ 上对 x 的导数。

为了从直觉上理解在学习中不仅提供训练值也提供训练导数的好处,考虑一个简单的任务,如图 12-5 所示。最左边的图形显示待学习的目标函数 f,它基于所显示的 3 个训练样例 $\langle x_1, f(x_1)\rangle$,$\langle x_2, f(x_2)\rangle$和$\langle x_3, f(x_3)\rangle$。有了这 3 个样例,反向传播算法可得到一个平滑函数假设,如中间图显示的函数 g。最右边的图显示了提供训练导数(或斜率)作为每个训练样例的附加信息(如$\langle x_1, f(x_1), \left.\frac{\partial f(x)}{\partial x}\right|_{x_1}\rangle$)的效果。通过拟合训练值 $f(x_i)$同时拟合这些导数$\left.\frac{\partial f(x)}{\partial x}\right|_{x_i}$,学习器可以更好地从稀疏训练数据中正确泛化。概括地说,包含训练导数的效果是为了克服反向传播中的语法归纳偏置(它偏好各点间的平滑插值),将其替换为所希望的导数的显式输入信息。结果假设 h 显示在最右边的图中,它提供了对真实目标函数 f 的更精确估计。

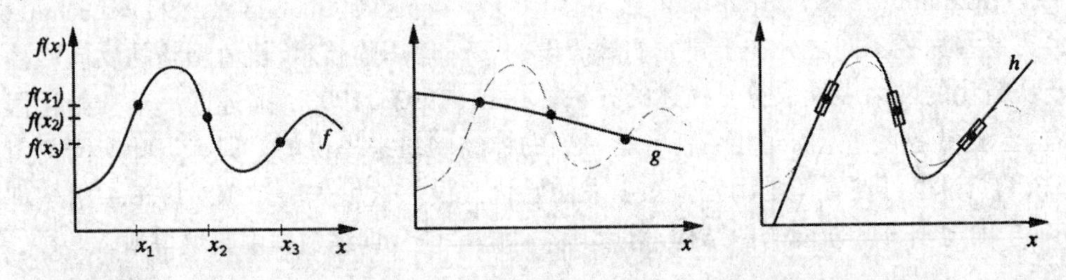

令 f 为目标函数,它的三个样例 $<x_1, f(x_1)>$, $<x_2, f(x_2)>$ 和 $<x_3, f(x_3)>$ 已知。基于这些点,学习器可能生成假设 g。如果导数也已知,学习器可以泛化到更精确的 h。

图 12-5　用 TANGENTPROP 拟合值和导数

在上述例子中,我们只考虑了简单类型的目标函数导数。实际上,TANGENTPROP 可接受对应于输入 x 的各种变换的训练导数。例如,考虑学习识别手写字符的任务。确切地讲,假定输入 x 对应于包含单个手写字符的图像,而任务是正确分类此字符。在此任务中,我们可能希望告诉学习器"目标函数对于图像中字符的微小旋转不受影响"。为输入此先验知识给学习器,我们首先定义一个变换 $s(\alpha, x)$,它把图像 x 旋转α度。现在我们可把旋转不变性的断言表示为:对每个训练实例 x_i,目标函数对应此变换的导数为 0(即旋转输入图像不改变目标函数的值)。换言之,我们可对每个训练实例 x_i 断言下面的训练导数:

$$\frac{\partial f(s(\alpha, x_i))}{\partial \alpha} = 0$$

其中，f 为目标函数，而 $s(\alpha, x_i)$ 为应用此变换 s 到图像 x_i 得到的图像。

这样的训练导数在 TANGENTPROP 中怎样被用于约束神经网络的权值？在 TANGENTPROP 中这些训练导数被合并到梯度下降中需最小化的误差函数中，回忆第 4 章中反向传播算法执行梯度下降试图使误差平方和最小化：

$$E = \sum_i (f(x_i) - \hat{f}(x_i))^2$$

其中，x_i 代表第 i 个训练实例，f 代表真实目标函数，而 $\hat{f}$ 代表学习到的神经网络表示的函数。

在 TANGENTPROP 中，误差函数中新增了一项以惩罚训练导数和学习到的神经网络函数的实际导数 $\hat{f}$ 之间的分歧。一般情况下，TANGENTPROP 可接受多个变换(例如，我们希望断言旋转不变性，同时断言字符识别中的平移不变性)，每个变换形式必须为 $s_j(\alpha, x)$，其中 α 为连续参数，而 s_j 可微，而且 $s_j(0, x) = x$(例如，对于 0 度的旋转，函数即为恒等函数)。对每个这样的变换 $s_j(\alpha, x)$，TANGENTPROP 考虑指定的训练导数和学习到的神经网络的实际导数间的误差平方。修改后的误差函数为：

$$E = \sum_i \left[(f(x_i) - \hat{f}(x_i))^2 + \mu \sum_j \left(\frac{\partial f(s_j(\alpha, x_i))}{\partial \alpha} - \frac{\partial \hat{f}(s_j(\alpha, x_i))}{\partial \alpha} \right)^2_{\alpha = 0} \right] \quad (12.1)$$

其中，μ 为用户提供的常量，以确定拟合训练数据和拟合训练导数之间的相对重要性。注意 E 定义中的第一项为原来的训练数据同网络之间的误差平方，而第二项为训练导数同网络之间的误差平方。

Simard et al. (1992)给出了使此扩展的误差函数最小化的梯度下降规则。它可由类似于第 4 章中反向传播规则中的方法进行推导。

12.4.2 举例

Simard et al. (1992)提供了 TANGENTPROP 的泛化精度同纯归纳反向传播之间的比较结果，针对的问题为手写字符识别。更确切地讲，这里的任务是为单个数字 0 到 9 的图像做标注。在一个实验中，TANGENTPROP 和反向传播都用不同大小的训练集合进行训练，然后基于它们在独立的 160 个样例的测试集合上评估性能。给予 TANGENTPROP 的先验知识为：数字的分类不因图像的水平和垂直平移而改变(即此目标函数对应于这些变换的导数为 0)。结果显示在表 12-4 中，证明了 TANGENTPROP 使用先验知识的泛化精度确实高于纯反向传播算法。

表 12-4 针对手写数字识别问题的 TANGENTPROP 和反向传播的泛化精度

训练集合大小	在测试集上的错误率百分比	
	TANGENTPROP	反向传播
10	34	48
20	17	33
40	7	18
80	4	10
160	0	3
320	0	0

注：TANGENTPROP 泛化精度更高，因为它有先验知识：数字的确定有平移不变性。这些结果来自于 Simard et al.(1992)。

12.4.3 说明

概括地说，TANGENTPROP 使用的先验知识形式为目标函数对应其输入变换的所希望的导数。它通过使一个指标函数最小化来结合先验知识和观察到的训练数据，这个指标函数同时度量了网络对应训练样例值的误差（拟合数据）和网络对应于导数的误差（拟合先验知识）。μ 的值决定了网络在整个误差中拟合这两部分的程度。算法的行为对 μ 值敏感，它是由设计者选择的。

虽然 TANGENTPROP 成功地结合了先验知识和训练数据以指导神经网络学习，但它对于先验知识中的错误健壮性不强。当先验知识不正确时，即输入到学习器的训练导数不能正确反映真实目标函数的导数时，算法将试图拟合不正确的导数，从而导致泛化精度不如完全忽略先验知识使用纯反向传播算法的精度。如果我们预先知道训练导数中的错误出现程度，我们可用这一信息选择常量 μ，以确定拟合训练值和拟合训练导数的相对重要程度。然而，这一信息不太可能预先知道。在下一节我们讨论了 EBNN 算法，它可自动根据 example-by-example 的基础选择 μ 的值，以解决不正确的先验知识的问题。

有必要比较一下 TANGENTPROP、KBANN 和反向传播执行的假设空间（权值空间）的搜索方法。TANGENTPROP 结合先验知识，通过改变由梯度下降最小化的指标（objective）函数来影响假设搜索。它相当于改变了假设空间搜索的目标，如图 12-6 所示。如反向传播算法一样（但与 KBANN 不同），TANGENTPROP 开始于随机小权值的初始网络。然而，它的梯度和训练法则产生的权值更新与反向传播的不同，从而得到不同的最终假设。如图中所示，使 TANGENTPROP 的指标最小化的假设集合不同于使反向传播的指标最小化的假设集合。重要的是，如果训练样例和先验知识都正确，并且目标函数可用 ANN 精确表示，那么满足 TANGENTPROP 指标的权向量集合将为满足反向传播指标的权向量集合的子集。这两个最终假设的集合的差别为一些不正确的假设，它们会被反向传播考虑，但会因为先验知识而被 TANGENTPROP 剔除掉。

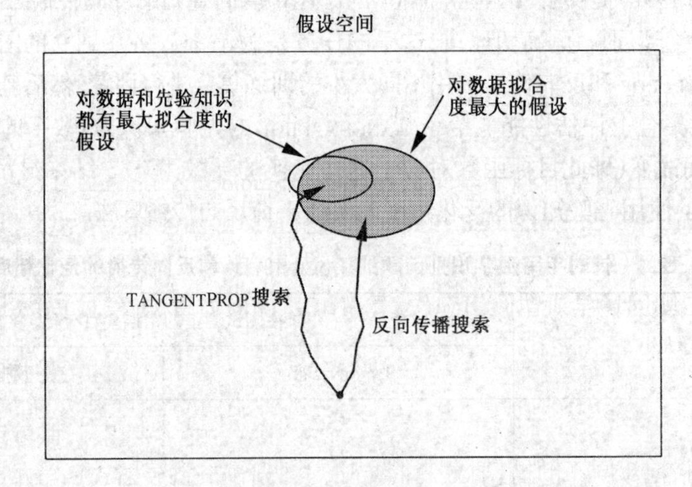

TANGENTPROP 将网络初始化为随机小权值，如反向传播中一样。然而，它使用不同的误差函数来引导梯度下降搜索。TANGENTPROP 中使用的误差包括了预测训练值的误差，也包括预测由先验知识提供的训练导数的误差。

图 12-6　TANGENTPROP 中的假设空间搜索。

注意,对目标函数的训练导数拟合的另一种方法是,简单地将观察到的训练样例附近的附加训练样例综合起来,使用已知的训练导数来估计这些附近的实例的训练值。例如,在上面的字符识别任务中,可以取一个训练图像,对其少量的平移,然后断言平移后的图像与原来的样例属于同一类。可以期望使用反向传播和这些综合的样例,得到相似于 TANGENTPROP 中使用原始样例和导数所得到的结果。Simard et al.(1992)的实验显示两种情况下有近似相等的泛化错误率,但 TANGENTPROP 能更有效地收敛。有意思的是第 4 章提到的学习驾驶汽车的 ALVINN 系统,使用了很相似的途径综合附加训练样例。它使用有关如何根据镜头图像的水平平移来改变驾驶方向的先验知识,创建多个综合的训练样例以扩充每个观察到的训练样例。

12.4.4 EBNN 算法

EBNN(Explanation-Based neural network)是基于解释的神经网络(见 Mitchell & Thrun 1993a, Thrun 1996),这种算法用两种方式改进了 TANGENTPROP 算法。首先,它不依靠用户提供训练导数,而是对每个训练样例自行计算训练导数。计算方法是通过用一套给定的领域理论来解释每个训练样例。其次,EBNN 涉及了如何确定学习过程中归纳和分析部分相对重要程度的问题(即如何选择式(12.1)中参数 μ 的值)。μ 的值是对每个训练样例独立选择的,它基于一个启发式规则,考虑领域理论能否精确预测特定样例的训练值。因此对于那些能由领域理论正确解释的训练样例,学习的分析成分被强化;而对不能正确解释的样例,分析成分被弱化。

EBNN 的输入包括:(1)形式为$\langle x_i, f(x_i)\rangle$的一组训练样例,不包含训练导数;(2)一组领域理论,类似于基于解释的学习(见第 11 章)和 KBANN 中使用的,但它表示为一组预先训练过的神经网络,而不是 Horn 子句。EBNN 的输出是一个能逼近目标函数 f 的新的神经网络。学习到的网络能够拟合训练样例$\langle x_i, f(x_i)\rangle$以及从领域理论中抽取的 f 的训练导数。对训练样例$\langle x_i, f(x_i)\rangle$的拟合构成了学习的归纳成分,而对领域理论中抽取的训练导数的拟合构成了学习的分析成分。

为说明 EBNN 中使用的领域理论,考虑图 12-7。图的上面部分显示的是目标函数 *Cup* 的 EBNN 领域理论,每一方块表示领域理论中一个神经网络。注意在此例中,表 12-3 的符号领域理论中每个 Horn 子句有一对应的网络。例如,标为 *Graspable* 的网络输入为一个实例描述,输出为反映对象是否 *Graspable* 的值(EBNN 典型情况下用 0.8 表示真命题,用 0.2 表示假命题)。该网络类似于表 12-3 中给出的 *Graspable* 的 Horn 子句。某些网络以其他网络的输出作为输入(例如,最右边标为 *Cup* 的网络的输入为 *Stable*、*Liftable* 和 *OpenVessel* 网络的输出)。因此,组成领域理论的这些网络可以链接起来,对每个输入案例推理出目标函数,如 Horn 子句之间的链接一样。一般来说,这些领域理论网络可由某外部源提供给学习器,或者也可是同一系统以前学习的结果。EBNN 使用这些领域理论来学习新的目标函数。它在此过程中不改变领域理论。

EBNN 的目的是学习一个描述目标函数的新神经网络。我们将此新网络称为目标网络(target network)。在图 12-7 的例子中,目标网络 Cup_{target} 显示在图的底部,它的输入为任意的实例描述,输出为表示此对象是否为 *Cup* 的值。

EBNN 通过执行前一节描述的 TANGENTPROP 算法来学习目标网络。回忆一下,TANGENTPROP 训练网络以拟合训练值和训练导数。EBNN 把它接收到的输入训练值$\langle x_i, f(x_i)\rangle$

传递给 TANGENTPROP。此外，EBNN 还把它从领域理论中计算出的导数提供给 TANGENTPROP。为理解 EBNN 是如何计算这些训练导数的，再次考虑图 12-7。图上方显示了对一特定训练实例 x_i，领域理论作出的目标函数值预测。EBNN 对应于输入实例的每一个特征计算此预测的导数。例如在图中，实例 x_i 描述为几个特征如 $MadeOfStyrofoam = 0.2$（即为假），而领域理论预测为 $Cup = 0.8$（即真）。EBNN 对应于每个实例特征计算此预测的偏导，得到下面的偏导集合：

$$\left[\frac{\partial Cup}{\partial BottomIsFlat}, \frac{\partial Cup}{\partial ConcavityPointsUp}, \cdots \frac{\partial Cup}{\partial MadeOfStyrofoam}\right]_{x = x_i}$$

这组导数是领域理论预测函数对输入实例的梯度。下标表示这些导数在 $x = x_i$ 上计算。在更一般的情况下，目标函数有多个输出单元，梯度对每个输出进行计算。这个梯度矩阵被称为目标函数的雅可比行列式（Jacobian）。

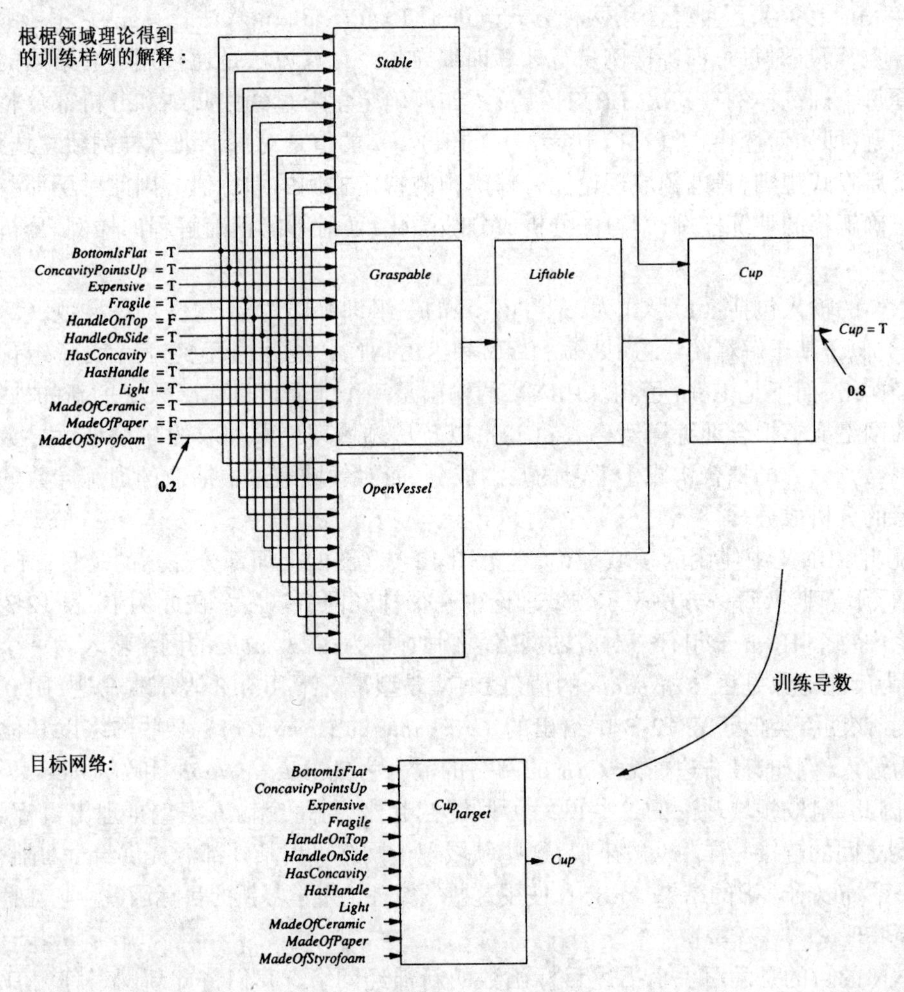

此解释由领域理论网络（上部）作出的目标函数值预测构成。训练导数从此解释中抽取出来，以训练分离的目标网络。每个矩形块表示一个单独的多层神经网络。

图 12-7　EBNN 中一训练样例的解释

为理解这些训练导数在帮助学习目标网络时的重要性,考虑导数$\frac{\partial Cup}{\partial Expensive}$。如果领域理论编码的知识中 $Expensive$ 特征与目标函数 Cup 无关,那么从此解释中抽取的导数$\frac{\partial Cup}{\partial Expensive}$的值为 0。为 0 的导数表示这样的断言,即特征 $Expensive$ 上的改变对 Cup 值的预测没有影响。另一方面,很大的正导数或负导数表示断言:此特征与目标值非常相关。因此,从领域理论解释中抽取的导数提供了区分相关和不相关特征的重要信息。当这些抽取出的导数被提供为 TANGENTPROP 的训练导数以学习目标网络 Cup_{target},它们提供了指导泛化过程的有用的偏置。通常神经网络中的语法归纳偏置在这里被替换为从领域理论中得到的导数所产生的偏置。

上面我们描述了领域理论预测如何被用于生成一组训练导数。精确地讲,完整的 EBNN 算法如下:给定训练样例和领域理论,EBNN 首先创建一个新的全连接前馈网络以表示此目标函数。该目标网络用随机小权值初始化,像在反向传播中那样。然后,EBNN 对每个训练样例$\langle x_i, f(x_i)\rangle$确定相应的训练导数,用两步实现。第一步,用领域理论来预测实例 x_i 的目标函数值。令 $A(x_i)$代表此领域理论对实例 x_i 的预测。换言之,$A(x_i)$为形成 x_i 的解释的领域理论组合网络定义的函数。第二步,分析领域理论的权值和激活状态以抽取出对应 x_i 每个分量的 $A(x_i)$的导数(即在 $x = x_i$ 时计算 $A(x)$的雅可比行列式)。抽取导数的过程类似于反向传播算法中计算 δ 项(见习题 12.5)。最后,EBNN 使用了 TANGENTPROP 的一个微小变型来训练目标网络以拟合下面的误差函数。

$$E = \sum_i \left[(f(x_i) - \hat{f}(x_i))^2 + \mu_i \sum_j \left(\frac{\partial A(x)}{\partial x^j} - \frac{\partial \hat{f}(x)}{\partial x^j} \right)^2_{(x = x_i)} \right] \tag{12.2}$$

其中:

$$\mu_i \equiv 1 - \frac{|A(x_i) - f(x_i)|}{c} \tag{12.3}$$

这里,x_i 代表第 i 个训练实例,$A(x)$代表输入 x 的领域理论预测。上标符号 x^j 代表向量 x 的第 j 个分量(即神经网络的第 j 个输入结点)。系数 c 为一个归一化常量,它的值是为了保证对所有 i,$0 \leqslant \mu_i \leqslant 1$。

虽然这个公式看起来很复杂,其中的思想却很简单。由式(12.2)给出的误差函数与式(12.1)中由 TANGENTPROP 最小化的误差函数有相同的一般形式。最左边的项是训练值 $f(x_i)$和目标网络预测值 $\hat{f}(x_i)$之间的误差平方。最右边的项衡量了从领域理论中抽取的训练导数$\frac{\partial A(x)}{\partial x^j}$和目标网络的实际导数$\frac{\partial \hat{f}(x)}{\partial x^j}$之间的误差平方。因此,最左边的项提供归纳约束,假设必须拟合训练数据,而最右边的项提供的是分析约束,即假设必须拟合从领域理论中抽取的训练导数。注意在式(12.2)中的导数$\frac{\partial \hat{f}(x)}{\partial x^j}$只是式(12.1)中表达式$\frac{\partial \hat{f}(s_j(\alpha, x_i))}{\partial \alpha}$的一种特殊形式,其中将 $s_j(\alpha, x_i)$中的 x_i^j 替换为 $x_i^j + \alpha$,EBNN 使用的精确的权值训练法则由 Thrun(1996)描述。

EBNN 中归纳和分析学习部分的相对重要性由常量 μ_i 确定,它由式(12.3)定义。μ_i 的值是由领域理论的预测 $A(x_i)$ 和训练值 $f(x_i)$的差异确定的。学习的分析成分对于能被领域理论正确预测的训练样例其权值被加重,而对于不能正确预测的样例权值减轻。这一加权启发式规则假定在训练值能够被领域理论正确预测时,从领域理论中抽取的训练导数更有可能是正确的。虽然可能构造出此启发式规则失败的情况,但在实践中几个领域中都已证明是有效的(例如,见 Mitchell & Thrun 1993a, Thrun 1996)。

12.4.5 说明

概括地说,EBNN 算法使用的领域理论被表示为一组预先学习到的神经网络,然后领域理论与训练样例一起训练其输出假设(目标网络)。对每个训练样例,EBNN 使用其领域理论来解释它,然后从此解释中抽取训练导数。对实例的每个属性计算出一个训练导数,以描述按照领域理论,目标函数值是怎样被属性值的微小变化影响的。这个训练导数被提供给 TANGENTPROP 的一个变体,其中使目标网络拟合这些导数和训练样例值。拟合导数限制了学习到网络必须拟合领域理论给出的依赖关系,而拟合训练值限制了网络必须拟合观察到的数据本身。拟合导数的权值 μ_i 是由每个训练样例独立确定的,它基于领域理论预测此样例训练值的精确程度。

在多个领域内,EBNN 已被证明是从近似领域理论中学习的一种有效方法。Thrun (1996)描述了它在上述讨论的 *Cup* 学习任务的变体上的应用,并且报告说它比标准反向传播算法泛化更为精确,特别是在训练数据缺少的情况下。例如,在经过 30 个样例训练后,EBNN 在另一测试数据集上得到的均方根误差为 5.5,而反向传播的误差为 12.0。Mitchell & Thrun (1993a)描述了应用 EBNN 以学习控制模拟的移动机器人,其中领域理论由神经网络构成,它们预测了不同机器人对外界状态的动作的效果。其中 EBNN 也使用了近似的预先学习的领域理论,并获得了比反向传播更好的性能。这里反向传播需要约 90 个训练事件才能达到 EBNN 中 25 个训练事件后的性能。O'Sullivan et al. (1997)和 Thrun(1996)描述了 EBNN 应用到其他几种真实世界感知和控制任务,其中领域理论由网络组成,它使用声纳、视觉和激光范围传感器预测了室内移动机器人的动作效果。

EBNN 与其他基于解释的学习方法之间存在内在的联系,如第 11 章描述的 PROLOG-EBG。它也基于领域理论构造解释(对样例目标值的预测)。在 PROLOG-EBG 中,解释的构造来自于由 Horn 子句组成的领域理论,而目标假设的精化是通过计算此解释成立的最弱条件。因此解释中的相关依赖性在学习到的 Horn 子句假设中反映。EBNN 构造了一个相似的解释,但它是基于神经网络形式的领域理论,而不是 Horn 子句。如在 PROLOG-EBG 中,相关的依赖性是从解释中抽取的,而且被用于精化目标假设。在 EBNN 中,这些依赖性的形式为导数,因为在神经网络这样的连续函数中,导数是表示依赖性的很自然的方法。相反,在符号解释或逻辑证明中,表示依赖性的自然方法是描述此证明所应用的样例集。

第 11 章描述的符号表示的基于解释的方法与 EBNN 在学习能力方面有几点不同。第一个主要不同在于 EBNN 能处理不完美的领域知识,而 PROLOG-EBG 不能。这一不同是由于 EBNN 是建立在拟合观察训练值的归纳机制之上的,而且领域理论只被作为学习到的假设的附加约束。第二个重要不同在于 PROLOG-EBG 学习到逐渐增长的 Horn 子句集,而 EBNN 学习到固定大小的神经网络。如第 11 章讨论的,学习 Horn 子句集的一个难题是,随着学习过程的进行和新 Horn 子句被加入,分类新实例的开销不断增长。然而固定大小的神经网络也有相应的不足,它可能无法表示足够复杂的函数,而增长的 Horn 子句集可以表示越来越复杂的函数。Mitchell & Thrun(1993b)更详细地讨论了关于 EBNN 和符号表示的基于解释的学习方法之间联系。

12.5 使用先验知识来扩展搜索算子

前面两节分析了先验知识在学习中的两种不同角色。初始化学习器的假设和改变指标函数以引导假设空间上的搜索。本节我们考虑使用先验知识来改变假设空间搜索的第三种方法:即改变搜索中定义合法搜索步的算子集合。这一途径被用于 FOCL(Pazzani et al. 1991, Pazzani & Kibler 1992)以及 ML-SMART(Bergadano & Giordanna 1990)等系统。这里我们用 FOCL 来说明这一途径。

12.5.1 FOCL 算法

FOCL 是第 10 章描述的纯归纳的 FOIL 系统的一个扩展。FOIL 和 FOCL 都学习一组一阶 Horn 子句以覆盖观察到的训练例。两个系统都应用了序列覆盖算法来学习单个 Horn 子句,移去那些被新 Horn 子句覆盖的正例,然后在剩余的训练样例上重复这一过程。在两个系统中,每个新 Horn 子句都是通过一般到特殊搜索创建的,开始于最一般的 Horn 子句(即不含前件的子句)。然后生成当前子句的几个候选特化式,并选择其中关于训练样例有最大信息增益的一个。重复该过程,生成更多的候选特化式并选择最佳的,直到获得一个满足指定性能的 Horn 子句。

FOIL 和 FOCL 之间的区别在于搜索单个 Horn 子句的一般到特殊过程中候选假设生成的方法。第 10 章描述的 FOIL 生成每个候选特化式是通过加入一个新文字到子句前件中得到的。FOCL 使用同样的方法产生候选特化式,但还基于领域理论生成了附加的特化式。图 12-8的搜索树的实线边显示了在 FOIL 典型的搜索中考虑的一般到特殊搜索步。图 12-8 搜索树的虚线边表示 FOCL 中基于领域理论考虑的附加候选特化式。

虽然 FOCL 和 FOIL 都能学习一阶 Horn 子句,我们这时演示的操作都只有简单的命题 Horn 子句(无变量的)。再次考虑图 12-3 中的 *Cup* 目标概念、训练样例和领域理论。为描述 FOIL 的操作,我们必须首先在出现于领域理论和假设表示中的两种文字之间作一区分。当一个文字可被用于描述一个输出假设时,我们称它是操作型(operational)。例如,在图 12-3 的 *Cup* 例子中,我们允许输出假设中只能引用描述训练样例的 12 个属性(如:*HasHandle*, *HandleOnTop*)。基于这 12 个属性的文字被认为是操作型的。相反,那些只出现在领域理论中作为中间特征但不是实例的原子属性的文字,被认为是非操作型。在此情况下非操作型属性的一个例子是属性 *Stable*。

在其一般到特殊搜索的每一点,FOCL 使用下面两种算子扩展其当前假设 h:

1) 对不是 h 一部分的每个操作型文字,创建 h 的一个特化式,方法是加入文字到前件中。这也是 FOIL 中生成候选后继的方法。图 12-8 实线箭头表示了此种类型的特化。
2) 按照领域理论,创建一个操作型的且是目标概念的逻辑充分条件。将这组文字加入到 h 的当前前件中去。最后修剪 h 的前件,移去对于训练数据不需要的文字。图 12-8 中虚箭头表示了此种类型的特化。

上面第 2 种算子的详细过程如下。FOCL 首先选择一条领域理论子句,它的头部(前件)匹配目标概念。如果有多个这样的子句,选择其中子句体(后件)关于训练样例有最高信息增益的。例如,在领域理论的训练数据中(参见图 12-3),只有这样一个子句:

$$Cup \leftarrow Stable, \ Liftable, \ OpenVessel$$

所选子句的前件形成了目标概念的一个逻辑充分条件。在这些充分条件中,再次使用领域理论,每个非操作型文字被替换掉,并且将子句前件代入到子句后件中。例如,领域理论子句 *Stable*←*BottomIsFlat* 被用于将操作型的 *BottomIsFlat* 代换非操作型的 *Stable*。这个"展开"(unfolding)领域理论的过程持续到充分条件被表述为操作型文字。如果有多个可选的产生不同结果的领域理论,那么在展开过程的每一步用贪婪的方法选择有最大信息增益的一个。读者可以验证,在这个例子中,给定数据和领域理论,最终的操作型充分条件为:

$$BottomIsFlat, \ HasHandle, \ Light, \ HasConcavity, \ ConcavityPointsUp$$

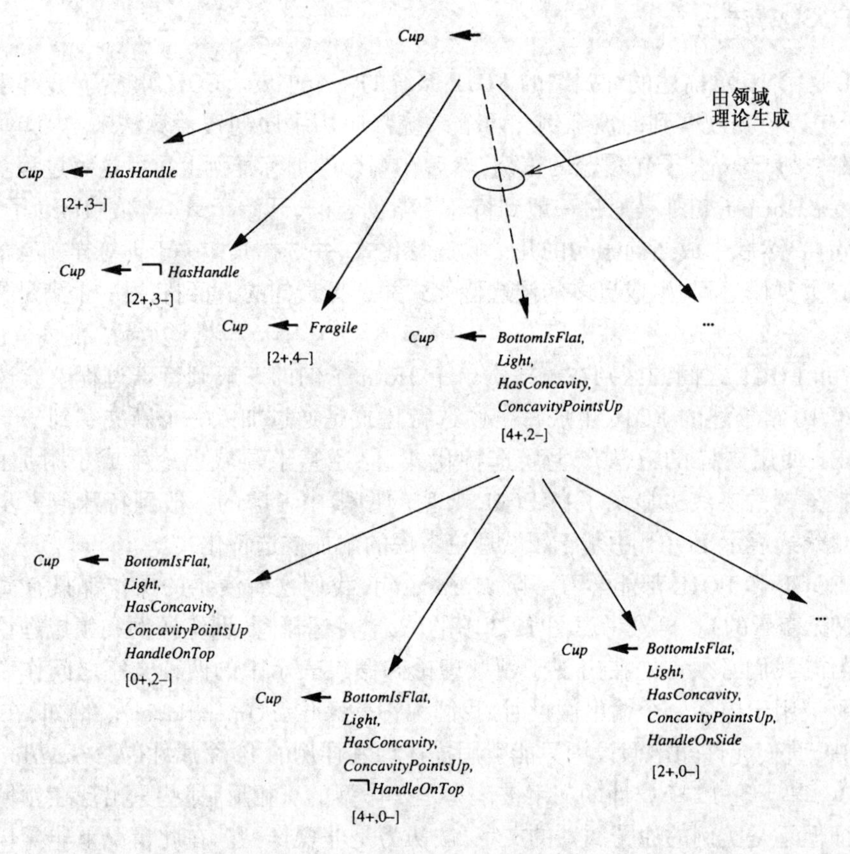

为学习一个规则,FOCL 从一般的假设开始,搜索逐渐特殊的假设。有两种算子用于生成当前假设的特化式。一种是增加一个新的文字(图中的实线)。另一种算子是通过增加一组文字特化此规则。这组文字按照领域理论构成了目标概念的逻辑充分条件(图中虚线)。FOCL 在所有这些候选式中基于它们在数据上的性能进行选择。因此,不完美的领域理论只会在有证据支持理论时才会影响假设。该例基于前面 KBANN 例子相同的训练数据和领域理论。

图 12-8　FOCL 中的假设空间搜索

作为生成候选特化式的最后一步,此充分条件被修剪。对表达式中的每个文字,除非文字的移除会降低训练例上的分类精度,否则它被移去。包含这一步骤是为了从过度特化(over-specialization)的情况下恢复,这时不完美的领域理论中包含不相关的文字。在我们的例子中,上述的文字集合匹配两个正例和两个反例。修剪(移去)文字 *HasHandle* 会使性能改进。因此，最终的修剪过的操作型充分条件为：

$$BottomIsFlat,\ Light,\ HasConcavity,\ ConcavityPointsUp$$

这组文字现在被加入到当前假设的前件中。注意，此假设是图 12-8 中虚线箭头显示的搜索步的结果。

使用了上面两种操作后，一旦当前假设的候选特化式已经生成，有最大信息增益的候选者也就被选择了。图 12-8 中显示的例子中，在搜索树的第一层选择的候选者是由领域理论生成的。搜索过程继续考虑这个领域理论推举的前件的更进一步的特化式，这样学习的归纳成分可以精化领域理论中导出的前件。在此例中，领域理论先影响搜索的第一层。然而，情况并非总是如此。如果在第一层对其他候选有更强的经验化的支持，领域理论推举的文字仍可能在搜索的后续步骤中被加入。概括地说，FOCL 学习以下形式的 Horn 子句：

$$c \leftarrow o_i \wedge o_b \wedge o_f$$

其中 c 为目标概念，o_i 为初始的操作型文字的合取，它由第一个语法算子每次加入一个文字，o_b 是基于领域理论单步加入的操作型文字合取，而 o_f 为第一个语法算子每次加入一个文字的操作型文字的合取。这三个文字集合都可能为空。

上述的讨论演示了使用命题型领域理论在单个 Horn 子句的一般到特殊搜索中创建假设的候选特化式的过程。该算法很容易被扩展到一阶表示中(即含有变量的表示)。第 10 章详细讨论了 FOIL 中生成一阶 Horn 子句的算法，包括上述第一个算子扩展到一阶表示的情况。为扩展第二个算子以处理一阶领域理论，必须在展开领域理论时考虑变量置换。这可以通过涉及到表 11-3 回归过程的一种方法完成。

12.5.2　说明

FOCL 使用领域理论来增加搜索单个 Horn 子句的每一步所要考虑的候选特化式数量。图 12-9比较了 FOCL 执行的假设空间搜索以及纯归纳的 FOIL 算法执行的搜索。FOCL 中领域理论推举的特化式对应 FOIL 搜索中的一个“宏”(marcro)步，其中多个文字在一步中被加入。此过程可被看成是将一个可能以后被考虑的假设提升为立即被考虑的假设。如果领域理论是正确的，训练数据会显示出此假设相对于其他假设的优越性，因此它被选择。如果领域理论不正确，对所有候选的经验化评估会将搜索导向另外一条路径。

概括地说，FOCL 使用语法生成候选特化式的同时，还在搜索中每一步使用了领域理论驱动生成候选特化式。FOCL 算法在这些候选中作出选择主要是基于它们对训练数据的经验化支持。因此，领域理论的使用方式是使学习器偏置，但基于候选们在训练数据上的性能进行最终的选择。由领域理论引入的这种偏置表现形式为：优先选择最相似于领域理论涵蕴(entail)的操作型的逻辑充分条件的 Horn 子句。此偏置与纯归纳的 FOIL 程序的偏置结合在一起。后面一个偏置优先选择短的假设。

在许多不完美领域理论的应用中，FOCL 已显示出比纯归纳的 FOIL 算法有更高的泛化精度。例如 Pazzanzi & Kibler(1992)研究了学习“合法棋盘状态”概念的问题。给定 60 个训练样例，30 个合法的终盘棋盘状态，30 个不合法的。FOIL 在一独立测试样例集上得到 86% 的精度。FOCL 使用相同的 60 个训练样例以及一个精度为 76% 的近似领域理论。结果得到的假设泛化精度为 94%——错误率比 FOIL 的一半还小。在其他领域也得到了类似的结果。例如，给定 500 个电话网问题的训练样例以及电话公司 NYNEX 对它们的诊断，FOIL 精度为

90%，而FOCL在给定相同训练数据以及95%精度的领域理论时，最终达到精度为98%。

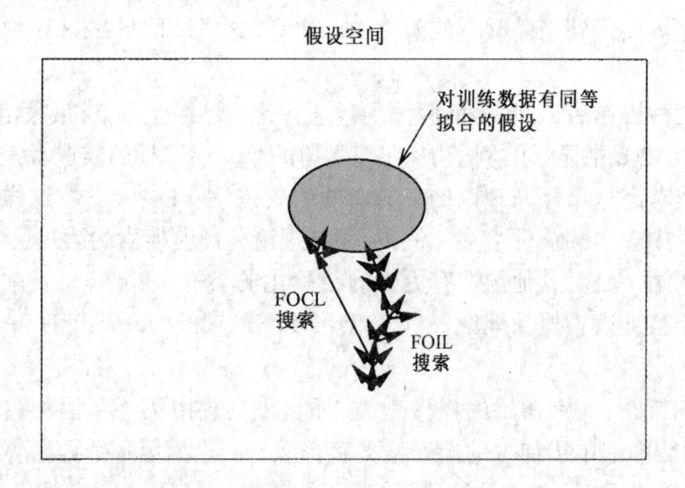

FOCL扩大了FOIL中使用的搜索算子集合。FOIL在每步只考虑加入单个新文字，而FOCL还考虑加入由领域理论导出的多个文字。

图12-9　FOCL中搜索的假设空间

12.6　研究现状

本章展示的方法只是结合分析和归纳学习的可能途径中的几个例子。其中每个方法都被证明在所选领域中性能超出纯归纳的学习方法，但没有一个在大范围的问题领域中被彻底测试或证明。结合归纳和分析学习的主题仍是一个非常活跃的研究领域。

12.7　小结和补充读物

本章的要点包括：

- 近似的先验知识(或领域理论)在许多实际学习问题中是可利用的。决策树和神经网络反向传播这样的纯归纳方法不能利用这样的领域理论，因此在数据缺少时性能较差。Prolog-EBG这样的纯分析学习方法能够利用这样的领域理论，但在给定不完美先验知识时会产生不正确的假设。结合归纳和分析学习的方法可以获得两者的优点，减小样本复杂度，并且否决不正确的先验知识。
- 看待结合归纳和分析学习算法的一种方法是，考虑领域理论是如何影响假设空间搜索的。本章我们考查了几种方法，它们使用不完美的领域理论：(1)创建搜索中的初始假设。(2)扩充当前假设的搜索算子集合。(3)改变搜索目标。
- 使用领域理论来初始化假设的一个系统是KBANN。此算法使用一套编码为命题规则的领域理论来分析地创建等价于领域理论的神经网络。然后此网络被反向传播算法归纳地精化，以改进它在训练数据上的性能。结果是一个被原始领域理论偏置的网络，它的权值基于训练数据被归纳精化。
- TANGENTPROP使用的先验知识被表示为目标函数所希望的导数。在某些领域里，如图像处理，这是表示先验知识的一个很自然的方法。TANGENTPROP通过改变指标函数使用这一知识,此函数在搜索假设空间的梯度下降中被最小化。

- EBNN 使用领域理论改变人工神经网络搜索的假设空间的目标。它使用的领域理论由预先学习的神经网络组成,其作用是实现一个神经网络,以模拟符号的基于解释的学习。如在符号的基于解释的学习中一样,领域理论被用于解释单个样例,获得不同样例特征的相关程度的信息。然而在神经网络表示中,有关相关性的信息被表示为目标函数对应于实例特征的导数。网络假设的训练使用了 TANGENTPROP 算法的一个变种,其中被最小化的误差不仅包含了网络输出值的误差,还包含了从解释中获得的网络导数的误差。
- FOCL 使用领域理论来扩展每步搜索中考虑的候选集。它使用表示为一阶 Horn 子句的近似领域理论来学习一组逼近目标函数的 Horn 子句。FOCL 应用了序列覆盖算法,通过一般到特殊搜索过程来学习每个 Horn 子句。领域理论被用于扩大此搜索中每步考虑的下一个更特殊的候选假设集。然后候选假设基于它在训练数据上的性能被评估。以这种方法,FOCL 结合了 FOIL 的贪婪的、一般到特殊的搜索策略以及分析方法中的规则链分析推理。
- 如何最好地融合先验知识到新观察事物中的问题,仍是机器学习中主要的待解决问题之一。

还有许多种算法试图结合归纳和分析学习。例如,第 6 章讨论的学习贝叶斯网的方法提供了另一种途径。本章末尾的参考文献提供了进一步阅读的例子来源。

习题

12.1　考虑学习一个目标概念 *GoodCreditRisk*,它定义在某实例描述之上,实例描述包含 4 个属性 *HasStudentLoan*, *HasSavingsAccount*, *IsStudent*, *OwnsCar*。对于下面的领域理论,给出 KBANN 创建的初始网络,包括所有的网络连接和权值。

$$GoodCreditRisk \leftarrow Employed,\ LowDebt$$
$$Employed \leftarrow \neg IsStudent$$
$$LowDebt \leftarrow \neg HasStudentLoan,\ HasSavingsAccount$$

12.2　KBANN 将一组命题 Horn 子句变换为一个初始神经网络。考虑一类 n-of-m 子句,这种 Horn 子句前件(先行词)中包含 m 个文字,并且包含一关联的参数 n, $n \leqslant m$。当 m 个前件中至少 n 个满足时,此 n-of-m Horn 子句被认为是满足的。例如,子句:

$$Student \leftarrow LivesInDorm,\ Young,\ Studies; \quad n = 2$$

如果 3 个前件中至少两个满足时,断言此人为 *Student*。

给出与 KBANN 相似的一个算法,它接受一组命题型 n-of-m 子句并且能构造出与领域理论一致的神经网络。

12.3　试将 KBANN 扩展,以接受包含一阶 Horn 子句的领域理论,而不只是命题 Horn 子句(即允许 Horn 子句包含变量,如第 10 章中那样)。给出一个算法,构造等价于一个 Horn 子句集的神经网络,如果不能则讨论其中的困难。

12.4　此习题要求推导出类似于 TANGENTPROP 使用的梯度下降法则。考虑实例空间 X 由实数构成,而假设空间 H 由 x 的二次函数构成。即每个假设形式为:

$$h(x) = w_0 + w_1 x + w_2 x^2$$

(a)推导一个梯度下降法则,它最小化反向传播中相同的判据:即在假设和训练数据目标值之间的误差平方和。

(b)推导一个梯度下降法则,它最小化 TANGENTPROP 中相同的判据。只考虑一个变换 $s(\alpha, x) = x + \alpha$

12.5　EBNN 从解释中抽取训练导数的方法是,考虑构成解释的神经网络的权值和激活状态。考虑一个简单的例子,其中解释的形式为有 n 个输入的单个 sigmoid 单元。推导一个过程以抽取导数 $\left.\frac{\partial \hat{f}(x)}{\partial x^j}\right|_{x=x_i}$,其中 x_i 为输入到此单元的特定训练实例,$\hat{f}(x)$ 为 sigmoid 单元输出,并且 x^j 代表 sigmoid 单元第 j 个输入。也可以使用记号 x_i^j 代表 x_i 的第 j 个分量。提示:该导数与反向传播训练法则中的导数相似。

12.6　再次考虑图 12-8 中显示的 FOCL 搜索步骤。假如在搜索的第一层选择的假设改为:

$$Cup \leftarrow \neg HasHandle$$

描述 FOCL 生成的作为此假设后继的第二层候选假设。只需要包括那些由 FOCL 的第二个搜索算子生成的假设,即用领域理论生成的假设。不要忘记对充分条件进行后修剪。使用表 12-3 中的训练数据。

12.7　本章讨论了 3 种途径来使用先验知识影响假设空间的搜索。你认为如何集成这三种方法?能否提出一个特殊算法,它集成了至少两种算法以针对某种特殊的假设表示。在此集成中有什么优缺点?

12.8　再次考虑 12.2.1 节中的问题,即当数据和先验知识都存在时,应使用什么样的准则在假设中进行选择。给出你在这个问题上的见解。

参考文献

Abu-Mostafa, Y. S. (1989). Learning from hints in neural networks. *Journal of Complexity*, 6(2), 192–198.

Bergadano, F., & Giordana, A. (1990). Guiding induction with domain theories. In R. Michalski et al. (Eds.), *Machine learning: An artificial intelligence approach 3* (pp. 474–492). San Mateo, CA: Morgan Kaufmann.

Bradshaw, G., Fozzard, R., & Cice, L. (1989). A connectionist expert system that really works. In *Advances in neural information processing*. San Mateo, CA: Morgan Kaufmann.

Caruana, R. (1996). Algorithms and applications for multitask learning. *Proceedings of the 13th International Conference on Machine Learning*. San Francisco: Morgan Kaufmann.

Cooper, G. C., & Herskovits, E. (1992). A Bayesian method for the induction of probabilistic networks from data. *Machine Learning*, 9, 309–347.

Craven, M. W. (1996). *Extracting comprehensible models from trained neural networks* (PhD thesis) (UW Technical Report CS-TR-96-1326). Department of Computer Sciences, University of Wisconsin-Madison.

Craven, M. W., & Shavlik, J. W. (1994). Using sampling and queries to extract rules from trained neural networks. *Proceedings of the 11th International Conference on Machine Learning* (pp. 37–45). San Mateo, CA: Morgan Kaufmann.

Fu, L. M. (1989). Integration of neural heuristics into knowledge-based inference. *Connection Science*, 1(3), 325–339.

Fu, L. M. (1993). Knowledge-based connectionism for revising domain theories. *IEEE Transactions on Systems, Man, and Cybernetics*, 23(1), 173–182.

Gallant, S. I. (1988). Connectionist expert systems. *CACM*, 31(2), 152–169.

Koppel, M., Feldman, R., & Segre, A. (1994). Bias-driven revision of logical domain theories. *Journal of Artificial Intelligence*, 1, 159–208. http://www.cs.washington.edu/research/jair/home.html.

Lacher, R., Hruska, S., & Kuncicky, D. (1991). *Backpropagation learning in expert networks* (Dept. of Computer Science Technical Report TR91-015). Florida State University, Tallahassee.

Maclin, R., & Shavlik, J. (1993). Using knowledge-based neural networks to improve algorithms: Refining the Chou-Fasman algorithm for protein folding. *Machine Learning*, 11(3), 195–215.

Mitchell, T. M., & Thrun, S. B. (1993a). Explanation-based neural network learning for robot control. In S. Hanson, J. Cowan, & C. Giles (Eds.), *Advances in neural information processing systems 5* (pp. 287–294). San Mateo, CA: Morgan-Kaufmann Press.

Mitchell, T. M., & Thrun, S. B. (1993b). Explanation-based learning: A comparison of symbolic and neural network approaches. *Tenth International Conference on Machine Learning*, Amherst, MA.

Mooney, R. (1993). Induction over the unexplained: Using overly-general domain theories to aid concept learning. *Machine Learning*, 10(1).

O'Sullivan, J., Mitchell, T., & Thrun, S. (1997). Explanation-based learning for mobile robot perception. In K. Ikeuchi & M. Veloso (Eds.), *Symbolic Visual Learning* (pp. 295–324).

Ourston, D., & Mooney, R. J. (1994). Theory refinement combining analytical and empirical methods. *Artificial Intelligence*, 66(2).

Pazzani, M. J., & Brunk, C. (1993). Finding accurate frontiers: A knowledge-intensive approach to relational learning. *Proceedings of the 1993 National Conference on Artificial Intelligence* (pp. 328–334). AAAI Press.

Pazzani, M. J., Brunk, C. A., & Silverstein, G. (1991). A knowledge-intensive approach to learning relational concepts. *Proceedings of the Eighth International Workshop on Machine Learning* (pp. 432–436). San Mateo, CA: Morgan Kaufmann.

Pazzani, M. J., & Kibler, D. (1992). The utility of knowledge in inductive learning. *Machine Learning*, 9(1), 57–94.

Pratt, L. Y. (1993a). *Transferring previously learned* BACKPROPAGATION *neural networks to new learning tasks* (Ph.D. thesis). Department of Computer Science, Rutgers University, New Jersey. (Also Rutgers Computer Science Technical Report ML-TR-37.)

Pratt, L. Y. (1993b). Discriminability-based transfer among neural networks. In J. E. Moody et al. (Eds.), *Advances in Nerual Information Processing Systems 5*. San Mateo, CA: Morgan Kaufmann.

Rosenbloom, P. S., & Aasman, J. (1990). Knowledge level and inductive uses of chunking (ebl). *Proceedings of the Eighth National Conference on Artificial Intelligence* (pp. 821–827). AAAI Press.

Russell, S., Binder, J., Koller, D., & Kanazawa, K. (1995). Local learning in probabilistic networks with hidden variables. *Proceedings of the 14th International Joint Conference on Artificial Intelligence*, Montreal. Morgan Kaufmann.

Shavlik, J., & Towell, G. (1989). An approach to combining explanation-based and neural learning algorithms. *Connection Science*, 1(3), 233–255.

Simard, P. S., Victorri, B., LeCun, Y., & Denker, J. (1992). Tangent prop—A formalism for specifying selected invariances in an adaptive network. In J. Moody et al. (Eds.), *Advances in Neural Information Processing Systems 4*. San Mateo, CA: Morgan Kaufmann.

Sudharth, S. C., & Holden, A. D. C. (1991). Symbolic-neural systems and the use of hints for developing complex systems. *International Journal of Man-Machine Studies*, 35(3), 291–311.

Thrun, S. (1996). *Explanation based neural network learning: A lifelong learning approach*. Boston: Kluwer Academic Publishers.

Thrun, S., & Mitchell, T. M. (1993). Integrating inductive neural network learning and explanation-based learning. *Proceedings of the 1993 International Joint Conference on Artificial Intelligence*.

Thrun, S., & Mitchell, T. M. (1995). Learning one more thing. *Proceedings of the 1995 International Joint Conference on Artificial Intelligence*, Montreal.

Towell, G., & Shavlik, J. (1989). An approach to combining explanation-based and neural learning algorithms. *Connection Science*, (1), 233–255.

Towell, G., & Shavlik, J. (1994). Knowledge-based artificial neural networks. *Artificial Intelligence*, 70(1–2), 119–165.

Towell, G., Shavlik, J., & Noordewier, M. (1990). Refinement of approximate domain theories by knowledge-based neural networks. *Proceedings of the Eighth National Conference on Artificial Intelligence* (pp. 861–866). Cambridge, MA: AAAI, MIT Press.

Yang, Q., & Bhargava, V. (1990). Building expert systems by a modified perceptron network with rule-transfer algorithms (pp. 77–82). *International Joint Conference on Neural Networks*, IEEE.

第13章 增强学习

增强学习要解决的是这样的问题:一个能够感知环境的自治 agent,怎样通过学习选择能达到其目标的最优动作。这个很具有普遍性的问题应用于学习控制移动机器人、在工厂中学习最优操作工序以及学习棋类对弈等。当 agent 在其环境中作出每个动作时,施教者会提供奖励或惩罚信息,以表示结果状态的正确与否。例如,在训练 agent 进行棋类对弈时,施教者可在游戏胜利时给出正回报,而在游戏失败时给出负回报,其他时候为零回报。agent 的任务就是从这个非直接的、有延迟的回报中学习,以便后续的动作产生最大的累积回报。本章着重介绍一个称为 Q 学习的算法,它可从有延迟的回报中获取最优控制策略,即使 agent 没有有关其动作会对环境产生怎样的效果的先验知识。增强学习与动态规划(dynamic programming)算法有关,后者常被用于解决最优化问题。

13.1 简介

考虑建造一个可学习的机器人。该机器人(或agent)有一些传感器可以观察其环境的状态(state)并能做出一组动作(action)改变这些状态。例如,移动机器人具有镜头和声纳等传感器,并可以做出“直走”和“转弯”等动作。学习的任务是获得一个控制策略(policy),以选择能达到目的的行为。例如,此机器人的任务是在其电池电量转低时找到充电器进行充电。

本章关心的就是:这样的 agent 怎样在其环境中做实验并成功地学习到控制策略。这里假定 agent 的目标可被定义为一个回报(reward)函数,它对 agent 从不同的状态中选取不同的动作赋予一个数字值,即立即支付(immediate payoff)。例如,寻找电池充电器的目标可用这样的回报函数指定:对那些能够连接到充电器的状态-动作转换赋予正回报(如, + 100),对其他的状态动作转换赋予零回报。这个回报函数可内嵌在机器人中;或者只有外部施教者知道,由它对机器人的每个动作给出回报值。机器人的任务是执行一系列动作,观察其后果,再学习控制策略。我们希望的控制策略是能够从任何初始状态选择恰当的动作,使 agent 随时间的累积获得的回报达到最大。这个机器人学习问题的一般框架在图 13-1 中概要列出。

从图 13-1 中可清楚地看到,学习控制策略以使累积回报最大化这个问题非常普遍,它覆盖了机器人学习任务以外的许多问题。一般来说,此问题是一个通过学习来控制序列过程的问题。例如,生产优化问题,其中要选择一系列的生产动作,而使生产出的货物减去其成本达到最大化。再如一些序列调度问题,像在一个大城市中选择出租车运载乘客,其中回报函数为乘客等待的时间和出租车队的整体油耗。一般来说,我们感兴趣的问题类型是:一个 agent 需要通过学习和选择动作来改变环境状态,其中使用了一个累积回报函数来定义任意动作序列的质量。在此类问题中。我们考虑几种特殊的框架,包括:动作是否具有确定性的输出;agent 是否有其动作对环境的效果的先验知识。

在本书前面,我们已经接触到了通过学习来控制序列过程的问题。在第 11.4 节中,我们讨论了用基于解释的方法学习规则,以控制问题求解中的搜索。其中 agent 的目的是在搜索其目标状态的每一步从可选动作中做出抉择。本章讨论的技术不同于第 11.4 节,因为这里考虑的问题中行为可能有非确定性的输出,而且学习器缺少描述其行为输出的领域理论。在第 1 章,我们讨论了在西洋双陆棋对弈中的学习问题。其中概述的学习方法非常类似于本章的学习方法。实际上本章的增强学习算法的一个最成功的应用就是类似的博弈问题。Tesauro (1995)描述的 TD-GAMMON 程序,它使用增强学习成为世界级的西洋双陆棋选手。这个程序经过了 150 万个自生成的对弈训练后,已近似达到了人类最佳选手的水平,并且在国际西洋双陆棋联赛中与顶尖棋手对弈取得了良好的成绩。

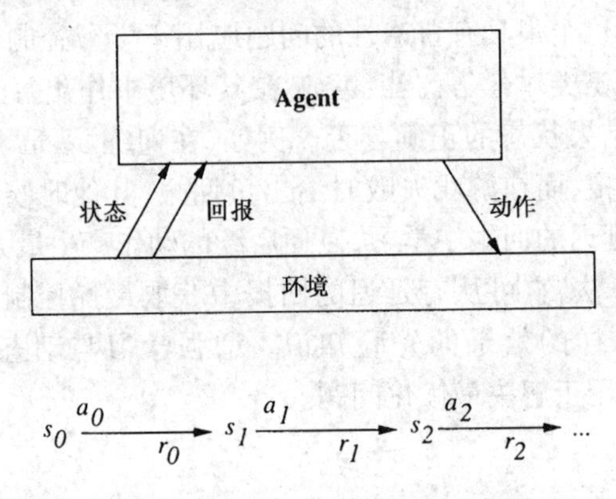

目标: 学习选择动作使下式最大化

$$r_0+\gamma r_1+\gamma^2 r_2+\ldots,\ 其中\ 0 \leqslant \gamma < 1$$

此 agent 生存的环境被描述为某可能的状态集合 S。它可执行任意的可能动作集合 A。每次在某状态 s_t 下执行一动作 a_t,此 agent 会收到一个实值回报 r_t,它表示此状态 - 动作转换的立即值。如此产生了一系列的状态 s_i,动作 a_i 和立即回报 r_i 的集合,如图所示。Agent 的任务是学习一个控制策略 $\pi: S \rightarrow A$,它使这些回报的和的期望值最大化,其中后面的回报值随着他们的延迟指数减小。

图 13-1　一个与环境交互的 agent

学习控制策略以选择动作的问题在某种程度上类似于其他章讨论过的函数逼近问题。这里待学习的目标函数是控制策略 $\pi: S \rightarrow A$。它在给定当前状态 S 集合中的 s 时,从集合 A 中输出一个合适的动作 a。然而,增强学习问题与其他的函数逼近问题有几个重要不同:

- 延迟回报(delayed reward)　agent 的任务是学习一个目标函数 π。它把当前状态 s 映射到最优动作 $a = \pi(s)$。在前面章节中,我们总是假定在学习 π 这样的目标函数时,每个训练样例是序偶的形式 $\langle s, \pi(s) \rangle$。然而在增强学习中,训练信息不能以这种形式得到。相反,施教者只在 agent 执行其序列动作时提供一个序列立即回报值,因此 agent 面临一个时间信用分配(temporal credit assignment)的问题:确定最终回报的生成应归功于其序列中哪一个动作。
- 探索(exploration)　在增强学习中,agent 通过其选择的动作序列影响训练样例的分布。这产生了一个问题:哪种实验策略可产生最有效的学习。学习器面临的是一个权衡过程:是选择探索未知的状态和动作(收集新信息),还是选择利用它已经学习过、会产生高回报的状态和动作(使累积回报最大化)。
- 部分可观察状态(partially observable states)　虽然为了方便起见,可以假定 agent 传感器在每一步可感知到环境的全部状态,但在实际的情况下传感器只能提供部分信息。例如:带有前向镜头的机器人不能看到它后面的情况。在此情况下可能需要结合考虑其以前的观察以及当前的传感器数据以选择动作,而最佳的策略有可能是选择特定的动作以改进环境可观察性。

- 终生学习(life-long learning) 不像分离的函数逼近任务,机器人学习问题经常要求此机器人在相同的环境下使用相同的传感器学习多个相关任务。怎样在窄小的走廊中行走以及怎样从激光打印机中取得打印纸等。这使得有可能使用先前获得的经验或知识在学习新任务时减小样本复杂度。

13.2 学习任务

在本节中,我们把学习序列控制策略的问题更精确地形式化,可以选择许多种形式化的方法。例如,可假定 agent 的行为是确定性或非确定性的;假定 agent 可以预测每一个行为所产生的状态或不能预测;假定 agent 是由外部专家通过示例最优动作序列来训练的或必须通过执行自己选择的动作来训练。这里我们基于马尔可夫(Markov)决策过程定义该问题的一般形式。这种问题形式遵循图 13-1 示例的问题。

在马尔可夫决策过程(Markov decision process, MDP)中,agent 可感知到其环境的不同状态集合 S,并且有它可执行的动作集合 A。在每个离散时间步 t,agent 感知到当前状态 s_t,选择当前动作 a_t并执行它。环境响应此 agent,给出回报 $r_t = r(s_t, a_t)$,并产生一个后继状态 $s_{t+1} = \delta(s_t, a_t)$。这里函数 δ 和 r 是环境的一部分,agent 并不知道。在 MDP 中,函数 $\delta(s_t, a_t)$和 $r(s_t, a_t)$只依赖于当前状态和动作,而不依赖于以前的状态和动作。本章中我们只考虑 S 和 A 为有限的情形。一般来说,δ 和 r 可为非确定性函数,但我们首先从确定性的情形开始。

agent 的任务是学习一个策略 $\pi: S \to A$,它基于当前观察到的状态 s_t 选择下一步动作 a_t,即 $\pi(s_t) = a_t$。如何精确指定此 agent 要学习的策略 π 呢?一个明显的方法是要求此策略对机器人产生最大的累积回报。为精确地表述这个要求,我们定义:通过遵循一个任意策略 π 从任意初始状态 s_t 获得的累积值 $V^\pi(s_t)$为:

$$\begin{aligned} V^\pi(s_t) &\equiv r_t + \gamma r_{t+1} + \gamma^2 r_{t+2} + \cdots \\ &\equiv \sum_{i=0}^{\infty} \gamma^i r_{t+i} \end{aligned} \tag{13.1}$$

其中,回报序列 r_{t+i}的生成是通过由状态 s_t 开始并重复使用策略 π 来选择上述的动作(如,$a_t = \pi(s_t)$,$a_{t+1} = \pi(s_{t+1})$等)。这里$0 \leqslant \gamma < 1$为一常量,它确定了延迟回报与立即回报的相对比例。确切地讲,在未来的第 i 时间步收到的回报被因子 γ^i 以指数级折算。注意如果设置 $\gamma = 0$,那么只考虑立即回报。当 γ 被设置为接近 1 的值时,未来的回报相对于立即回报有更大的重要程度。

由式(13.1)定义的量 $V^\pi(s)$常被称为由策略 π 从初始状态 s 获得的折算累积回报(discounted cumulative reward)。把未来的回报相对于立即回报进行折算是合理的,因为在许多情况下,我们希望获得更快的回报。不过,其他的整体回报定义也被研究过。例如:有限水平回报(finite horizon reward)定义为 $\sum_{i=0}^{h} r_{t+i}$,它计算有限的 h 步内回报的非折算和。另一种定义方式是平均回报(average raward):$\lim_{h \to \infty} \frac{1}{h} \sum_{i=0}^{h} r_{t+i}$。它考虑的是 agent 整个生命期内每时间步的平均回报。本章只限于考虑式(13.1)定义的折算回报。Mahadevan(1996)讨论了当优化准则为平均回报时的增强学习。

现在可以精确陈述 agent 的学习任务。我们要求 agent 学习到一个策略 π,使得对于所有状态 s, $V^{\pi}(s)$为最大。此策略被称为*最优策略*(optimal policy),并用 π^* 来表示。

$$\pi^* \equiv \underset{\pi}{\operatorname{argmax}} V^{\pi}(s), (\forall s) \tag{13.2}$$

为简化表示,我们将此最优策略的值函数 $V^{\pi^*}(s)$记作 $V^*(s)$。$V^*(s)$给出了当 agent 从状态 s 开始时可获得的最大折算累积回报,即从状态 s 开始遵循最优策略时获得的折算累积回报。

为了说明这些概念,图 13-2 的上方显示了一个简单的格状世界环境。此图中的 6 个方格代表 agent 的 6 种可能的状态或位置。图中每个箭头代表 agent 可采取的动作,从一个状态移动到另一个。与每个箭头相关联的数值表示,如果 agent 执行相应的状态动作转换可收到的立即回报 $r(s,a)$。注意,在这个特定环境下,所有的状态动作转换,除了导向状态 **G** 的以外,都被定义为 0。为便于讨论,可将状态 **G** 看作是目标状态,因为 agent 可接受到回报的惟一方法是进入此状态。还要注意在此环境下,agent 一旦进入状态 **G**,它可选的动作只能是留在该状态中。因此,我们称 **G** 为*吸收状态*(absorbing state)。

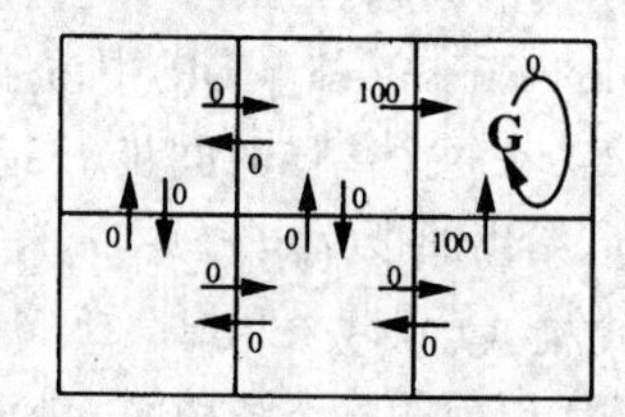

$r(s,a)$ 立即回报值

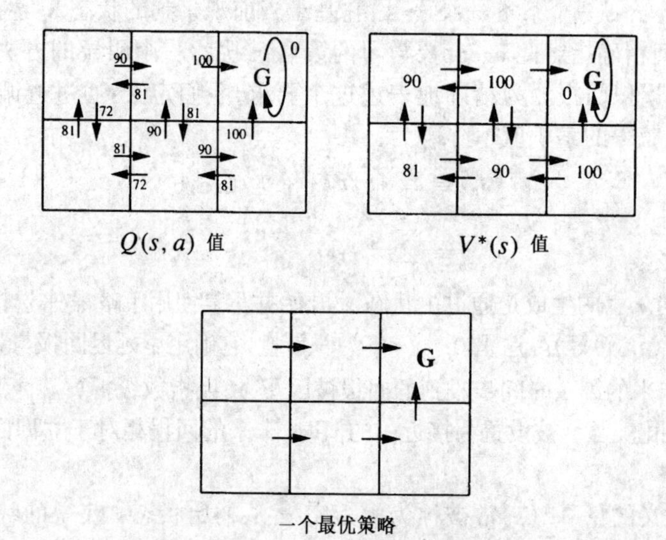

$Q(s,a)$ 值　　$V^*(s)$ 值

一个最优策略

每个方格代表一个不同的状态,每个箭头代表一个不同的动作。立即回报函数把进入目标状态 G 的回报赋予 100,其他的赋予 0。$V^*(s)$和 $Q(s, a)$的值来自于 $r(s, a)$以及折算因子 $\gamma = 0.9$。对应于最大 Q 值的动作的一个最优策略也显示在图中。

图 13-2　说明 Q 学习的基本概念的一个简单的确定性世界

我们已经定义了状态、动作和立即回报,只要再选择折算因子 γ 的值,就可以确定最优策略 π^* 和它的值函数 $V^*(s)$ 了。在这里我们选择 $\gamma=0.9$。图 13-2 的下方显示了在此设定下的一种最优策略(还有其他的最优策略)。与其他策略一样,该策略确切地指定了 agent 在任意给定状态下应选择的一个动作。如所想像的那样,该最优策略把 agent 以最短路径导向状态 **G**。

图 13-2 的右边的图显示每个状态的 V^* 值。例如:考虑此图的右下角的状态。此状态的 V^* 值为 100,因为在此状态下最优策略会选择"向上"的动作,从而得到立即回报 100。然后,agent 会留在吸收状态,不再接到更多的回报。同样,中下方的状态的 V^* 值为 90。这是因为最优策略会使 agent 从这里向右移动(得到为 0 的立即回报),然后向上(生成为 100 的立即回报)。这样,此状态的折算回报为:

$$0 + \gamma 100 + \gamma^2 0 + \gamma^3 0 + \ldots = 90$$

回忆 V^* 的定义,它是在无限未来上的打算回报和。在这个特定的环境下,一旦 agent 到达了吸收状态 **G**,其无限未来将留在此状态中并获得 0 回报。

13.3 Q 学习

一个 agent 在任意的环境中如何能学到最优的策略 π^*? 直接学习函数 $\pi^*: S \rightarrow A$ 很困难,因为训练数据中没有提供 $\langle s, a \rangle$ 形式的训练样例。作为替代,惟一可用的训练信息是立即回报序列 $r(s_i, a_i), i = 0, 1, 2 \ldots$。如我们将看到的,给定了这种类型的训练信息,更容易的是学习一个定义在状态和动作上的数值评估函数,然后以此评估函数的形式实现最优策略。

Agent 应尝试学习什么样的评估函数? 很明显的一个选择是 V^*。只要当 $V^*(s_1) > V^*(s_2)$ 时,agent 认为状态 s_1 优于 s_2,因为从 s_1 中可得到较大的立即回报。当然 agent 的策略要选择的是动作而非状态。然而在合适的设定中使用 V^* 也可选择动作。在状态 s 下的最优动作是使立即回报 $r(s,a)$ 加上立即后继状态的 V^* 值(被 γ 折算)最大的动作 a。

$$\pi^*(s) = \underset{a}{\operatorname{argmax}}[r(s,a) + \gamma V^*(\delta(s,a))] \tag{13.3}$$

回忆 $\delta(s,a)$ 代表应用动作 a 到状态 s 的结果状态。因此,agent 可通过学习 V^* 获得最优策略的条件是:*它具有立即回报函数 r 和状态转换函数 δ 的完美知识*。当 agent 得知了外界环境用来响应动作的函数 r 和 δ 的完美知识,它就可用式(13.3)来计算任意状态下的最优动作。

遗憾的是,只在 agent 具有 r 和 δ 完美知识时,学习 V^* 才是学习最优策略的有效方法。这要求它能完美预测任意状态转换的立即结果(即立即回报和立即后续)。在许多实际的问题中,比如机器人控制,agent 以及它的程序设计者都不可能预先知道应用任意动作到任意状态的确切输出。例如,对于一个用手臂铲土的机器人,当结果状态包含土块的状态时,如何描述 δ 函数? 因此当 δ 或 r 都未知时,学习 V^* 是无助于选择最优动作的,因为 agent 不能用式(13.3)进行评估。在更一般的选择中,agent 应使用什么样的评估函数呢? 下一节定义的评估函数 Q 提供了答案。

13.3.1 Q 函数

评估函数 $Q(s,a)$ 定义为:它的值是从状态 s 开始并使用 a 作为第一个动作时的最大折算累积回报。换言之,Q 的值为从状态 s 执行动作 a 的立即回报加上以后遵循最优策略的值(用 γ 折算)。

$$Q(s,a) \equiv r(s,a) + \gamma V^*(\delta(s,a)) \tag{13.4}$$

注意，$Q(s,a)$正是式(13.3)中为选择状态 s 上的最优动作 a 应最大化的量，因此可将式(13.3)重写为 $Q(s,a)$的形式：

$$\pi^*(s) = \underset{a}{\operatorname{argmax}} Q(s,a) \tag{13.5}$$

重写该式为什么很重要？因为它显示了如果 agent 学习 Q 函数而不是 V^* 函数，即使在缺少函数 r 和 δ 的知识时，agent 也可选择最优动作。式(13.5)清楚地显示出，agent 只须考虑其当前的状态 s 下每个可用的动作 a，并选择其中使 $Q(s,a)$最大化的动作。

这一点开始看起来令人惊奇，只需对当前的状态的 Q 的局部值重复做出反应，就可选择到全局最优化的动作序列，这意味着 agent 不须进行前瞻性搜索，不须明确地考虑从此动作得到的状态，就可选择最优动作。Q 学习的美妙之处部分在于其评估函数的定义精确地拥有此属性：当前状态和动作的 Q 值在单个的数值中概括了所有需要的信息，以确定在状态 s 下选择动作 a 时在将来会获得的折算累积回报。

为说明这一点，见图 13-2。其中在简单的格子世界中显示了每个状态和动作的 Q 值。注意每个状态动作的转换的 Q 值等于此转换的 r 值加上结果状态的 V^* 值(用 γ 折算)。还要注意图中显示的最优策略对应于选择有最大的 Q 值的动作。

13.3.2 一个学习 Q 的算法

学习 Q 函数对应于学习最优策略。Q 怎样才能被学习到呢？

关键在于要找到一个可靠的方法，只在时间轴上展开的立即回报序列的基础上估计训练值。这可通过迭代逼近的方法完成。为理解怎样完成这一过程，注意 Q 和 V^*之间的密切联系：

$$V^*(s) = \max_{a'} Q(s,a')$$

用它可重写式(13.4)为：

$$Q(s,a) \equiv r(s,a) + \gamma \max_{a'} Q(\delta(s,a),a') \tag{13.6}$$

这个 Q 函数的递归定义提供了迭代逼近 Q 算法的基础(Watkins 1989)。为描述此算法，我们将使用符号 $\hat{Q}$ 来指代学习器对实际 Q 函数的估计，或者说假设。在此算法中学习器通过一个大表表示其假设 $\hat{Q}$，其中对每个状态－动作对有一表项。状态－动作对$\langle s, a\rangle$的表项中存储了 $\hat{Q}(s,a)$的值，即学习器对实际的但未知的 $Q(s,a)$值的当前假设。此表可被初始填充为随机值(当然，如果认为是全 0 的初始值更易于理解)。Agent 重复地观察其当前的状态 s，选择某动作 a，执行此动作，然后观察结果回报 $r = r(s,a)$以及新状态 $s' = \delta(s,a)$。然后 agent 遵循每个这样的转换更新 $\hat{Q}(s,a)$的表项，按照以下的规则：

$$\hat{Q}(s,a) \leftarrow r + \gamma \max_{a'} \hat{Q}(s',a') \tag{13.7}$$

注意此训练法则使用 agent 对新状态 s'的当前 $\hat{Q}$ 值来精化其对前一状态 s 的 $\hat{Q}(s,a)$估计。此训练规则是从式(13.6)中得到的，不过此训练值考虑 agent 的近似 $\hat{Q}$，而式(13.6)应用到实际的 Q 函数。注意虽然式(13.6)以函数 $\delta(s,a)$和 $r(s,a)$的形式描述 Q，但 agent 不需知道这些一般函数来应用式(13.7)的训练规则。相反，它在其环境中执行动作，并观察结果状态 s'和回报 r。这样，它可被看作是在 s 和 a 的当前值上采样。

上述对于确定性马尔可夫决策过程的 Q 学习算法在表 13-1 中被更精确地描述。使用此算法，agent 估计的 $\hat{Q}$ 在极限时收敛到实际 Q 函数，只要系统可被建模为一个确定性马尔可夫决策过程，回报函数 r 有界，并且动作的选择可使每个状态－动作对被无限频繁的访问。

表 13-1 在确定性回报和动作假定下的 Q 学习算法

Q 学习算法

对每个 s, a 初始化表项 $\hat{Q}(s, a)$ 为 0

观察当前状态 s

一直重复做：

- 选择一个动作 a 并执行它
- 接收到立即回报 r
- 观察新状态 s'
- 对 $\hat{Q}(s, a)$ 按照下式更新表项：

$$\hat{Q}(s, a) \leftarrow r + \gamma \max_{a'} \hat{Q}(s', a')$$

- $s \leftarrow s'$

注：折算因子 γ 为任意常量满足 $0 \leqslant \gamma < 1$。

13.3.3 举例

为说明 Q 学习算法的操作过程，考虑图 13-3 显示的某个 agent 采取的一个动作和对应的对 $\hat{Q}$ 的精化。在此例中，agent 在其格子世界中向右移动一个单元格，并收到此转换的立即回报为 0。然后它应用训练规则式(13.7)来对刚执行的状态－动作转换精化其 $\hat{Q}$ 的估计。按照训练规则，此转换的新 $\hat{Q}$ 估计为收到的回报(0)与用 γ(0.9)折算的与结果状态相关联的最高 $\hat{Q}$ 值(100)的和。

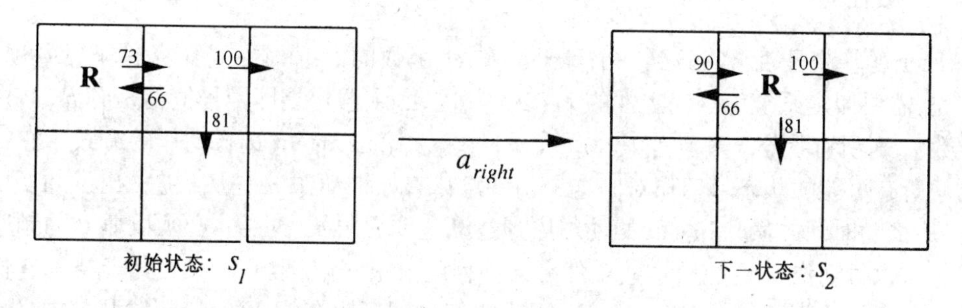

$$\begin{aligned}\hat{Q}(s_1, a_{right}) &\leftarrow r + \gamma \max_{a'} \hat{Q}(s_2, a') \\ &\leftarrow 0 + 0.9 \ \max\{66, 81, 100\} \\ &\leftarrow 90\end{aligned}$$

左边的图显示了机器人 **R** 的初始状态 s_1，以及初始假设中几个相关的 $\hat{Q}$ 值。例如，$\hat{Q}(s_1, a_{right}) = 72.9$，其中 a_{right} 指代 **R** 向右移动的动作。当机器人执行动作 a_{right} 后，它收到立即回报 $r = 0$，并转换到状态 s_2。然后它基于其对新状态 s_2 的 $\hat{Q}$ 估计更新其 $\hat{Q}(s_1, a_{right})$ 估计。这里 $\gamma = 0.9$。

图 13-3 在执行单个动作后对 Q 的更新

每次 agent 从一旧状态前进到一新状态，Q 学习会从新状态到旧状态向后传播其 $\hat{Q}$ 估计。同时，agent 收到的此转换的立即回报被用于扩大这些传播的 $\hat{Q}$ 值。

考虑将此算法应用到格子世界中，其回报函数显示在图 13-2 中，其中的回报值除了进入目标状态的以外都为 0。因为此世界包含一个吸收目标状态。我们可假定训练过程包含一系列的情节(episode)。在每个情节中,agent 从某随机选择的状态开始执行动作直到其到达吸收目标状态。这时情节结束,然后 agent 被运输到一个随机选择的新初始状态,开始下一个情节。

在此例中,当应用 Q 学习算法时,$\hat{Q}$ 的值是如何演化的? 因为初始的 $\hat{Q}$ 值都为 0,agent 不会改变任意 $\hat{Q}$ 表项,直到它恰好到达目标状态并且收到非零的回报。这会导致只有通向目标状态的转换的 $\hat{Q}$ 值被精化。在下一个情节中,如果经过这些与目标状态相邻的状态,其非 0 的 $\hat{Q}$ 值会导致与目的相差两步的状态中值的变化,依次类推。给定足够数量的训练情节,信息会从有非零回报的转换向后传播到整个状态 - 动作空间,最终得到一个 $\hat{Q}$ 表。其中的 Q 值如图 13-2 所示。

在下一节,我们证明了在一定条件下表 13-1 的 Q 学习算法会收敛到正确的 Q 函数。首先,考虑此 Q 学习算法的两个特点,这两个特点是在回报非负且所有 $\hat{Q}$ 值初始化为 0 的任意确定性的 MDP 中都普遍存在的。第一个属性是,在上述条件下 $\hat{Q}$ 值在训练中永远不会下降。更形式化地讲,令 $\hat{Q}_n(s,a)$表示训练过程的第 n 次循环后学习到的 $\hat{Q}(s,a)$值(即 agent 所采取的第 n 个状态 - 动作转换之后),则有:

$$(\forall s,a,n)\, \hat{Q}_{n+1}(s,a) \geqslant \hat{Q}_n(s,a)$$

第二个普遍特点是在整个训练过程中,每个 $\hat{Q}$ 值将保持在零和真实 Q 值区间内:

$$(\forall s,a,n) \quad 0 \leqslant \hat{Q}_n(s,a) \leqslant Q(s,a)$$

13.3.4 收敛性

表 13-1 的算法是否会收敛到一个等于真实 Q 函数的 $\hat{Q}$ 值? 在特定条件下,回答是肯定的。首先,需要假定系统为一确定性的 MDP。其次,必须假定立即回报值都是有界的,即存在某正常数 c,对所有状态 s 和动作 a,$|r(s,a)| < c$。第三,agent 选择动作的方式为它无限频繁地访问所有可能的状态 - 动作对。这个条件意味着如果动作 a 是从状态 s 出发的一个合法的动作,那么随时间的累计,agent 的动作序列逐渐达到无限长。agent 必须以非 0 的频率重复地从状态 s 执行动作 a。注意,这些条件在某种程度上很一般,但有时又相当严格。它们描述了比前一节所举的例子中更一般的设定,因为它们允许环境有任意的正或负回报,并且环境中可有任意数量的状态 - 动作转换可产生非零回报。这些条件的严格性在于它要求 agent 无限频繁的访问每个不同的状态 - 动作转换。这在非常大的(甚至是连续的)领域中是很强的假定。我们将在后面讨论更强的收敛结果。然而本节描述的结果将为理解 Q 学习的运行机制提供直观的理解。

对收敛性证明的关键思路在于,有最大误差的表项 $\hat{Q}(s,a)$必须在其更新时将误差按因子 γ 减小。原因在于它的新值的一部分依赖于有误差倾向的 $\hat{Q}$ 估计,其余的部分依赖于无误差的观察到的立即回报 r。

定理 13.1:确定性马尔可夫决策过程中的 Q 学习的收敛性　考虑一个 Q 学习 agent,在一个有有界回报$(\forall s,a)|r(s,a)| \leqslant c$ 的确定性 MDP 中,Q 学习 agent 使用式(13.7)的训练规则,将表$\hat{Q}(s,a)$初始化为任意有限值,并且使用折算因子 γ,$0 \leqslant \gamma < 1$。令 $\hat{Q}_n(s,a)$代表在第 n 次更新后 agent 的假设 $\hat{Q}(s,a)$。如果每个状态 - 动作对都被无限频繁的访问,那么对所有 s 和a,当 $n \to \infty$时 $\hat{Q}_n(s,a)$收敛到 $Q(s,a)$。

证明:因为每个状态-动作转换无限频繁发生,考虑连续的区间,其中每个状态-动作转换至少发生一次。所需要证明的是,在 $\hat{Q}$ 表中所有表项上的最大误差在每个这样的连续区间内至少按因子 γ 减少。$\hat{Q}_n$ 为 n 次更新后 agent 估计的 Q 值表。令 Δn 为 $\hat{Q}_n$ 中最大误差,即:

$$\Delta_n \equiv \max_{s,a} | \hat{Q}_n(s,a) - Q(s,a) |$$

下面我们使用 s' 来代表 $\delta(s,a)$,现在对在第 $n+1$ 次迭代中更新的任意表项 $\hat{Q}_n(s,a)$,修正后的估计 $\hat{Q}_{n+1}(s,a)$ 的误差量为:

$$\begin{aligned} | \hat{Q}_{n+1}(s,a) - Q(s,a) | &= | (r + \gamma \max_{a'} \hat{Q}_n(s',a')) - (r + \gamma \max_{a'} Q(s',a')) | \\ &= \gamma | \max_{a'} \hat{Q}_n(s',a') - \max_{a'} Q(s',a') | \\ &\leqslant \gamma \max_{a'} | \hat{Q}_n(s',a') - Q(s',a') | \\ &\leqslant \gamma \max_{s'',a'} | \hat{Q}_n(s'',a') - Q(s'',a') | \end{aligned}$$

$$| \hat{Q}_{n+1}(s,a) - Q(s,a) | \leqslant \gamma \Delta_n$$

上面的第三行从第二行中导出,原因是对任意两个函数 f_1 和 f_2 有下列不等式成立:

$$| \max_a f_1(a) - \max_a f_2(a) | \leqslant \max_a | f_1(a) - f_2(a) |$$

从第三行到第四行的推导,我们引入了一个新变量 s'' 在其上执行最大化。其合理性在于当我们允许附加的变量变化时,此最大值只可能更大或至少是相等。注意,通过引入此变量,我们获得了一个与 Δ_n 的定义匹配的表达式。

因此,对任意 s 和 a,更新后的 $\hat{Q}_{n+1}(s,a)$ 的误差最多为 $\hat{Q}_n$ 表中最大误差 Δ_n 的 γ 倍。在初始表中的最大误差 Δ_0 是有界的,因为 $\hat{Q}_0(s,a)$ 和 $Q(s,a)$ 的值对所有 s, a 都有界。现在,在每个 s,a 都被访问过的第一个区间内,此表中最大的误差最多为 $\gamma\Delta_0$。在 k 个区间后,误差最多为 $\gamma^k\Delta_0$。因为每个状态都被无限频繁地访问,这样的区间的数目是无限的,因此当 $n\rightarrow\infty$ 时 $\Delta_n\rightarrow 0$。定理得证。

13.3.5 实验策略

注意表13-1的算法没有指定 agent 如何选择动作。一个明显的策略是,对于在状态 s 的 agent,选择使 $\hat{Q}(s,a)$ 最大化的动作,从而利用其当前近似的 $\hat{Q}$。然而,使用此策略存在风险,agent 可能过度束缚到在早期训练中有高 $\hat{Q}$ 值的动作,而不能够探索到其他可能有更高值的动作。实际上,上面的收敛性定理要求每个状态-动作转换无限频繁地发生。显然,如果 agent 总选择使当前 $\hat{Q}(s,a)$ 最大的动作,将不能保证无限频繁性。因此,在 Q 学习中通常使用概率的途径来选择动作。有较高 $\hat{Q}$ 值的动作被赋予较高的概率,但所有动作的概率都非0。赋予这种概率的一种方法是:

$$P(a_i | s) = \frac{k^{\hat{Q}(s,a_i)}}{\sum_j k^{\hat{Q}(s,a_j)}}$$

其中 $P(a_i|s)$ 为 agent 在状态 s 时选择动作 a_i 的概率,$k>0$ 为一常量,它确定此选择优先考虑高 $\hat{Q}$ 值的程度。较大的 k 值会将较高的概率赋予超出平均 $\hat{Q}$ 的动作,致使 agent 利用它所学习到的知识来选择它认为会使回报最大的动作。相反,较小的 k 值会使其他动作有较高的概率,导致 agent 探索那些当前 $\hat{Q}$ 值还不高的动作。在某些情况下,k 是随着迭代次数而变化的。以使 agent 在学习的早期可用探索型策略,然后逐步转换到利用型的策略。

13.3.6 更新序列

上面收敛性定理一个重要性暗示在于,Q 学习不需要用最优动作进行训练,就可以收敛到最优策略。实际上,只要每步的训练动作完全随机选择,使得结果训练序列无限频繁的访问每个状态－动作转换，就可以学习到 Q 函数（以及最优策略）。这一事实建议改变训练转换样例的序列，以改进训练效率而不危及最终的收敛性。为说明这一点，再次考虑在一个 MDP 中有单个吸收目标状态的学习过程，如图 13-1 中所示。像以前那样，假定使用序列化的情节（episode）来训练 agent。对每个情节，agent 被放置在一个随机初始状态，然后执行动作以更新其 $\hat{Q}$ 表，直到它到达吸收状态。然后通过将 agent 从目标状态转换到一个新的随机初始状态开始一个新的训练情节。如前面指出的，如果开始所有 $\hat{Q}$ 值的初始化为 0，则在第一个情节后，agent 的 $\hat{Q}$ 表中只有一个表项改变：即对应于最后转换到目标状态的表项。如果在第二个情节中，agent 恰好从相同的随机初始状态沿着相同动作序列移动，则另一表项变为非 0，依此类推。如果重复地以相同的方式运行情节，非零 $\hat{Q}$ 值的边缘逐渐向右移动，从目标状态开始，每个情节移动到一个新的状态－动作转换。现在考虑在这些相同的状态－动作转换上的训练，但对每个情节要以反向的时序。即对每个考虑的转换应用式（13.7）中相同的更新规则，但以逆序执行这些更新。这样，在第一个情节后，agent 会沿着通向目标的路径对每个转换更新 $\hat{Q}$ 估计。虽然这个训练过程要求 agent 在开始此情节训练前使用更多的内存来存储整个情节，但它显然会在更少的循环次数内收敛。

改进收敛速率的第二个策略是存储过去的状态－动作转换，以及相应收到的立即回报，然后周期性地在其上重新训练。开始可能会认为用相同的转换重新训练是做无用功。但注意到更新的 $\hat{Q}(s,a)$ 值是由后继状态 $s'=\delta(s,a)$ 的 $\hat{Q}(s',a)$ 值确定的。因此，如果后续的训练改变了 $\hat{Q}(s,a)$ 值其中一个，在转换 $\langle s,a\rangle$ 上重训练会得到 $\hat{Q}(s,a)$ 的不同值。一般地，我们希望重放旧的转换相比于从环境中获得新转换的程度取决于这两种操作在特定问题领域中相对的开销。例如，在机器人导航动作的领域，其动作执行需要数秒的时间，而从外部世界收集新的状态－动作转换的延迟会比在内部重放以前观察过的转换的开销大若干数量级。由于 Q 学习通常要求成千上万的训练循环才收敛，这种差别显得十分重要。

注意，贯穿在上述讨论中的两个假定是，agent 不知道环境用来生成后继状态 $s'=\delta(s,a)$ 的状态转换函数 $\delta(s,a)$，也不知道生成回报的函数 $r(s,a)$。如果它知道了这两个函数，可能会有更多有效的方法。例如，如果执行外部动作开销很大，agent 可以简单地忽略环境，在其内部模拟环境，有效生成模拟动作并赋予适当的模拟回报，Sutton（1991）描述了 DYNA 体系结构，它在外部世界中执行的每步动作后执行一定数量的模拟动作。Moore & Atkeson（1993）描述了一种称为*优先级扫除*（prioritized sweeping）的途径，选择最可能的状态来更新下一个 $\hat{Q}$，这时需要关注当前状态有较大更新时的前驱状态。Peng & Williams（1994）描述了一个相似的途径。从动态规划领域来的大量有效算法可被应用于函数 δ 和 r 已知的情况。Kaelbling et al.（1996）调查了其中的几种算法。

13.4 非确定性回报和动作

上面我们考虑了确定环境下的 Q 学习。这里我们考虑非确定性情况，其中回报函数 $r(s,a)$ 和动作转换函数 $\delta(s,a)$ 可能有概率的输出。例如，在 Tesauro（1995）的西洋双陆棋对弈程序中，输出的动作具有固有的概率性，因为每次移动需要掷骰子决定。类似的，在有噪声的传感器和效应器的机器人中，将动作和回报建摸为非确定性过程较为合适。在这样的情况下，函数 $\delta(s,a)$ 和 $r(s,a)$ 可被看作是首先基于 s 和 a 产生输出的概率分布，然后按此分布抽取随机的输出。当这些概率分布主要依赖于 s 和 a 时（即，它们不依赖以前的状态和动作），我们可称这个系统为非确定性马尔可夫决策过程。

本节中我们把处理确定问题的 Q 学习算法扩展到非确定性的 MDP。为达到这个目的，我们回顾在确定性情况下的算法推导步骤，在需要时对其做出修正。

在非确定性情况下，我们必须先重新叙述学习器的目标，以考虑动作的输出不再是确定性的情况。很明显，一种一般化的方法是把一个策略 π 的值 V^{π} 重定义为应用此策略时收到折算累积回报的期望值(在这些非确定性输出上)。

$$V^{\pi}(s_t) \equiv E\left[\sum_{i=0}^{\infty}\gamma^i r_{t+i}\right]$$

如以前那样，回报序列 r_{t+i}是从状态 s 开始遵循策略 π 而生成的。注意此式是式(13.1)的一般化形式，后者覆盖了确定性的情形。

如以前那样，我们定义最优策略 π^* 为所有状态 s 中使 $V^{\pi}(s)$最大化的策略 π。下一步我们把先前式(13.4)中对 Q 的定义一般化，再一次运用其期望值。

$$\begin{aligned} Q(s,a) &\equiv E[r(s,a) + \gamma V^*(\delta(s,a))] \\ &= E[r(s,a)] + \gamma E[V^*(\delta(s,a))] \\ &= E[r(s,a)] + \gamma \sum_{s'} P(s' \mid s,a) V^*(s') \end{aligned} \tag{13.8}$$

其中 $P(s'|s,a)$为在状态 s 采取动作 a 会产生下一个状态为 s' 的概率。注意，我们在这里已经使用了 $P(s'|s,a)$来改写 $V^*(\delta(s,a))$的期望值，所用的形式是与概率性的 δ 的可能输出相关联的概率。

如以前，可将 Q 重新表达为递归的形式：

$$Q(s,a) = E[r(s,a)] + \gamma \sum_{s'} P(s' \mid s,a) \max_{a'} Q(s', a') \tag{13.9}$$

它是式(13.6)的一般化形式。概括地说，我们把非确定性情况下的 $Q(s,a)$简单地重定义为在确定性情况下定义的量的期望值。

我们已经把 Q 的定义一般化以适应非确定性环境下的函数 r 和 δ，现在所需要的是一个新训练法则。前面对确定性情形推导的训练法则(式(13.7))不能够在非确定性条件下收敛。例如，考虑一个非确定性回报函数 $r(s,a)$，每次重复$\langle s,a\rangle$转换时产生不同的回报。这样，即使 $\hat{Q}$ 的表值被初始化为正确的 Q 函数，训练规则仍会不断的改变 $\hat{Q}(s,a)$的值。简单地说，此训练规则不收敛。此难题的解决可通过修改训练规则，令其使用当前 $\hat{Q}$ 值和修正的估计的一个衰减的加权平均。用 $\hat{Q}_n$ 来代表第 n 次循环中 agent 的估计，下面修改后的训练规则足以保证 $\hat{Q}$ 收敛到 Q：

$$\hat{Q}_n(s,a) \leftarrow (1-\alpha_n)\hat{Q}_{n-1}(s,a) + \alpha_n[r + \gamma \max_{a'}\hat{Q}_{n-1}(s',a')] \tag{13.10}$$

其中：

$$\alpha_n = \frac{1}{1 + visits_n(s,a)} \tag{13.11}$$

其中，s 和 a 为第 n 次循环中更新的状态和动作，而且 $visits_n(s,a)$为此状态-动作对在这 n 次循环内(包括第 n 次循环)被访问的总次数。

在此修正了的规则中，关键思想是对 $\hat{Q}$ 的更新比确定性情况下更为平缓。注意，如果在式(13.10)中把 α_n 设置为 1，可得到确定性情形下的训练规则。使用较小的 α 值，该项可以被当前的 $\hat{Q}(s,a)$均化以产生新的更新值。在式(13.11)中 α_n 的值随 n 的增长而减小，因此当训练进行时更新程度逐渐变小。在训练中以一定速率减小 α,可以达到收敛到正确 Q 函数的目的。上面给出的 α_n 的选择是满足收敛性条件的选择之一,它按照下面的定理(见 Watkins & Dayan 1992)。

定理 13.2: 对非确定性马尔可夫决策过程的 Q 学习收敛性 考虑一个 Q 学习 agent 在一个有有界的回报$(\forall s,a)|r(s,a)|\leqslant c$ 的非确定性 MDP 中,此 Q 学习 agent 使用式(13.10)的训练规则。初始化表 $\hat{Q}(s,a)$为任意有限值,并且使用折算因子 $0\leqslant\gamma<1$,令 $n(i,s,a)$为对应动作 a 第 i 次应用于状态 s 的迭代。如果每个状态-动作对被无限频繁访问,$0\leqslant\alpha_n<1$,并且

$$\sum_{i=1}^{\infty}\alpha_{n(i,s,a)} = \infty, \sum_{i=1}^{\infty}[\alpha_{n(i,s,a)}]^2 < \infty$$

那么对所有 s 和 a,当 $n\to\infty$时,$\hat{Q}_{n(s,a)}\to Q(s,a)$,概率为 1。

虽然 Q 学习和有关的增强算法可被证明在一定条件下收敛,在使用 Q 学习的实际系统中,通常需要数以千计的训练循环来达到收敛。例如,Tesauro 的西洋双陆棋对弈使用 150 万个对弈棋局进行训练,每次包括数十个状态-动作转换。

13.5 时间差分学习

Q 学习算法的学习过程是循环地减小对相邻状态的 Q 值的估计之间的差异。在这个意义上,Q 学习是更广泛的时间差分(temporal difference)算法中的特例。时间差分学习算法学习过程是减小 agent 在不同的时间做出估计间的差异。因为式(13.10)的规则减小了对某状态的 $\hat{Q}$ 值估计以及其立即后继的 $\hat{Q}$ 估计之间的差异,我们也可以设计算法来减小此状态与更远的后继或前趋状态之间的差异。

为进一步探讨这个问题,回忆一下 Q 学习,它的训练规则计算出的 $\hat{Q}(s_t,a_t)$的训练值是以 $\hat{Q}(s_{t+1},a_{t+1})$表示的,其中 s_{t+1}是应用动作 a_t 到状态 s_t 的结果。令 $Q^{(1)}(s_t,a_t)$为此单步前瞻计算的训练值:

$$Q^{(1)}(s_t,a_t) \equiv r_t + \gamma \max_a \hat{Q}(s_{t+1},a)$$

计算 $Q(s_t,a_t)$训练值的另一种方法是基于两步的观察到的回报:

$$Q^{(2)}(s_t,a_t) \equiv r_t + \gamma r_{t+1} + \gamma^2 \max_a \hat{Q}(s_{t+2},a)$$

以及在一般的情况下 n 步的回报:

$$Q^{(n)}(s_t,a_t) \equiv r_t + \gamma r_{t+1} + \cdots + \gamma^{(n-1)} r_{t+n-1} + \gamma^n \max_a \hat{Q}(s_{t+n},a)$$

Sutton(1998)介绍了混合这些不同训练估计的一般方法,称为 TD(λ)。这一想法是使用常量 $0\leqslant\lambda\leqslant1$ 来合并从不同前瞻距离中获得的估计,见下式:

$$Q^{\lambda}(s_t,a_t) \equiv (1-\lambda)[Q^{(1)}(s_t,a_t) + \lambda Q^{(2)}(s_t,a_t) + \lambda^2 Q^{(3)}(s_t,a_t) + \cdots]$$

Q^{λ} 的一个等价的递归定义为:

$$Q^{\lambda}(s_t,a_t) = r_t + \gamma[(1-\lambda)\max_a \hat{Q}(s_t,a_t) + \lambda Q^{\lambda}(s_{t+1},a_{t+1})]$$

注意,如果我们选择 $\lambda=0$,则得到原来的训练估计 $Q^{(1)}$,它只考虑 $\hat{Q}$ 估计中的单步差异。当 λ 增大时,此算法重点逐渐转移到更远的前瞻步中。在极端情况 $\lambda=1$ 时,只考虑观察到的 r_{t+i}值,当前的 $\hat{Q}$ 估计对其没有贡献。注意当 $\hat{Q}=Q$ 时,由 Q^{λ} 给出的训练值对于 $0\leqslant\lambda\leqslant1$ 的所有 λ 值都相同。

TD(λ)方法的动机是,在某些条件下,如果考虑更远的前瞻,训练会更有效。例如,当

agent遵循最优策略选择动作时,$\lambda=1$ 的 Q^{λ} 将提供对真实 Q 值的完美估计,不论 $\hat{Q}$ 有多么不精确。另一方面,如果动作序列的选择是次优的,那么对未来的观察 r_{t+i} 可能有误导性。

Peng & Williams(1994)提供了进一步的讨论和实验结果,显示了 Q^{λ} 在一个问题领域上的卓越性能。Dayan (1992)显示了,在一定条件下,类似的 TD(λ)方法应用到学习 V^* 函数中,对于 $0\leqslant\lambda\leqslant1$ 的任意 λ 值都可正确收敛。Tesauro (1995) 在其 TD-GAMMON 程序西洋双陆棋对弈中使用了 TD(λ)方法。

13.6 从样例中泛化

至此,在 Q 学习中可能最具有约束性的假定是其目标函数被表示为一个显式的查找表,每个不同输入值(即状态 - 动作对)有一个表项。因此我们的讨论的算法执行一种机械的学习方法,并且不会尝试通过从已看到的状态 - 动作对中泛化来估计未看到的状态 - 动作对的 Q 值。这个机械学习假定在收敛性证明中反映出来,它证明了只有每个可能的状态 - 动作被无限频繁的访问,学习过程才会收敛。在大的或无限的空间中,或执行动作的开销很大时,这显然是不切实际的假定。所以,更实际的系统通常合并其他章讨论的函数逼近方法和这里讨论的 Q 学习训练规则。

很容易把反向传播这样的函数逼近算法结合到 Q 学习算法中,方法是通过用神经网络替代查找表,并且把每个 $\hat{Q}(s,a)$更新作为训练样例。例如,我们可把状态 s 和动作 a 编码为网络输入,并使用式(13.7)和式(13.10)的训练法则训练网络输出 $\hat{Q}$ 的目标值。另一种有时在实践中更成功的方法是对每个动作训练一个单独的网络,使用状态作为输入,$\hat{Q}$ 为输出。还有一种通常使用的方法是训练一个网络,它以状态作为输入,但对每个动作输出一个 $\hat{Q}$ 值。回忆第 1 章中我们讨论了在棋盘状态上使用线性函数和 LMS 算法来逼近估计函数。

在实践中,已开发出了许多成功的增强学习系统,它们通过结合这样的函数逼近算法来代替查找表。Tesauro 成功的 TD - GAMMON 程序使用了神经网络和反向传播算法,并与 TD(λ)训练规则相结合。Zhang & Dietterich (1996)使用相似的反向传播与 TD(λ)的结合用于 job - shop 调度任务。Crites & Barto(1996)描述了一个用于电梯调度任务的神经网络增强学习方法。Thrun (1996)报告了一个基于神经网络的 Q 学习,它可学习带有声纳和摄像头传感器的移动机器人的基本控制过程。Mahadevan & Connell (1991)描述了一个基于聚集状态的 Q 学习方法,应用于简单的移动机器人控制问题。

虽然这些系统获得了成功,但对于其他的任务,一旦引入了泛化函数逼近器,增强学习将不能收敛。这样的有问题的任务由 Boyan & Moore (1995),Baird (1995)和 Gordon (1995)介绍。注意本章前面讨论的收敛性定理只应用于 $\hat{Q}$ 表示为明确的表形式时,为了看到困难所在,考虑使用一个神经网络而不是明确的表来表示 $\hat{Q}$。如果学习器更新网络以更好地匹配特定转换的 $<s_i,a_i>$ 的训练 Q 值,变化了的网络权值也会修改其他的任意转换的 $\hat{Q}$ 估计。因为这些权值变化会增加其他转换的 $\hat{Q}$ 估计的误差,原来定理中的证明步骤不再成立。关于带有泛化函数逼近器的增强学习的理论分析由 Gordon (1995)和 Tsitsiklis (1994)作出。Baird (1995)提出了基于梯度的方法,它通过直接最小化相邻状态的估计中的差异平方和来解决这一难题(也被称为 Bellman 残留误差)。

13.7 与动态规划的联系

像 Q 学习这样的增强学习方法,与长期研究的用于解决马尔可夫决策过程的动态规划方法有着紧密的联系。这些早期的工作通过假定 agent 拥有它所处环境的函数 $\delta(s,a)$和 $r(s,a)$的完美知识。因此,它主要解决的问题是用最小的计算量得到最优策略,其中假定环境可被完美地模拟,不需要直接的交互。Q 学习的新颖之处在于它假定不具有 $\delta(s,a)$和 $r(s,a)$的知识,它不能在内部模拟的状态空间中移动,而必须在现实世界中移动并观察后果。在后一种情况下,我们主要考虑的是 agent 为收敛到一个可接受的策略必须执行的真实世界动作数量,而不是花费的计算迭代次数。原因是,在许多实际的领域中,比如生产问题,在外部世界中执行动作的时间和费用开销比计算开销更值得关注。在真实环境中移动进行学习并且观察其结果的系统通常称为在线(online)系统,而主要通过模型模拟动作的学习被称为*离线*(offline)系统。

通过考虑 Bellman 等式,可以清楚地看到早期的方法和这里讨论的增强学习问题之间的密切相关性。Bellman 等式形成了解决 MDP 的动态规划方法的基础,其形式如下:

$$(\forall s \in S)\, V^*(s) = E[r(s,\pi(s)) + \gamma V^*(\delta(s,\pi(s)))]$$

请注意 Bellman 等式和前面式(13.2)中定义的最优策略之间的紧密联系。Bellman (1957)证明了最优策略 π^* 满足上述等式,且满足此等式的任何策略 π 为最优策略。动态规划方面的早期工作包括 Bellman-Ford 最短路径算法(Bellman 1958, Ford & Fulkerson 1962)。它基于结点邻居的距离,通过不断更新每个图结点到终点的估计距离来学习图中的路径。在此算法中,图的各边以及目标结点已知的假定,等价于 $\delta(s,a)$和 $r(s,a)$已知的假定。Barto et al.(1995)讨论了增强学习和动态规划的紧密联系。

13.8 小结和补充读物

本章的要点包括:

- 增强学习解决自治 agent 学习控制策略的问题。它假定训练信息的形式为对应每个状态-动作转换给出的实值回报信号。agent 的目标是学习一个行动策略,它使 agent 从任意起始状态收到的总回报最大化。
- 本章介绍的增强学习算法适合一类被称为马尔可夫决策过程的问题。在马尔可夫决策过程中,应用任意动作到任意状态上的输出只取决于此动作和状态(与以前的动作或状态无关)。马尔可夫决策过程覆盖了范围很广的问题,包括许多机器人控制,工厂自动化和调度问题。
- Q 学习是增强学习的一种形式,其中 agent 学习的是一组状态和动作上的估计函数。确切地讲,估计函数 $Q(s,a)$被定义为 agent 应用动作 a 到状态 s 上时可获得的最大期望折算积累回报。Q 学习的优点是,即使在学习器不具有其动作怎样影响环境的先验知识情况下,此算法仍可应用。
- 可以证明,在一定假定下,如果学习器的假设 $\hat{Q}(s,a)$表示为一个查找表,且对每个$\langle s,a\rangle$对有单独的表项,那么 Q 学习可以收敛到正确的 Q 函数。在确定性和非确定性的 MDP 下此算法都可收敛。在实践中 Q 学习即使在规模适中的问题中也需要数千次的训练循环。
- Q 学习是这类更广泛的称为时间差分算法中的一种。一般说来,时间差分算法通过不断减小 agent 在不同时间内产生的估计间的差异来学习。
- 增强学习与应用于马尔可夫决策过程的动态规划有紧密联系。其关键差异在于,历史上这些动态规划方法假定 agent 拥有状态转换函数 $\delta(s,a)$和回报函数 $r(s,a)$的知识。相反,Q 学习这样的增强学习算法假定学习器缺少这些知识。

在增强学习方面的许多工作中，通常的主题是迭代地减小后继状态估计间的差异。使用这种方法的某些最早的工作可见 Samuel (1959)，它的西洋双陆棋学习程序试图通过后继状态的估计来生成先前状态的训练值，从而学到西洋双陆棋的估计函数。几乎同时，Bellman-Ford 的单目的最短路径算法被开发出来(Bellman 1958，Ford & Fulkerson 1962)，它把到目的的距离值从结点传播到它的邻居结点。在最优控制方面的研究导致了使用相似方法来解决马尔可夫决策过程(Bellman 1961，Blackwell 1965)。Holland(1986)的学习分类系统的组桶式(bucket brigade)方法使用了类似的方法在延迟回报的情况下传播信用。Barto et al.(1983)讨论一种时间信用分配的方法，导致了 Sutton(1988)的论文中定义了 TD(λ)方法并证明了在 $\lambda = 0$ 时它的收敛性。Dayan (1992)把这个结果扩展到 λ 的任意值。Watkin(1989)介绍了用 Q 学习在回报和动作转换函数未知的情况下获取最优策略的方法。在这些方法上的收敛性证明有几个变种，除了本章展示的收敛性证明外，可见(Baird 1995，Bertsekas 1987，Tsitsiklis 1994，Singh & Sutton 1996)。

增强学习仍是一个活跃的研究领域。例如 McCallum (1995)和 Littman (1996)讨论了增强学习的扩展，以适应有隐藏状态变量破坏马尔可夫假定的情况。许多当前的研究致力于把这些方法升级到更庞大更实际的问题中。例如 Maclin 和 Shavlik(1996)描述了一种方法，其中增强学习 agent 可接受施教者的不完美建议，它是基于 KBANN 算法(第 12 章)的一个扩展。Lin(1992)考虑了通过提供建议动作序列来施教的作用。Singh(1993)和 Lin(1993)建议使用层次化的动作来升级这些算法。Dietterich & Flann(1995)探索了基于解释的方法和增强学习的集成，Mitchell & Thrun(1993)描述了应用 EBNN 算法(第 12 章)到 Q 学习中。Ring(1994)考虑了 agent 在多个任务中的持续学习。

近期关于增强学习的调查由 Kaelbling et al.(1996)，Barto (1992)，Barto et al. (1995)，Dean et al.(1993)作出。

习题

13.1　给出图 13-2 所示问题的另一种最优策略。

13.2　考虑下图显示的一个确定性格子世界，其中含有吸收目标状态 **G**。这里作了标记的转换的立即回报为 10，而其他没做标记的转换都为 0。

(a) 给出格子世界中每个状态的 V^* 值。给出每个转换的 $Q(s,a)$值。最后，写出一个最优策略，使用 $\gamma = 0.8$。

(b) 试改变回报函数 $r(s,a)$，它使 $Q(s,a)$变化，但不改变最优策略。试修改 $r(s,a)$，使 $Q(s,a)$变化，但不改变 $V^*(s,a)$。

(c) 现在考虑应用 Q 学习到此格子世界，假定 $\hat{Q}$ 值的表被初始化为0。假定 agent 从左下角的方格开始，然后顺时针沿着周边的格子移动，直至达到吸收目标状态，完成第一个训练情节。试写出此情节的结果导致哪些 $\hat{Q}$ 值的修改，给出修正后的值。现如果 agent 第二次运用同样的情节，再次回答此问题。同样在第三个情节后回答此问题。

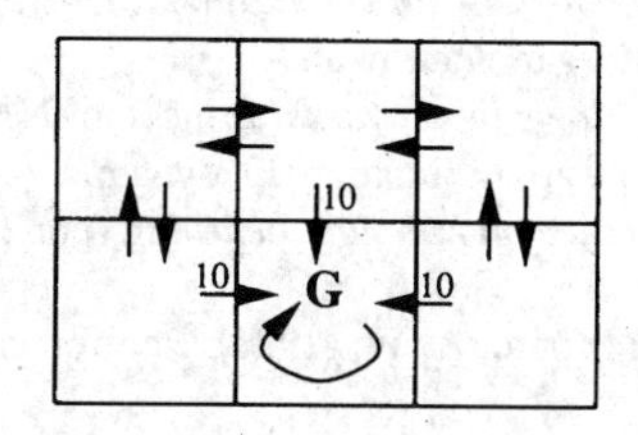

13.3　考虑与一个随机下棋的对家对弈 Tic-Tac-Toe。确切地讲,假定对家在有多个选择时以均匀的概率选择走棋,除非有一个强制性的走棋(这时它采取显然正确的步子)。

(a) 在此情况下,将学习最优的 Tic-Tac-Toe 策略形成一个 Q 学习问题。在此非确定性马尔可夫决策过程中,何为状态、动作以及回报?

(b) 如果对家选择最优的走棋而不是随机走棋,你的程序能否胜利?

13.4　在许多 MDP 中,有可能找到两个策略 π_1 和 π_2,如果 agent 开始于状态 s_1,则 π_1 优于 π_2;如果 agent 开始于另一状态 s_2,则 π_2 优于 π_1。换言之,$V^{\pi_1}(s_1) > V^{\pi_2}(s_1)$但 $V^{\pi_2}(s_2) > V^{\pi_1}(s_2)$。解释为什么总存在一个策略,能对于任意一个初始状态 s 使 $V^{\pi}(s)$最大化(即最优策略 π^*)。换言之,解释为什么一个 MDP 总有一个策略 π^*,使$(\forall \pi, s)\ V^{\pi^*}(s) \geqslant V^{\pi}(s)$。

参考文献

Baird, L. (1995). Residual algorithms: Reinforcement learning with function approximation. *Proceedings of the Twelfth International Conference on Machine Learning* (pp. 30–37). San Francisco: Morgan Kaufmann.

Barto, A. (1992). Reinforcement learning and adaptive critic methods. In D. White & S. Sofge (Eds.), *Handbook of intelligent control: Neural, fuzzy, and adaptive approaches* (pp. 469–491). New York: Van Nostrand Reinhold.

Barto, A., Bradtke, S., & Singh, S. (1995). Learning to act using real-time dynamic programming. *Artificial Intelligence*, Special volume: Computational research on interaction and agency, 72(1), 81–138.

Barto, A., Sutton, R., & Anderson, C. (1983). Neuronlike adaptive elements that can solve difficult learning control problems. *IEEE Transactions on Systems, Man, and Cybernetics*, 13(5), 834–846.

Bellman, R. E. (1957). *Dynamic Programming*. Princeton, NJ: Princeton University Press.

Bellman, R. (1958). On a routing problem. *Quarterly of Applied Mathematics*, 16(1), 87–90.

Bellman, R. (1961). *Adaptive control processes*. Princeton, NJ: Princeton University Press.

Berenji, R. (1992). Learning and tuning fuzzy controllers through reinforcements. *IEEE Transactions on Neural Networks*, 3(5), 724–740.

Bertsekas, D. (1987). *Dynamic programming: Deterministic and stochastic models*. Englewood Cliffs, NJ: Prentice Hall.

Blackwell, D. (1965). Discounted dynamic programming. *Annals of Mathematical Statistics*, 36, 226–235.

Boyan, J., & Moore, A. (1995). Generalization in reinforcement learning: Safely approximating the value function. In G. Tesauro, D. Touretzky, & T. Leen (Eds.), *Advances in Neural Information Processing Systems 7*. Cambridge, MA: MIT Press.

Crites, R., & Barto, A. (1996). Improving elevator performance using reinforcement learning. In D. S. Touretzky, M. C. Mozer, & M. C. Hasselmo (Eds.), *Advances in Neural Information Processing Systems*, 8.

Dayan, P. (1992). The convergence of TD(λ) for general λ. *Machine Learning*, 8, 341–362.

Dean, T., Basye, K., & Shewchuk, J. (1993). Reinforcement learning for planning and control. In S. Minton (Ed.), *Machine Learning Methods for Planning* (pp. 67–92). San Francisco: Morgan Kaufmann.

Dietterich, T. G., & Flann, N. S. (1995). Explanation-based learning and reinforcement learning: A unified view. *Proceedings of the 12th International Conference on Machine Learning* (pp. 176–184). San Francisco: Morgan Kaufmann.

Ford, L., & Fulkerson, D. (1962). *Flows in networks*. Princeton, NJ: Princeton University Press.

Gordon, G. (1995). Stable function approximation in dynamic programming. *Proceedings of the Twelfth International Conference on Machine Learning* (pp. 261–268). San Francisco: Morgan Kaufmann.

Kaelbling, L. P., Littman, M. L., & Moore, A. W. (1996). Reinforcement learning: A survey. *Journal of AI Research*, 4, 237–285. Online journal at http://www.cs.washington.edu/research/jair/-home.html.

Holland, J. H. (1986). Escaping brittleness: The possibilities of general-purpose learning algorithms applied to parallel rule-based systems. In Michalski, Carbonell, & Mitchell (Eds.), *Machine learning: An artificial intelligence approach* (Vol. 2, pp. 593–623). San Francisco: Morgan Kaufmann.

Laird, J. E., & Rosenbloom, P. S. (1990). Integrating execution, planning, and learning in SOAR for external environments. *Proceedings of the Eighth National Conference on Artificial Intelligence* (pp. 1022–1029). Menlo Park, CA: AAAI Press.

Lin, L. J. (1992). Self-improving reactive agents based on reinforcement learning, planning, and teaching. *Machine Learning*, 8, 293–321.

Lin, L. J. (1993). Hierarchical learning of robot skills by reinforcement. *Proceedings of the International Conference on Neural Networks.*

Littman, M. (1996). *Algorithms for sequential decision making* (Ph.D. dissertation and Technical Report CS-96-09). Brown University, Department of Computer Science, Providence, RI.

Maclin, R., & Shavlik, J. W. (1996). Creating advice-taking reinforcement learners. *Machine Learning*, 22, 251–281.

Mahadevan, S. (1996). Average reward reinforcement learning: Foundations, algorithms, and empirical results. *Machine Learning*, 22(1), 159–195.

Mahadevan, S., & Connell, J. (1991). Automatic programming of behavior-based robots using reinforcement learning. In *Proceedings of the Ninth National Conference on Artificial Intelligence.* San Francisco: Morgan Kaufmann.

McCallum, A. (1995). *Reinforcement learning with selective perception and hidden state* (Ph.D. dissertation). Department of Computer Science, University of Rochester, Rochester, NY.

Mitchell, T. M., & Thrun, S. B. (1993). Explanation-based neural network learning for robot control. In C. Giles, S. Hanson, & J. Cowan (Eds.), *Advances in Neural Information Processing Systems 5* (pp. 287–294). San Francisco: Morgan-Kaufmann.

Moore, A., & Atkeson C. (1993). Prioritized sweeping: Reinforcement learning with less data and less real time. *Machine Learning*, 13, 103.

Peng, J., & Williams, R. (1994). Incremental multi-step *Q*-learning. *Proceedings of the Eleventh International Conference on Machine Learning* (pp. 226–232). San Francisco: Morgan Kaufmann.

Ring, M. (1994). *Continual learning in reinforcement environments* (Ph.D. dissertation). Computer Science Department, University of Texas at Austin, Austin, TX.

Samuel, A. L. (1959). Some studies in machine learning using the game of checkers. *IBM Journal of Research and Development*, 3, 211–229.

Singh, S. (1992). Reinforcement learning with a hierarchy of abstract models. *Proceedings of the Tenth National Conference on Artificial Intelligence* (pp. 202–207). San Jose, CA: AAAI Press.

Singh, S. (1993). *Learning to solve markovian decision processes* (Ph.D. dissertation). Also CMPSCI Technical Report 93-77, Department of Computer Science, University of Massachusetts at Amherst.

Singh, S., & Sutton, R. (1996). Reinforcement learning with replacing eligibility traces. *Machine Learning*, 22, 123.

Sutton, R. (1988). Learning to predict by the methods of temporal differences. *Machine learning*, 3, 9–44.

Sutton R. (1991). Planning by incremental dynamic programming. *Proceedings of the Eighth International Conference on Machine Learning* (pp. 353–357). San Francisco: Morgan Kaufmann.

Tesauro, G. (1995). Temporal difference learning and TD-GAMMON. *Communications of the ACM*, 38(3), 58–68.

Thrun, S. (1992). The role of exploration in learning control. In D. White & D. Sofge (Eds.), *Handbook of intelligent control: Neural, fuzzy, and adaptive approaches* (pp. 527–559). New York: Van Nostrand Reinhold.

Thrun, S. (1996). Explanation-based neural network learning: A lifelong learning approach. Boston: Kluwer Academic Publishers.

Tsitsiklis, J. (1994). Asynchronous stochastic approximation and Q-learning. *Machine Learning*, 16(3), 185–202.
Watkins, C. (1989). *Learning from delayed rewards* (Ph.D. dissertation). King's College, Cambridge, England.
Watkins, C., & Dayan, P. (1992). Q-learning. *Machine Learning*, 8, 279–292.
Zhang, W., & Dietterich, T. G. (1996). High-performance job-shop scheduling with a time-delay TD(λ) network. In D. S. Touretzky, M. C. Mozer, & M. E. Hasselmo (Eds.), *Advances in neural information processing systems*, 8, 1024–1030.

附录　符号约定

以下为本书中使用的符号：

(a,b]："["、"]"、"("和")"形式的括号用来表示区间，其中方括号表示区间包含边界值，而圆括号表示区间不包含边界值。例如，(1,3]表示区间 $1 < x \leqslant 3$。

$\sum_{i=1}^{n} x_i$：表示连加 $x_1 + x_2 + \cdots + x_n$。

$\prod_{i=1}^{n} x_i$：表示连乘 $x_1 \cdot x_2 \cdot \cdots \cdot x_n$。

$\vdash$：逻辑涵蕴符号。例如 $A \vdash B$ 表示 B 从 A 中演绎派生。

$>_g$：表示"比……更一般"的符号。例如 $h_i >_g h_j$ 代表 h_i 比 h_j 更一般。

$\underset{x \in X}{\operatorname{argmax}} f(x)$：使 $f(x)$ 最大的 x 值。例如：

$$\underset{x \in \{1,2,-3\}}{\operatorname{argmax}} x^2 = -3$$

$\hat{f}(x)$：一个逼近函数 $f(x)$ 的函数。

δ：在 PAC 学习中，失败的概率的边界。在人工神经网络学习中，与一个单元的输出相关联的误差项。

$\in$：某假设错误率的边界(在 PAC 学习中)。

η：在神经网络等学习算法中的学习速率。

μ：概率分布的均值。

σ：概率分布的标准差。

$\nabla E(\vec{w})$：E 关于向量 $\vec{w}$ 的梯度。

C：可能的目标函数类。

D：训练数据。

$\mathscr{D}$：实例空间上的概率分布。

$E[x]$：x 的期望值。

$E(\vec{w})$：一个权值为向量 $\vec{w}$ 的神经网络的误差平方和。

$Error$：离散值假设(或预测)的错误率。

H：假设空间。

$h(x)$：假设 h 对于实例 x 产生的预测。

$P(x)$：x 的概率(质量)。

$\Pr(x)$：事件 x 的概率(质量)。

$p(x)$：x 的概率密度。

$Q(s,a)$：增强学习中的 Q 函数。

$\mathscr{R}$：实数集合。

$VC(H)$：假设空间 H 的 Vapnik-Chervonenkis 维度。

$VS_{H,D}$：变型空间，即假设空间 H 中与 D 一致的假设的子集。

w_{ji}：在人工神经网络中，从结点 i 到结点 j 的权值。

X：实例空间。

推荐阅读

神经网络与机器学习（原书第3版）

作者：Simon Haykin ISBN：978-7-111-32413-3 定价：79.00元

机器学习导论（原书第2版）

作者：Ethem Alpaydin ISBN：978-7-111-45377-2 定价：59.00元

数据挖掘：实用机器学习工具与技术（原书第3版）

作者：Ian H.Witten 等 ISBN：978-7-111-45381-9 定价：79.00元

机器学习基础教程

作者：Simon Rogers 等 ISBN：978-7-111-40702-7 定价：45.00元

推荐阅读

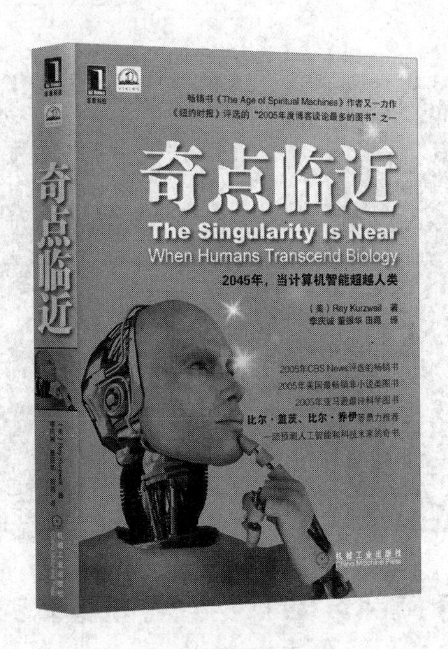

奇点临近

畅销书《The Age of Spiritual Machines》作者又一力作

《纽约时报》评选的"2005年度博客谈论最多的图书"之一

2005年CBS News评选的畅销书

2005年美国最畅销非小说类图书

2005年亚马逊最佳科学图书

比尔·盖茨、比尔·乔伊等鼎力推荐

一部预测人工智能和科技未来的奇书

"阅读本书，你将惊叹于人类发展进程中下一个意义深远的飞跃，它从根本上改变了人类的生活、工作以及感知世界的方式。库兹韦尔的奇点是一个壮举，以不可思议的想象力和雄辩论述了即将发生的颠覆性事件，它将像电和计算机一样从根本上改变我们的观念。"

——迪安·卡门，物理学家

"本书对科技发展持乐观的态度，值得阅读并引人深思。对于那些像我这样对"承诺与风险的平衡"这一问题的看法与库兹韦尔不同的人来说，本书进一步明确了需要通过对话的方式来解决由于科技加速发展而引发的诸多问题。"

——比尔·乔伊，SUN公司创始人，前首席科学家